普通高等教育“十一五”国家级规划教材

压水堆核电厂的运行

（第二版）

朱继洲　主　编　林诚格　主　审

朱继洲　单建强　张　斌　编　著

原子能出版社

图书在版编目(CIP)数据

压水堆核电厂的运行(第二版)/朱继洲主编. —北京:原子能出版社,2008.8 (2026.3重印)

ISBN 978-7-5022-4226-8

Ⅰ.压… Ⅱ.朱… Ⅲ.压水型堆-核电厂-运行 Ⅳ.TM623.91

中国版本图书馆 CIP 数据核字(2008)第 118951 号

内 容 简 介

本书在系统全面地介绍大型压水堆核电厂一、二回路主辅系统、专设安全设施及上述系统主要设备的功能、组成、运行原理的基础上,重点论述压水堆核电厂的调试启动、正常运行与维护、事故时的安全性和运行管理等方面的基本问题。全书共分 15 章,第 1 章概要介绍核电厂经济性、安全性及压水堆核电厂的运行特点;第 2,3 章是压水堆核电厂一回路主系统设备和主要辅助系统的描述;第 4,5 章分述压水堆核电厂二回路系统和设备;第 6 章介绍压水堆核电厂的专设安全设施;第 7,8 章叙述压水堆核电厂控制、保护、检测系统和汽轮机调节保护系统;第 9 章简单介绍了压水堆核电厂发电机及其辅助系统;第 10,11 章阐述压水堆核电厂的调试启动和核电厂的运行与维护;第 12 章是对压水堆核电厂安全性的评价及典型事故的分析;第 13,14 章论述压水堆核电厂射线防护、三废处理及安全运行和管理;第 15 章介绍第三代先进压水堆技术。

本书取材以类似广东大亚湾核电厂 900 MW 级的现代大型压水堆核电厂为主,大亚湾核电厂投产 10 多年来,取得了良好的运行业绩;中国广东核电集团有限公司以大亚湾核电厂为基础,结合技术改进,推出了设计和建造自主化、设备国产化、自主运行,可以自主批量建设的“二代加”主力堆型——CPR1000。为适应当前加速核电发展的需要,经审查同意,将本修订教材列入普通高等教育“十一五”国家级规划教材修订出版。

本书内容广泛、丰富,资料新颖,注意反映当前核电技术的新发展和我国核电建设 20 多年来的成就,可供高等院校核科学与工程学科核反应堆与动力工程专业、核动力装置专业作为本科教学教材,也可供从事核电厂研究、设计、运行和管理的广大工程技术人员参考。

压水堆核电厂的运行(第二版)

出版发行 原子能出版社(北京市海淀区阜成路43号 100037)
责任编辑 刘 朔
责任校对 徐淑惠
责任印制 赵 明
印　　刷 中煤(北京)印务有限公司
经　　销 全国新华书店
开　　本 787 mm×1092 mm 1/16
印　　张 23.25
字　　数 577 千字
版　　次 2008 年 8 月第 2 版 2026 年 3 月 第 4 次印刷
书　　号 ISBN 978-7-5022-4226-8
定　　价 **58.00 元**

 网址:http://www.aep.com.cn

第二版前言

本书取材以类似广东大亚湾核电厂 900 MW 级的现代大型压水堆核电厂为主，大亚湾核电厂自 1994 年投入运行后 10 多年来，取得了良好的运行业绩，中国广东核电集团有限公司以大亚湾核电厂为基础，结合技术改进，推出了设计和建造自主化、设备国产化、自主运行，将在我国“十一五”期间投入批量建设的“二代加”主力堆型——CPR1000。为适应当前我国加速核电发展的需要，经教育部审查同意，将本修订教材列入普通高等教育“十一五”国家级规划教材出版。

在本次修订中，注意增加反映我国核电建设 10 多年来成就的内容和当前国际上核电技术的新发展，特别是核电厂设备国产化、自主化；核安全法规体系建设；以及核电厂安全运行管理方面取得的成绩。注意突出正常运行与维护的内容，适当删改压水堆核电厂的异常运行和事故分析部分章节；对原书的图、表作适当增、删，及改正少许印刷错误。增加了第 15 章“第三代先进压水堆技术”，以介绍适用于先进轻水堆核电厂设计的美国提出的“用户要求文件(URD)”和欧洲核电先进国家提出的“欧洲用户要求文件(EUR)”，以及将在我国建造的 AP1000 先进压水堆，和法、德联合设计的1 500 MW电功率大型“欧洲压水堆”(EPR)。

本教材由西安交通大学朱继洲任主编，单建强参与了第 10 章、第 11 章的修订，增写了第 15 章，张斌参加了第 4 章、第 5 章的修订工作。承国家环境保护部核安全与环境专家委员会委员、原国家核安全局常务副局长兼总工程师、国际原子能机构核安全处原高级专家官员林诚格研究员审定全书，并在原子能出版社第二编辑室主任刘朔的大力支持下，使本教材得以顺利出版，编者在此表示衷心的谢意。

限于我们的学识水平，又缺乏生产实践经验，书中难免有不妥之处，殷切希望使用本教材的高等学校师生及各研究、设计、生产单位的广大读者、专家、学者给予批评指正。

编　者

jzzhu@mail. xjtu. edu. cn

2008 年 6 月

第一版前言

本书根据高等学校核反应堆工程专业教材编审委员会于 1988 年 8 月在哈尔滨召开的教材会议的决定和审定的大纲编写，经 1992 年 7 月在北京召开的审稿会讨论修改定稿。

本书的初稿可以追溯到 1982 年 8 月由原子能出版社作为专著出版的《压水堆核电厂的运行》。该书由朱继洲、俞保安编写，符德璠审定，在我国核电的起步阶段，首次系统地介绍了现代大型压水堆核电厂及其运行中的基本问题，各教学、科研、生产单位使用后反映良好，西安交通大学核能与热能工程专业选作核电厂系统与调试课程教材，中国核动力研究设计院，广东核电合营有限公司选用为核电厂基础知识培训教材。为更好地适应我国核动力事业发展的需要，核反应堆工程专业教材编委会，原核工业部教育司决定改版作为高等学校教材。

在制定本书改版编写大纲过程中，在原核工业部教育司、原子能出版社大力支持下，广泛征求意见后，编者按照教材内容要注重科学性、系统性，取材要适当反映科学技术新成就，注意更新的原则，对原书各章进行了调整、删改或增补。例如：在以一定篇幅介绍现代大型压水堆核电厂主、辅系统及其主要设备的功能、组成的基础上，分述其运行时可能产生的问题：原书偏重于压水反应堆的运行，新版中加强了对二回路主、辅系统及其运行的阐述，使读者对压水堆型核动力厂的运行有全面的了解；全面加强与突出了压水堆核电厂运行的有关内容：如压水堆核电厂标准运行状态的定义与过渡、核电厂基荷运行与调峰（跟负荷）运行及其保护图、应急计划与事故下应急运行、恒定轴向偏移下的功率运行、核电厂运行状态的监测等；还增加了三里岛核电厂、切尔诺贝利核电厂事故后的反事故措施，以及国际核事件等级表的介绍等。考虑到我国已确定采用单个环路电功率 300 MW 为压水堆核电设备国产化的方案和以广东大亚湾核电厂为参考电厂，本教材取材以类似广东大亚湾核电厂 900～1 000 MW 级现代大型压水堆核电厂为主，并注意反映我国核电建设的成果和进展。

本书在介绍压水堆核电厂一、二回路主辅系统、专设安全设施及上述系统主要设备的功能、组成、运行原理的基础上，重点论述压水堆核电厂的调试启动、正常运行与维护、事故时的安全性和运行管理等方面的基本问题，内容广泛、丰富，取材新颖，包含了当前核电技术新的发展和成就。可作为高等学校核能与热能工程专业，核反应堆工程专业、核动力装置专业本科教材，也可供上述专业研究生及从事压水堆核电厂设计、设备制造与安装、调试、运行维护或管理等科技人员参考。

本书由西安交通大学朱继洲编著。周士荣及原参编者俞保安(因已调动工作)提供了部分资料。

本书承濮继龙审定。在确定改版编写大纲时，核工业总公司核电局曹关平，广东核电合营有限公司周展麟、濮继龙，清华大学郑福裕，上海核工程研究设计院陈生林，秦山核电厂钱剑秋，苏州热工研究所胡必利，核动力运行研究所张禄庆对改版工作给予热情支持和鼓励，提出了很多宝贵的意见。清华大学郑福裕、张达芳，国家核安全局林诚格，核工业总公司科技司陈世齐、核电局邵向业、教育培训部贺兴章，秦山核电公司孙光弟，广东核电合营有限公司沈俊雄、濮继龙，原子能出版社编辑参加了 1992 年 7 月的北京审稿会，并提出了很多有益的修改意见。1997 年列入教材出版计划，本书正式付印之前，在广东核电合营有限公司濮继龙的组织下，公司培训中心的张忆柏、邱斌、杨辉玉、苏林森、万安泰，对全书作了全面仔细校阅，纠正了若干疏漏和不妥之处。当本书出版的时候，作者谨对以上付出艰辛劳动并且对作者一贯给予关怀和支持的同志们表示深切的谢意。

在本教材编写、试用过程中，还曾得到广东大亚湾核电厂培训中心李振亚、刘革新等的帮助与支持，也向他们表示谢意。

本书涉及的学科领域广泛，由于作者学识水平有限、实践经验不足，书中难免有不妥之处，殷切希望使用本教材的高等学校师生及各研究、设计、生产单位的广大读者、专家学者给予批评指正。

编　者
2000 年 5 月

目　　录

第1章 绪 论

1.1 世界核电的发展

核能的发现和利用是20世纪世界科技史上最杰出的成就之一。1942年诞生了第一座核反应堆，到20世纪50年代初期建成了将核能转变为电能的试验性核电厂。此后，经历了试验堆、模式堆和商用堆几个发展阶段，使核电厂在技术上已趋成熟，在经济上已有竞争能力。

截至2008年5月22日，世界上运行中的核电机组共439座，总电功率为372.202 GW，见表1-1。

表1-1 世界运行核电机组数和核发电量(按堆型)

堆 型		机组数	总电功率/MW
BWR	沸水堆	94	84 958
FBR	快中子动力堆	2	690
GCR	气冷石墨堆	18	9 034
LWGR	轻水冷却石墨堆	16	11 404
PHWR	加压重水堆	44	22 358
PWR	压水堆	265	243 429
合 计		439	372 202

注：上述数据取自国际原子能机构PRIS数据库，截至日期2008年5月22日。

从表1-1可以看出，世界上运行中的439座核电机组中，快中子动力堆只有2座，而437座热中子动力堆机组数目占先的堆型依次为压水堆、沸水堆和加压重水堆，按其慢化剂、冷却剂和燃料成分的不同，正在运行中的快堆、热中子动力堆的组合如表1-2所示。

从表1-2可以看出，世界上大多数国家的核电厂采用压水堆，我国已建成的秦山核电厂、广东大亚湾核电厂和计划中的核电设备国产化也选择压水堆型，是由于以下几个原因：

1. 压水堆以轻水作慢化剂及冷却剂，反应堆体积小，技术十分成熟。

2. 压水堆采用低富集度铀作燃料，铀的浓缩技术已经过关。

3. 压水堆核电厂有放射性的一回路系统与二回路系统相分开，放射性冷却剂不会进入二回路而污染汽轮机，运行、维护方便；需要处理的放射性废气、废水、废物量较少。

表 1-2 运行中的快堆、热中子动力堆的组合

慢化剂		快堆	热中子动力堆									
			石墨				水		重水			
冷却剂		Na/NaK	熔盐	CO_2	H_2O	He	H_2O	H_2O	H_2O	D_2O	Hydro-Carbon	CO_2
燃料	天然铀			MAGNOX					BLW	PHWR	OCR	
	浓缩铀			AGR	RBMK	HTGR	PWR	BWR	SGHW	ATUCHA		KKN EL4
	Th-U		MSBR			THTR	LWBR					
	Pu-U	LMFBR							FUGEN			

注：LMFBR——液态金属快中子增殖堆；
MSBR——熔盐增殖反应堆；
MAGNOX——镁诺克斯型堆（天然铀、镁合金包壳，石墨慢化气冷反应堆）；
RBMK——大功率石墨慢化，沸腾水冷却，压力管式反应堆；苏联的切尔诺贝利核电厂 4 号机组即这种堆型，它的结构是与压水堆完全不同的；
HTGR——模块式高温气冷堆；
THTR——钍高温反应堆；
PWR——压水反应堆；
LWBR——轻水增殖反应堆；
BWR——沸水反应堆；
BLW——沸水冷却重水慢化反应堆；
SGHW——蒸汽发生重水反应堆；
PHWR——加压重水慢化和冷却反应堆；
OCR——有机冷却反应堆。

为了进一步提高核电厂的安全可靠性，目前压水堆核电厂设计中，不断增加安全设施，导致系统过于复杂化，从而造成投资过高与建设周期过长等一系列弱点。当前，各国正致力于改进堆型和新一代反应堆的开发，其中，先进压水堆（APWR）和先进沸水堆（ABWR）的研究已在美、日之间开展数年，希望在现有轻水堆基础上发展为发电成本更低，安全可靠性更高的核电厂。瑞典提出了过程固有安全反应堆（PIUS）的概念设计。核燃料的经济利用和实现增殖是开发新一代动力堆的主要目标，法国、瑞典、日本、加拿大以及我国都正在积极开展高温气冷堆、钠冷快中子增殖堆等先进堆型的开发研究。

1.2 核电厂的经济性与安全性

1.2.1 核电厂的经济性

世界核电的发展，已节约了大量的能源。据美国一位能源分析专家利用计算机模型对世界电力供应情况逐年分析的结果表明，自 1973 年到 1987 年，由于利用核能就节约了 117 亿桶石油，4 200亿 m^3 天然气和 15 亿 t 的煤，合计价值为4 940亿美元，现在全世界由于核电厂的运行每天可取代 600 万桶石油，核电发展对环境保护也起着巨大的作用。由于核电厂

几乎不排出与环境问题有关的二氧化碳、二氧化硫及氮氧化合物等，它对控制温室效应和酸雨现象及维持生态平衡已作出了贡献。如果把世界上现有核电都用煤电替代的话，仅 1990 年一年就得多释放 17 亿 t 的二氧化碳，2 500万 t 二氧化硫和 120 万 t 的二氧化氮。

核能发电不仅在资源上和环境上有优势，在经济上也是有竞争力的。核电的发电成本由运行费、基建费和燃料费三部分组成。核电厂的运行费和火电厂的差不多，基建费比较高，而核电最基本的吸引力在于同燃煤、燃油和燃气电厂相比，其燃料费用较低。据经济合作与发展组织（OECD）对其成员国的估计，把铀的加工、浓缩并制造成燃料元件的费用考虑在内，核电厂的总燃料费用也大约只是燃煤电厂燃料费用的三分之一，是燃气联合循环发电厂的四分之一到五分之一。

应该指出的是，由于过去二十年内化石燃料价格的下跌，已经使得核电的早期成本优势受到影响。核电将来的竞争能力，将取决于煤电可能增加的额外费用。因为，化石燃料电厂的实际成本应该加上为达到减少二氧化硫和温室效应气体的排放目标而增加的费用。据 OECD 预计，在目前的法规体系下，除了可直接获得低价化石燃料的地区（如澳大利亚），其燃煤电厂靠近矿区和主要人口居住中心，核电仍然可保持对化石燃料电厂的经济竞争能力。

一项 1997 年的欧洲电力工业研究，比较了 2005 年投运的用于基本负荷的核电厂、燃煤电站和燃气电站的发电成本，见表 1-3。若贴现率按 5%计，核电的发电成本（主要是法国和西班牙）是 3.46 UScents/kW·h，比除了低价燃气发电方案外的所有其他电价要便宜。若贴现率按 10%计，核电的发电成本是 5.07 UScents/kW·h，比除了高价燃气发电方案外的所有其他电价要贵。

表 1-3　2005—2010 年的发电成本预期比较（UScents/kW·h）

国　家	核　电	燃　煤	燃　气
法国	3.22	4.64	4.74
俄罗斯	2.69	4.63	3.54
日本	5.75	5.58	7.91
韩国	3.07	3.44	4.25
西班牙	4.10	4.22	4.79
美国	3.33	2.48	2.33～2.71
加拿大	2.47～2.96	2.92	3.00
中国	2.54～3.08	3.18	

核电的一个重要方面是它与一个国家的国际收支平衡情况的关系。正如上面所提到的，核电厂与化石燃料电厂相比建设资金需求要大得多，而化石燃料电厂的燃料费用相对来说要高得多；也就是说，核电属于各种发电能源中投资成本高而运行成本低的一种，化石燃料发电则是属于投资成本低而运行成本主要是燃料成本高的一种。因此对于某些国家，比如日本或法国，就存在着是进口大量的燃料（发展煤电）还是在本国花大量资金（发展核电）这两者之间的选择，要做这种选择很大程度上取决于本国外汇储备基础，而不是简单地考虑发电成本。

在这种情况下，发展核电对于刺激本国工业有很大的影响，同时可减少长期从国外进口燃料。例如，在日本，新的燃煤电厂与核电厂(燃料是成本相对较低的铀)相比，燃煤电厂的生存要受制于进口燃料价格的上涨，因而在外汇储备量消耗上将遭到更严峻的挑战。

核电的另一个特点是有较高的负荷因子，负荷因子是电厂经济性能的一个很好度量，尽可能连续地运行不仅出自经济方面的需要，也是技术上的需求，核电厂能有相对较高的负荷因子(见表 1-4)说明核电技术已经成熟。

表 1-4 部分国家核电负荷因子值(截至 2008 年 5 月 22 日)[1)]

国家或地区	寿期平均负荷因子/%(至 2006 年)	核电厂数	容量/MW
日本	73.3	55	47 587
美国	77.2	104	100 582
法国	77.3	59	63 260
德国	83.7	17	20 470
英国	72.3	19	10 222
瑞典	79.7	10	9 014
加拿大	77.8	18	12 589
俄罗斯	69.4	31	21 743

注：1) 据 IAEA PRIS 数据库。

1.2.2 核电厂的安全性

核电厂的安全性，应能切实可靠地保障电厂周围的居民和核电厂工作人员的安全，即：

1. 在正常运行情况下，核电厂反应堆厂房外的放射性辐射，以及核电厂排放的液态和气态放射性废物，对电厂周围居民和工作人员的放射性辐照，应该远远小于法定的最大容许剂量。

2. 在事故情况下，不论是内部原因发生的事故，或由于外部原因(如飞机坠落、地震等)引起事故时，核电厂的安全系统应迅速投入，以确保堆芯的安全，并防止大量放射性物质泄漏到环境中去。

为了确保核电厂的安全性，现有核电厂的设计、建造和运行贯彻了纵深防御的安全原则。纵深防御原则包含在放射性源与人之间设置多道屏障，以及确保多道屏障有效的多级防御。这个原则贯彻在核电厂选址、设计、制造、建造、调试、运行、事故处置和应急准备等各个环节中。

1.2.2.1 多道屏障

第一道屏障是燃料芯块。由于裂变时裂变碎片射程很短，平均为 10^{-3} cm。因此除了在燃料芯块表面附近所产生的以外，绝大部分裂变碎片都将被包容在芯块内。对于气态裂变产物如碘、氪和氙等核素，一部分会因扩散而从燃料芯块中逸出，但燃料芯块大约能留住98%以上的放射性裂变产物。

第二道屏障是燃料元件包壳。用锆合金制成的燃料元件包壳，可以防止气体裂变产物以及在燃料芯块表面产生的裂变碎片的外逸，从芯块逸出的裂变气体，可存于燃料-包壳间隙中，或燃料元件端部的气隙内。在正常时，仅有少量裂变气体（如氚）可能通过包壳扩散到冷却剂中；当包壳有缺陷或破裂时，则将有较多的裂变产物进入冷却剂中。

第三道屏障是一回路系统压力边界，由压力容器、管道和设备组成。它们将高温、高压又带强放射性的燃料元件和冷却剂封闭在内。正常时仅允许少量泄漏（如 1 h 不超过 10 kg），泄漏水收集后送至放射性三废处理系统。

第四道屏障是安全壳。它将一回路系统的主要设备（包括一些辅助系统和设备）和主管道包容在内。安全壳的泄漏率很小，在设计压力下，每天泄漏率应不超过体积的 0.1%；安全壳顶部还设有喷淋系统，事故时可冷凝安全壳内的水汽以降温降压，这样，只要安全壳保持完整性，即使发生一回路压力边界破坏事故，也只会有极少量放射性物质泄漏到周围环境中去，核事故就不会对公众和环境造成危害。

1.2.2.2 多级防御

把纵深防御原则应用于各道实体屏障，采用多级防御措施保护每一道屏障，来提高它们的可靠性，包括五级相继深入而又相互支援的防御。

第一级防御 核电厂的设计、建造应考虑防止事故的发生，采取各种有效措施，在运行中提供必需的监督，把事故发生的概率降到最低程度，以达到长期安全运行。为此，要求反应堆及其动力装置的设计必须有内在的自然安全性，系统对于损伤必须有最大的耐受性，设备必须有冗余度和可检查性，以及在投入运行前或整个工作寿期内的可试验性等，具体如下。

(1) 反应堆需有负的反应性温度系数与空泡系数。

(2) 必须选择在运行条件（高温、高压、强辐照）下性能确实稳定的材料用作燃料、冷却剂以及与安全有关的结构材料。

(3) 仪表控制系统必须能满足要求，使操作人员在任何时刻都能控制整个核电厂，必须有一定的冗余度，当一个主要仪表或控制系统失效时，备用的仪表或系统能立即投入工作，不妨碍操作人员实现包括停闭反应堆在内的各项操作。

(4) 核电厂的建造与设备安装，必须按工程要求高标准进行，必须实施严格的质量保证。

(5) 部件的设计、安装还必须满足如下要求：能连续或定期检测出部件的磨损及事故先兆信号，允许对他们进行定期试验。

第二级防御 在满足第一级安全防御的各项要求之外，必须谨慎估计发生事故、影响安全的可能性及其对策问题，第二级防御要求能及时发现故障和控制异常工况，事故一旦发生，应能对人身与设备进行安全保护，防止和减小事故产生的危害。为此，核电厂除设有反应堆保护系统外，还应做到：

(1) 反应堆应有可靠的停堆系统，当某些控制棒组件不能插入（由于卡棒，或控制棒驱动机构的电路故障）时，仍能快速停堆；

(2) 电厂必须有两套独立的外电源、厂内事故电源、快速启动的柴油发电机组及蓄电池组。

第三级防御 这一级防御是作为对前两级防御的补充，以提高安全程度。它主要考虑到，如发生设计基准事故——如一回路主管道双端断裂的失水事故，或多重事故，而一些保护系统又同时失效时,必须有另外的专设安全设施投入工作,压水堆核电厂的专设安全设施详见第六章。由于专设安全设施的作用,可有效防止燃料的熔化和限制裂变产物的释放。

第四级防御 这一级防御是为防止和缓解核电厂的严重事故而采取的对策。

严重事故是指堆芯遭到严重损坏和熔化,甚至安全壳完整性遭到破坏的事故,它将导致放射性物质大量释放到环境,是一种超设计基准事故。1979 年 3 月的三里岛(TMI-2)核电厂事故和 1986 年 6 月切尔诺贝利(Chernobyl-4)核电厂事故就是两起严重事故,它说明如只考虑设计基准事故,不考虑严重事故的防止和缓解,将不足以确保工作人员、公众和环境的安全。但实际上,现有核电厂的设计是按保守的成熟设计,留有相当的安全裕度,在现有设计和运行中,只要采取适当的预防严重事故的措施,就可以大大降低严重事故的发生概率。它包括:

(1) 保持安全壳的完整性,它可以通过改进安全系统以减轻施加在安全壳上的载荷,以及加强安全壳结构,使放射性释放量减小至最低程度来达到。

(2) 采取事故处置措施,事故处置是指阻止事件演变成严重事故和限制放射性释放至环境而采取的措施,如:

① 对核电厂进行严重事故序列分析,作为制定事故处置的依据;

② 除通常的事件导向的紧急运行规程(Emergency Operation Program,EOP)外,还应有征兆导向或功能导向的紧急运行规程(State Operation Program,SOP);

③ 核电厂人员应有超设计基准事故的培训和再培训;

④ 应配置在事故处置中所需的支持性设备、仪表和诊断设施,可以利用核电厂现有的设备和仪表,也可临时设置。

国际经验表明,为核事故处理所付出的代价很小,却可以大大降低堆芯熔化概率和放射性物质的释放概率。

第五级防御 以核电厂发生严重事故的应急对策为主要内容,以适时采取应急防护措施,保护公众。

核电厂营运单位的应急计划应是国家核安全监督部门颁发首次装料批准书的先决条件之一。已发展核电的各国均以法规形式对核电厂应急准备有明确要求。核电厂的应急计划和准备,要以发生严重事故为基础。

1.3 核电厂运行的特点

核电厂运行的基本原则和常规火力发电厂一样,都是根据电厂负荷需要量来调节反应堆(锅炉)的发热量,使得热功率与电负荷相平衡。核电厂与火力发电厂的不同之处,在于核电厂是以原子核裂变时产生的能量作为能源,因此,核电厂中供应蒸汽的“锅炉”就是由反应堆、冷却剂回路系统及其辅助系统所组成的核蒸汽供应系统。这样,在控制和运行操作上也就带来一些与常规火力发电厂不同的特殊问题,主要有下列几点。

1. 在火力发电厂中,可以连续不断地向锅炉供给燃料,而压水堆核电厂的反应堆,却只能对堆芯一次装料,定期停堆换料。因此在堆芯装新料后初期,过剩反应性往往很大,在现代压水堆中,对堆芯反应性的控制调节已普遍采用棒束型控制棒组件和溶于冷却剂中的化学“毒物”——硼酸相结合的方法。反应堆冷却剂中含有硼酸以后,给一回路系统及其辅助系统的运行和控制，带来一定的复杂性。

2. 反应堆的堆芯内，核燃料发生裂变反应释放核能的同时，也释放出瞬发中子和瞬发 γ 射线。由于裂变产物的积累，以及堆内构件、压力容器等受中子的辐照而活化，所以反应堆不管在运行中或停闭后，都有很强的放射性，运行时要注意防止事故的发生，特别要防止放射性物质的外逸而污染环境；从维修上来说，放射性也带来了很多常规火力发电厂所没有的特殊问题。

3. 反应堆在停闭后，运行过程中积累起来的裂变碎片的 β，γ 衰变，将使堆芯产生剩余发热，即衰变热（其原因及计算详见 11.5.4.1）。因之，堆停闭后不能立即停止冷却，否则会出现燃料元件因过热而烧毁的危险；即使在核电厂长时间停闭情况下，也必须继续除去衰变热，当排放时，必须严格遵照国家的放射防护规定，力求降低排放物的放射性水平。

4. 与火力发电厂相比，核电厂的建设费用高，但燃料所占费用较为便宜，为了提高经济性，极为重要的是要维持高的电厂利用率，为此：

（1）应在额定功率或尽可能接近额定功率的工况下作为基本负荷连续运行；

（2）尽可能缩短电厂的停闭时间。

1.4　压水堆核电厂的组成

压水堆核电厂的系统和设备，通常可以分为两大部分，如图 1-1 所示。

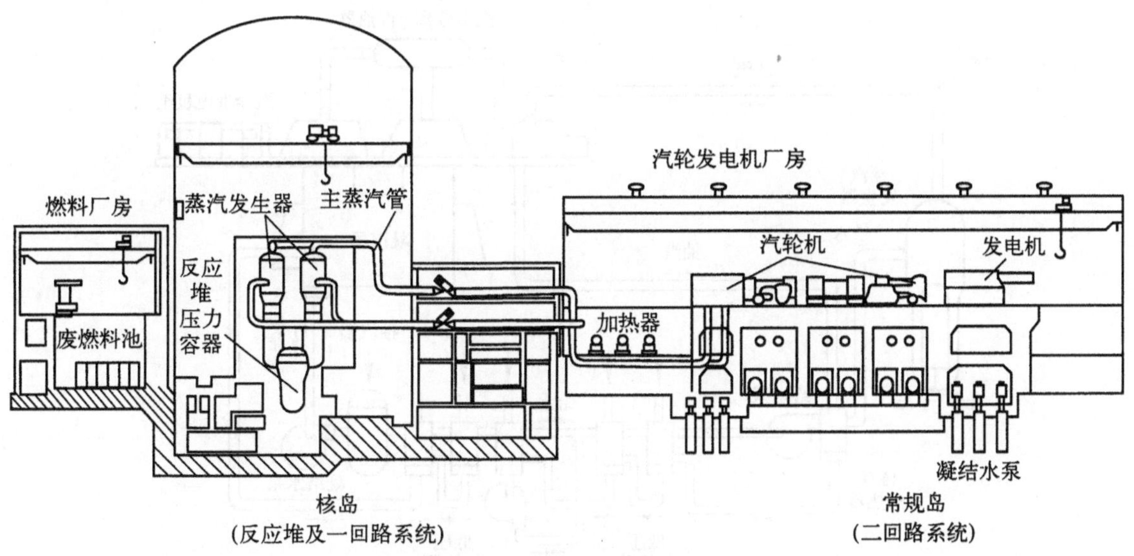

图 1-1　压水堆核电厂的组成

1. 核的系统和设备部分（又称核岛）

2. 常规的系统和设备部分（又可称作常规岛）

核岛由以下部分组成：

1）核蒸汽供应系统，包括以下系统：

(1) 压水堆及一回路主系统和设备(主管道、冷却剂泵、蒸汽发生器、稳压器及卸压箱等);

(2) 三个辅助系统:化学和容积控制系统、余热排出系统和安全注射系统;

(3) 以上系统的控制、保护和检测系统。

在有的压水堆设计中,核蒸汽供应系统只包括压水堆及一回路主系统和设备,如美国燃烧工程公司所设计的电功率为1 300 MW系统 80 的核蒸汽供应系统。

2) 核岛的其余组成部分,它包括:

(1) 设备冷却水系统、生水系统、重要厂用水系统;

(2) 放射性废物处理系统及硼回收系统(即一回路排水处理系统);

(3) 反应堆安全壳及安全壳喷淋系统;

(4) 核燃料装换料及贮存系统(有的设计把这个系统列入核蒸汽供应系统);

(5) 安全壳通风和过滤系统、核辅助厂房通风系统;

(6) 柴油发电机组。

核岛核蒸汽供应系统中的压水堆、一回路主系统和设备及余热排出系统安装在安全壳内,核蒸汽供应系统中另两个辅助系统及核岛的其余组成部分均在安全壳外的核辅助厂房中。

压水堆核电厂的常规岛包括那些与常规火力发电厂相似的系统及设备,如图 1-2 所示。主要有:

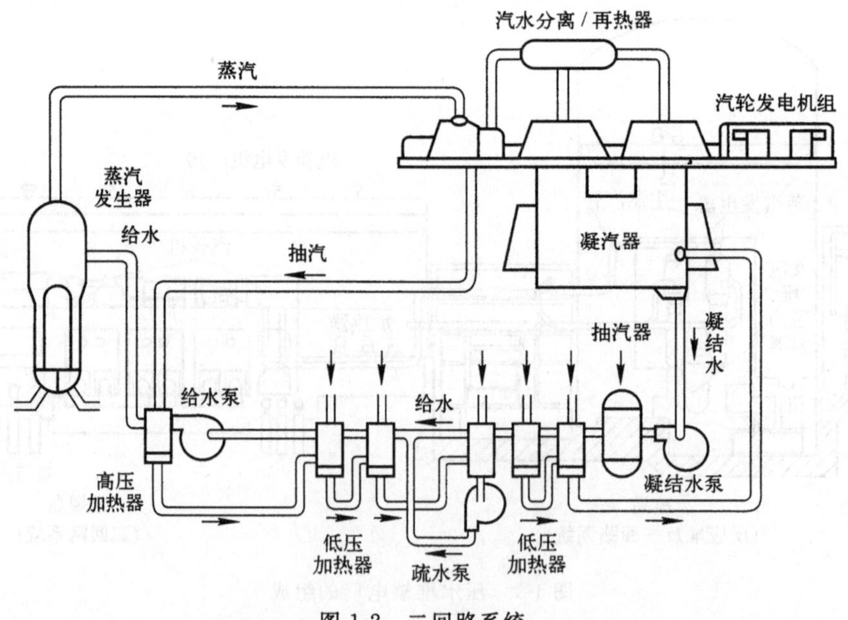

图 1-2 二回路系统

(1) 二回路系统,又称汽轮发电机系统,由蒸汽系统、汽轮发电机组、凝汽器、蒸汽排放系统、给水加热系统和辅助给水系统等组成;

(2) 循环冷却水系统;

(3) 电气系统及厂用电设备。

1.5 我国核电的起步和发展前景

1991 年 12 月，我国自行设计和建造的第一座 300 MW 原型核电厂——秦山核电厂建成发电，从国外引进技术、设备，具有 20 世纪 80 年代后期国际先进水平的第一座大型商用核电厂(2×900 MW)——广东大亚湾核电厂的两个机组也于 1994 年 2 月和 6 月先后投产。两项核电工程的建成标志着我国核电已经起步。表 1-5 为两座核电厂的主要参数。

表 1-5 秦山核电厂和大亚湾核电厂的主要参数

		秦山核电厂	大亚湾核电厂
功 率			
反应堆热功率	MW	966	2 895
总输出电功率	MW	330	985
净输出电功率	MW	300	930
频率	Hz	50	50
安全壳			
类型		密封钢衬，预应力混凝土壳	密封钢衬，预应力混凝土壳
内直径	m	36	37
墙厚度	m	1	0.9
全高度	m	62.5	59.4
内部容积	m^3	54 000	60 000
反应堆堆芯			
燃料组件型号			AFA 先进燃料组件
燃料组件数量		121	157
铀总重	t	35.9	72.5
棒束型控制组件		37	61
每个控制棒组件吸收棒数		20	24
中子吸收体		Ag-In-Cd	Ag-In-Cd
包壳材料		Zr-4	Zr-4
反应堆冷却剂系统			
环路数		2	3
运行压力	MPa	15.2	15.5
压力容器入口温度	℃	288.8	292.4
压力容器出口温度	℃	315.2	327.6
反应堆压力容器			
类型		2 环路	3 环路
内径	m	3.38	3.99
总重(筒体＋顶盖)	t	230	314

续表

		秦山核电厂	大亚湾核电厂
蒸汽发生器			
型号			55/19
传热管材料		Inconel-800	Inconel-690
传热管尺寸	mm	ϕ22×1.2	ϕ19.05×1.09
蒸汽压力	MPa	6.58	6.89
蒸汽湿度	%	0.25	0.25
总重(无水)	t	208	308
反应堆冷却剂泵			
数量		2	3
型号			100 型
额定流量	m^3/h	16 100	23 790
电压	kV	4.2	6.6
总重量	t	96	104
蒸汽循环			
蒸汽流量	m^3/h	1 039.4	1 613.4
蒸汽压力	MPa	6.32	6.63

1.5.1 我国核电厂安全运行的良好业绩

中国内地从 1991 年第一个核电厂投运，已经有了 40 堆·年的运行经验。

1. 秦山核电厂、大亚湾核电厂的安全稳定运行，充分验证了核电是清洁、环保型能源。数据显示，与同等容量的燃煤电站相比，大亚湾核电厂每年可减少排放二氧化碳 1 350万吨、二氧化硫 10 万 t、氮氧化物 6 万 t，烟尘 1.8 万 t，灰渣 90 万 t。作为首家通过 ISO14001 环境管理体系认证的中国核工业和电力行业企业，大亚湾核电厂 10 km 半径范围内的 7 个环境监测站检测结果表明，核电厂周围放射性本底水平与核电厂建设之前相比没有发生变化。

2. 从这 40 堆·年的情况来看，9 个核电机组都没有发生过二级或者二级以上的核事件。2005 年所有运行机组共发生 24 起运行事件，其中 21 起按国际核事件分级规定属 0 级事件，3 起 1 级事件。工作人员所受到的辐照剂量远低于国家规定的限值；核电厂的环境辐射监测数据基本保持在本底水平，我国在役核电厂的运行安全基本得到保障。

3. 核电厂投产发电后，可以给当地税收带来巨大的收益。据介绍，大亚湾核电厂 2002 年实现利税数十亿元人民币，上缴各项税金超 2 亿元人民币。核电厂对地方政府的诱惑还体现在建厂资金的来源上，大亚湾核电厂并没有花费当地政府的一分钱，却从最初的 4 亿多美元的注册资金滚动到今天的 570 亿元人民币资产，并用“以核养核、滚动发展”方针建成了岭澳核电厂和正在建设的岭东核电厂。

4. 经过 50 年的发展，中国已经形成了完整的核工业体系，包括地质勘探、铀矿采冶、铀转化与同位素分离、元件制造和后处理等。同时,中国在核电技术的研究开发、工程设计、设备制造、工程建设、运营管理等方面,形成了一支具有丰富实践经验的技术与管理人才队伍,也具备了以我为主、适当引进国外技术,能够自主设计、自主建造和自主运行,建设百万千瓦级压水堆核电机组的能力。

我国核电安全运行的良好业绩,充分表明加快核电发展的意义有以下几个方面:

1.加快核电发展,有利于优化能源结构,缓解运输压力,对提高能源效率和电网运行的安全可靠性,保障国家能源安全乃至经济安全,具有重要的战略意义。对保障沿海发达地区的经济快速增长,改变单一电力结构,构造"北煤、西水、东南核"能源新格局,具有突出的作用。

2.发展核电是减少环境污染,实现经济和生态环境协调发展的有效途径。

核电不排放硫氧化物、氮氧化物和温室气体。大规模发展核电,对于保护生态环境,促进能源与经济社会的可持续发展,将起到更加重要的作用。

3.发展核电可促进核科技工业发展。

核科学技术是现代科学技术的重要组成部分,是国家科技实力的重要标志。核科技工业是国防建设的重要基石,是国家安全的重要保障。

4.发展核电是促进装备制造产业升级的重要措施。

核电是高技术密集的产业,核电发展涉及材料、冶金、化工、机械、电子、仪器制造等众多行业。由于核电的特殊性,对这些行业提出了技术水准很高的要求。发展核电有利于推动这些行业的技术改进,提高技术水平和管理水平。

一座百万千瓦级双堆核电厂,按比投资 1 500 美元/kW 计算,造价即达 30 亿美元。推进核电建设的自主化、本土化,有利于为我国装备制造业提供较大的市场,促进整个国民经济的发展。

2007 年 11 月 2 日,国家发展改革委员会发布了经由国务院正式批准的《核电中长期发展规划(2005—2020 年)》。规划规定 2020 年核电装机容量要达到4 000万千瓦,另外在建 1 800万千瓦。届时,核电装机容量约占总电力装机容量的 4%。随着国民经济的发展和能源结构调整的深化,国家正考虑将 2020 年核电装机容量的百分比从 4%提高至 5%。

1.5.2 核能技术的发展和第四代先进核能系统

迄今为止,核能技术可以划分为三代:第一代核能系统 20 世纪 50 年代末至 60 年代初,世界建造的第一批原型电站。

第二代核能系统是指在 20 世纪 60 年代至 70 年代世界上大批建造,单机容量在 600~1 400 MW的标准型核电厂。它们构成了世界上目前运行的 430 多座核电厂的主体,我国大亚湾核电厂、秦山核电厂即属于这一代。

"二代加"改进:CPR1000(中国改进型压水堆)。

第三代核能系统指的是 20 世纪 80 年代开始发展,在 90 年代投入市场的先进轻水堆核电厂:

——如日本的先进沸水堆(ABWR)、已经有 2 台机组建成运行;

——韩国的 APR1400(先进压水堆);

——欧洲压水堆(EPR)和美国的先进压水堆(AP600,AP1000)都属于这一代。第三代核能系统基于第二代核能系统的成熟技术，重新设计，做了大量研究开发工作，历经 20 年完成。第三代反应堆在安全性和操作的简便性方面确实有重大的改进。

考虑到新一代核能系统的发展需要相当长的周期，也由于对新的核能系统的要求已逐渐明朗，美国能源部着手规划发展在经济性、安全性和废物处理等方面有重大改革的新一代先进核能系统——第四代先进核能系统(Generation Ⅳ)。

1999 年 11 月召开的美国核学会冬季年会上，进一步明确了发展第四代核能系统的设想。2000 年 1 月，美国、法国、日本、英国、韩国、南非等 9 个国家政府在华盛顿签署了共同发展第四代核能系统的声明。2000 年 5 月，由美国能源部主持，在华盛顿召开了关于第四代先进核能系统发展目标的专家研讨会。会议的目的是提出第四代核能系统必须满足的目标和特性，特别是从安全角度，提出第四代先进核能系统必须具有下列特性：

1) 必须具有非常低的堆芯破损概率，堆芯熔化概率小于每堆·年 10^{-6}；

2) 能够通过对核电厂的整体实验向公众证明核电的安全性；

3) 在事故条件下无厂外放射性物质的释放，不需场外应急，即无论核电厂发生什么事故，都不会对厂外公众造成损害；

4) 初投资低于 1 000 美元/kW；

5) 建设周期小于 3 年；

6) 电力生产成本低于 3 美分/度电，能够和其他电力生产方式相竞争。

第2章　压水堆核电厂一回路主系统和设备

根据核电厂的功率大小和设备制造厂的生产能力，一回路主系统一般由一个反应堆和二至四个并联的闭合环路组成。这些闭合环路以反应堆压力容器为中心作辐射状布置，每个闭合环路都由一台或两台冷却剂泵，一台蒸汽发生器和相应的管道及仪表组成。另外，还有一个由带有三个安全阀组的稳压器和卸压箱组成的压力调节回路，与一回路主系统某个环路中的热管段相连接，用于一回路主系统的压力调节和超压保护。

2.1　一回路主系统

一回路主系统，又可称为压水堆冷却剂系统，其主要功用是由冷却剂将堆芯中因核裂变产生的热量传输给蒸汽动力装置并冷却堆芯，防止燃料元件烧毁。一回路主系统的典型流程如图2-1所示，图2-2是一个带有三个环路的一回路主系统布置图。

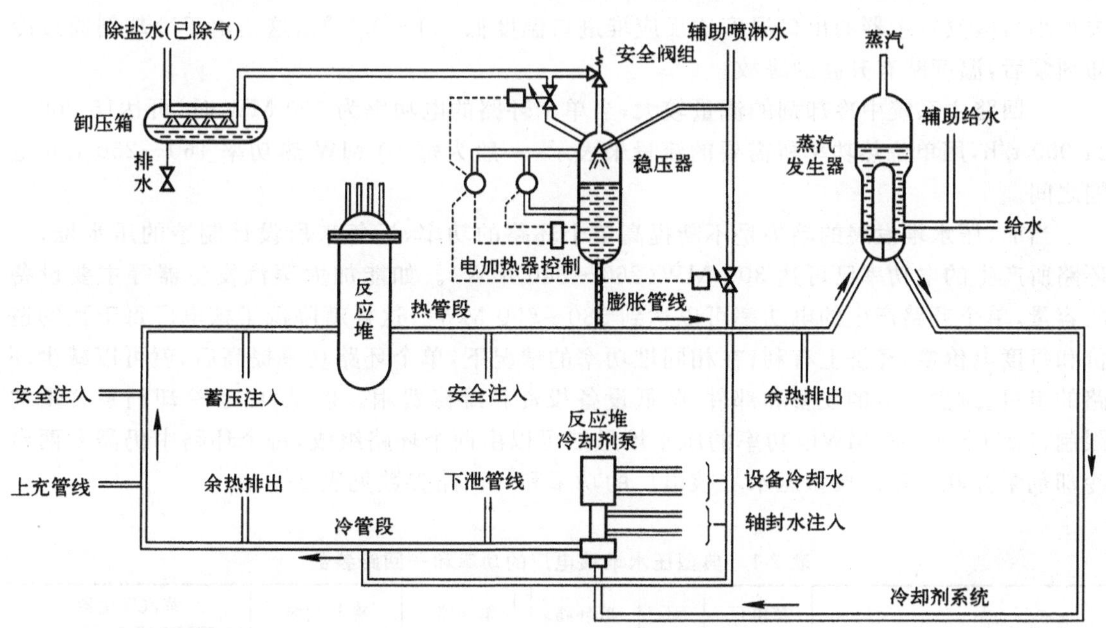

图2-1　一回路主系统典型流程图

在压水反应堆中，采用除盐除氧的含硼水作为冷却剂，并兼作慢化剂，高压、大流量的冷却剂在堆芯吸收了核燃料裂变放出的热量，从反应堆压力容器的出口流出，经热管段进入蒸汽发生器传热管，将热量传给传热管外二回路侧的给水，产生蒸汽，推动汽轮发电机组发电；

冷却剂由蒸汽发生器传热管流出，从过渡段进入冷却剂主泵，经主泵升压后，又流入反应堆。带有放射性的冷却剂始终循环流动于闭合的一回路主系统各环路中，与二回路系统是完全隔离的，这就使核蒸汽供应系统产生的蒸汽是不带放射性的，方便了二回路系统设备的运行与维修，并且可以对压水反应堆采用调节冷却剂中含硼浓度的方法，配合控制棒组件来控制堆芯的反应性变化。

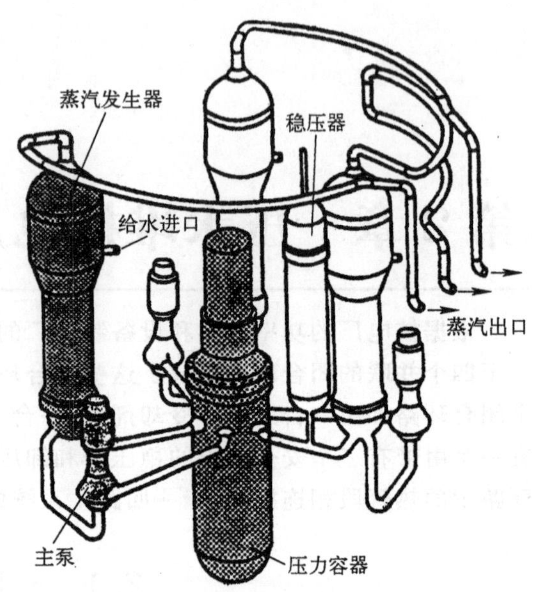

图 2-2 一回路主系统布置图

一回路主系统中冷却剂的工作压力，目前一般取在 14.7～15.7 MPa之间，常用的是 15.5 MPa；提高冷却剂工作压力有利于二回路蒸汽参数的提高，但是受到各主要设备特别是压力容器的技术上(如承压能力)和经济上的限制。这里的工作压力是指一回路的平均压力，因为在压水堆运行时，回路中各处的压力是略有差异的，通常以稳压器内蒸汽压力为准。

冷却剂在反应堆进口处温度一般为 280～300 ℃，从反应堆出口的温度为 310～330 ℃，出口的温升一般为 30～40 ℃；蒸汽发生器进口处的温度和反应堆出口温度相同(考虑热损失很小)，蒸汽发生器的出口温度比反应堆进口温度低 0.1～0.3 ℃，这是由于冷却剂通过冷却剂泵后，温度略有升高的缘故。

一回路主系统中冷却剂的流量较大，当单个环路的电功率为 300 MW 时，可达15 000～24 000 t/h，用单位热功率所需要的流量来表示，一般为每 10 MW 热功率 160～250 t/h 范围之间。

当前，压水堆发展的趋势是不断提高单个环路的功率，近年来所设计制造的压水堆，一环路所产生的电功率已可达 300 MW(260～340 MW)。如能加大蒸汽发生器等主要设备的容量，单个环路产生的电功率可以达到 580～650 MW。这样就降低了核电厂每千瓦的造价和每度电价格，经济上有利；在相同堆功率的情况下，单个环路功率提高后，就可以减少环路的组目，减少相应的设备和部件，降低设备投资和维修费用。但是，由于冷却剂泵容量的限制，1 150～1 300 MW电功率的压水堆虽然可以由两个环路组成，每个环路中仍需要两台冷却剂泵并联工作。典型压水堆核电厂的功率和一回路参数见表 2-1。

表 2-1 典型压水堆核电厂的功率和一回路参数

制造厂商	核电厂功率/MW	环路数	单环路电功率/MW	单环路流量/(t/h)	冷却剂泵数及功率/kW	蒸汽发生器		
						换热面积/m²	管板直径/m	重/t
西屋公司	300	2	150	11 000	2×2 700	2 700	2.7	160
西屋公司	450	3	150	11 000	3×2 700	2 900	2.9	160

续表

制造厂商	核电厂功率/MW	环路数	单环路电功率/MW	单环路流量/(t/h)	冷却剂泵数及功率/kW	蒸汽发生器		
						换热面积/m²	管板直径/m	重/t
德国西门子公司	600	4	150	11 000	4×3 000			
西屋公司	600	2	300	18 180				
西屋公司、法马通公司	900	3	300	22 840	3×5 500	4 700	3.4	300
燃烧工程公司	900	2	450	21 000				
德国西门子公司	1 000	3	330					
西屋公司、三菱公司	1 150	4	300	15 833				
西屋公司、德国西门子公司	1 200	4	300	15 833	4×5 500			
西屋公司、德国西门子公司、法马通公司	1 300	4	330	18 000	4×5 480	5 400	3.75	425
燃烧工程公司	1 300	2	600	23 300	4×6 875	6 200	4.8	720
西屋公司、法马通公司	1 500	4						

2.2　压水反应堆

压水堆的设计，经过 50 多年的发展与改进，技术已趋成熟，一个现代典型压水堆的本体结构如图 2-3 所示，它由压力容器(包括压力容器筒体及顶盖)、下部堆内构件、反应堆堆芯、上部堆内构件、控制棒组件及其驱动机构等组成。

压水堆压力容器，既起着包容整个堆芯、固定和支承控制棒驱动机构、堆内构件的作用，又要作为一回路系统的组成部分，在运行温度和压力条件下起容纳冷却剂的压力边界的作用。因此，当压水堆作为核电厂的热源运行时，必须注意压力容器的密封性以防止冷却剂泄漏问题，材料的抗腐蚀和抗辐照问题，以及冷却剂在堆芯内循环流动过程中堆芯结构部件的松动监测问题等。

2.2.1　压水堆堆芯

2.2.1.1　概述

堆芯又称活性区，是压水堆的心脏，可控的链式裂变反应就在这里进行。现代压水堆的堆芯是由上百个横截面呈正方形或六角形的无盒燃料组件构成的，燃料组件按一定间距垂直坐放在堆芯下板上，使组成的堆芯近似于圆柱状；堆芯的重量通过堆芯下板及吊篮由压力容器法兰支承。堆芯的尺寸根据压水堆的额定功率和燃料组件装载数而定，功率较小(热功率约 1 800 MW)的压水堆，堆内装的燃料组件少，堆芯直径约为 2.5 m，大型压水堆(热功率为 3 800 MW 左右)堆芯直径可达 3.9 m；堆芯的高度，等于燃料组件棒中核燃料的长度，通常在 3.6～4.3 m 左右。

轻水冷却剂从压力容器上部的进口接管进入，先沿着堆芯吊篮与压力容器内壁之间的

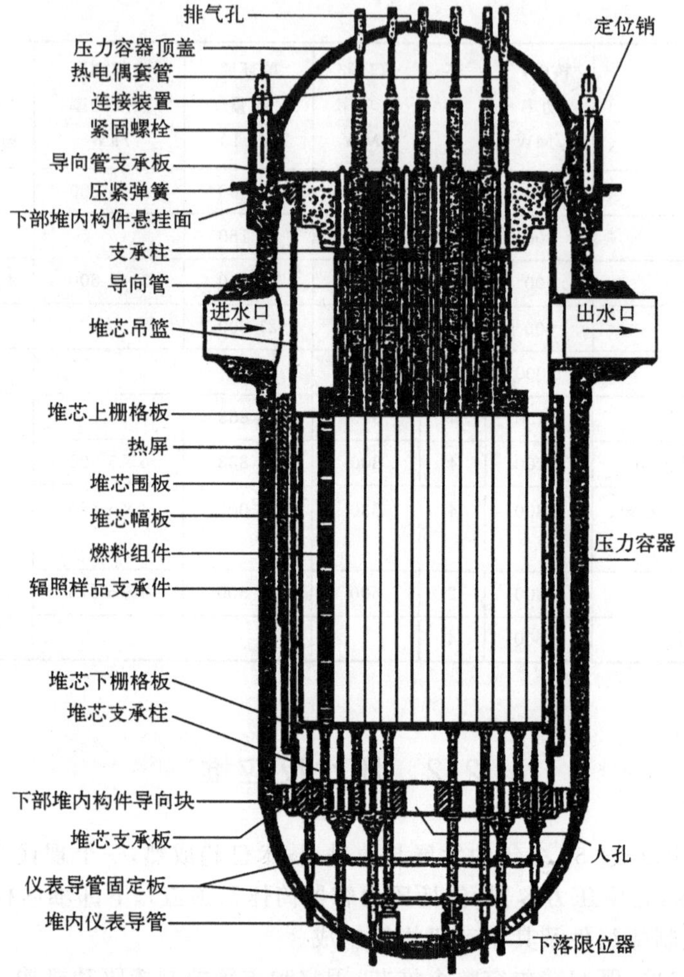

图 2-3　压水堆的本体结构

环状间隙向下流，在这过程中冷却吊篮、热屏蔽层和压力容器壁，到达压力容器底部后，改变方向向上流经堆芯，带走核裂变反应产生的热量，高温的冷却剂从压力容器的出口接管流出堆外，在蒸汽发生器里把二回路给水加热成蒸汽。

堆芯的反应性可以用以下两个方法来加以控制。

1. 依靠棒束型控制棒组件的提升或插入，来实现电厂启动、停闭、负荷改变等情况下比较快速的反应性变化。控制棒组件靠控制棒驱动机构带动，可在燃料组件内上下移动，控制棒驱动机构安装在压力容器的顶盖上，当压水堆需要更换燃料组件时，控制棒驱动机构与压力容器顶盖一起被移走。

2. 调整溶解于冷却剂中硼的浓度来补偿因燃耗、氙、钐毒素、冷却剂温度改变等引起的比较缓慢的反应性变化。

在新的堆芯中，还将可燃毒物做成固定不动的控制棒（即可燃毒物棒）装入堆芯，用来补偿堆芯寿命初期的剩余反应性。

2.2.1.2　燃料组件

燃料组件是压水堆最重要的堆芯部件。早期压水堆的燃料组件是有盒的，所以那时的燃料组件叫做元件盒。从 20 世纪 60 年代后期开始，压水堆普遍采用了无盒、带棒束型控制棒组件的燃料组件，这种型式的燃料组件的优点是：减少了堆芯内的结构材料，冷却剂可以充分交混，改善了燃料棒表面的冷却。

一般燃料组件内的燃料棒按正方形排列，常用的有 14×14，15×15，16×16 及 17×17 等几种型式。这里主要介绍按 17×17 排列的燃料组件，其他几种排列的燃料组件的组成情况可参见表 2-2。

表 2-2　压水堆核电厂堆芯燃料组件类型

燃料棒径/mm	ϕ10.75			ϕ10	ϕ9.5		
包壳壁厚/mm	0.65	0.65	0.70	0.70	0.57	0.57	0.64
芯块直径/mm	ϕ9.25	ϕ9.28	ϕ9.18	ϕ8.43	ϕ8.19	ϕ8.19	ϕ8.05
棒间距/mm	14.12	14.3	143	13.3	12.32	12.6	11.7
棒排列	14×14	15×15	16×16	15×15	16×16	17×17	18×18
燃料棒数	179	204	236	204	235	264	300
组件尺寸/mm	$(197.2)^2$	$(214)^2$	$(229.6)^2$	$(199.3)^2$	$(197.7)^2$	$(214)^2$	$(229.6)^2$
堆芯组件数	121	157	193	121	121～157	157～193	193
堆芯当量直径/m	2.50	3.04	3.60	2.83	2.46～2.83	3.04	3.60
堆芯有效高度/m	2.65	2.98～3.66	3.90	3.40	3.66～3.40	3.66	3.90
堆芯高径比	1.06	0.98～1.20	1.08	1.20	1.48～1.20	1.20	1.08
电厂功率/MW	300～700	600～1 150	1 300	300	600	900～1 200	1 000～1 300
核电厂举例	德国：奥布里希汉姆 日本：美滨1号	德国：斯塔特 美国：勇士号	德国：比布利斯	中国：秦山核电厂	巴西：安格拉	法国：费森海姆 中国：大亚湾核电厂	德国：卡诺伏

现代大型压水堆核电厂所采用的 17×17 型燃料组件如图 2-4 所示。燃料组件由燃料棒、上管座、下管座、弹性定位格架、控制棒导向管、中子注量率测量管等组成。每一个组件中总共有 289 个棒位，其中 24 个棒位放控制棒（或可燃毒物棒）的导向管，1 个棒位放中子注量率测量管，其余 264 个棒位放燃料棒，在一个燃料组件的全长上，有 8 个弹性定位格架．组装时，由 24 根控制棒导向管，把弹性定位架与上管座、下管座连成一体，成为燃料组件的"骨架"。同时，沿燃料组件的高度，在燃料棒需要侧向支撑的位置上，将格架固定在导向管上，264 根燃料棒由"骨架"来定位、支撑，并保持棒的间距。

目前正在运行的岭澳核电厂，其首炉堆芯采用的是法国 17×17 的 AFA2G 型燃料组件。

法国在 AFA2G 的基础上，经过十几年的研制，发展了 AFA3G 燃料组件。它由上管座、下管座、两个端部格梁、6 个结构搅混格架格架、3 个专门起搅混作用的跨间搅混格架、24 根导向管和 1 根仪表管构成的骨架加上 264 根燃料棒构成，燃料棒按 17×17 方式排列，如图 2-5。AFA3G 燃料组件于 1998 年正式投入商业应用，目前不仅在法国本土，而且在欧洲、美国、南非和我国的压水堆核电厂中均有采用。岭澳核电二期核电厂拟采用按法国技术设计和制造的 17×17 的 AFA3G 型燃料组件。

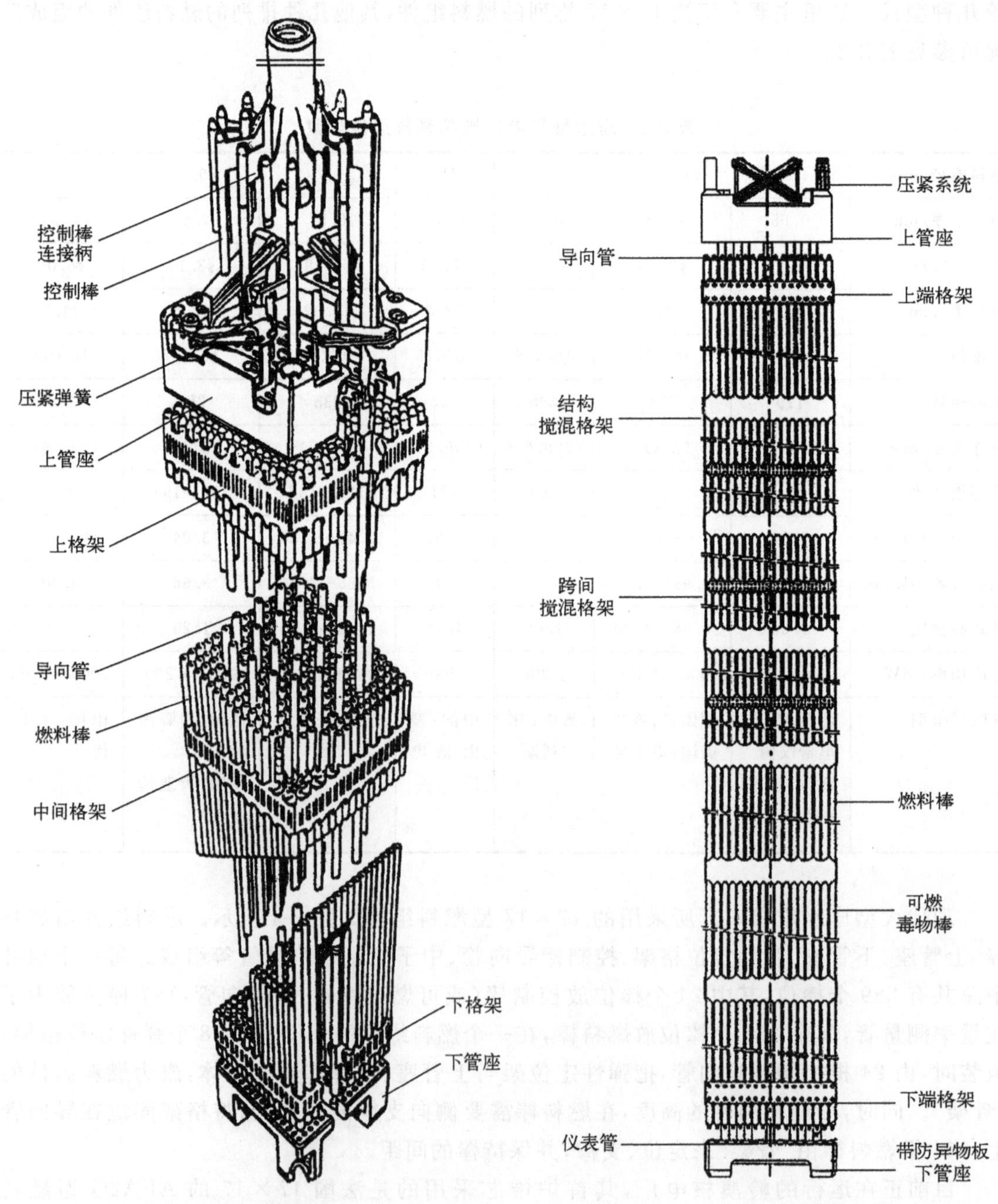

图 2-4　17×17 型燃料组件(内插控制棒组件)

图 2-5　17×17AFA3G 型燃料组件

由于18个月换料的AFA3G燃料组件中大部分是富集度为4.45%的燃料棒，另外还有少量燃料棒的芯块由富集度为2.5%的UO_2与Gd_2O_3（占8%）混合制成，称为可燃毒物棒或钆棒，它的作用是控制换料初期反应堆的反应性。不同组件中钆棒的数目可能不一样，共有四类组件，分别含0，8，20和24根钆棒。

AFA3G燃料组件，与AFA2G燃料组件相比，其主要设计特点列于表2-3。

表 2-3　AFA3G 燃料组件主要设计特点

项　目	AFA3G设计特点	作　用
包壳材料	新开发的M5合金 （锆-1%铌-氧合金）	腐蚀量是锆-4合金的1/3； 吸氢量是锆-4合金的1/6； 辐照生长是锆-4合金的1/2； 热蠕变是锆-4合金的1/3
上管座和下管座	减小高度，分别缩短3.57 mm和8 mm	上管座和下管座之间的距离变大；增加燃料棒的气腔长度，以便燃料棒满足高燃耗下的内压准则要求
导向管 （含中子注量管）	加大导向管的缓冲段直径和加大壁厚	使燃料组件横向刚度增大25%～30%，解决了燃料组件在高燃耗下的弯曲问题；不致发生控制棒落棒时间增加，甚至落不到底等问题
压紧板弹簧	优化设计	有利于减小组件在高燃耗下的弯曲
带限位的定位格架		对燃料棒有夹持力，但不会窜动，提高了燃料组件吊装的可靠性
增设3个中间搅混格架（MSMG）	高度18 mm，有4个刚性凸台，在第4至第7相邻两格架之间	可使堆芯DNB裕量增加15%～55%，在落棒事故下增加15%，组件横向刚度也得到提高
格架外条带	重新设计角栅元处有圆滑的形状；由消应力退火改为再结晶退火	避免了组件在吊装过程中的互相勾挂减少横向辐照生长，防止格架的横向尺寸有所增加
设改进型防异物板		80%燃料棒破损是由进入燃料组件棒束的金属异物造成的，能更有效地防止异物进入燃料棒束

从上表可看出，AFA3G燃料组件较AFA2G燃料组件，无论从材料特性，还是机械、热工性能，都有较大的提高，在安全和技术上的改进有如下特点：

燃料棒气腔长度增加了16.3 mm，初始充氦内压降低了1.1 MPa，可容纳更多的裂变气体，为提高燃料棒燃耗提供了条件，AFA3G燃料组件燃耗可达到60 000 MWd/tU。

燃料棒包壳材料改用综合性能更佳的M5（Zr-1%Nb-0.12%O）合金，堆内辐照经验表明，它明显地提高了燃料棒的可靠性。

从经济性方面考虑，对于相同富集度芯块的AFA3G和AFA2G燃料组件，由于其材料成本及制造成本没有太大变化，产品单价相当。但是，由于AFA3G能够承受更高的燃耗，故可以实施先进的低泄漏、长循环的燃料管理，可减少新燃料的数目（每年可省8至12个组件）和乏燃料贮存数目，降低后处理的处理费用；减少换料大修次数（3年3次变为3年2次），从而提高电厂的可利用率，并减少了维修费用。

弹性定位格架是燃料组件中极为重要的部件，它是由冲有插槽的镍基合金条状带插配在一起后，经钎焊而成的，在每个燃料棒位内的六个支承点上，用指形弹簧对燃料棒施加夹紧力，它们既可以把燃料棒夹持住，保持必要的间距，不使它横向移动；又允许燃料棒在轴向滑动，即容许燃料棒可在轴向自由膨胀，以防止由于热膨胀产生棒的弯曲。弹性定位格架有两种形式：位于活性区的6个定位格架的条带有突出的混流翼，以利于在高热负荷区加强冷却剂的混合；燃料组件上、下两端两个弹性定位格架的条带上没有混流翼，而其他方面完全与前一种相同。

除8个定位格架之外，增设的3个中间搅混格架(MSMG)分别布置在第4至第7个格架相邻两格架之间，中间搅混格架高度仅18 mm，有4个刚性凸台，起加强冷却剂搅混作用，可使堆芯DNB裕量增加15%～55%，在落棒事故下增加15%，组件横向刚度也得到提高。

控制棒导向管是燃料组件整体的一部分，它插在没有燃料棒的位置上，与弹性定位格架固定在一起，成为燃料组件的骨架。导向管由锆-4合金管做成，上下具有两种不同的直径，上部直径大，即具有较大的横截面，当反应堆要停闭时可以让控制棒快速插入；在正常运行时，管内有一股小流量冷却剂流过；在占导向管全长约1/7的下部，直径略为减小，当控制棒快要全部插入时，可以起缓冲作用。导向管的两个不同直径之间的过渡段作成锥形，其上部开有流水孔，在正常运行时，冷却剂由此进入；当反应堆停闭控制棒下插时，让缓冲段的冷却剂由此处流出。控制棒导向管与弹性定位架间的固定，是用专门机械对导向管局部胀管来实现的。

中子注量测量导向管是一根上下直径相同的锆-合金管，它用像控制棒导向管一样的方法固定到弹性定位格架上。

作为燃料组件上下支承的上下管座都是箱形结构。下管座作为燃料组件的下部结构，同时还控制着通过各燃料组件的冷却剂的流量分配；上管座是燃料组件的上部结构，中部有一空间，刚离开燃料组件的冷却剂在那里进行混合，然后再向上通过堆芯上板的流水孔。

燃料元件棒由二氧化铀陶瓷芯块及经过冷加工和消除应力的锆-4包壳组成，见图2-6。

芯块在包壳内，只叠装到所需要的高度，然后把一个压紧弹簧和隔热片放在芯块上部，用端塞压紧，再把端塞焊到包壳端部，端塞设计成便于燃料组件的组装与修理，端塞有一圈径向槽，便于专用抽拔加工具夹紧燃料棒。

包壳中留有足够的空间和间隙，用于补偿包壳和燃料芯块不同的热膨胀，以及芯块的辐照肿胀，并且作容纳裂变气体的膨胀室，上端塞带有一个小孔，用于制造时往包壳内充氦加压至2.0 MPa，以减少包壳蠕变和增加燃料棒的导热性能和可靠性；用氦气加压后，用熔焊将小孔封死。包壳内的压紧弹簧，可以防止运输与操作过程中芯块的窜动。

燃料芯块是圆柱体，由稍加富集的二氧化铀粉末冷压成形再烧结成所需密度。每一片芯块的两面呈浅碟形，以减小燃料芯块因热膨胀和辐照肿胀引起的变形。一根燃料棒内装有275个燃料芯块。

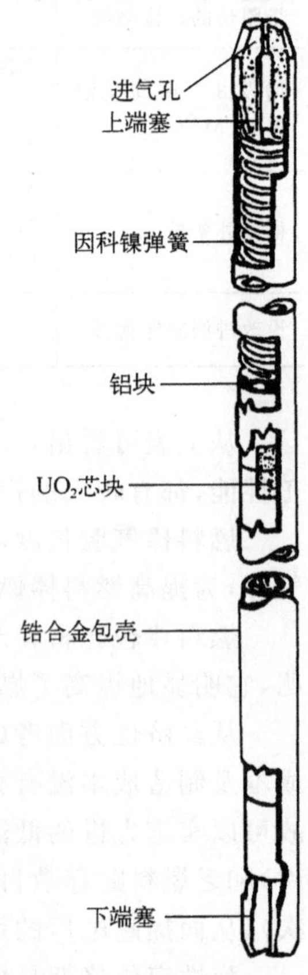

图2-6 燃料元件棒

在一个燃料组件的 264 根燃料棒中，所装填的二氧化铀芯块的富集度都是相同的，但是，整个反应堆堆芯的 157 根燃料组件中芯块的富集度是不同的，按燃料组件富集度的不同，径向可分为几个区域；通常富集度最高的燃料组件放在最外区，几种富集度较低的则均匀分布在整个堆芯的其余部分，表 2-4 是一个由 157 根燃料组件组成的反应堆堆芯的具体构成。

表 2-4　反应堆堆芯(157 个燃料组件)的具体构成

	组件数	第一次装载的富集度/%
第一区　1/3	53	1.8
第二区　1/3	52	2.4
第三区　1/3	52	3.1

在压水堆的一个运行周期后，取出中心部分燃耗最深的燃料组件，第二区的燃料组件移入中心，再将最外区燃料组件移至第二区，而把新的富集度为 3.25% 的燃料组件补充在外围区域，装在各区的燃料组件仅仅是其燃料棒内芯块的浓缩度有所不同，而结构上都是相同的。这样，经过一个运行周期，堆芯按燃料富集度分成三区的压水堆中，大约有三分之一的燃料组件需要更换而每个燃料组件在反应堆堆芯内的时间一般是三个运行周期。

采用这样的燃料分布方式可以展平堆芯功率，获得较高的燃耗深度，提高核燃料的利用率；从第二循环开始，新装入的燃料组件的富集度为 3.25%，高于首次装料，这是因为经过一段时间的运行，堆芯内累积了会吸收中子的裂变产物，需要增加后备正反应性。但其不足之处主要是中子泄漏率较高，导致压力容器中子注量较大；中子利用率较低，导致换料周期较短，燃料循环成本较高。

在大亚湾核电厂和岭澳核电厂成功运行的基础上，CPR1000 压水反应堆(岭澳二期核电厂)将采用合理的"内—外"式换料策略，通过加大堆芯中 ^{235}U 的装入量(例如适当提高平衡循环换料燃料组件中 ^{235}U 富集度或增加燃料组件数目)，并改为 18 个月换料，每次换料装入的约 68 个新燃料组件，将这些中子价值高的新燃料组件置于堆芯内区，从而实现低泄漏燃料管理，使得岭澳二期核电厂反应堆在总体性能上将比未采用该改进项的岭澳一期核电厂有明显的提高。

但对于分区装载燃料组件的首循环堆芯，为了提高在堆内停留时间较短的低富集度燃料组件的卸料燃耗，所以将其置于堆芯内区，不设计成低泄漏装载。

对于 18 个月换料低泄漏燃料管理策略，与常规的年换料方式相比，能够：

1) 降低压力容器中子注量，有利于延长压力容器使用寿命；

2) 减少换料大修次数，降低大修成本；

3) 增加年发电量，提高电站可利用率；

4) 降低放射性废物产生量和人员受照量。

2.2.1.3　控制棒组件

压水堆早期普遍采用十字形的控制棒，现代的压水堆，都已改用棒束型控制棒组件，如图 2-7 所示。每个棒束型控制棒组件都带有一束圆形吸收棒，各个吸收棒通过导向螺母固

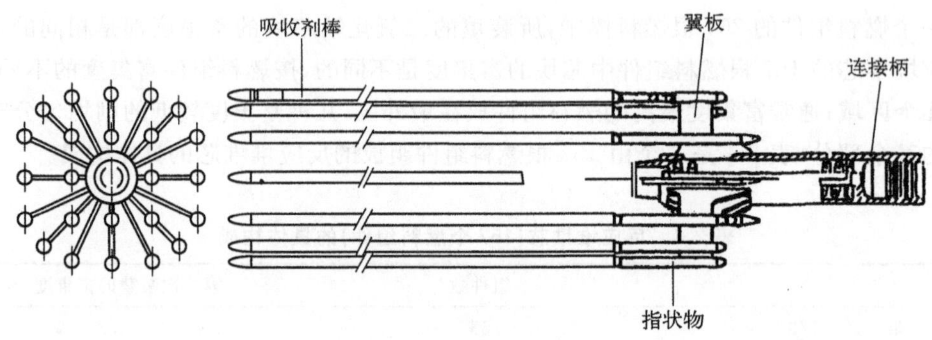

图 2-7 棒束型控制棒组件

定在带有蛛脚状径向翼板的连接柄上，连接柄的中央是一个圆筒，圆筒的内部有环形槽，可与控制棒驱动机构的驱动轴相连，当控制棒驱动机构通过驱动轴带动连接柄上下运动时，棒束型控制组件中的各根吸收棒就在相应的控制棒导向管内上下移动。在连接柄的圆筒下端，装有螺旋形弹簧，当控制棒组件快速下插时，弹簧可起缓冲作用。

棒束型控制棒组件，根据堆芯物理设计的需要，可以分作两类：

1. 长棒束控制棒组件，亦称长棒，它与冷却剂含硼量的调节相结合，可以控制和调节堆芯反应性，其中用作停堆的叫停堆棒组，用于补偿堆内部分剩余反应性或控制运行时各种扰动因素的叫调节棒组；

2. 短棒束控制棒组件，亦称短棒，是专为调节轴向功率分布、抑制氙振荡而用的，目前，大型压水堆已不采用。

长棒束控制棒组件又可分作用于 A 运行模式的“黑棒束组件”和用于 G 运行模式的“灰”棒束组件两种。黑棒束控制棒组件的 24 根吸收棒是在不锈钢包壳的全长上封装有 80%Ag-15%In- 5%Cd 合金的吸收杆，其两端用塞块焊住，吸收杆和包壳之间留有径向间隙，允许吸收杆有径向和轴向的热膨胀。灰棒束控制棒组件则由 8 根 Ag-In-Cd 吸收棒和 16 根对中子吸收较差的不锈钢棒组成。短棒束控制棒组件的结构与长棒束控制棒组件相似，只是它的每吸收棒的下部才装有吸收体。

与十字型控制棒相比，棒束型控制棒组件由于其中子吸收体在堆芯内分散布置，所以堆芯通量不会有显著畸变，也提高了吸收体单位体积和单位重量吸收中子的效率；同时，棒束型控制棒组件提升后，留下的水隙较小，不再需要带有挤水棒，这样就简化了堆内结构，缩短了压力容器的高度。

2.2.1.4 可燃毒物组件、阻力塞组件和中子源组件

压水堆的反应性控制同时使用了棒束型控制棒组件和冷却剂加硼这两种措施。若冷却剂中硼浓度过高时会造成慢化剂温度系数出现正值，不利于反应堆的安全运行，压水堆冷却剂中含硼浓度必须限制在一定数值。

当一个新的压水堆装入第一炉燃料时，由于它的过剩反应性特别大，要依靠控制棒组件和调整冷却剂硼浓度来补偿掉过剩反应性，保证堆内不出现正慢化剂温度系数是十分困难的。为了解决这个问题，在新的堆芯中，须装入一定数量的可燃毒物组件，以补偿掉一部分过剩反应性。

可燃毒物组件的构造如图 2-8 所示，它是由 24 棒组成的棒束，棒束中可以有不同数目的可燃毒物棒，如 12 根、16 根或 20 根，其余为阻力塞棒，所有棒由连接板连成一个整体。压水堆运行时，可燃毒物组件插入未放控制棒组件的燃料组件中。

可燃毒物棒的结构与控制棒组件的吸收棒相似，可燃毒物是以 SiO_2 及 B_2O_3 为基体的硼玻璃管，装在不锈钢包壳内，其两端用焊接密封。可燃毒物组件只在第 1 炉料时使用，第一次换料时用长柄工具抽出，放入乏燃料组件水池内储存，然后处理之。

阻力塞组件装在没有控制棒组件或可燃毒物组件，以及可燃毒物组件取走后的燃料组件导向管中，以限制导向管中所通过冷却剂的旁通流量，让大部分冷却剂去冷却燃料元件。

阻力塞组件如图 2-9 所示，连接板和可燃毒物组件的连接板相似，阻力塞棒由实心的不锈钢杆做成。在堆芯内，阻力塞组件固定在燃料组件上管座内，坐在管座孔板上。阻力塞棒进入导向管上部，连接板上带有弹簧，由堆芯上板压紧。

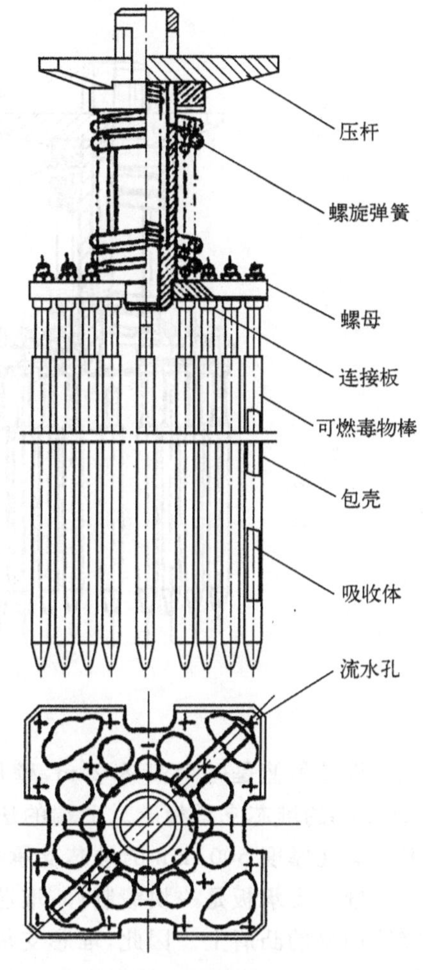

图 2-8 可燃毒物组件

中子源组件的棒束由源棒、可燃毒物棒和阻力塞棒组成，连接板和可燃毒物组件连接板一样，源棒包壳材料与控制棒组件吸收棒的包壳材料相同，均为不锈钢。

中子源组件源棒有初级源和次级源两种。带有初级源棒的中子源组件只用于堆芯初次装料及首次启动，初级源一般用钋-铍(Po-Be)源，近年来也有采用锎(Cf)源的，锎的半衰期较长，达 2.638 a；次级源采用锑-铍(Sb-Be)光中子源，它们原先并不放出中子，锑在堆内活化后，放出 γ 射线，轰击铍产生中子，每根源棒可装锑-铍 530 多克，在满功率运行两个月后，所达强度可允许停堆 12 个月再启动，次级源寿命约为 5 满功率 · 年。

中子源组件结构与可燃毒物组件基本相似。

2.2.2 下部堆内构件

下部堆内构件有：堆芯吊篮和堆芯支承板、堆芯下栅格板、流量分配孔板、堆芯围板、热屏以及二次支承组件等，如图 2-10 所示，它们的功能是：

1. 把堆芯重量传给压力容器法兰；
2. 确定燃料组件下端的位置；
3. 承受控制棒组件在事故落棒时的重力，并把重力传给压力容器法兰；
4. 确定压力容器内及堆芯内冷却剂的流向；
5. 降低压力容器壁所受的放射线剂量；

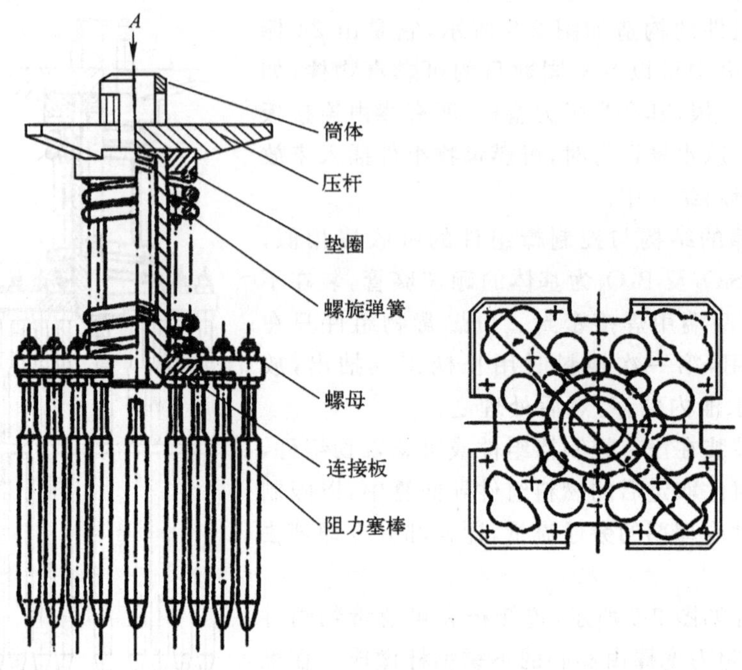

图 2-9　阻力塞组件

堆芯吊篮是一个高 8.2 m，壁厚 51 mm 的不锈钢圆筒，上端带有法兰，下端焊在厚 500 mm的堆芯支承板上。上端的法兰上有 24 个流水孔、6 个辐照样品孔和 4 个定位键孔；下端焊在厚度 500 mm 的堆芯支承板上；筒体上有三个与冷却剂出口管嘴相对应的孔。

堆芯支承板是一块锻制件，堆芯组件的全部重量由它承担。吊篮上部法兰吊挂在压力容器内壁的凸肩上。因此，堆芯支承板所承受的重量通过吊篮法兰传递给压力容器内壁的凸肩。

在堆芯外侧，装有围板和固定在吊篮上的辐板。围板包围着堆芯，燃料组件是方的，没有围板的话，堆芯周围就出现空隙，一部分冷却剂流量将会绕过堆芯而旁路。

热屏蔽是四组厚约 70 mm 的不锈钢板，每组由上下两部分构成，固定在靠近堆芯四角的吊篮外壁上，以屏蔽由堆芯射出的中子和 γ 射线，降低反应堆压力容器的辐照损伤。在 3 块热屏蔽的外侧各装有一个辐照样品架，每个样品架可放置 2 支辐照样品监督管，管内装有反应堆材料和焊接材料的试样(图 2-11)。换料时，可用特殊工具通过吊篮法兰上相应孔道将辐照样品取出，以测试压力容器材料经受长期、大剂量中子辐照后机械性能的变化，确保压力容器可继续服役，而不会发生脆性断裂。

2.2.3　上部堆内构件

上部堆内构件有：堆芯上栅格板、控制棒导向管、支承柱和导向管支承板等部件，它们有以下功能：

1. 固定燃料组件上端的位置；
2. 当控制棒组件被提起时，承受因冷却剂横向流动而引起的力；
3. 作为控制棒组件与驱动轴的导向，保证控制棒组件能顺利地在燃料组件内上、下

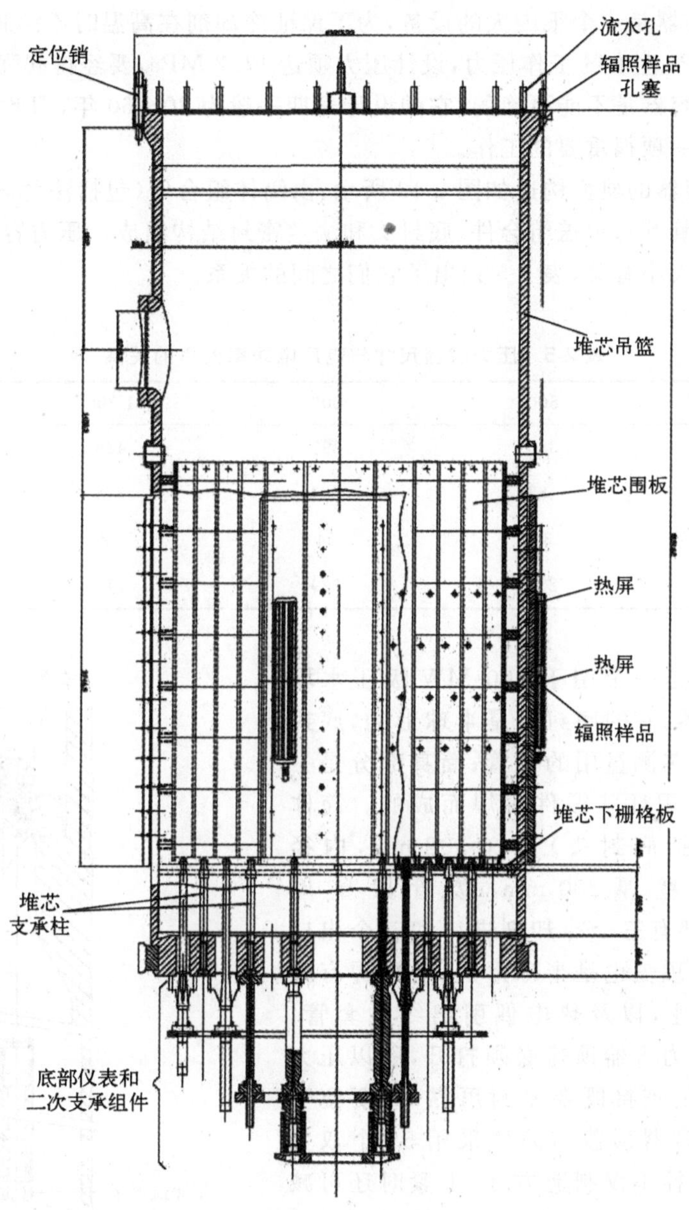

图 2-10　下部堆内构件

移动。

在每个堆运行周期更换燃料时,上部堆内构件被整体卸出。

压水堆上部堆内构件的构成如图 2-12 所示。

2.2.4　压力容器

压力容器是压水堆的主要设备之一,它主要用来包容和固定压水堆的堆芯和堆内构件,并把核裂变反应限制在其内部进行。

压水堆压力容器是一个很庞大的设备，为了保证冷却剂在高温时不沸腾，压力容器一般要能承受15.5 MPa左右的工作压力，设计压力须达17.2 MPa，要经得起强的快中子流和γ射线的辐照，压力容器是不能更换的，它的设计寿期一般为30～60年，因此压水堆压力容器的设计和制造，是一项很重要的工作。

压水堆压力容器的典型构造如图2-13所示，由筒体组合件（包括法兰环、接管段、筒身、冷却剂进、出口接管等）、顶盖组合件、底封头和法兰密封结构组成。压力容器的尺寸与堆的容量，与电厂功率大小有关，表2-5列出了它们之间的关系。

表2-5　压力容器尺寸与电厂电功率大小的关系

电厂功率/MW	600	900	1 300	1 800
内径/cm	335	399	439	490
筒体重/t	183	260	318	483
顶盖重/t	37	54	72	119
总重/t	232	329	411	632

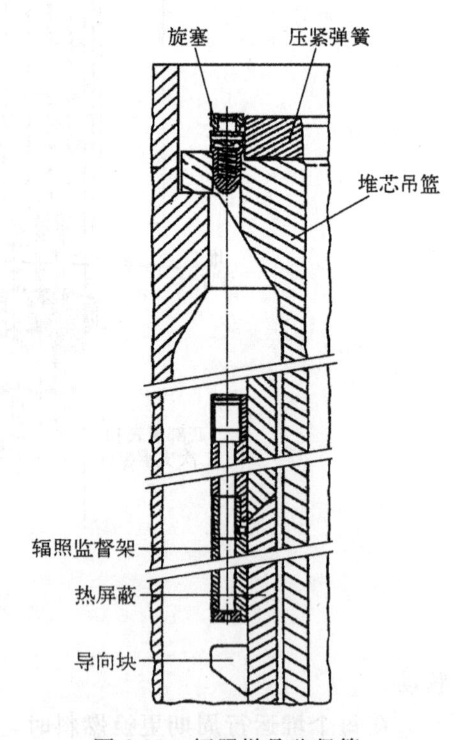

图2-11　辐照样品监督管

图2-13所示是一个用于900 MW级压水堆核电厂的压力容器，它的底封头是半球形的，底封头上装有50根堆芯测量用的套管；筒身部分是一个长圆筒，早期是用环状锻件拼焊而成的。筒体部分的高度（包括底封头）为10 508 mm，内径3 987 mm，筒体壁厚200 mm，接管段壁厚230 mm，筒体上部有三个冷却剂进口和三个出口接管；压力容器的顶盖也是半球形的；上面焊有控制棒驱动机构底座，以及热电偶引出线的套管。压水堆换料时，压力容器顶盖必须打开，所以压力容器顶盖和筒体的连接既要密封可靠，又要便于装拆，为此，压力容器顶盖与筒体采用58个双头螺栓连接，双头螺栓不仅制造方便，上紧时还可减小法兰环所承受的弯矩，另外还采用具有球形支承端的高紧固螺母和球面垫圈。同时，压力容器顶盖和法兰间，广泛采用了两个同心“O”型环来保证密封；“O”形环放在上法兰的两个槽中，下法兰是平面（不开槽），密封面堆焊了不锈钢，需保证加工精度。“O”型密封环的结构型式有自紧式、充气式和弹簧式。

1）自紧式的金属“O”形环一般是由管径10～15 mm、壁厚约1.27 mm的不锈钢管或因科镍合金管弯曲制成的大圆环，环的接头处对焊相接，环的内侧开有12个小孔，在这些小孔中，放进固定销，把环固定在压力容器顶盖上，同时，由于环的内腔与压力容器内部相连，当

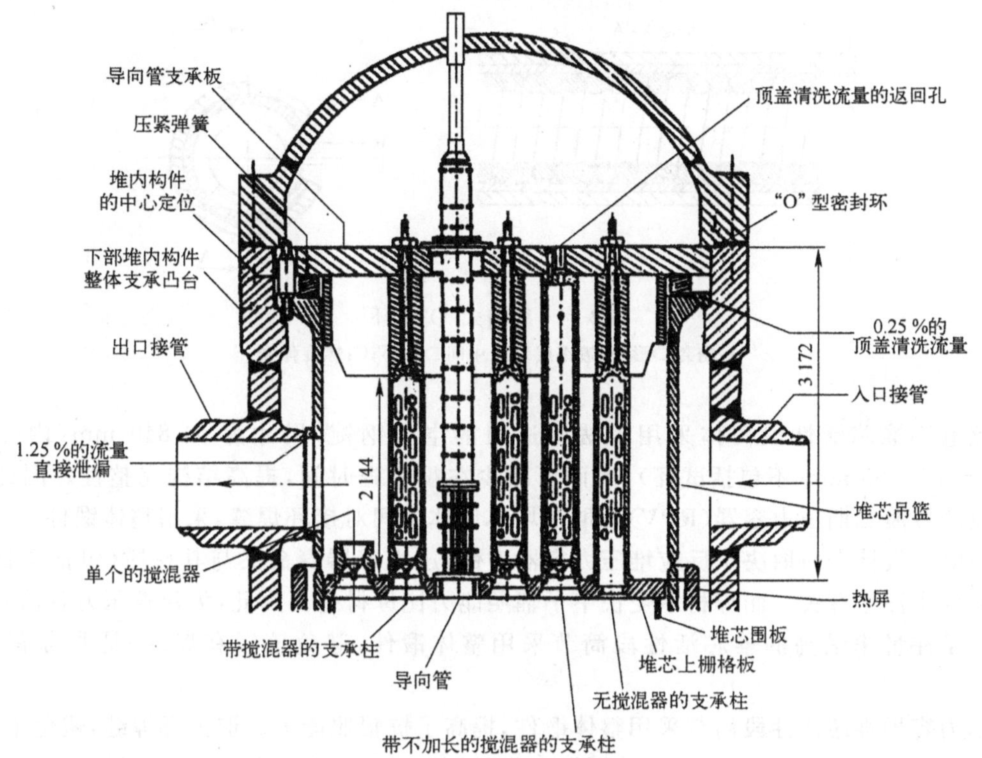

图 2-12　上部堆内构件

压力容器内介质的压力升高时，"O"形环内腔的压力也同样增加，起自紧作用。

2）充气式"O"形密封环是在金属环的空腔内充入一定压力的惰性气体，当压力容器中介质温度和压力升高时，"O"形环腔内气体温度和压力也随之增加，可以提高环的密封性能。

为了保证压力容器的密封，通常内环采用自紧式金属"O"形环。外环采用充气式金属"O"形环；或内外"O"形环均采用自紧式。

3）弹簧式"O"形环用因科镍-600 管子制成，管子外表面涂有 0.3 mm 银层，管内装有直径约 0.6 mm 的钢制弹簧，环的外侧有开口，这种结构形式密封环的优点是回弹量较大，可以达到 0.5 mm，而保持密封所需要的最小回弹量约为 0.3 mm，见图 2-14。

岭澳一期核电厂反应堆压力容器（RPV）堆芯活性段筒体有一环焊缝，而在同样的条件下，焊缝金属的快中子辐照损伤显著高于母材金属；秦山

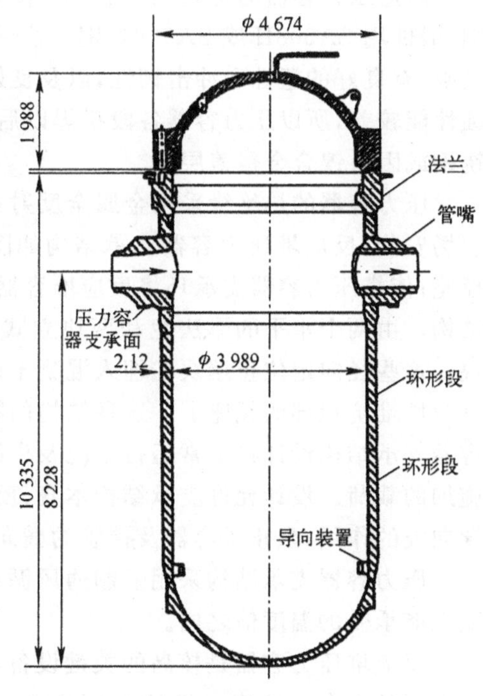

图 2-13　压力容器

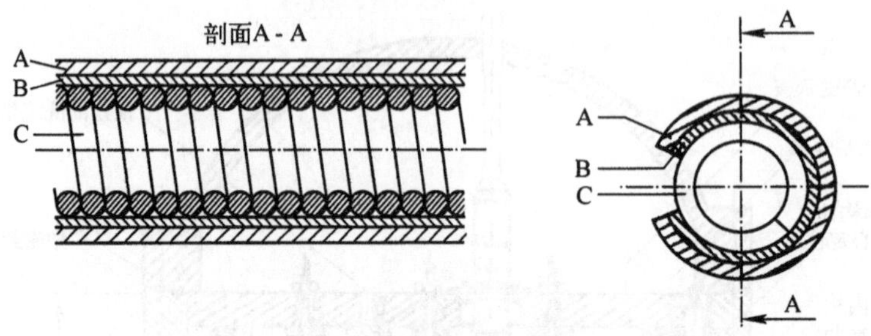

图 2-14 弹簧式"O"形环

A:密封⊃形环(镀银层);B:中间⊃形环;C:螺旋弹簧

二期核电厂堆芯活性段筒体采用了法国进口的空心钢锭,尺寸为 ϕ3 840 mm(内径)×4 000 mm×205 mm(不包括试环),因而可减少在役检查时间,提高结构完整性。因此,正在建设的岭澳二期压力容器(RPV)拟取消堆芯筒体中间对接环焊缝,采用整体锻件。

核电厂设计寿命取决于反应堆压力容器寿命,压力容器寿命又与其材质(包括焊材)可承受的快子注量有关。而焊材承受快中子辐照能力比母材差。因此,为延长压力容器寿命,在快中子注量率最高的堆芯活性段筒节采用整体锻件,避免该区有焊缝,是非常有效的措施。

压力容器堆芯活性段筒节采用整体锻件,提高了抗辐照能力。取消环焊缝,避免了焊接产生的缺陷,可以缩短压力容器制造周期和降低制造费用,保证使用过程中更安全,还可减少每次换料大修期间、压力容器在役检查的时间及相应费用,增加了压力容器寿命。

制造压力容器的材料,目前广泛采用含锰钼镍的低合金钢,如板材用牌号为 SA533B 钢,锻件用 SA508II 或 SA508Ⅲ钢。这一类低合金钢的优点是具有较高的强度极限和屈服极限,有良好的塑性和冲击韧性,以及良好的焊接性能和抗中子辐照性能。但是,它的抗腐蚀性能较差,所以压力容器各段拼焊以后,必须在其内壁堆焊两层厚度共为 6～8 mm 的不锈钢或因科镍合金覆盖层。

压力容器的热绝缘采用金属全反射式保温层,不能拆卸,在将压力容器放入堆坑之前在现场安装;反应堆压力容器支承结构如图2-15所示,反应堆压力容器进、出口接管下面有支撑座;依靠压力容器支承环将反应堆容器的载荷传递到混凝土基础上;支承环是一个环形梁结构。由两个水平的厚法兰和两块立式的腹板组成。在环形梁上焊了六个径向定位止挡块。这些径向定位止挡块在埋入混凝土内的两个止推支座之间将加以调整。支承环安装在反应堆堆坑顶部的托座上。这种结构的特点是当出现水平载荷时,仍能支承压力容器。堆容器支承结构设计在正常运行工况及事故工况(地震、一回路管道破裂事故)下能承受对其施加的载荷。设计允许支承结构本身、反应堆容器及接管都可以自由地热膨胀,但由于支承导向板的作用,阻止了容器及接管的横向移动。

压力容器支承结构采用强制通风循环进行冷却,从而使支承环下法兰的温度维持在混凝土能承受的温度值之内。

反应堆压力容器是核岛的关键设备,且在使用寿期内无法更换,因而其使用寿命决定着核电厂的寿命。岭澳二期核电厂压力容器的设计寿命为 40 年,压力容器材料满足法国 RCC-M 的要求。压力容器又系厚壁大型焊接结构,在使用中要长期承受高能中子的辐照损伤，其结构和使用条件要求压力容器材料应具有优良的焊接性和抗辐照性能，而有害杂质元素含量是影响压力容器材料焊接性和抗辐照性能最重要的因素，辐照对压力容器材料韧性的影响主要与快中子注量和材料的辐照敏感性有关，要使压力容器运行寿命延长至 60 年，需减小材料的辐照脆化现象。为了保证压力容器的制造质量，对压力容器材料需在液态及固态时进行化学成分分析，控制铜、硫、磷等杂质含量；通过严格控制有害元素合量，可提高压力容器材料的综合性能特别是塑韧性和抗辐照性能，增加压力容器材料的韧性贮备量，提高安全裕度，延长使用寿命。

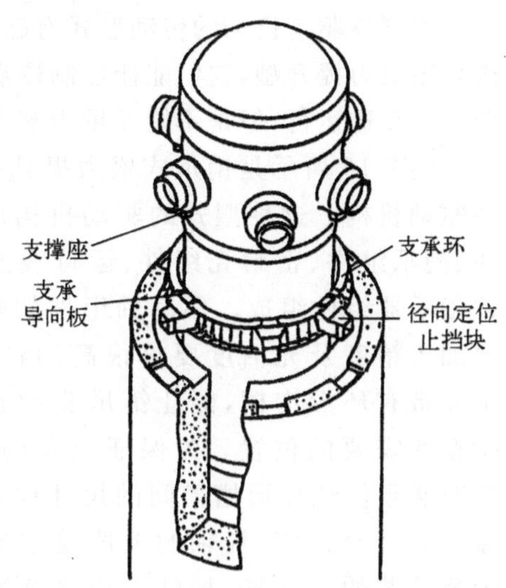

图 2-15　反应堆压力容器的支撑

为了确保压力容器材料具有优良的焊接性和足够的耐辐照性能，保证压力容器在使用寿期内具有足够的安全裕量，须对压力容器材料加以改进，尽可能降低有害杂质元素 Cu，S，P，As，Sn，Sb，Co，V，B，H，O，N，Ni 的含量，提高材料的纯洁度和完整性。现代压水反应堆的压力容器要求达到以下控制目标：

Cu%≤0.05，S%≤0.005，P%≤0.008，Ni%≤0.8，$RT_{NDT}\leqslant-20$ ℃，具体控制目标将在核电厂技术规格书中有详细描述。

严格控制材料中的辐照脆化敏感元素和有害杂质元素，可以降低材料对中子辐照的敏感度，加强韧性储备，使材料有低的 RT_{NDT} 初始温度和较低 $\triangle RT_{NDT}$ 温度。

现代压水反应堆还规定：1）在锻压成形和热处理后进行机械性能试验和超声波探伤，在其性能满足要求后进行机械加工；2）将各段拼焊起来时，焊前要预热，焊后冷却到室温之前，要在稍低于回火温度下进行热处理，以消除应力；3）焊缝要经射线检查、着色检查和超声波检查，环形焊缝焊后再堆焊不锈钢层；4）堆焊前，对焊条及焊药要进行分析，堆焊时工件同样要进行预热及焊后热处理，以避免在堆焊层下出现裂缝。堆焊后要打磨，然后进行着色检验及超声波检验，焊缝全部合格后再进行水压试验。另外，在机加工阶段，需从工件（圆环）相隔 120°的三个相当于管座的位置上取下材料试验样品，用以测定脆性转变温度，并用作堆内辐照样品。

以上所介绍的是目前我国核电厂仿照美国、法国广泛采用的压力容器典型结构，而在德国，功率等级相同的压力容器其直径却要大 50 cm 左右，它所受到的快中子辐照注量有所降低，这样可减小对材料性能的影响，热应力也小；德国所设计的压力容器的另一个特点是，为了避免压力容器破坏引起堆芯失水，压力容器的接管以下不开任何大尺寸的孔洞。

2.2.5　控制棒驱动机构

压水堆的控制棒驱动机构，布置在压力容器顶盖上，其驱动轴穿过顶盖伸进压力容器内，与控制棒组件的连接柄相连接。为了防止高温高压的冷却剂泄漏，控制棒驱动机构的钢制密封罩壳由专用设备焊接在压力容器顶盖的管座上，并须经着色试验及水压试验，保证连接处有可靠的密封。

控制棒驱动机构的传动型式有磁力提升型、磁阻马达型和其他型式，长棒控制棒驱动机构采用磁力提升型，它们能让控制棒靠重力下落，短棒控制棒驱动机构一般用磁阻马达型，棒可以步进运行，但是不能靠重力落入堆芯。

图 2-16 所示是销爪式磁力提升型控制棒组件驱动机构。这种型式的驱动机构由驱动轴组件、销爪组件、密封壳组件、运行线圈组件和位置指示器组件组成。驱动轴组件的驱动轴是一根加工精度及光洁度要求很高的杆轴，杆轴的中段带有环形沟槽，能让销爪驱动它和把它保持在所需要的位置。为保证位置的准确性，加工时必须保证环形槽槽间的尺寸误差和累计误差不超过允许值；杆轴的上段是控制棒位置指示器铁芯的上光杆，杆轴下段光杆通过可拆接头与控制棒组件上端相连接。销爪组件有两种：一种是传递销爪组件；一种是夹持销爪组件，每种销爪组件均有三个沿圆周均布的钩爪，它们通过连杆机构与衔铁连接。当电磁铁吸合衔铁时，三个钩爪就会收拢，并与驱动轴组件杆轴中段上的环形沟槽相啃合；当电磁铁线圈断电时，三个销爪又会迅速张开。由于钩爪与环形沟啮合和脱开过程中均不承载，所以钩爪与环形沟槽的接触表面磨损很小，连杆机构也不容易损坏。这就保证驱动机构进行上百万次动作而不发生故障。运行线圈组件是由传递线圈、夹持线圈和提升线圈组成的，它们均装在密封壳的外面。只要按规定要求改变这些线圈的通电程序，就可使密封壳内部的销爪组件动作，带动驱动轴组件，而使控制棒组件上升或下降，运行线圈的允许温度在 200 ℃左右时，需采用强迫通风冷却。运行线圈的供电电缆穿过一根管子，管子垂直安装于线圈罩上，管子的长度与密封罩壳相同其顶部是似插座密封壳组件的主体是一个圆柱形的壳体，它与压力容器顶盖上相应管座的连接，应保证密封。在密封壳体的上部，装有位置指示器的套管，该套管上端设有排气装置，在冷却剂系统充水建立压力时，它能把堆内空气排走；当停止运行，系统降压后，也可由此排气。控制棒位置指示器测量原理是基于同心的一次线圈和反映驱动杆运动的二次线圈之间的磁场强度随控制棒位置的不同而改变，当连接控制棒组件的驱动轴上下运动时，驱动轴上光杆就在装位置指示器的密封壳套管内移动，引起线圈中感应电压的变化，指示出控制棒组件的位置。

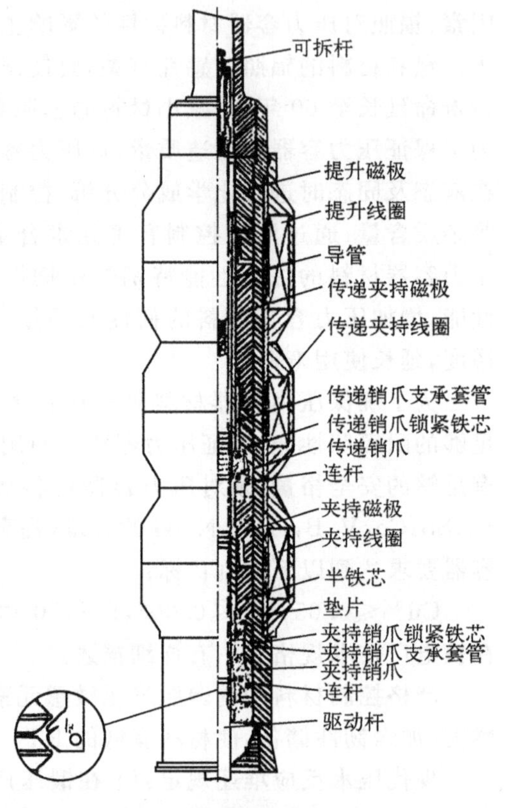

图 2-16　控制棒组件驱动机构

2.2.6　运行中的问题

压水反应堆堆芯内冷却剂流程为：由压力容器进口接管进入，沿着压力容器和堆芯吊篮间环腔向下，流入压力容器下封头处的下腔室，然后通过堆芯支承板，堆芯下栅格板上升流经堆芯，在堆芯内升温后通过上栅格板流出，最后经出口接管流出反应堆。

图 2-17 示出冷却剂在堆内的流向。其中有部分冷却剂流不进堆芯，即存在着一定的旁通流量；从压力容器和吊篮的环形空间直接流向出口接管的约为总流量的 1.25%，通过堆芯围板而旁流的流量大约为 0.5%，有 0.25% 的冷却剂要用于清扫压力容器顶盖。

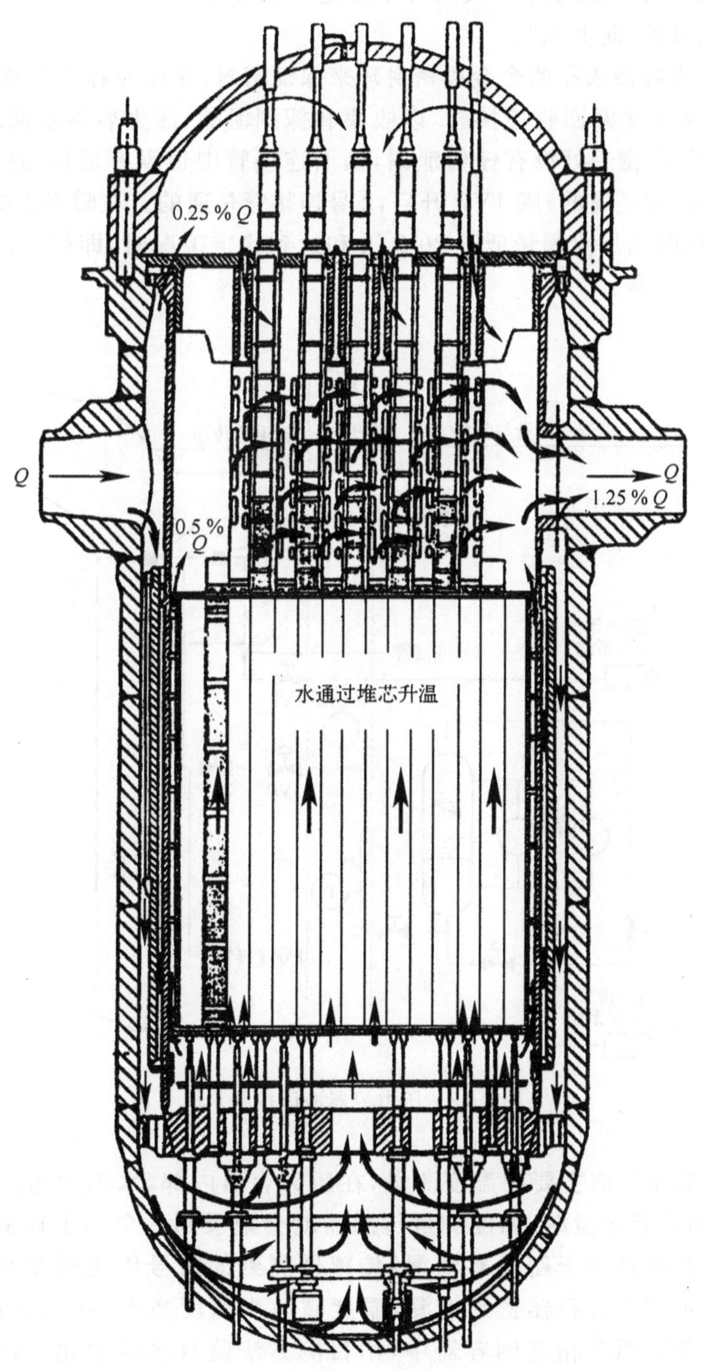

图 2-17　冷却剂在反应堆内的流向

核电厂运行时，应注意压力容器的密封，以及反应堆内压力与温度的控制。反应堆作为电厂热源的运行问题将在有关章节中论述。

2.2.6.1 压力容器泄漏的探测

在压水堆正常运行情况下，一回路水的总流量为68 520 t/h，在堆芯中水的流速达4.8 m/s。一回路水对堆芯的冲力大约等于堆芯本身重量的4/3，依靠上部堆内构件的作用，防止了燃料组件的“向上飞”。

如前所述，压力容器依靠两个金属密封环来保证密封，在压力容器的两道密封环之间及外环的外侧装有两个泄漏回收连接管，以收集和探测泄漏，压力容器泄漏的探测系统见图2-18。在正常工况下，密封处没有任何泄漏，因而连接管中也没有流体，这时，阀2VP与阀3VP开启，1号连接管是通的；阀1VP开启，2号连接管是通的。在瞬态工况下（如一回路的加热或冷却），在同时满足泄漏量低于20 L/h和达到稳定工况时，即停止泄漏的条件下，才允许内密封暂时的泄漏。

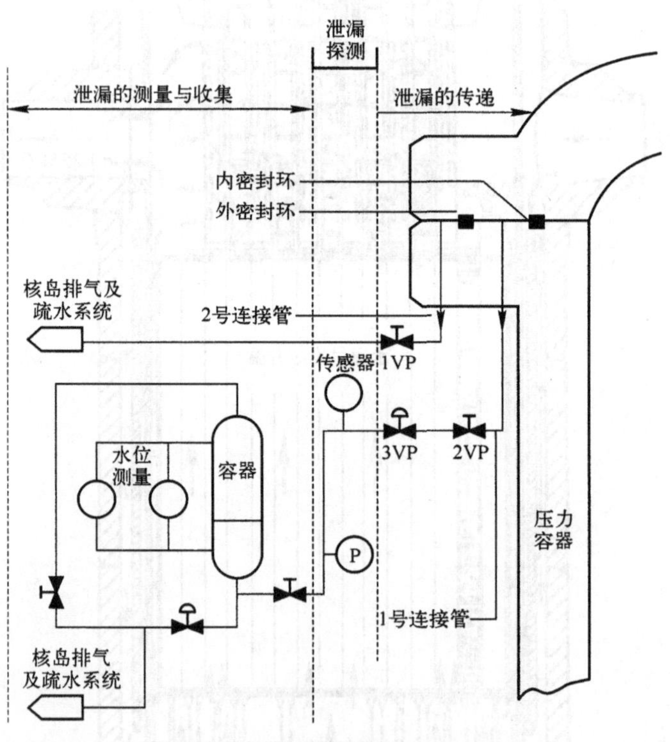

图2-18　压力容器泄漏探测系统

压力容器泄漏的探测主要用温度测量，在压力容器内部，水温约为320 ℃，压力容器外为环境温度；如果有水泄漏，温度测量传感器就会记录到一个高于环境的温度，即连接管中温度的显著升高对应于密封有泄漏，传感器测到的信号传送到控制室自动记录仪，红色报警信号显示：“压力容器密封泄漏，温度高”；当温度高于70 ℃时，报警信号灯亮。泄漏水流入一个与透明管相连的容器中，用目测方法监督水位变化，以此测量该容器的充满时间，泄漏水最终可排放到一回路疏排水系统。泄漏情况下，应关阀3VP，使得1号连接管隔离，由外环起密封作用。当第二道密封环也损坏时，只能从水蒸气的漏逸，和硼的沉积来加以辨别。

2.2.6.2　压力-温度运行曲线

压水堆堆内结构部件和压力容器的材料应该具有如下的特性：(1) 高的机械强度；(2) 吸收中子少；(3) 良好的抗腐蚀性能；(4) 耐放射性辐照不易脆化；(5) 价格低。因此，所有堆内结构部件都使用奥氏体不锈钢，堆压力容器则选用含锰钼镍的低碳铁素体钢。

金属表面的缺陷要扩展为裂缝所需要的功称为冲击韧性。铁素体钢的冲击韧性随温度的上升而增大，它的变化情况如图2-19所示，从图中可以看出，对于给定的形状和应变率，金属的韧性在转变温度点猛然上升。脆性断裂只发生在低于一定能量水平的温度下，而发生脆性断裂的最高温度称为无塑性转变温度 NDT。因此，规定决不能在转变温度以下加工钢材，同时，应按照使用温度规定金属的应力限值，和相应的压力。为此，须按照使用温度规定金属的应力限值；在某种金属的转变温度点，其应力限值曲线参见图 2-20。若把应力值转化成压力容器内水的压力，就可得出压力容器的运行曲线图(图 2-21)，图中有两条曲线，允许运行区的上部曲线受制于压力容器的强度随温度的变化，下部曲线是由于对一回路主泵的限制以及对堆芯内出现水沸腾的限制。

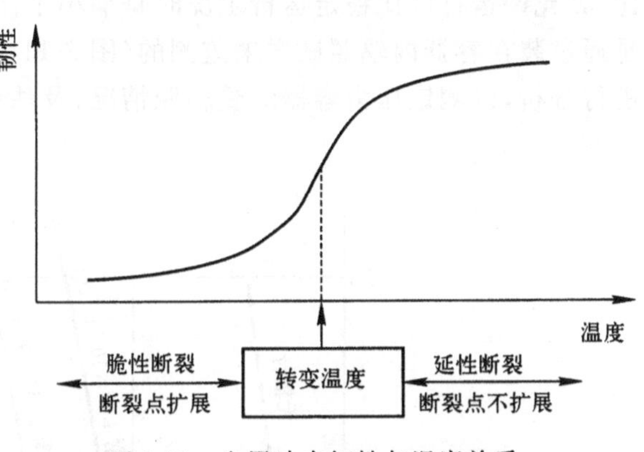

图 2-19　金属冲击韧性与温度关系

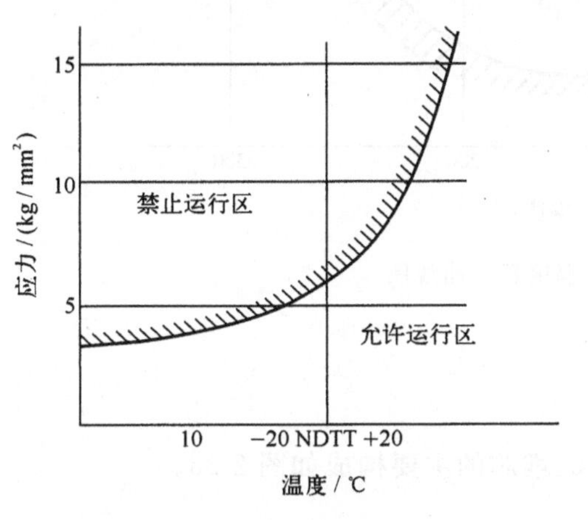

图 2-20　压力容器的运行图

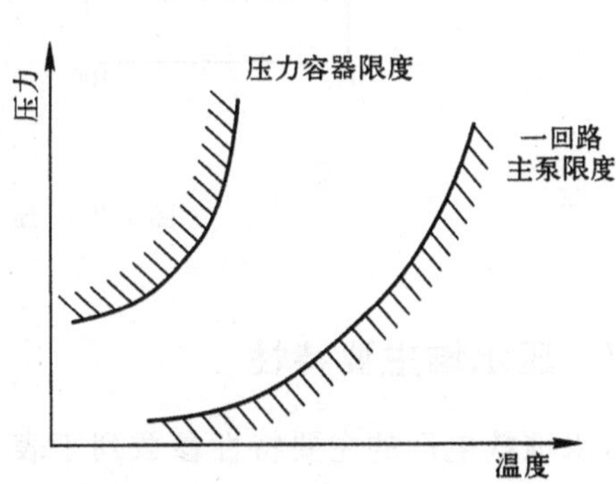

图 2-21　压力容器运行区域

由于在强放射性辐射作用下，钢材的转变温度会提高。因此，在运行图上，随着反应堆运行年份的增加，即压力容器的“老化”，压力上部限制曲线会向高温区平移，如图 2-22。从图上可以看出，在反应堆正常运行 5 年后，把压力提高到 15.0 MPa，运行温度需要在 140 ℃；而在正常运行 20 年后，压力仍为 15.0 MPa 时的运行温度须提高到 195 ℃，因此，反应堆越“老化”，压力容器钢材所受辐照注量（n/cm^2）即压力容器单位表面积受中子撞击的次数越多，它的允许运行区就越窄。

图 2-22 中尚标明了对应于冷却速度的两条曲线。当系统降温冷却时，在压力容器内部表面形成的热应力和在压力作用下的机械应力将叠加在一起，这时，一定要限制压力，使对压力容器金属造成的总应力不超过其允许限度。所以，一回路冷却过程中，和升温工况相比，其允许运行区比稳定运行工况时是缩小了。在压水堆运行时，压力容器金属受辐照情况是通过装在容器内辐照试样来监测的（图 2-11），这些试样根据事先编好的监测程序取出并进行分析，以测定压力容器的受辐照情况，及估计其转变温度的变化。

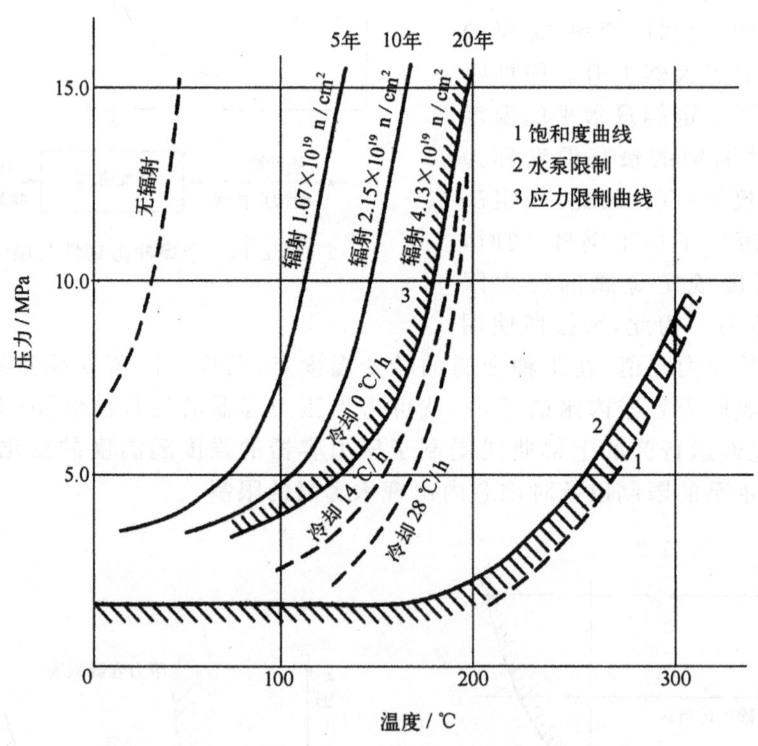

图 2-22 压力-温度运行曲线图

2.2.7 压水堆主要特性

压水堆核电厂的主要特性参数列于表 2-6，堆芯的主要构成如图 2-23。

2.3 蒸汽发生器

蒸汽发生器是一回路冷却剂将核蒸汽供应系统的热量传给二回路给水，使之产生一定压力、一定温度和一定干度蒸汽的热交换设备。

表 2-6　压水堆主要参数

主要参数	2 环路	3 环路	4 环路
净电功率/MW	600	900	1 200
堆热功率/MW	1 882	2 895	3 425
一回路压力/MPa	15.5	15.5	15.5
反应堆入口水温/℃	287.5	292.4	291.9
反应堆出口水温/℃	324.3	327.6	325.8
压力容器内径/m	3.35	3.99	4.4
燃料装载量(铀)/t	49	72.5	89
燃料组件数	121	157	193
控制棒组件数	37	61	61
一回路冷却剂流量/$t \cdot h^{-1}$	42 300	68 520	84 500
蒸汽量/$t \cdot h^{-1}$	3 700	5 500	6 860
蒸汽压力/MPa	6.3	6.71	6.9
蒸汽湿度/%	0.25	0.25	0.25

压水堆核电厂的蒸汽发生器有两种类型:一种是带汽水分离器的饱和蒸汽发生器,一种是产生稍过热蒸汽的直流式蒸汽发生器,在近代核电厂中,以前者应用较广。

2.3.1　蒸汽发生器的描述

压水堆典型的饱和蒸汽发生器见图 2-24。每台生产的蒸汽可供发出 260～340 MW 电功率,一座 900～1 000 MW的压水堆核电厂需要三台这样的蒸汽发生器。每台可产生的蒸汽量为 1 600～2 000 t/h,饱和蒸汽压力为 5.5～7.51 MPa,总高度 19～22 m,总重达 300～400 t。

图 2-24 所示的是立式 U 形管自然循环蒸汽发生器,它由外壳-水室,管束和管板,蒸汽干燥装置等组成。来自反应堆一回路系统的冷却剂由下封头进

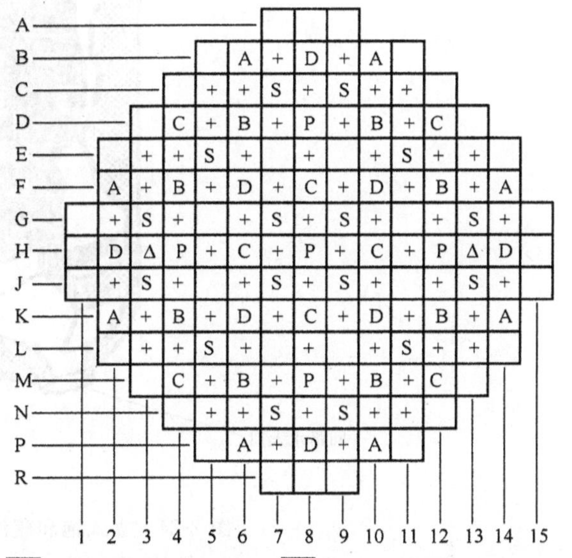

A 带有调节棒组的燃料组件　　+ 带有可燃毒物组件的燃料组件

S 带有停堆棒组的燃料组件　　Δ 带有中子源组件的燃料组件

P 带有短棒组的燃料组件（无短棒时,代以长棒）

图 2-23　堆芯构成图

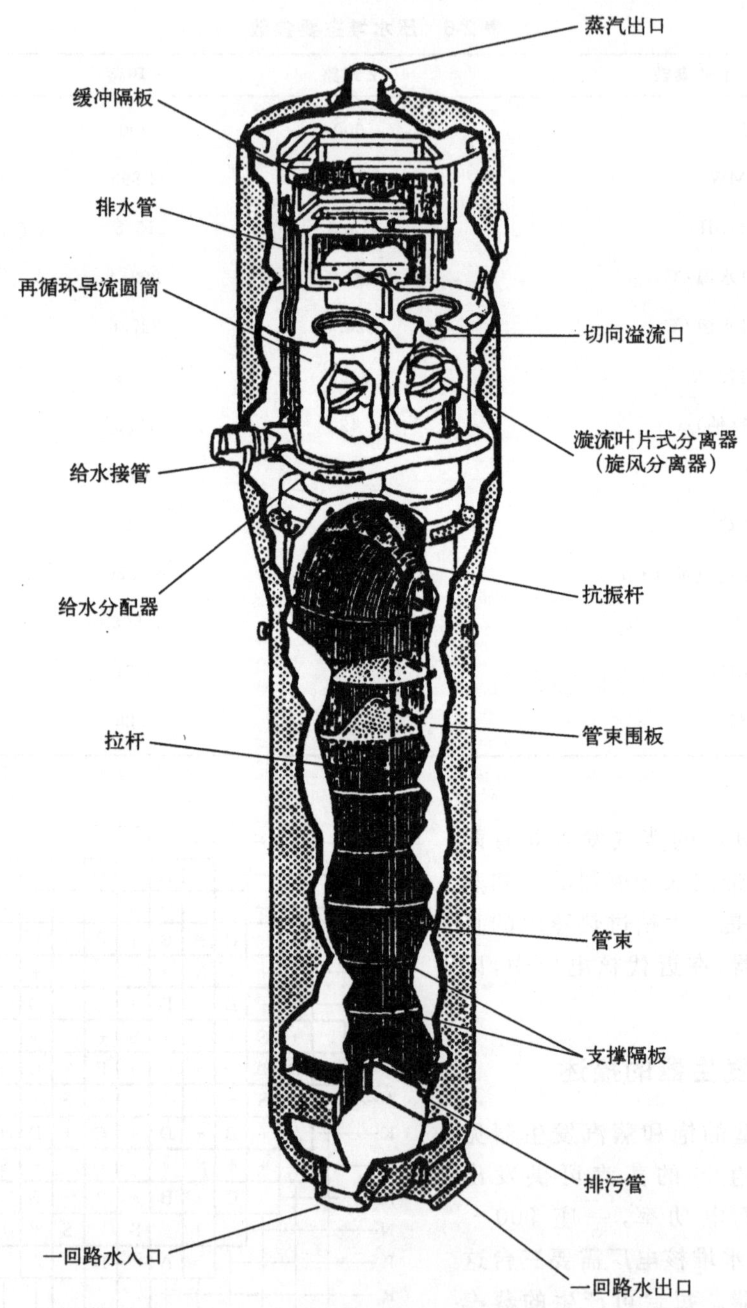

图 2-24　立式饱和蒸汽发生器结构图

口管嘴进入进口水室，然后通过U形管束将热量传递给二回路侧工质，冷却剂在流出U形管束后通过出口水室，再从下封头出口管嘴流出，由冷却剂泵输送回反应堆。二次侧流程如下：给水由给水泵输送，进入蒸汽发生器后通过给水分配环在管束套筒与壳体之间的环腔下降，与来自汽水分离装置的疏水汇合，成为再循水向下流动，通过管板二次侧表面与管束套筒之间的缺口进入并横向冲刷管束，然后折流向上。由于吸收了来自一回路冷却剂的热量，再循环水达到饱和并逐渐汽化，汽水混合物在向上流动并离开管束弯管区后进入旋流式叶片分离器，汽水混合物中大约80%～90%的水量被分离后成为疏水进入再循环，其余带有细小水滴的蒸汽继续向上，在经过重力分离后进入二级分离器，即人字形干燥器，进一步降低蒸汽的湿度。蒸汽出口管嘴中装有蒸汽限流器，流出的蒸汽送往汽轮机做功。

图2-25为典型立式自然循环蒸汽发生器剖面图。其主要部件的特点是：

1. 外壳-水室

蒸汽发生器外壳由铁素体钢板制成。它的下端与管板联接，上端通过一个锥体过渡段与容纳蒸汽干燥装置的直径更大的筒体相连接。

一回路水室为半球形底壳，或称下封头，它焊接在管板上，用一块因科镍隔板分隔成一回路冷却剂进、出口两个水室，水室内表面堆焊不锈钢覆盖层。

上封头通常为标准椭球形，蒸汽出口管嘴中有若干个小直径文丘里管组成的限流器，用于在主蒸汽管道破裂事故时限制最大蒸汽流量，从而限制蒸汽发生器二次侧部件和一回路系统的冷却速率，并可防止反应堆在紧急停堆后又重返临界。

上筒体设有给水管嘴并与给水环管相连。给水环管上设有若干倒置J形管，各J形管间孔距是非均匀的，其目的是获得给水流量沿环形管道的最佳分配。

2. 管束和管板

管束共有4 474根因科镍传热管，倒U型排列，管内流动的是一回路冷却剂水，这些管子经胀管后焊接在管板上，为了达到足够的机械强度，管板厚度达600 mm，用具有优良的塑韧性及淬透性的低合金高强度钢锻造而成，管板的一回路流体一侧覆盖有因科镍合金。管子按正方形栅格布置，管子的间距以支撑隔板来维持，在管束的整个长度上设有7～8块支撑隔板，支撑隔板之间用拉杆来固定；在管束

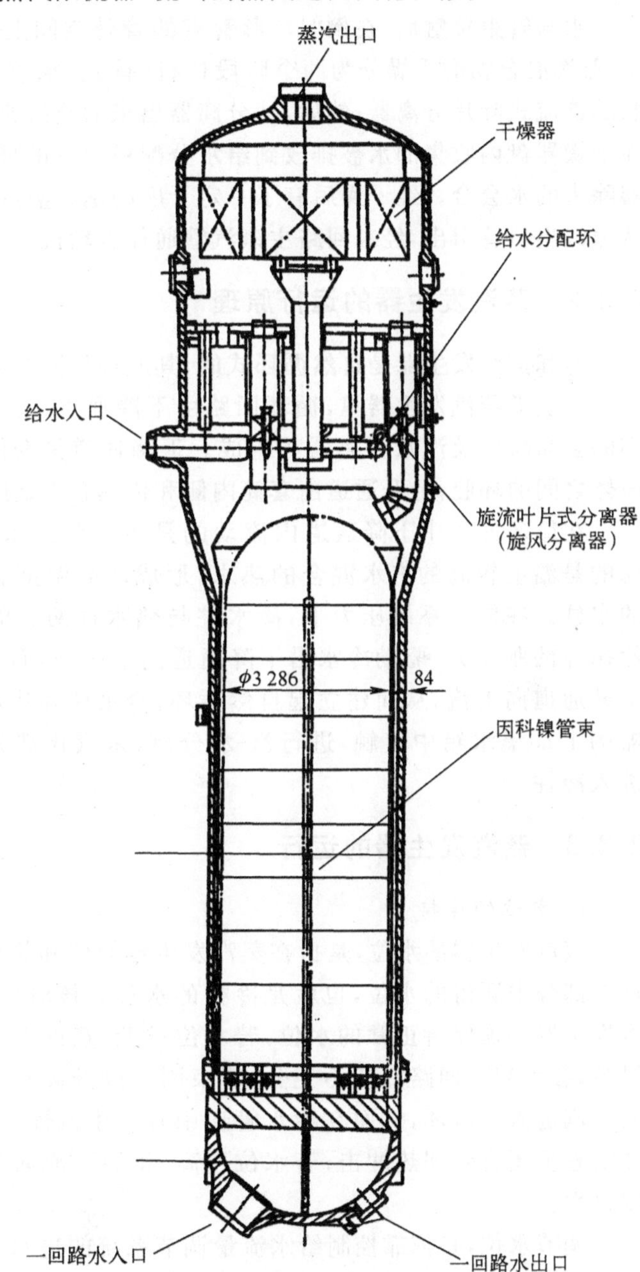

图2-25 立式饱和蒸汽发生器剖面图

拱形部分，借支撑杆固定以避免运行中由于流体流动诱发振动导致管束损坏。管束的外围有钢制围板套住，给水在这个围板和蒸汽发生器外壳的内侧间和再循环水混合后向下流动，通过围板底部，在高于管板上表面约 30 cm 处的空隙折向上流而冲刷管束。

3. 蒸汽干燥装置

水与管束接触后，在倒“U”形管束的管外空间上升时被加热汽化，对带有大量水分的水-蒸汽混合物的干燥分为两个阶段进行：首先，水-蒸汽混合物离开管束后先通过 16 个并联的旋流式叶片分离器；然后，从分离器出来的蒸汽通过人字形干燥器，将残余的水分除去，在干燥器盘内收集的水被排放到给水分配环上方的环形空间，并在那里与旋流式叶片分离器除去的水会合。经干燥后有了一定干度的饱和蒸汽（其额定湿度为 0.25%）汇集于顶部，从蒸汽出口管引出，经二回路主蒸汽管通往汽轮机。

2.3.2　蒸汽发生器的运行原理

饱和蒸汽发生器是自然循环式的，其原理见图 2-26。

在这类蒸汽发生器里，循环回路由下降通道、上升通道和连接它们的套筒缺口及汽水分离器等组成。下降通道是套筒和蒸汽发生器筒体之间的环腔；上升通道由套筒内侧和传热管束之间的通道组成。

在循环回路中下降通道内流动的是单相的冷水，上升通道内流动的是温度较高的汽水混合的热水，形成两股温度和密度都不相同的水柱。在同一系统压力下，冷水柱与热水柱两者的密度差形成自然循环的驱动力，驱动冷水沿下降通道向下流动，而汽水混合物则沿上升通道向上流，从而建立起自然循环，冷水柱和热水柱在蒸汽发生器的上部集水箱中接触，进行汽-水分离，未汽化部分的水流再循环进入冷柱。

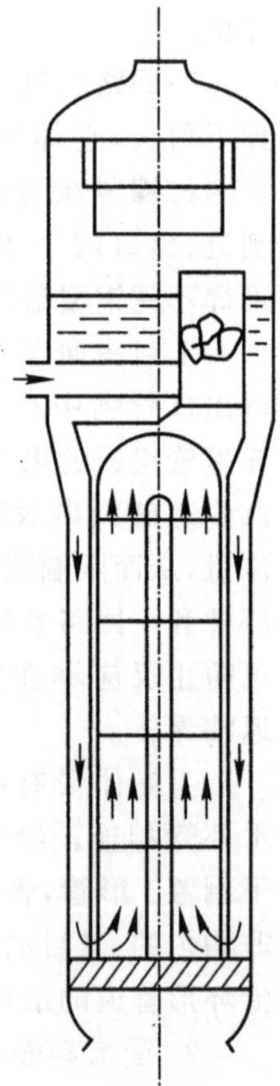

图 2-26　自然循环蒸汽发生器运行原理

2.3.3　蒸汽发生器的运行

1. 水位的保持

蒸汽发生器的水位，是指在蒸汽发生器筒体和管束外套筒之间的环形部分中测得的水位，也就是冷柱的水位。核电厂正常运行时，蒸汽发生器必须保持正常的水位，若水位过低，蒸汽发生器二次侧水量过少，会引起一回路冷却不充分，管束因温度升高有可能破裂；同时，使蒸汽进入给水环，从而在给水管道中有产生汽锤的危险，蒸汽发生器的管板还将受到热冲击；若水位过高，将导致流向汽轮机的蒸汽湿度过大。

调节水位，是依靠控制给水流量调节系统的进水流量阀门而实现的，可以通过改变汽动给水泵转速来调整给水母管和主蒸汽集管间的压力差，而以测得的压力差与负荷变化的整定值比较。

蒸汽发生器的给水，在正常工况时由给水流量调节系统供给。在核电厂启动阶段蒸汽发生器需充水。压水堆长时间处于热备用或冷停堆状态，或给水流量调节系统发生故障等工况下，则由辅助给水系统提供给水。

2. 限制管子的腐蚀

蒸汽发生器是压水堆核电厂的主要设备，也是核电厂运行中发生故障最多的设备之一。大多数故障是由于各种腐蚀使U形传热管或传热管与管板接头处发生泄漏。防止泄漏的措施之一是注意选用合适的传热管材，早期的核电厂中，广泛采用18-8型奥氏体不锈钢作为传热管材，由于这类材料在含氯(Cl^-)、氧(O_2)或含游离碱(OH^-)的高温水中对应力腐蚀敏感，特别是凝汽器用海水冷却时，凝汽器泄漏会造成蒸汽发生器严重的氯离子应力腐蚀。近年来，压水堆核电厂已广泛采用因科镍Inconel-690(16Cr-72Ni)作传热管材，提高镍含量可以大大提高材料耐氯离子应力腐蚀能力，但运行情况表明，在含有一定量氯(Cl^-)和氧(O_2)的高温水中，含镍(Ni)量较高的Inconel-690对晶间应力腐蚀敏感，因此，也有采用含镍量中等的因科洛依Incoloy-800作为传热管材的。

压水堆核电厂蒸汽发生器运行过程中发生的典型故障示于图2-27，其主要类型有：

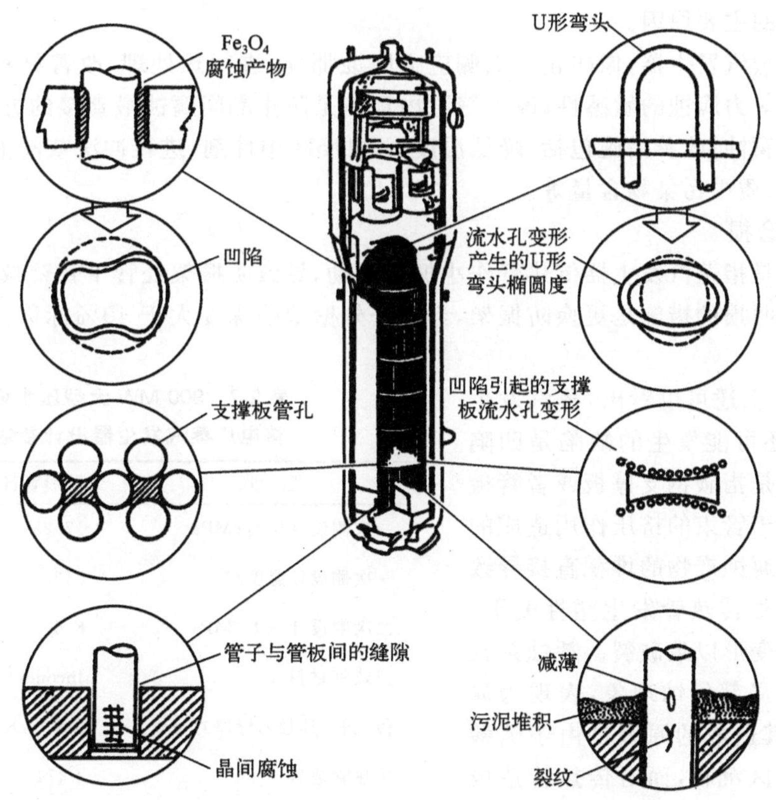

图2-27 压水堆核电厂蒸汽发生器典型的腐蚀问题

(1) 一次侧的腐蚀

最近几年，运行着的压水堆核电厂的蒸汽发生器中，因科镍-690传热管的一次侧腐蚀破裂已成为一个越来越突出的问题，绝大多数发生在U形管弯头的顶部，直段与弯管的过渡区，在胀管段发生破裂的也不少。一次侧破裂形式为晶间应力腐蚀破裂，这种腐蚀与其他应力腐蚀一样，当介质浓度、拉伸应力、材料的敏感性达到一定程度时就会发生。主要的应力是传热管在制造和装配时产生的残余应力，压应力和热应力也起着重要的作用，而温度、溶解于介质中的氢气或化学物质，则是应力腐蚀的主要环境因素。

防止应力腐蚀的措施有：对所有传热管进行热处理，如将电加热元件插入U形弯头内进行现场消除应力处理，或将加热元件置于管板下面和壳体外侧，将整个管板加热到610 ℃，以消除残余应力和改善金相组织；减少胀管过渡区和胀管区应力的方法可采用内表面散射喷丸或旋转喷丸，喷丸在管内表面产生的压应力必须与管壁的拉应力保持平衡，以提高一次侧抗腐蚀的能力。

(2) 二次侧晶间腐蚀和晶间应力腐蚀

运行中蒸汽发生器传热管的各个部位都发现了晶间腐蚀，即在因科镍-690晶界发生的腐蚀，其中最主要的是传热管-管板缝隙（制造形成的环状缝隙），和传热管-支撑板缝隙处，管板上泥渣淤积处的管段上也会出现晶间腐蚀；晶间应力腐蚀与晶间腐蚀的主要区别在于前者明显与应力有关，加大工作应力、施加动载荷或存在高的残余应力都是促使晶间应力腐蚀发生和发展的主要原因。

对于新的蒸汽发生器，像防止一次侧应力腐蚀那样，进行热处理、改善材料的金相组织可降低对晶间应力腐蚀的敏感性；改善缝隙内环境是防止晶间腐蚀最直接的方法，这同样适用于晶间应力腐蚀；改善措施包括：降低温度、添加pH中性剂、进行冲洗或浸泡以消除腐蚀性物质，控制水质中污染物含量等。

(3) 微振磨损

微振磨损是指蒸汽发生器传热管作小振幅振动，导致防振架处管子管壁减薄而破裂。

防止微振磨损的措施是更换防振架，当管子外壁缺陷深度大于40%标称壁厚时应进行堵管。

从图2-27上还可以看出，蒸汽发生器的故障中，还可能发生的缺陷是凹陷和耗蚀。凹陷是指碳钢支撑板或者管板的腐蚀产物对于管束的挤压作用造成的管子的变形。腐蚀产物的堆积直接导致在支撑板交界处传热管发生塑性变形，并引起支撑板变形以致破裂。耗蚀是在二次侧的一种局部侵蚀现象，表现为局部管壁减薄，其造成的原因是由于磷酸盐泥渣在滞流区沉积，而对传热管造成的化学侵蚀。

2.3.4 蒸汽发生器的主要参数

900 MW大型压水堆核电厂蒸汽发生器的主要设计参数及结构尺寸见表2-7。

表2-7 900 MW大型压水堆核电厂蒸汽发生器设计参数

型　式	U形管自然循环式
一次侧设计压力/MPa	17.23
一次侧设计温度/℃	343
二次侧设计压力/MPa	8.6
传热管材料	Inconel-690
传热管（外径×壁厚）/mm	ϕ19.05×1.09
传热管数目	4 474
传热面积/m^2	5 430
总高/m	20.85
上筒体外径/m	4.46
空重/t	308
正常运行重/t	505

2.3.5　直流式蒸汽发生器

在少数压水堆核电厂中采用了直流式蒸汽发生器，在这种蒸汽发生器内，无水的再循环，出口处得到的通常是过热蒸汽，有较高的热效率。它的传热管为直管式，且不带汽水分离器、蒸汽干燥器等装置，易于制造和组装，见图 2-28。但它的严重缺点是二回路侧水容量小，对水质要求高；一旦给水中断，二回路侧容易烧干，不能把一回路热量传出去，使核蒸汽供应系统的安全性较差，从而引起事故。

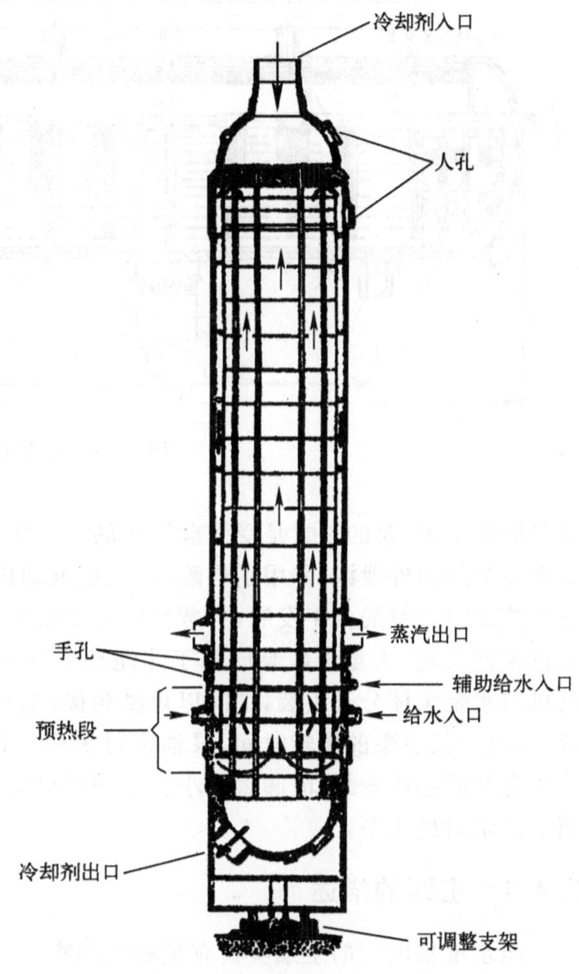

图 2-28　直流式蒸汽发生器

2.3.6　卧式蒸汽发生器

用于俄罗斯水-水动力堆核电厂的单壳卧式蒸汽发生器本体如图 2-29 所示，其热交换管束浸在水下的热交换装置中，它由容器（件号 7）、传热管束、一回路冷却剂集流集管（件号 14，15）、主给水分配装置（件号 8）、应急给水分配装置（件号 11）、蒸汽分离孔板（件号 12）、水下均汽板等组成。

容器本体由锻造壳体、冲压成形的椭圆形封头及锻造接管等组成；10 978 根规格为 ϕ16 mm×1.5 mm 的传热管组成，传热管被弯曲成 U 形盘管状，并按垂直 38 mm、水平23 mm的间距水平地交错排列。盘管与集流管的连接方式采用全深度液压胀管，液压胀管后在靠近集流管的外表面处用机械胀完全去除间隙。盘管的端部与集流管的内表面相焊接，其焊接深度不小于 1.4 mm。

集流管用于为传热管分配冷却剂、收集并排出冷却剂。容器一次侧设计压力为 17.64 MPa，二回路的设计压力为 7.84 MPa；一次侧入口压力为 15.7 MPa，冷却剂流量 21 500 m^3/h。二次侧蒸汽压力为 6.39 MPa，蒸汽产量为1 470 t/h。

2.4　反应堆冷却剂泵(主泵)

反应堆冷却剂泵又称主泵，用于驱动高温高压放射性冷却剂，使其循环流动，连续不断地把堆芯中产生的热量传送给蒸汽发生器，它是一回路主系统中唯一高速旋转的设备。

压水堆核电厂冷却剂泵目前有两种设计，一种是转子密封泵，或称屏蔽泵；另一种是立

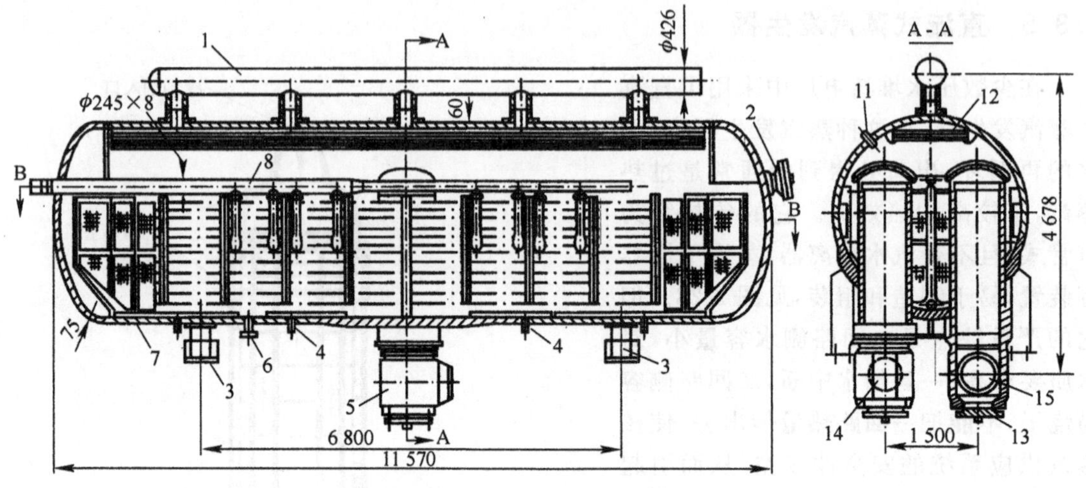

图 2-29 卧式蒸汽发生器

式单级离心泵，泵的轴封是受控泄漏式的。在压水堆核电厂发展的初期，为了防止一回路放射性冷却剂向外泄漏，采用了屏蔽泵，它把电动机转子和泵体组装成一个全封闭结构。经过军用核动力舰艇的多年发展，屏蔽泵的容量增大，可靠性大大提高，并解决了在密封结构内装设惯性飞轮，大型屏蔽泵已用于非能动先进压水堆 AP1000 的设计中。立式轴封泵的电动机与水泵泵体分开组装，中间以短轴相接；电动机顶部装有一个惯性飞轮，在电源丧失情况下，可延长主泵的惰转时间，泵轴密封采用三道旋转密封圈、能保证 15.5 MPa 压力与大气压之间的基本密封，泄漏量很小。本书只研究 900 MW 级大型压水堆核电厂普遍采用的离心式轴封型主泵。

2.4.1 主泵的描述

压水堆核电厂的主泵应具有足够大的冷却剂输送流量，使冷却剂流经反应堆堆芯时把热量传出，因而，在正常运行时，每台泵的流量约为24 000 m^3/h，转速为1 500 r/min，热态时，消耗功率 6.6 MW 左右，其主要参数见表 2-8。

主泵应在一回路的压力(15.5 MPa)和温度(300 ℃)下工作，所以设置有特殊的轴封和热屏；主泵位于一回路蒸汽发生器和堆芯之间的冷管段上。

立式离心式轴封泵包括三个部分：水力机械部件、轴封部件和电动机驱动部件。图 2-30是大型压水堆核电厂用立式单级离心轴封泵的剖面图，右侧图为其原理图。

表 2-8 主泵的主要参数

参数	数值
设计流量/(m^3/h)	23 790
总扬程/m	97.2
一回路水温/℃	300
一回路压力/MPa	15.5
转速/(r/min)	1 500
功率消耗(热态)/kW	6 680
(冷态)/kW	9 050
电机电压/kV	6.6
机组总高度/m	8.2
机组总重量/t	85
效率/%	82

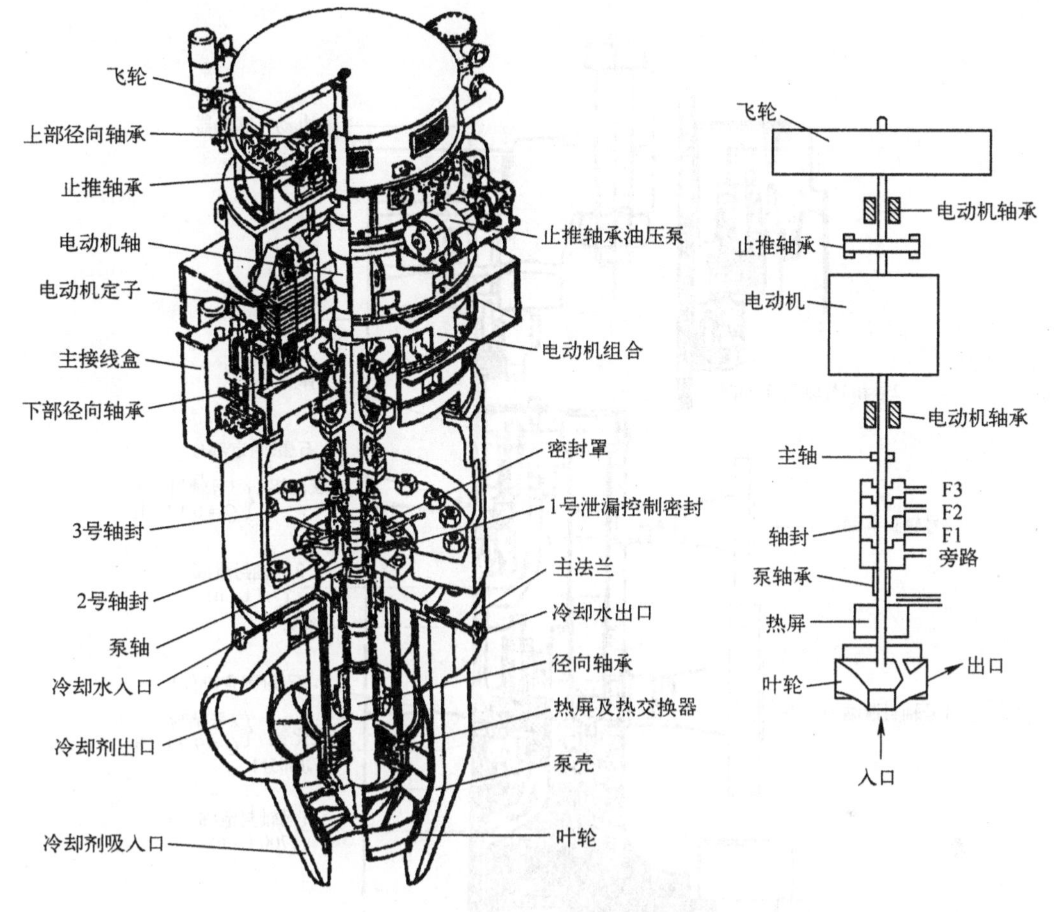

图 2-30　立式单级离心式轴封泵

1. 主泵的水力机械部件

泵壳为镍-铬奥氏体不锈钢铸件，为满足水力性能好、强度高、便于加工和探伤的要求，其形状近似于圆球形。进入导管由不锈钢制成，它上端固定在导叶(扩散器)上，下端对准泵壳吸收管嘴的中心，将一回路水引入叶轮进口；叶轮装在泵轴上，泵轴是不锈钢锻件，叶轮和导叶均是不锈钢铸件，叶轮有 7 个叶片，直径 833 mm，重 565 kg，泵壳由两半个铸钢件拼焊而成整体，焊缝需作 γ 射线探伤检查，但近年很多国家已采用整体铸钢件。

主泵轴承用作主泵轴导向，以避免安装在轴末端的叶轮形成的悬臂过长，这是一种具有石墨轴瓦的径向轴承，由来自化学和容积控制系统轴封水的一部分水起润滑作用。在泵壳和主泵轴承之间，设有热屏，它由一组同心的、12 层奥氏体不锈钢蛇形管构成，它的作用是阻止来自温度为 300 ℃的一回路水的热流沿着泵轴上升，以避免轴承和水力机械部件的轴封受到损坏，蛇形管内有来自设备冷却水系统的温度为 35 ℃的水流动。这样，正常工况时，保证热屏以上处温度维持在 90 ℃左右，在主泵运行和主泵停运而一回路温度高于 90 ℃时，必须对热屏供水，为此，设有热屏出口水温和流量测量系统及报警信号。

2. 轴密封部件

轴密封部件结构如图 2-31 所示。

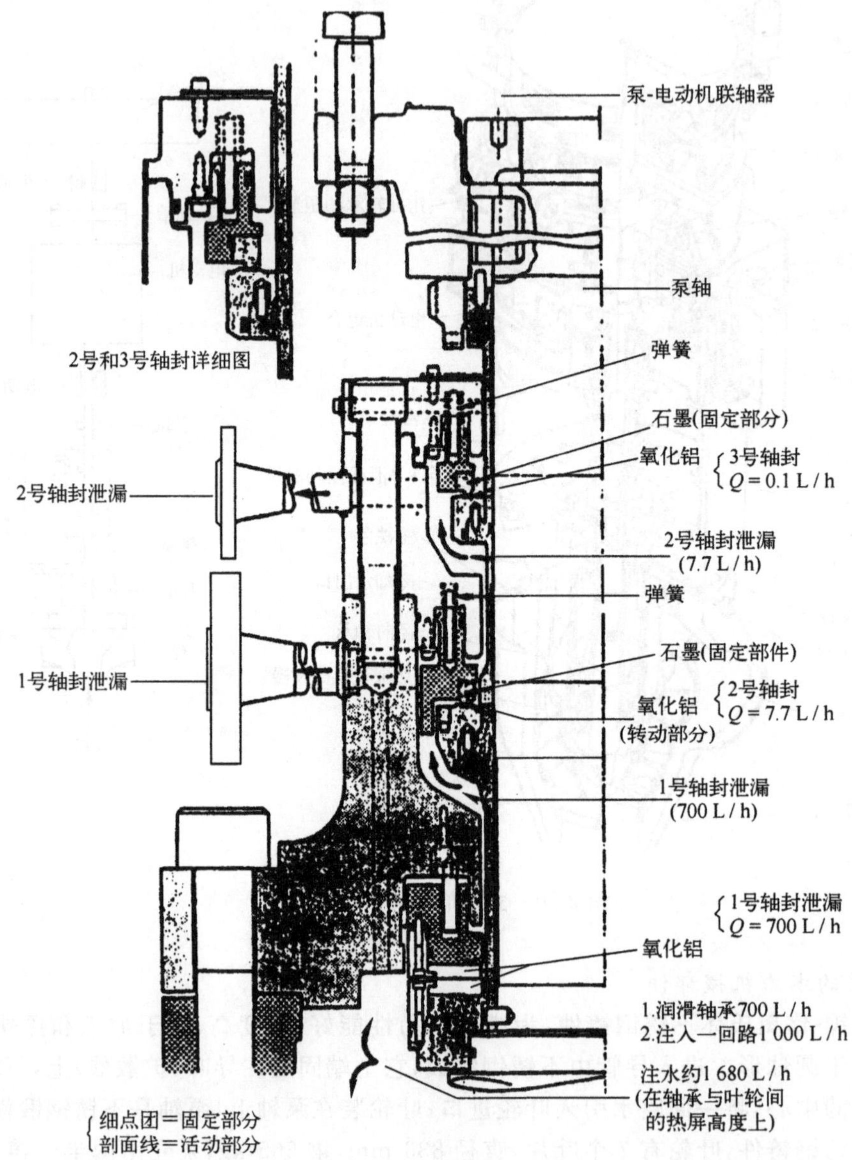

图 2-31 轴密封部件结构

轴密封部件是主泵的关键部件，其性能的好坏直接影响到泵的安全工作，而轴封的寿命又决定了泵的检修周期。压水堆轴封泵的轴封结构的特点是采用了三道串联、可控泄漏的轴封，将 15.5 MPa 的一回路压力过渡到大气压，而又避免了一回路水泄漏到外界环境中去，三道轴封属于两种类型，第一道轴封是带有光滑表面可控泄漏流体动态型轴封，它由一个固定在轴上的旋转动环，和另一个不能转动的浮环组成，这两个不锈钢环的内表面覆盖着一层氧化铝，并经精密加工成光滑的“镜面”；当核电厂正常运行时，一回路处于加压状态；来自化学和容积控制系统上充泵的轴封水流程的具有足够压力的水，使第一道轴的两环之间形成一层极薄的、约为 10 μm 的水膜，轴封的前后压差约为 15.4 MPa，轴封前的最小工作压力为 2.3 MPa，这对应于轴封前后最小差压 1.9 MPa，其正常泄漏量为 12 L/min(约 700 L/h)，在正常运行时，第一道轴封泄漏流量的绝大部分通过位于轴封以上的管嘴，返回到化容系统。

第二道轴封和第三道轴封是同一类型的，它们是用弹簧组压紧的表面摩擦型的轴封，以 18-8 不锈钢制成的旋转环的摩擦面上覆盖一层氧化铝，石墨环通过弹簧压紧在氧化铝上，并与泵的静止部分联成一体。第二道轴封的作用为阻挡第一道轴封的泄漏；而当第一道轴封发生事故时，第二道轴封应能承受一回路的压力，并保持一段时间(如 30 min)以便反应堆停闭。正常工况时，第二道轴封前的压力为 0.45 MPa，泄漏流量为 7.6 L/h，泄漏水被送至核岛排气及疏水系统的排水箱。第三道轴封的作用是阻挡第二道轴封的泄漏，轴封前后的压差约为 0.02 MPa，它的泄漏流量特别小，为 0.1 L/h，可满足对轴封的湿润；有来自硼和补给水系统的流量为 10 L/h 的除盐水，可保证对第三道轴封的清洗，避免在轴封处有硼酸的结晶，泄漏水也送到核岛排气及疏排水系统。

连接到第一道轴封上的测量仪表包括温度和压力测量元件。所涉及操作和控制的主要是第一道轴封的泄漏水返回到化学和容积控制系统的隔离阀。在第二道和第三道轴封之间有一根安装在第二道轴封泄漏管上的垂直管子，这是一根平衡管，使第二道轴封有 0.02 MPa不变的背压，这就使第三道轴封有恰当的湿润，所以，这根平衡管又称作第三道轴封湿润蓄水管。

正常运行时，管内水位高出第三道轴封约 2 m，保持 0.02 MPa 的背压，水流经过管子后，通过一个可流过固定流量的孔板流向核岛排气及疏排水系统。第二道轴封泄漏水流向平衡管的流量通过控制室中的流量指示仪进行监督，该仪表接有一个报警信号；平衡管的水位在现场显示，并连接一个水位高和一个水位低报警信号，如果第二道轴封损坏，泄漏流量立即增加，管内水位上升，“水位高”报警信号灯亮；如果第三道轴封损坏，进入管内的流量即减小，水位下降，“水位低”报警信号灯亮，这种情况下，硼和除盐水系统能提供除盐补给水。

3. 电动机驱动部件

主泵电动机是三相 6.6 kV、1 500 r/min，直接启动式电动机，正常运行功率约 6～7 MW，整个电动机驱动部件配有两个轴承和一个止推轴承，顶部有一个惯性飞轮，电动机轴是垂直安装的，可由一短轴把主泵与电动机连接起来。

电动机为鼠笼式感应电动机，定子采用高硅含量的钢片，转子由叠放在一起的高硅含量钢环制成，电动机用气腔内的空气冷却，以避免温度过高；在电动机出口，通过热交换器冷却此受热空气，该热交换器由设备冷却水系统的水来冷却。

电动机驱动部件共有两个油润滑径向轴承和一个双向止推轴承。电动机下部是飞溅润滑轴承。轴承箱内贮存的油由设备冷却水系统的水进行冷却，水再流经专用的冷却器；配有下部轴承温度测量、轴承箱中油位测量、电机机身振动测量、轴位移和转速测量等仪表。电动机上部轴承与金斯伯利(Kingsburry)型双向止推轴承合成一体，双向止推轴承有以下两个作用：正常运转时，流体作用在泵上的动力推力大于泵的重量，止推轴承因而受到一股大约 45 t 的力而向上紧贴；在启动和停运时，泵重超过了流体的推力，止推轴承这时受一般约 25 t 的力而向下紧贴。止推轴承和上部轴承浸泡在油中，通过飞溅润滑保证正常运行，此油由设备冷却水系统冷却。在启动或停止主泵时由一台辅助高压润滑油泵使整个装置“浮起”，即靠油注射器和 8 块止推瓦，把止推轴承顶起来。因此，在主泵启动前 2 分钟，辅助高压润滑油泵即应运行，在主泵完全启动至少 50 s 后，辅助高压油泵才能停运；在主泵需停运之前，也应开动辅助高压油泵，该泵以 9.0 MPa 的额定压力运行，运转时最小压力为 4.2 MPa，电动机配备有温度测量和轴承箱内的油位测量仪表。

电动机轴的顶端装有重约 6 t 的惯性飞轮，它由高性能钢制成并经严格检验，在电源中断情况下能延长泵的转动时间达数分钟，这段时间是确保紧急停堆安全所必需的。惯性飞轮还设有防逆转棘轮装置，以防停运的主泵反转（因一回路其他环路的主泵在运转而造成）。设置在惯性飞轮上的常规的棘轮装置，位于一个固定的齿环中，其棘爪在约 60 r/min 的转速下因离心力而缩进去，容纳棘爪的固定环配有阻尼装置。

2.4.2　主泵的运行

主泵是功率非常大的设备，为保证核电厂的安全，确保它能可靠地运行，在主泵的启动和停止时，必须遵守的基本原则如下：

1. 主泵启动的主要原则

启动前一回路必须有足够的压力，以便可以：

(1) 防止主泵气蚀，如压力不足，泵内空穴现象的产生将引起气蚀。因此，只有在吸入水头达到允许值（2.3 MPa）的条件下，才能使泵投入运行，必须遵循图 2-32 中规定的运行条件。

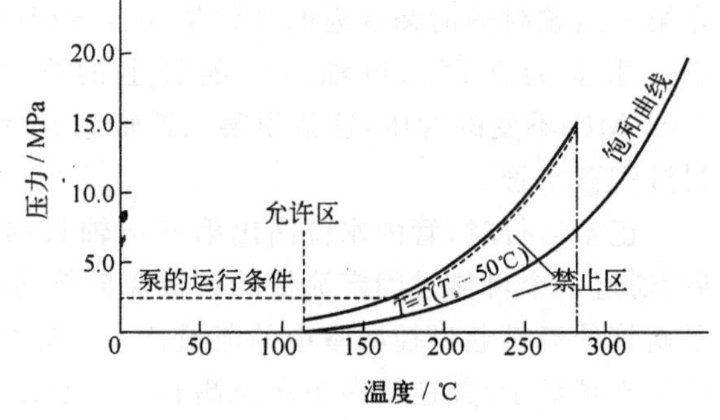

图 2-32　主泵运行曲线

(2) 保证第一道轴封的分离，由于第一道轴封是可控泄漏流体动态型轴封，只有一回路压力大于 2.3 MPa 时，它才能被“抬起”，主泵才能运转，对应的第一道轴封的内压差 $\Delta p = 1.9$ MPa，相应的轴封泄漏流量应大于 50 L/h。

(3) 对第一道轴封，由于低压和过低的泄漏量不能保证泵轴承的正常润滑，因此必须打开第一道轴封的旁路管线，只要第一道轴封泄漏量低于 180 L/h，旁路管线就一直开着。

(4) 轴承和推力轴承要有正常油压和油位，为此，冷却剂泵启动前 2 min 就必须使高压油泵运转，并且在主泵启动 50 s 以后才允许停止，所提供的油压通常必须为 9.0 MPa（必须高于 4.2 MPa，在 4.2～10.0 MPa 之间）。

(5) 由于启动时荷载极大，因此每次只能启动一个电动泵组，每天最多启动次数限于 6 次，如主泵在停止后再次开动，则必须待电动机定子冷却后才能启动。

(6) 主泵启动时，有关其他系统应具备的条件是：

化学和容积控制系统在每台泵的热屏入口处必须有一股 1.8 m^3/h 的注入流量；

由设备冷却水系统冷却的热交换器必须供水，因而设备冷却水系统必须处于工作状态；

硼和补给水系统必须可用，以保证对平衡管进行补水和冲刷第三道轴封。

2. 主泵停止的主要原则

在发出停止主泵指令之前，必须将高压油泵投入运行，直至主泵停止 50 s 以后。

3. 主泵运行的极限工况

(1) 当一回路冷却剂作硼化(硼加浓或稀释)操作时,应至少有一台主泵可利用或在运转。

(2) 当汽腔在稳压器中建立时,至少连至喷淋管路的某一个环路的主泵应该工作。

(3) 如可利用的或在运转的主泵不到两台,则不应将反应堆处于临界状态下,但低功率物理试验时可以例外。

2.5　稳压器

稳压器是对一回路压力进行控制和超压保护的重要设备,它担负着以下功能:

1. 一回路系统在稳态运行时,各种扰动因素会使冷却剂温度发生变化;当一回路系统上充下泄出现不平衡(或有泄漏)时,会使冷却剂容积发生变化。在封闭的一回路系统内任何温度和容积的变化都会影响到压力,如果压力过高,会危及设备的安全,压力低于额定压力较多时,则反应堆堆芯内产生大量沸腾,有导致燃料熔化的危险。稳压器能使压力波动限制在很小的数值范围,例如±0.2 MPa 内。

2. 在变动工况运行时,冷却剂温度分布及平均温度随负荷变动而变化,使冷却剂收缩或膨胀,造成一回路压力波动,稳压器能使压力波动值限制在±1.0 MPa 或更小的允许范围内。

3. 当出现某种事故引起一回路压力急剧升高时,稳压器上的安全阀组能提供超压保护。

稳压器有气罐式和电热式两种类型。气罐式稳压器是在水容积上部用压缩空气或高压惰性气体作为压力调节的手段。由于压缩空气或高压惰性气体易泄漏,又易溶于水而沾污冷却剂,而且所需气体空间大,结构笨重,所以气罐式稳压器只在早期的核电厂中采用,在现代大功率的核电厂中,已由电加热式稳压器来代替。

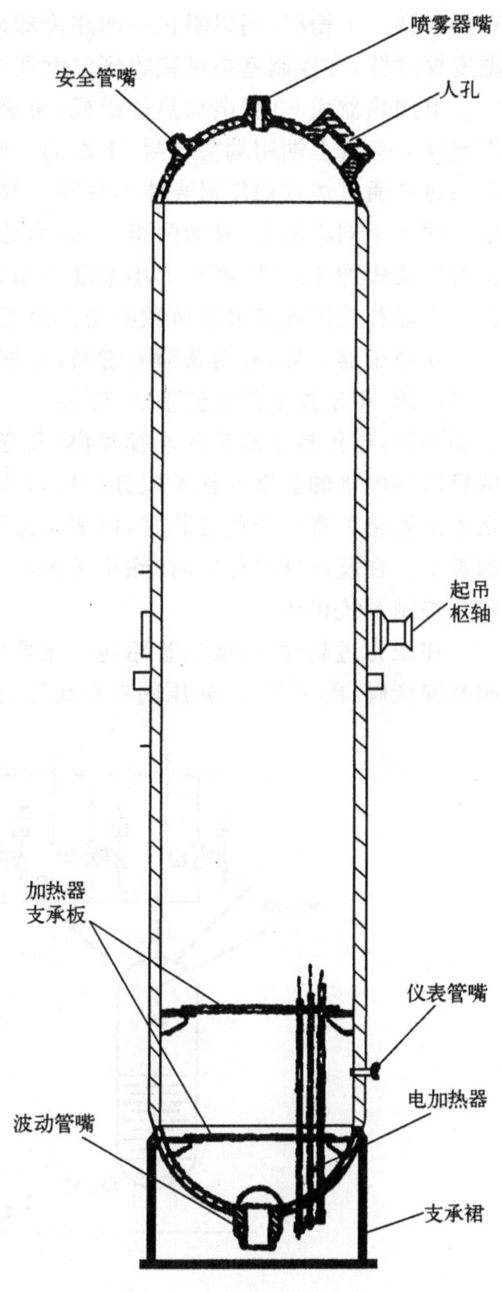

图 2-33　电加热式稳压器

2.5.1　稳压器的描述

现代压水堆核电厂通常采用立式圆筒形的电加热式稳压器;不论压水堆冷却剂系统中环路数目的多少,只需要设置一台稳压器,图2-33是一台用于 900 MW 压水堆核电厂的电加热式稳压器，总容积为 39.6 m^3，高 13.64 m，重约 80 t，水容积占 23.8 m^3。稳压器由上、下封头和圆柱形直立筒体焊成，筒体材料选用和压力容器相同的低合金碳钢，内壁堆焊不锈钢覆盖层。稳压器上部是蒸汽空间，顶端装有可降温降压的喷雾器，上封头装有喷雾器接管，与冷却剂系统的冷管段相接；稳压器下部是水空间，电加热器浸没在水中，用来升温升压。底部为支承裙筒，它支承稳压器并保护电加热棒的端子，裙筒四周有一些开口，以保证电加热棒电源接头的通风。筒体上设有维修用人孔，以及搬运用的吊耳。

稳压器以波动管与压水堆一回路系统中某一个环路的热管段相连，稳压器的封头中装有隔板和一个栅栏，用以阻止一回路冷却剂直接上冲到水汽交接面。波动管路上装有一个温度探测器，在控制室中可接收到温度测量信号和波动管温度低报警信号。

电加热器由 60 根电加热棒组成，每根电加热棒套管中有镍铬合金电热元件，用氧化镁作绝缘。套管上端用端塞焊封，下端为一密封连接插塞，它即使在套管破裂时也是密封的。电加热棒通过焊在稳压器壳体内贯穿底部的套管安装在稳压器中，布置在以底部中轴线为轴心的 3 个同心圆上，分为两组，一组为通断式加热组件，主要用于启动时的瞬态过程，另一组为可调式加热组件，在压力小幅度波动时起作用，当稳态运行时，一方面补偿热量的损失，另一方面补偿因连续喷淋所致的蒸汽冷凝。

在稳压器上部，有两条喷淋管路，分别与一回路的两个冷管段相连，每条管路上装有一个气动阀，用来控制最大流量达 72 m^3/h 的大流量喷淋，此外，在两条旁路管线上各装有一个手动阀，以保持小流量的连续喷淋(每条管线的流量为 230 L/h)。连续喷淋的作用为保持稳压器内水的温度与化学成分的均匀性，和限制大流量喷淋启动时，对管道的热冲击。每条喷淋管路上有一个测温装置，以测定流过管路的水温，并将温度测量信号传送至控制室控制盘上。在反应堆冷停闭时，除正常的喷淋外，还使用辅助喷淋管路，此管路的水由化学和容积控制系统供给。

在压力过高时，由泄压管路将稳压器中大部分蒸汽输送到卸压箱，有些稳压器设有卸压阀及安全阀(图 2-34)。卸压阀在系统压力大于额定压力一定值时打开，使一部分蒸汽排入

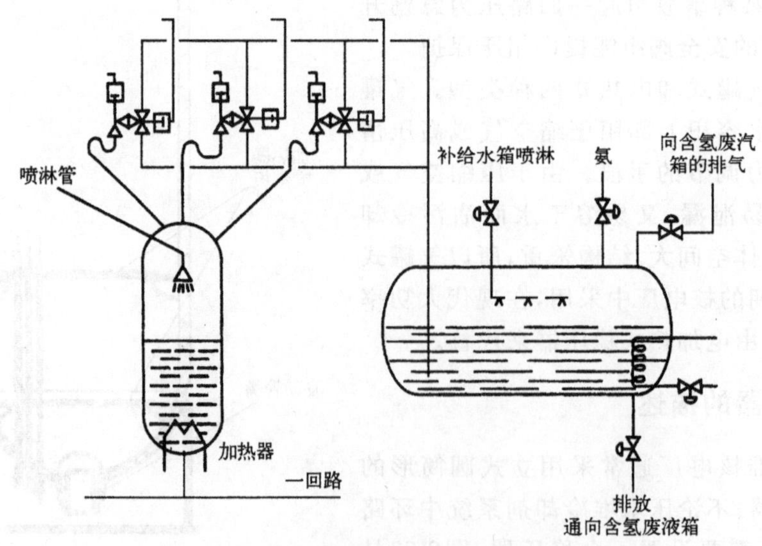

图 2-34 稳压器的喷淋管路及泄压管路

卸压箱，安全阀则在更严重的情况下动作，以确保反应堆冷却剂系统的安全。但由于动力式卸压阀的部件有可能失效(卡死或不能回座)，导致发生重大事故，如 1979 年美国三里岛Ⅱ号机组所发生的事故。近几年来，多数大型压水堆核电厂稳压器已采用先进的三个先导式安全阀组提供超压保护。

每一个先导式安全阀组由串联的两台阀门组成，如图 2-35 所示，一台提供卸压功能的上端阀门，称为保护阀，另一台下端阀门，起隔离作用，称作隔离阀。在正常运行期间，保护阀关闭，隔离阀开启。如果保护阀在开启之后再关闭失效时，则隔离阀关闭，防止反应堆冷却剂系统进一步卸压。

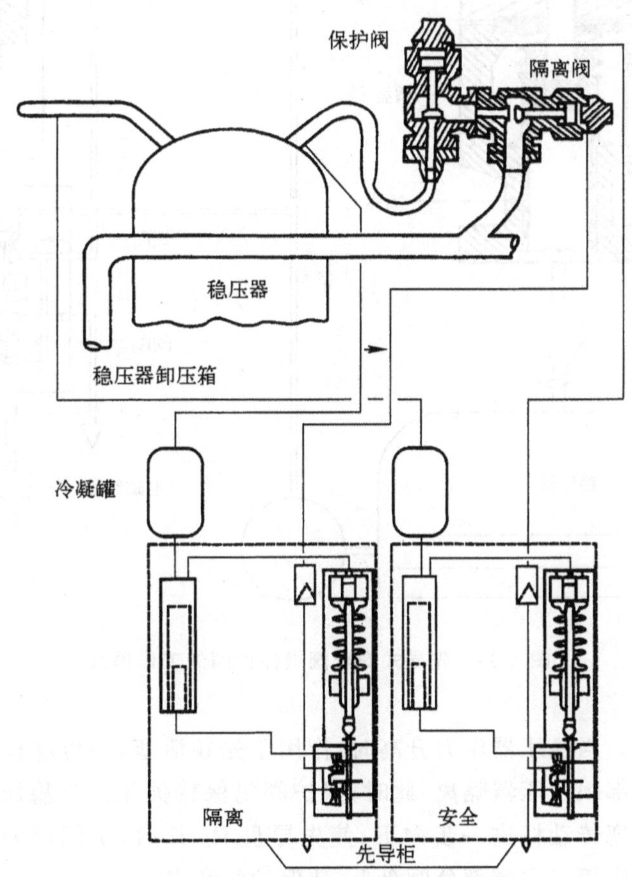

图 2-35　先导式安全阀组的构成

安全阀组中，保护阀的工作原理见图 2-36。保护阀是自启动先导式阀门，它由主阀部分和先导部分两个主要部分组成。

主阀部分是一个液压启动随动阀。它的下阀体带一个阀盘，座在喷嘴上，上阀体包含活塞，因为活塞的表面积比阀盘的表面积大，活塞使阀盘压住喷嘴；阀门的先导部分的先导活塞由稳压器压力启动，起压力传递和控制作用。

核电厂运行时，当稳压器压力低于保护阀的整定压力时，先导活塞的传动杆在上面位置，先导盘 R_1 开启，主阀部分活塞上部与稳压器连通，由于活塞的表面积比阀盘的表面积

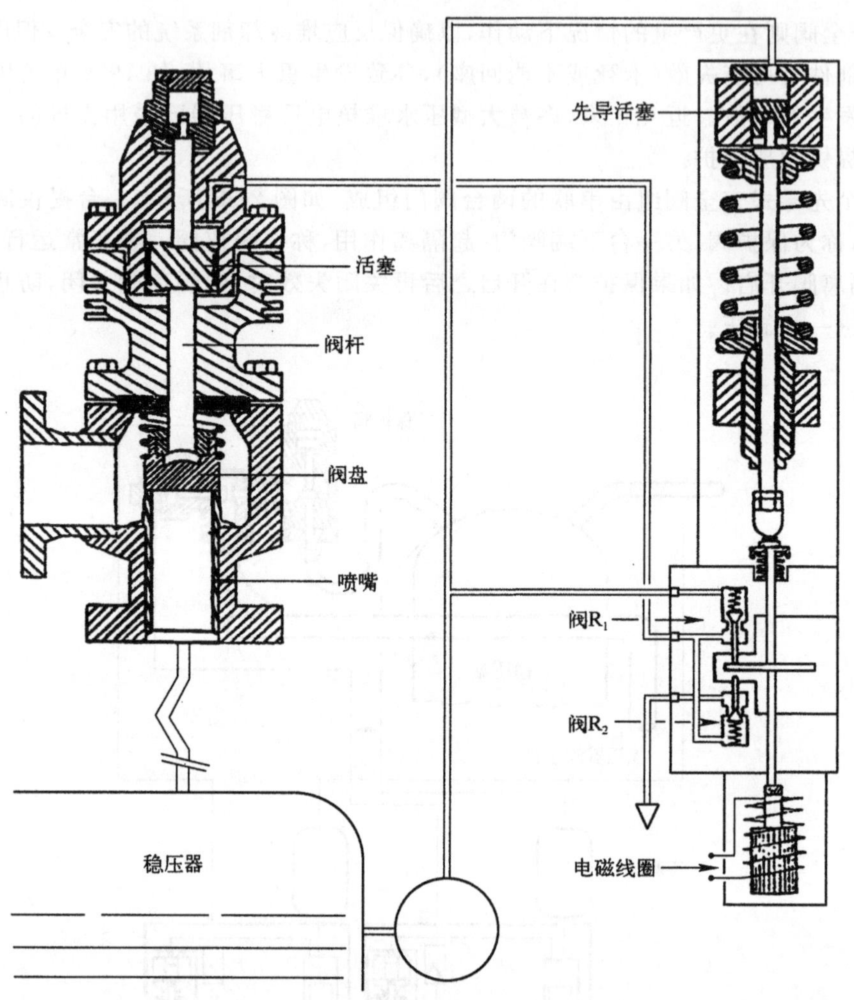

图 2-36　先导式安全阀组保护阀的工作原理

大，因此保护阀关闭。当稳压器压力升高时，作用于先导活塞，使传动杆向下，先导盘 R_1 关闭，主阀部分活塞上部跟稳压器隔离，此时，保护阀仍保持关闭。当稳压器压力达到保护阀整定压力时，先导活塞传动杆进一步向下，使先导盘 R_2 开启，主阀部分活塞上部容纳的流体排出，稳压器压力作用于主阀部分阀盘上，使保护阀开启。

当稳压器压力降低时，先导部分传动杆上升，关闭先导盘 R_2，开启先导盘 R_1，使主阀部分活塞上部与稳压器接通，于是保护阀关闭。

先导部分电磁线圈可提供一种使保护阀直接卸压的方法，以便远距离手动强制开启保护阀。

2.5.2　稳压器卸压箱

稳压器卸压箱的作用是凝结和冷却当稳压器过压时，通过安全阀组排放到卸压箱的蒸汽，防止一回路冷却剂对反应堆安全壳可能造成的污染。

卸压箱是一个卧式的低压容器，在它筒体的上部为氮气空间，装有一组喷雾器，筒体的底部沿轴线方向装有一根鼓泡管。

卸压箱按照冷凝和冷却稳压器一次排放量(约 1 700 kg 蒸汽)设计，这个排放量等于满功率下 110%稳压器内的蒸汽容积。在正常状态下，卸压箱四分之三的容积为水，四分之一空间充满氮气，水温被维持在 49 ℃，在接受蒸汽排放后，水温增加，但不会超过 93 ℃，蒸汽通过鼓泡管均匀排放到水中而冷凝；卸压箱的降温一是依靠来自硼和补给水系统的除盐水喷淋(喷淋流量是按 1 小时内将卸压箱的水从 93 ℃降至 49 ℃进行设计)，二是依靠箱内蛇形冷却管，它由设备冷却水系统不间断地提供冷却水。

卸压箱内充有氮气，额定压力是 0.12 MPa(绝对压力)，箱内压力高于大气压，可以阻止空气的进入，氮气气压可以阻止一回路冷却剂所含有的氢与空气中的氧形成易爆混合物，如果箱内压力小于 0.12 MPa，由氮气分配系统充氮；如果箱内压力高于 0.12 MPa，就释放蒸汽，由排汽管线将蒸汽排放到排气及疏排水系统中去。覆盖氮气的容积系按一次排放后限制卸压箱内最大压力达到 0.45 MPa(绝对压力)来选择。卸压箱内装有两个爆破膜，其排放能力等于稳压器三个安全阀的总排放能力，一个爆破膜在内部超压情况下(0.8 MPa)保护卸压箱；第二个爆破膜在反应堆安全壳内超压情况下，保护卸压箱，使它不致被压坏。

2.5.3　稳压器的运行

2.5.3.1　概述

在运行着的稳压器内，液相与汽相处于平衡状态，因而稳压器中的压力就等于该时刻温度下水的饱和蒸汽压力；同时，要求一回路水温应低于饱和蒸汽温度，以避免一回路冷却剂产生沸腾。在图 2-37 中示出核电厂正常运行中的稳压器温度、热管段温度、冷管段温度和平均温度，平均温度由下列公式得出：

$$T_{av}=\frac{T_c+T_h}{2}$$

式中，T_{av}——一回路冷却剂平均温度温度，℃；

T_c——一回路冷管段温度，℃；

T_h——一回路热管段温度，℃。

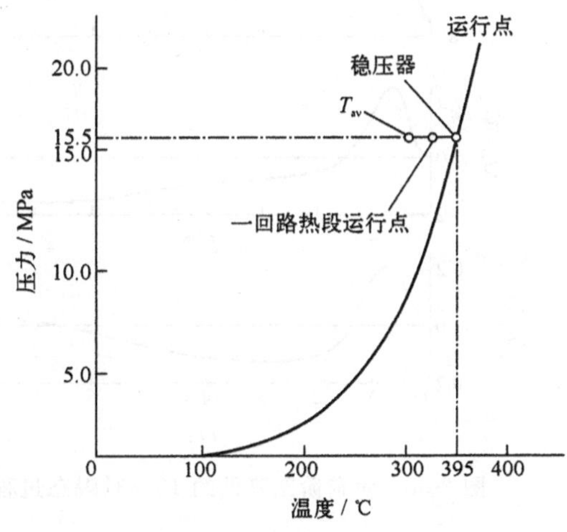

图 2-37　核电厂正常运行中稳压器的参数

冷却剂平均温度 T_{av} 整定值，是与反应堆的功率水平相对应的，T_{av} 有变化，一回路冷却剂体积将膨胀或收缩。以 900 MW 的压水堆核电厂为例。冷却剂平均温度每改变 1 ℃，一回路系统内冷却剂体积的变化约为 0.3～0.5 m^3；核电厂从零功率到满功率运行时，T_{av} 整定值相差达 17～20 ℃，相应的冷却剂体积变化为 15～20 m^3，这就需要稳压器及相应系统予以补偿，否则，所引起系统压力变化会导致堆芯及其他设备损坏。

在核电厂瞬态过程中，负荷的变化将造成冷却剂平均温度 T_{av} 的升高或降低，导致一回路系统冷却剂体积变化，冷却剂的温度变化可从下式看出：

$$\frac{dT_{av}}{dt}=k(P_R-P_S)$$

式中，k——与负荷变化速率、冷却剂体积等有关比例系数；

P_R——反应堆功率；

P_S——二回路输出功率。

当 $P_R>P_S$ 时，$\frac{dT_{av}}{dt}>0$；$P_R<P_S$ 时，$\frac{dT_{av}}{dt}<0$。

图 2-38 示出汽轮机负荷阶跃降低约 10%时，反应堆冷却剂系统中相应发生的瞬态过程。汽轮机负荷阶跃降低约 10%(满负荷)时，反应堆功率控制系统应使反应堆输出功相应降低。但是，由于检测系统及控制系统的滞后，反应堆冷却剂平均温度 T_{av} 先由额定值上升至峰值，然后逐渐降低，稳定在与新功率水平相应的整定值，温度变化导致冷却剂体积改变，因此，稳压器压力也经历了升高达到峰值又回复到额定压力的瞬态过程。

汽轮机负荷阶跃增加 10%(满负荷)时，其瞬态过程正好与以上情况相反，如图 2-39 所示。

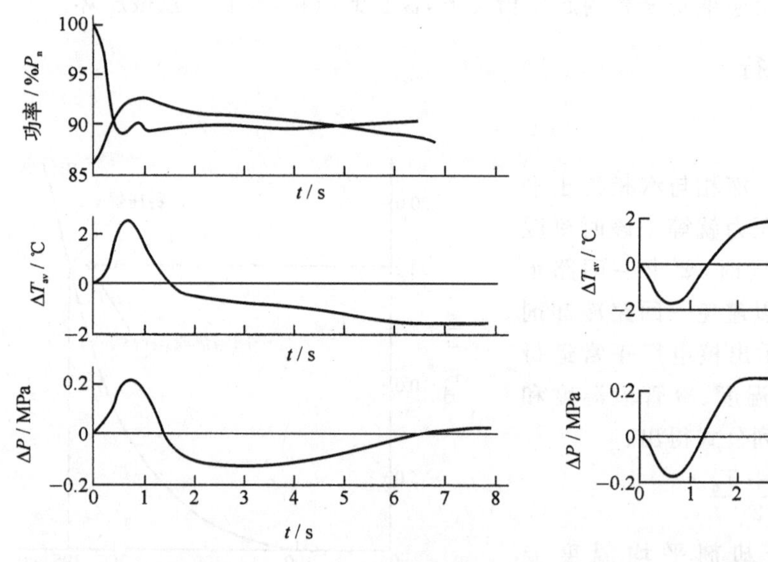

图 2-38 负荷阶跃降低约 10%时瞬态过程

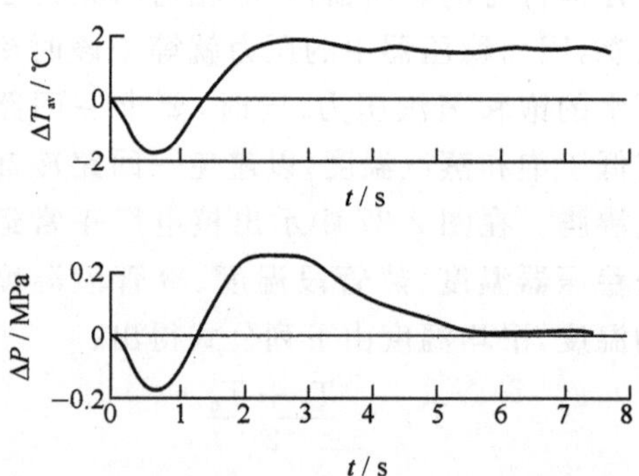

图 2-39 负荷阶跃增加 10%时瞬态过程

2.5.3.2 压力调节

在正常运行中，一回路压力应保持在整定值附近的上下允许限值之内，压力整定值不受电厂运行功率的影响，也与一回路的平均温度多高无关，总是恒定的，对于 900 MW 级压水堆核电厂，稳压器的压力整定值等于 15.5 MPa。如稳压器压力增加过大，整个一回路都将处于不允许的应力下，一回路某一管道可能破裂，造成失水事故。如果稳压器内压力过低，降至极限值以下，热管段的水将接近饱和蒸汽压力，水将大量汽化，可导致堆内燃料与一回路水热交换不良，燃料温度升高，致使包壳破裂，燃料熔化。

为了进行压力调节，稳压器压力控制系统采取如下措施：

反应堆正常运行时，降低反应堆冷却剂系统的压力，由喷雾器实行连续喷雾来实现。由反应堆冷却剂系统冷管段引入的冷却水,经喷雾调节阀而喷入稳压器上部蒸汽空间。其作用是保持稳压器内温度及水化学成分均匀,并且在喷雾阀开启时降低热冲击造成的局部热应力。

核电厂稳态运行时,电加热器是控制压力变化的重要手段。在稳态工况下,可调式电加热器的功率应等于稳压器散热功率与补偿连续喷雾流量的热功率之和。当压力降低时,可调式电加热器的功率自动增大;压力升高时,则自动降低可调式电加热器的功率。通断式电加热器在反应堆启动及反应堆冷却剂系统压力下降较大时投入工作。

稳压器的安全阀组提供了对冷却剂系统的超压保护,三个安全阀组的三个保护阀按各自的压力整定值开启及回座,而与三个保护阀分别相串联的三个隔离阀可在保护阀因故障不能回座时起隔离作用,防止反应堆冷却剂系统压力失控。

在稳压器的压力控制系统中,控制信号是由测量压力与整定压力之差,经过比例、积分和微分运算后的补偿压力得到的,安全阀组则由压力测量信号直接控制;控制系统还设有"自动/手动"切换开关,必要时可在主控室或应急停堆盘实行手动控制。

此外,稳压器的压力控制系统还设有保护线路,可以发出压力偏低应急停堆信号,压力过高应急停堆信号,以及低水位—低压力时安全注射等保护信号。

900 MW 级压水堆核电厂稳压器压力控制系统的压力控制程序参见图 2-40。

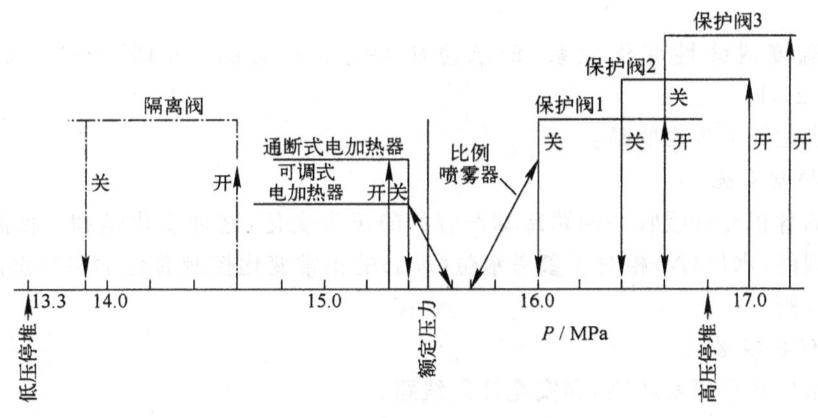

图 2-40　压水堆核电厂压力控制程序

2.5.3.3　水位调节

在压水堆核电厂运行中,稳压器中水位随一回路的平均温度的变化而变化。如当反应堆启动或者停闭时,一回路水温约由 25 ℃上升到 291.4 ℃,或由 291.4 ℃降到大约 25 ℃,这就引起一回路水容积的变化(见图 2-41);当反应堆功率增加时,一回路平均温度从 291.4 ℃升到 310.0 ℃,这也将引起一回路水容积的变化。

如果水位过高,稳压器有失去压力控制能力的危险,安全阀有可能进水而失去作用;如果水位过低,则电加热器的电加热棒可能会露出水面而烧坏。因此,在核电厂运行中,应该进行水位调节,以维持水位在正常的范围内。

稳压器水位整定值是在化学和容积控制系统没有下泄流量和当反应堆功率从 0 变到 100%的条件下,使稳压器能承受一回路水容积的变化而计算确定的。水位整定值 N_{ref} 与一

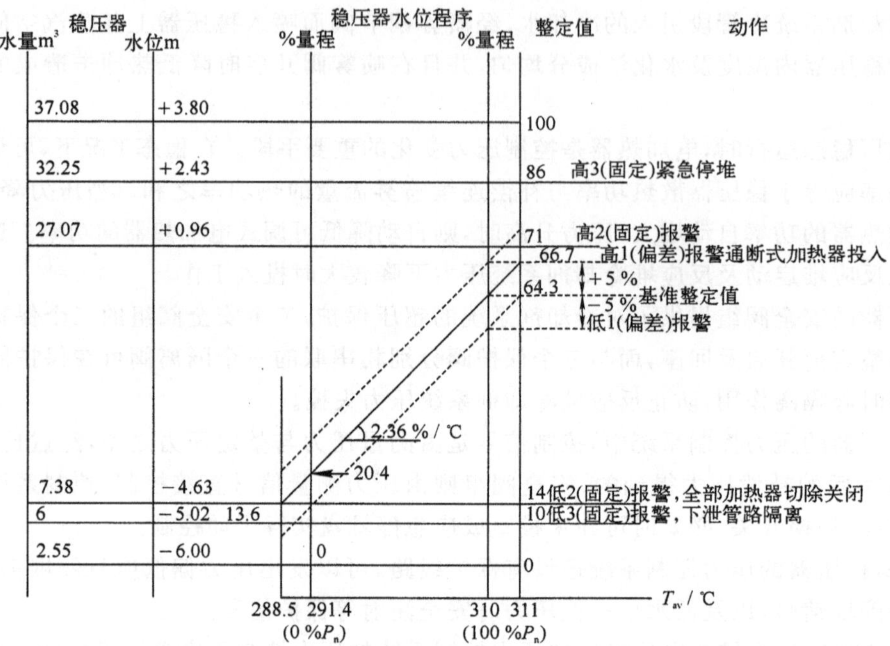

图 2-41 900 MW 压水堆核电厂稳压器水位控制程序

回路的平均温度成线性变化关系,即水位从 291.4 ℃时的 20.4%变到 310.0 ℃时的 64.3%,见图 2-41。

稳压器水位调节依靠的是:

1. 水位控制系统

稳压器的容积允许吸收一回路冷却剂容积的正常变化,这种变化是和一回路平均温度变化同时出现的,水位(N)相对于参考水位(N_{ref})的正常变化控制着化学和容积控制系统上充回路的调节阀。

2. 水位保护线路

设有高水位紧急停堆线路,和安全注射线路。

对于某一个给定的功率负荷(从零到额定功率 P_n 之间某一值),调节系统计算出水位整定值 N_{ref},并且用调节化学和容积控制系统上充流量的方法来保持水位在这一整定值,见图 2-41。如果水位超过整定值 N_{ref},从(N_{ref}+5%)开始,通断式加热器投入运行,用以蒸发一部分水,并发出红色报警信号;稳压器水位在稳压器高度的 66.7%,发出水位偏高红色报警信号;稳压器水位大于稳压器的 86%时,而反应堆功率又超过了额定功率的 10%,则由反应堆保护系统发出信号使反应堆紧急停堆。

如果稳压器水位低于整定值 N_{ref}时,从(N_{ref}-5%)开始,发出红色报警信号;稳压器水位在 14%时,发出稳压器低水位或者低低水位白色报警信号,这时加热器全部断开,通向化学和容积控制系统的下泄阀关闭;稳压器水位在 5%时,稳压器低水位兼低压,安全注射系统动作。稳压器及卸压管的设计数据见表 2-9。

表 2-9　稳压器及卸压箱的设计数据

稳压器		第二管道 1 号阀打开/关闭压力/MPa	16.9/16.3
设计压力/MPa	17.23	第二管道 2 号阀打开/关闭压力/MPa	14.5/13.8
设计温度/℃	360	第三管道 1 号阀打开/关闭压力/MPa	17.1/16.5
总容积(冷态)/m^3	39.75	第三管道 2 号阀打开/关闭压力/MPa	14.5/13.8
全负荷时水容积/m^3	23.96	稳压器泄压箱	
全负荷时汽容积/m^3	16.37	设计内压(最大)/MPa	0.8
外部直径(最大)/mm	2 350	设计内压(最小)/MPa	真空
圆筒部分的壁厚/mm	108	设计外压/MPa	0.2
总高度/m	12.8	设计温度/℃	170
空重/t	79	总容积/m^3	37
运行压力/MPa	15.5	水容积(正常)/m^3	25.5
运行温度/℃	345	最小运行压力/MPa	0.12
加热器数量	60	最大运行压力/MPa	0.45
总的加热容量/kW	1 440	运行温度/℃	40
第一管道 1 号阀打开/关闭压力/MPa	16.5/15.9	空重/t	9
第一管道 2 号阀打开/关闭压力/MPa	14.5/13.8	尺寸(直径×长度)/(m×m)	3.0×6.0

2.6　一回路的运行

2.6.1　一回路运行时参数的测量

2.6.1.1　温度的测量

一回路主系统的每个环路上设有旁路管线，可以测量每个环路的热管段和冷管段的冷却剂温度，如图 2-42 一回路温度的测量。在每一热管段的一个截面上，有互相成 120°的三个取样管嘴，这三个管嘴能取得采样水，冷管段旁路管线的循环流量则从主泵的出口端抽取，由于主泵出口端存在涡流，只需用一个采样管嘴就可测得有代表性的平均温度；对于每一环路，旁路的两条管线连接到位于蒸汽发生器和一回路间的公共管线上。从测量中能得出冷却剂平均温度和冷却剂温差

$$T_{av} = (T_c + T_h)/2$$

$$\Delta T = (T_h - T_c)$$

式中，T_h——一回路系统热管段温度/℃；

T_c——一回路系统冷管段温度/℃。

T_{av}，ΔT 的测量值可用于反应堆的控制和保护。利用旁路管线，能在测量处得到较均匀的流体温度，同时，旁路管线中流体的低流速可以利用裸露的、没有套管的、响应速度快的测温元件。每条旁路管线上装有手动隔离阀，以便在一回路冷却剂不排空情况下检修或更换温度计。

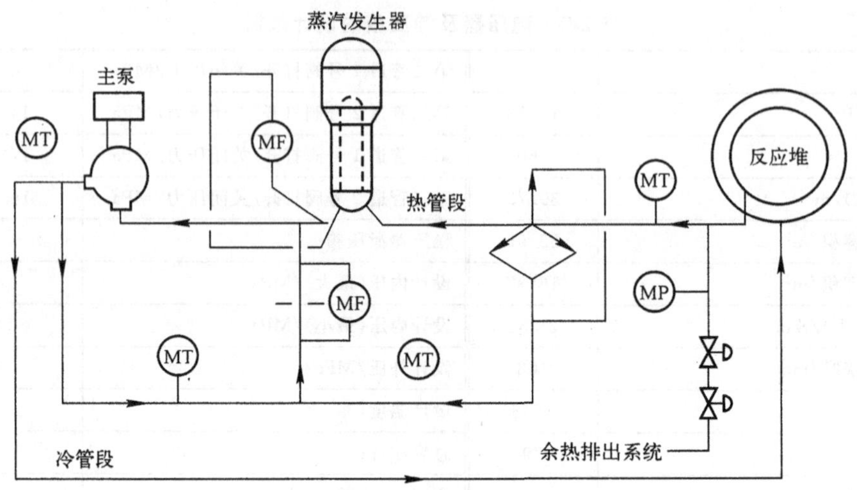

图 2-42　一回路温度的测量

除了在旁路上测量温度外，在反应堆的启动和冷停闭时在每条环路的主回路上直接测量热管段和冷管段的冷却剂温度。

在早期的核电厂中，为了准确、及时地测量反应堆冷却剂的温度，考虑到主管道管径大、流速快，且主管道热段每一截面上温度分布不均匀，设置了测温旁路。

随着技术的发展，取消测温旁路，直接在主管道上进行用于保护系统的快响应的反应堆冷却剂温度测量已经成为可能，国外已经有核电厂取消了测温旁路。ABB 公司的 System80、法国的 N4 核电厂均采用了直接测温技术，西屋公司新设计的核电厂方案也取消了测温旁路，采用了直接测温技术。

压水堆一回路系统取消测温旁路的必要性是：

1）减少辐射源。测温旁路是主回路维修时的一个主要辐射源，取消测温旁路后可以降低总体剂量。

2）简化系统，降低由于设备故障引起非计划停堆的可能性。取消测温旁路后，其相应的管线亦全部取消，可以减少约 40 个阀门和 80 m 管道，以及相应的流量孔板、限流孔板和流量计等。

实施直接测温技术，须主管道上选取了最能代表热段冷却剂平均温度的一个截面，设置三支互成 120°的温度计，通过比较、判断和平均，取其综合值作为一个热段冷却剂温度，以克服温度的不均匀性；对于主管道冷段温度的测量，由于主泵的搅混作用，在主管道冷段上不存在温度不均匀的问题，直接用温度计测量。由于反应堆冷却剂的流速快、冲击力比较大，因此所选取的温度计必须加保护套管以保护温度计；同时温度计需选用快响应温度计，并应在温度计和保护套管的结构上做特殊考虑。

2.6.1.2　压力测量

在反应堆主回路冷却剂系统和余热排出系统的连接管线上，安置压力传感器，用来测量回路压力，压力测量信号转送到主控制室内控制台的指示仪表上。

2.6.1.3　流量测量

每个环路有三个流量点，选在蒸汽发生器出口处，通过测量环路弯头端部的压力，推算出相对于额定流量的份额、测量信号送到主控制室。

此外，在测温旁路管线的公共管线上，装设有流量传感器，以监测旁路管线内是否有足够的水流量。

2.6.2　松动部件的监测

核电厂一回路主系统运行时，松动部件可能造成堆内部件损坏或松动部件自身的脱落，也可能引起部分流道堵塞而导致燃料包壳破损。国外一些核电厂中曾多次发生这类事故。目前，新的松动部件监测的国际标准正在酝酿中，世界上部分正在运行的核电厂和新建的核电厂，均装备了松动部件监测系统。

2.6.2.1　松动部件声监测系统

松动部件声监测系统的主要功能是在反应堆运行时监测零件松动情况并确定其位置。该系统可同时监测三个蒸汽发生器底封头和压力容器底封头内的情况。

先进的数字式松动部件声监测系统简图如图 2-43 所示，该系统的理论基础是赫芝碰撞理论、波传播理论和结构传递理论，用赫芝碰撞理论可以确定最初碰撞波的频率，波传播理论则用来估计波的传播速度，运用结构传递理论可以导出碰撞波的形状。主要由信号采集、信号处理、信号显示、信号监测及系统刻度等五部分组成。

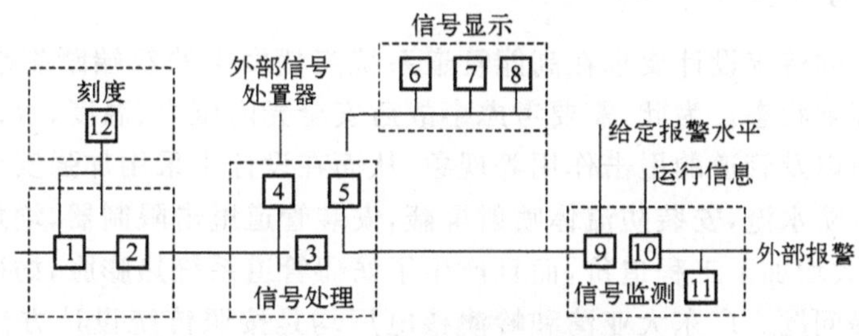

图 2-43　松动部件监测系统简图

1—声探测器；2—前置放大器；3—带通滤波器；4—去偶信号输出；
5—放大器；6—指示器；7—记录器储存器；8—音响装置；
9—报警水平监测器；10—逻辑单元；11—内部报警单元；12—制度单元

1. 信号采集部分　该部分功能是连续采集主回路外表面的声信号，由探测器和前置放大器组成。探测器应能长期工作在高温、高辐照和喷雾条件下，一般采用压电晶体加速度计。前置放大器应能适应安全壳内的环境条件，具有高的可靠性和抗干扰性，通常使用电荷放大器输出电压信号。

2. 信号处理部分　该部分功能是改善信号强度和提高信噪比，并处理信号以便显示和监测，通常由带通滤波器、信号输出器和显示放大器组成。

3. 信号显示部分　该部分功能是指示本底噪声水平和信号水平，记录信号并提供音响装置，以便运行人员估计系统的运行状态，该部分由均方根指示器、记录单元、存贮单元、音响单元组成。

4. 信号监测部分　该部分功能是信号报警和消除伪报警，主要由报警水平监测器，逻辑单元以及内部报警单元组成。当监测信号超过预先设置的报警水平时，报警水平监测器开始报警，如果同时出现与电厂运行有关的声信号(例如控制棒的提升和下降)，逻辑单元将禁止发出报警信号，即消除了伪报警。

5. 系统刻度部分　该部分功能是刻度各个信号道。刻度时，从前置放大器输入正弦波信号，检查各道报警水平设置值。

核电厂运行时，在每个监测区(蒸汽发生器底封头，压力容器底封头)设置两个压电晶体加速度传感器，检测由松动零件与结构撞击时产生的表面波。信号在电荷放大器内转换，经信号处理，然后送到监测部分进行连续监测。当瞬时振幅信号高于预定的阈值时，有关通道立即发出声或光信号，如果信号持续不断则报警开始，并记录事故信号。

2.6.2.2　松动部件声监测系统的投运

新安装的松动部件声监测系统，必须经首次启动和录取本底噪声后，才可作为核电厂重要的在役检测系统，投入长期的连续的松动部件监测。

首次启动包括主回路系统投入运行前的系统试验(主泵首次启动和换料后的重新启动)，初始监测(通过音响单元监测不同压力下反应堆的本底噪声)，和系统调整(报警阈值的设置与调整)等。录取本底噪声的主要目的是记录核电厂系统在不同运行状态下声信号的本底档案，以有效地识别松动部件声信号。

2.6.3　管道系统采用 LBB 技术

压水堆核电厂的传统设计要求在高能管道系统突然发生的双端断裂事故时，保证安全停堆和维持安全停堆状态。为此，需要考虑事故后安全壳内压力、温度、水位的升高、喷射流体对靶物的冲击力以及管道的甩击作用等现象，从而在设计中采用加强安全壳的承载能力，提高设备的位置以防水淹，安装防流体喷射屏蔽，安装管道甩击限制器，增加阻尼器等措施。这些措施，不仅大大增加了工程造价，而且产生了妨碍管道系统热膨胀，妨碍在役检查，增加人员放射性剂量等问题。广东大亚湾和岭澳核电厂均是按照传统设计方法，将高能管道双端断裂事故作为设计基准来设计的。

近年来的大量研究工作表明，管道双端断裂事故的概率是极小的，且容器管道均为高韧性材料，即使存在裂纹，在裂纹扩展到临界裂纹尺寸发生突然破裂前，其泄漏量已大到可以监测出来，这样可进行及时修复以避免突然破裂的发生。这就是 20 世纪 70 年代提出的破前漏(Leak Before Break，LBB)概念。

从提高核电厂安全性的角度，采用 LBB 技术可以免去可能妨害管道系统热膨胀和妨碍在役检查的管道防甩击限制器和防喷射屏蔽，同时尽量减少阻尼器。

采用 LBB 技术仍然要考虑管道双端断裂后质能释放引起安全壳的压力温度升高，双端断裂仍然要作为安全壳的设计基准，但是管道的结构设计可以大大简化。LBB 技术包含以下技术内容：

1) 根据系统静动力响应的应力水平和结构材料性能，确定管道断裂潜在的敏感位置；

2) 收集管道材料断裂力学性能参数或进行实验测试，获取后续断裂力学分布分析评价所需的断裂韧性、J 阻力曲线、真应力应变曲线等材料参数；

3）在管道断裂敏感位置假设贯穿裂纹尺寸，计算裂纹泄漏率；

4）评价泄漏监测系统，确定满足泄漏量监测要求的监测方式，在此基础上，增加必要的监测手段；

5）在运行工况载荷加 SSE 地震载荷作用下进行断裂力学分析，包括裂纹总体和局部稳定性分析以及疲劳裂纹扩展分析，评价管道系统是否满足 LBB 准则。

随着核电设计技术的不断发展，LBB 概念越来越广泛地在现有核电厂的技术改造和新核电厂的设计中得到应用，美国先进轻水堆用户要求文件(URD)中也描述了在 ASME 核一、二级管道系统上采用 LBB 技术的内容，在核电厂设计中采用 LBB 技术已得到广泛认可。毫无疑问，LBB 技术的应用必将在带来巨大经济利益的同时，缩短核电厂工程现场施工周期，提高核电厂的安全性能。

第3章 压水堆核电厂一回路主要辅助系统

压水堆核电厂一回路运行时，需要相应辅助系统的配合，主要的辅助系统有：化学和容积控制系统、余热排出系统、设备冷却水系统，以及硼和水补给系统等。

3.1 化学和容积控制系统

3.1.1 系统的功能

本系统的主要作用是：

1. 启动前向一回路系统充水，进行水压试验，运行中用于调节稳压器水位，以保持一回路冷却剂的水容积；
2. 调节冷却剂中的硼浓度，控制反应堆反应性的慢变化；
3. 净化冷却剂，减少反应堆冷却剂中裂变产物和腐蚀产物的含量；
4. 供给一回路冷却剂泵轴封系统所需要的轴封用水；
5. 向反应堆冷却剂加入适量的腐蚀抑制剂如氢、联氨、氢氧化锂等，以保持一回路水质；
6. 冷却剂泵停运后提供稳压器的辅助喷淋水。

3.1.2 系统的描述

图3-1是一个用于900 MW级电功率压水堆核电厂的化学和容积控制系统的流程图。它的基本流程如下：当核电厂在稳态功率运行时，一回路系统某个环路的冷却剂泵的出口至反应堆入口的冷管段连续不断地有高温高压水流下泄至本系统，下泄流先进入再生热交换器壳侧和三组下泄节流孔板中的一组降温减压后，离开安全壳，再通过下泄热交换器管侧冷却到树脂允许的工作温度，又经低压下泄控制阀再减压后，经过滤器除去颗粒状杂质，进入混合床离子交换器，除去以离子状态存在于冷却剂中的裂变产物和腐蚀产物。

由离子交换器出来的下泄流，经过滤器后，喷淋到容积控制箱内，在喷淋过程中除去其中的气体裂变产物氪和氙，以降低冷却剂的放射性水平。容积控制箱底部与上充泵汲入口相接。这样，下泄流经过过滤、离子交换、喷淋除气的冷却剂，由上充泵加压后，其大部分经再生热交换器加热后回到了冷却剂系统，少部分送到冷却剂泵轴封水系统，用作轴封水。

从化学和容积控制系统所起的主要作用和它的基本流程来看，化学和容积控制系统保

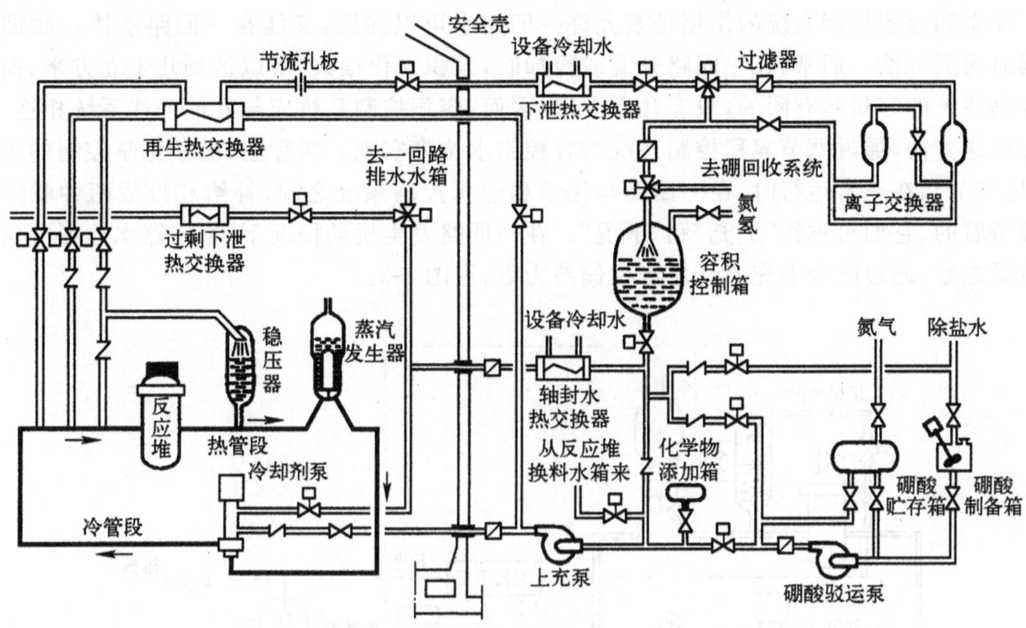

图 3-1　化学和容积控制系统的流程图

证了一回路所必需的三种主要功能，它们是：容积控制、化学控制和中子毒物控制。

1. 容积控制

一回路是一个热传输回路，当一回路升温时，回路中水的体积增大，相反，当一回路冷却时，回路中水的体积减小。另外，一回路又是一个水力回路，处于 15.5 MPa 加压状态下，不可避免地会发生向外泄漏。因此，容积控制的目的是，吸收稳压器不能吸收的一回路水的容积变化，使稳压器水位维持在整定值上。

容积控制的原理是，通过联结一回路与容积控制系统，使容积控制系统对一回路起着波动箱的作用。见图 3-2。

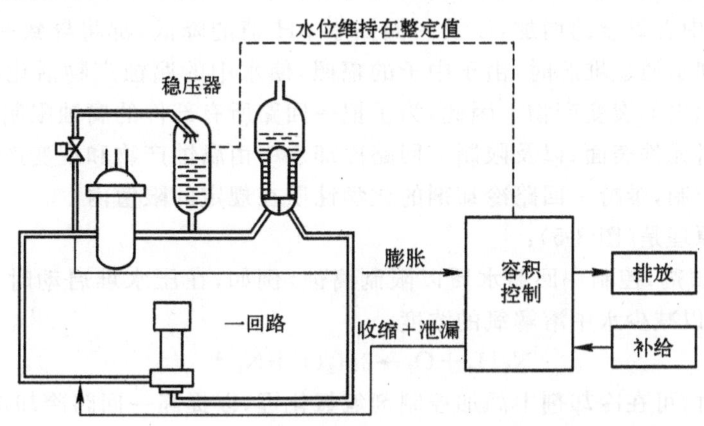

图 3-2　化学和容积控制系统容积控制的原理

化学和容积控制系统的作用是既允许一回路水可以膨胀，又能在一回路水体积收缩或泄漏时得到补偿。通常，在一回路升温或冷却时，容积变化很大，可以达到几十立方米，而容积控制系统的容量是有限的，只有几立方米，因而，容积控制系统应与其他一些系统相连，用动态连通方法，通过调节容积控制系统的容控箱水位来实现。实际上，由于化学控制的需要(参见下节)，在正常运行时，在一回路与化学和容积控制系统之间，补给和排放两种联结总是维持着的，它们可称作"上充"和"下泄"。在一回路发生扰动情况下，稳压器水位影响这两个流量之差，通过改变上充流量使水位偏差为零，见图 3-3。

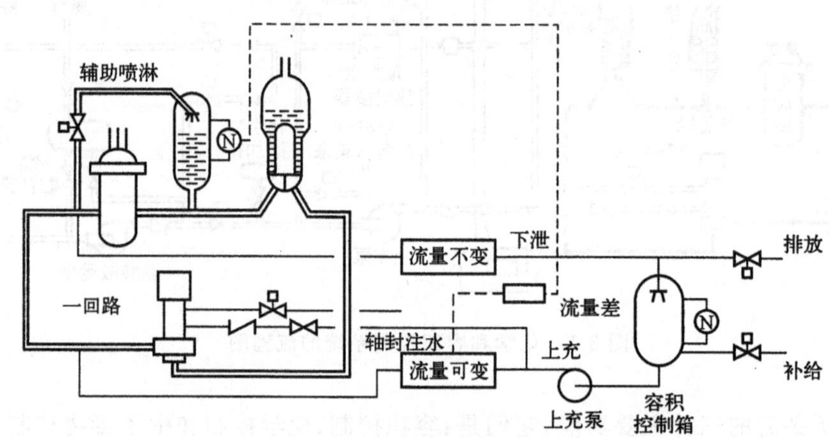

图 3-3　上充与下泄容积控制原理图

此外，在主泵停止的工况下，给稳压器喷淋管线供水；给主泵轴封提供轴封注水；以及调节一回路水的硼溶液浓度时，都需要化学和容积控制系统起作用。

压水堆核电厂正常运行时，化学和容积控制系统应补偿一回路系统水的膨胀，收缩或泄漏等变化，以发挥容积控制功能，见图 3-4。

2. 化学控制

冷却剂在一回路流动循环的结果，会出现与所有水力回路都相同的现象，即由于一回路水温度的增高，水中含氧量的增加，以及一回路水 pH 值的降低，都将导致一回路部件的腐蚀加大。而冷却剂水通过堆芯时，由于中子的辐照，使水中的腐蚀产物活化，也有可能带出元件包壳破裂处逸出的裂变产物。因此，为了把一回路所有部件的腐蚀限制到最低程度，避免杂质沉积在燃料元件表面，以及限制一回路冷却水中由腐蚀产物和裂变产物形成辐射源，就需要通过化学控制，维持一回路冷却剂的化学性质在规定的限值内。

化学控制的原理是(图 3-5)：

1. 注入化学试剂，控制一回路水质以限制腐蚀，例如，在压水堆启动时，可在一回路冷却剂中注入联氨，以减少水中溶解氧的浓度。

$$N_2H_4 + O_2 \rightarrow 2H_2O + N_2 \uparrow$$

在正常运行时，可在冷却剂中添加控制剂氢氧化锂，以提高一回路冷却剂的 pH 值。

2. 使一回路冷却剂流过净化系统进行净化，包括，经过过滤以除去冷却剂中的悬浮状颗粒物，以及通过离子交换树脂以除去离子杂质。

离子交换器中的离子交换树脂不能承受 60 ℃以上的温度，所以必须将下泄水从

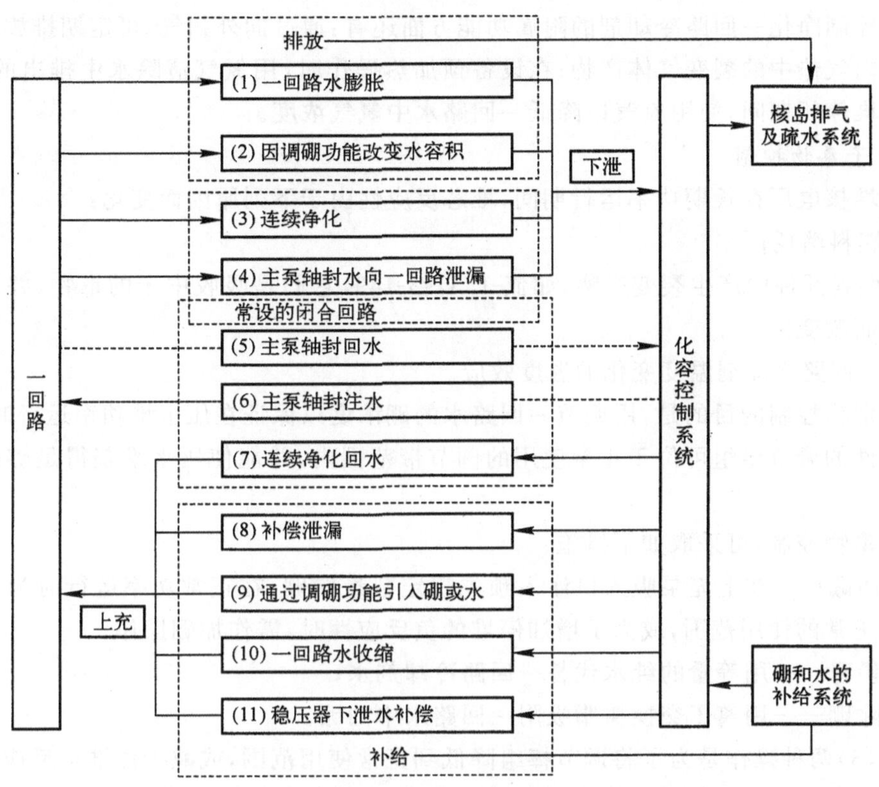

图 3-4　化学和容积控制系统的容积补偿图

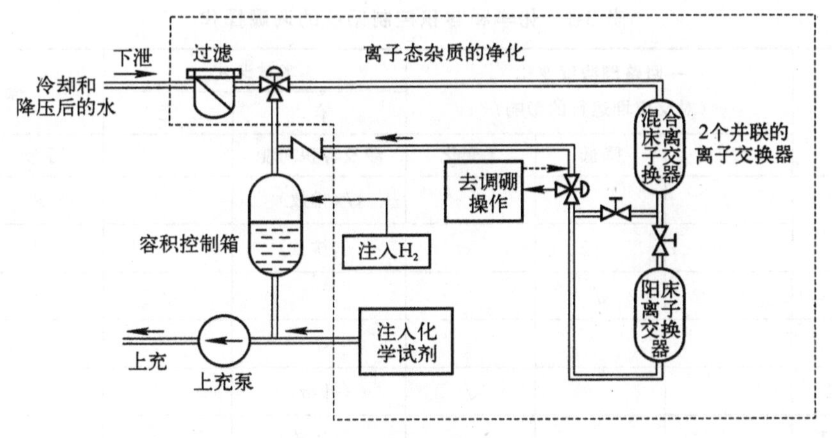

图 3-5　化学控制基本原理图

291.4 ℃冷却至 45 ℃。为回收部分热量，系统中使用了再生式热交换器和下泄热交换器；再生式热交换器在冷却下泄水流的同时对净化过的上充水进行加热，非再生的下泄热交换器的冷却水由设备冷却水系统提供。除了温度问题外，由于与化学和容积控制系统相联系的其他系统都处于低压，所以必须将下泄流的压力从 15.5 MPa 降至 0.2～0.5 MPa。为避免水汽化，降压只能在冷却之后进行；如同降温冷却分两级进行一样，降压也分两级，即在每个冷却阶段之后再进行一次降压。

化学控制净化一回路冷却剂的附属功能方面还有：通过向外扫气，可定期排放积聚在容积控制箱内气垫中的裂变气体产物；在设备预加热操作时，用氮气清除水中排出的溶解氧，或在反应堆停闭期间，使用氮气以降低一回路水中氢气浓度。

3. 中子毒物控制

压水堆核电厂在长期功率运行期间，堆芯反应性由于下列原因而变化：

(1) 燃料消耗；

(2) 燃料元件中产生裂变产物，如氙-135，钐-149，它们是吸收中子的毒物，并且浓度随功率变化而改变；

(3) 一回路冷却剂温度变化的温度效应。

中子毒物控制的目的是，用调节一回路水的硼浓度以保证在压水堆功率运行时，棒束型控制棒组件的调节棒组可位于正常使用的调节带范围内，并能使压水堆获得足够的停堆负反应性。

中子毒物控制，可采取如下措施：

(1) 加硼——在上充泵吸入口注入预先规定数量的硼，在正常功率运行时为了将调节棒提升到正常的使用范围，或为了增加停堆的负反应性时，需作加硼操作；

(2) 稀释——用等量的纯水代替一回路冷却剂水；

(3) 除硼——用离子交换树脂吸附一回路水中的硼。

(2)、(3)两种操作是为了将调节棒组降低到正常使用范围，或减少停堆负反应性。

表 3-1 示出了进行中子毒物控制时，化学和容积控制系统的操作内容。

表 3-1 化学和容积控制系统的调硼操作

操 作	一回路硼浓度变化（对反应堆运行的影响）			水量变化		操作选择	
				有	无		
	增加	降低	无变化	涉及容积功能		手动	自动
(1)加硼	√			√(排放)		√	
(2)稀释		√		√(排放)		√	
(3)除硼		√			√	√	
(4)补给				√			√
(容积)功能			√	(补给)			
(5)大量加硼	√			√(排放)		√	

3.1.3 系统的运行

图 3-1 所示的化学和容积控制系统包括为保证容积控制、化学控制和反应性(中子毒物)控制等三个功能所必需的回路和设备。化学和容积控制系统的运行可以分为下泄回路、除盐回路、容积控制箱、上充回路和附属回路(过剩下泄、主泵轴封、稳压器辅助喷淋)等五个方面来描述。

1. 下泄回路的运行

下泄流是从主泵与压力容器间，一个环路的冷管段上引出的，正常下泄流量为 13.6 m^3/h，最大流量为 27.2 m^3/h，流过再生式热交换器时，下泄流从 291.4 ℃下降至 140 ℃，将一部分热量传给上充回路的水，然后经由三个下泄节流孔板之一，进行第一次降压。正常流量下孔板可降压 13.0 MPa，即下泄流压力从 15.5 MPa 降到 2.5 MPa，三个孔板并联安装，每个孔板都是由其隔离阀遥控投入运行的，然后再经非再生式热交换器和低压降压阀，进行第二次降温（出口水温为 50℃）降压（直至约 0.2～0.5 MPa）。

2. 除盐回路的运行

除盐回路的作用是净化水，除去一次水中离子态的裂变产物和腐蚀产物。它由混床离子交换器、阳离子交换器、三通阀及净化过滤器组成。混床离子交换器有两个，它们装满两种性质的混合树脂，阳离子树脂吸附阳离子，阴离子树脂吸附阴离子，每个离子交换器都是按 27.2 m^3/h 的流量设计的，在正常运行情况下，只需要一个交换器投入运行，树脂在硼饱和以后才能锂饱和，它不吸附铯。阳离子床离子交换器安装在混床离子交换器之后，以间歇方式运行，它可以调节一回路水中锂活度（由于硼的核转换产生了核素锂-7，其活度必须调节以控制 pH 值），并可将铯-137 活度保持在 3.7×10^{10} Bq/h 以下。当下泄水量过大或需降低其硼含量时，三通阀将一回路水引向硼回收系统。净化过滤器在容积控制箱之后，在正常运行时可除去树脂碎粒及水中悬浮粒子。

3. 容积控制箱的运行

容积控制箱的运行，兼有容积控制和化学控制的作用。它主要用作一回路的缓冲水箱，即一回路水容积超过正常运行范围时，稳压器不能吸收的部分，由容控箱水位的改变来吸收，容积控箱水位过高时，位于容控箱前的三通阀可将下泄流通向硼回收系统。如果容积控制箱低水位时，信号引发反应堆硼和补水系统自动补水；如该操作补水仍不足或不能运行时，则容积控制箱低-低水位信号可使上充泵吸入口切换到换料水箱取水。容控箱中氢气的压力调整在 0.2～0.5 MPa，以限制一回路水因辐射分解产生的氧含量；积聚在容控箱中的气体裂变产物，定期地向核岛排气及疏排水系统排放；容控箱中还加入了中性气体氮，用于清除系统预热时溶解于一回路水中的气体。

图 3-6 示出了用于 900 MW 级压水堆核电厂化学和容积控制系统的容积控制箱的整定值。

4. 上充回路的运行

由上充泵从容控箱汲水，通过再生式热交换器，排入一回路冷管段，上充流量根据稳压器水位来调节，上充回路中有三台多级离心泵，每台泵各由一个带 1 500 r/min 至 4 455 r/min 增速器的电动机带动，并各配有一条再循环管线，或称最小流量管线（14 m^3/h）及润滑回路。

正常运行时，只需开动一台上充泵，打开再循环回路，单台上充泵启动时，应先启动润滑电动泵，当润滑油压超过 0.06 MPa 时，允许上充泵开动，依靠上充回路中的调整阀，可调整上充流量，以调整稳压器水位，上充泵额定流量为 34 m^3/h，上充泵出口上充流有超过主回路的压力，和足以给主泵轴封回路供水的压力。另外，上充流量必须大于 5.5 m^3/h，以充分冷却再生式热交换器的下泄流量，正常上充流量约为 10.2 m^3/h。上充流通过再生式热交换器可加热到 260 ℃左右，注入主泵之后的一回路一个环路的冷管段中。需要注意的是，上

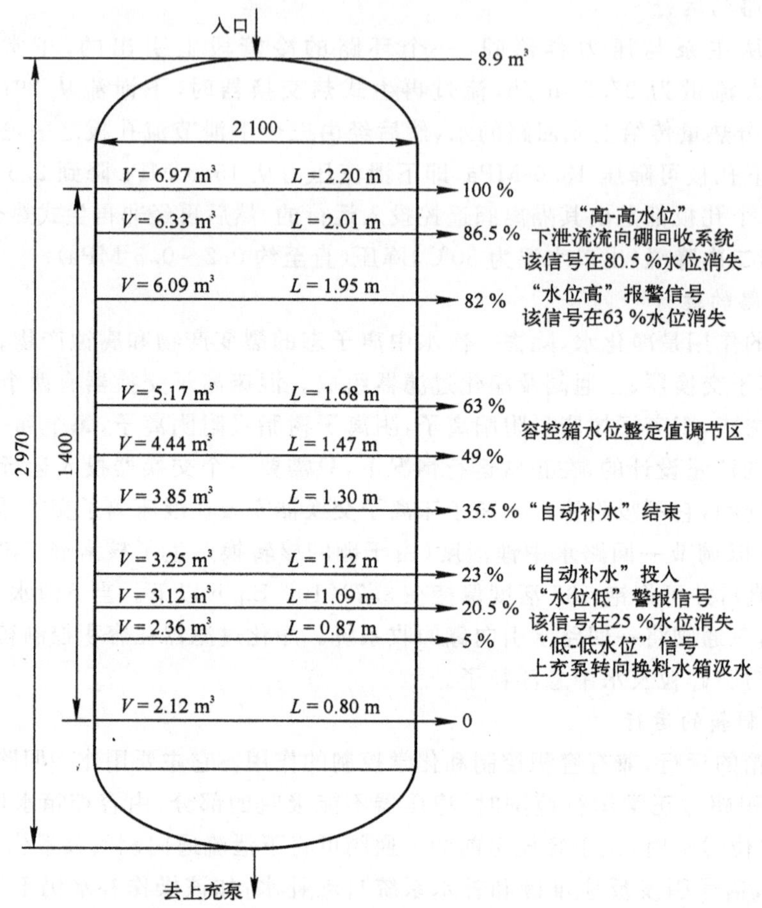

图 3-6 容积控制箱的整定值

充回路、下泄回路与一回路系统的接口并不在同一个环路中。

5. 主泵轴封水回路的运行

主泵轴封水，由上充回路提供，其压力大于一回路压力，以润滑泵轴承，冷却和润滑密封环，保证在一回路和主泵轴承、轴封环之间有一个冷水区，轴封水系由外向内溢流。回流的轴封水经过滤，并在轴封水热交换器中冷却后，流向上充泵吸水口处。

轴封水回路的给水流量 5.4 m^3/h，回流流量 2.1 m^3/h，其余部分（约 3.3 m^3/h）流入一回路。

6. 过剩下泄回路的运行

这是个辅助下泄回路，当回路正常加热的最后阶段有较大的下泄流量，或事故情况下正常下泄回路不起作用时，从主泵前过渡段取一回路水，最大流量为 3.4 m^3/h。通过专设的过剩下泄热交换器水温从 291.4 ℃降至 55 ℃左右，下泄流量可由热交换器后的阀门加以调节，下泄流可流向容积控制箱，或核岛排气及疏水系统。

3.2　余热排出系统

3.2.1　系统的功能

余热排出系统也可称作停堆冷却系统，当二回路停用，由它保证下列情况下反应堆堆芯的冷却。

1. 当反应堆进入冷停闭的第二阶段，由余热排出系统导出堆芯的剩余发热，水和一回路设备中的显热，以及运行的主泵给一回路水提供的热量。

停堆时，控制棒（或硼）吸收掉大量的中子，中子通量密度迅速下降，核功率随之消失，但是，裂变碎片及它的衰变物的不断衰变，堆芯会产生剩余功率；由于这些放射性物质的半衰期各不相同，在停堆以后剩余功率缓慢下降。图 3-7 示出剩余功率变化图。从图中可以看出，满功率运行时，核功率占93％，由裂变产物产生的功率为 7％；停堆时，核功率下降到零，剩余功率下降缓慢，停堆后两小时的值约为满功率的 1％，约 25～30 MW，必须加以导出。

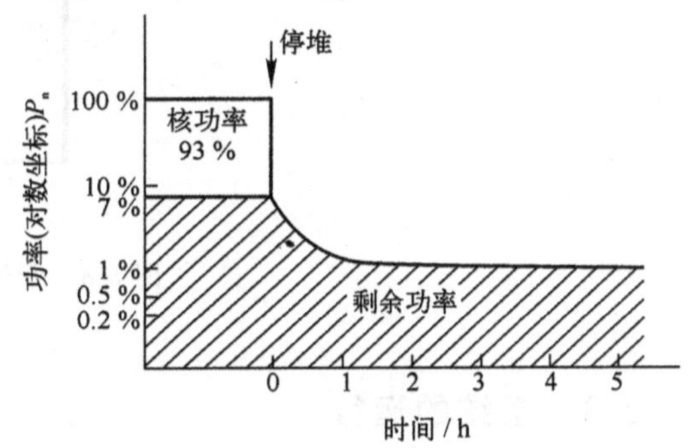

图 3-7　反应堆停堆后剩余功率曲线

2. 在反应堆停堆及装卸料或维修时，导出燃料发出的余热，将一回路水保持在冷态温度。

3. 在堆芯换料后把反应堆水池水排送回换料水箱；当主泵停止时余热排出系统可使一回路硼浓度均匀化，另外，由于它与化学和容积控制系统相连，当一回路压力过低，冷却剂难以通过高压下泄孔板时，可排放和净化一回路冷却剂。

3.2.2　系统的描述

余热排出系统的构成见图 3-8，系统包括两台并联的泵，两台并联的热交换器，一条旁路和一条再循环管道，停堆冷却泵从 2 号环路的热管段抽水并经热交换器后，注入 1 号和 3 号环路的冷管段，有两个安全阀可将水排放到稳压器的卸压箱，对系统进行超压保护；余热排出系统与化学和容积控制系统相连，并可以将水输送回到换料水箱。

本系统及设备均处于低压下工作，也就是只有当一回路冷却剂压力、温度降到 3.0 MPa 及 180 ℃时，才能打开电动隔离阀；系统不工作时，必须保持隔离的严密性。在系统启动及正常工作时均应注意调节停堆热交换器出口的电动节流阀的流量，使一回路降温速率限制在允许的范围之内，一般不超过每小时 28～30 ℃，以防止对压力容器、蒸汽发生器等设备产生过大的热冲击。停堆热交换器系表面式热交换器，由设备冷却水系统作它的冷源，由于余热排出系统有安全功能，所以停堆冷却泵连接有应急柴油发电机组供电的电源。

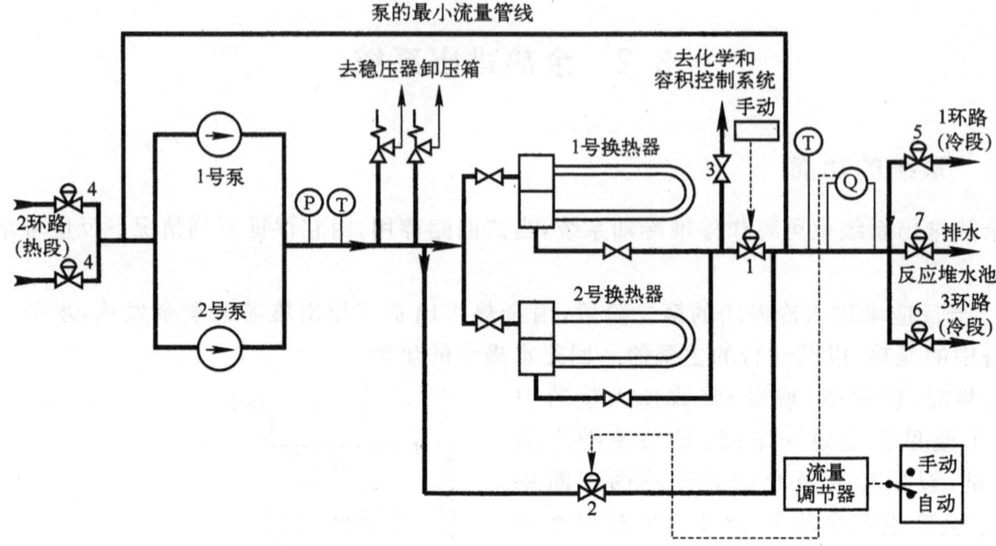

图 3-8 余热排出系统的组成

3.2.3 系统的运行

1. 投运前的准备

在反应堆运行时，余热排出系统是被隔离的。余热排出系统被用于反应堆停堆冷却的第二阶段。因此，在反应堆冷却开始时，反应堆能量由蒸汽发生器排出，所产生的蒸汽通过汽轮机旁路排入凝汽器或大气（当凝汽器失效时），压力由稳压器调节，有一台主泵在运行。由于反应堆冷却速率的限值为 28 ℃/h，约需 4 h，当一回路的最高温度和压力为 180 ℃和 3.1 MPa时，余热排出系统才能投入运行。

投运时，余热排出系统应处在与一回路同样的压力和温度条件下，以防止设备（泵和热交换器）受到热冲击或压力的大瞬变，水中硼浓度也应与一回路冷却剂的硼浓度相一致。余热排出系统的加硼操作可以借助于余热排出系统与化学和容积控制系统的连接管路来实现，即打开低压下泄管线间的管线。打开与化学和容积控制系统相连的调节阀，也将使停堆冷却系统升温，时间约需 50 min，这时，停堆冷却泵以零流量运行，加硼的平衡浓度是按余热排出系统内水的容积约为 16 m^3 来计算的。

2. 正常运行

如果余热排出系统条件已准备好，即可投入运行以冷却一回路，余热排出系统的流量一般恒定在1 000 m^3/h，冷却速率为压力容器和蒸汽发生器允许的最大降温速度 28 ℃/h，可以调节经过热交换器内水的流量，来改变热量导出速度。水温的变化可见图 3-9，在 120 ℃时，停顿一下，以便调整二回路流体特性，使蒸汽发生

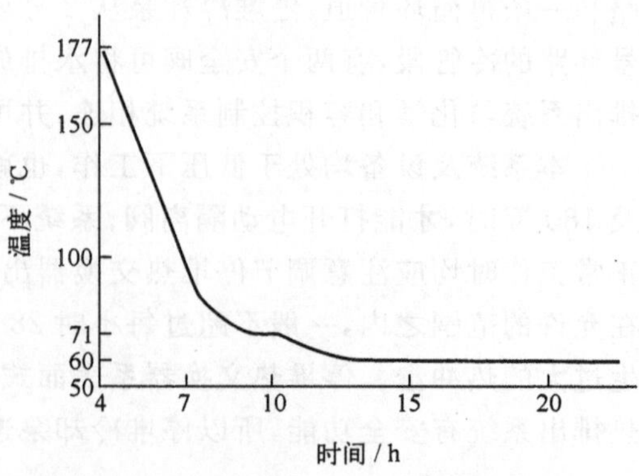

图 3-9 停堆冷却时一回路温度变化

器处于湿保养状态；当温度下降到70 ℃时，操纵员可停下尚在运行的主泵。靠辅助喷淋对稳压器进行冷却，其最大冷却速率为 55 ℃/h，当一回路压力达到 0.1 MPa 和温度达到 60 ℃时，操纵员可以开始一回路的排放，以便转到换料冷停堆。

在换料冷停堆期间，一回路温度应保持不高于 60 ℃，这时，只需余热排出系统的一台停堆冷却泵和一台停堆热交换器运行。

当反应堆要重新启动，从冷停堆向次临界热停堆过渡时，在一回路充水和排气之后，通过余热排出系统与化学和容积控制系统的连接，及低压扩张来调节压力；在 2.4 MPa 的情况下，主泵投入工作，以加热一回路(3 台泵共需消耗 18 MW)，温度上升速度低于 28 ℃/h，由余热排出系统加以调节；在再加热过程中，余热排出系统与一回路，余热排出系统与化学和容积控制系统的连接管路是打开的，至少投入一台停堆冷却泵使获得所需温度，在此温度下可以对一回路和二回路的水进行化学处理(在 80～120 ℃)。接着，如果二回路能控制一回路的温度，则可将停堆冷却泵停运。

3. 退出运行

图 3-10 示出了一回路升温时余热排出系统退出运行的条件和步骤。由于主泵工作，一回路加热升温，以及化学和容积控制系统低压下泄阀的调节，一回路的温度与压力达到限制余热排出系统工作的温度(180 ℃)与压力(3.0 MPa)之前，停堆冷却泵停止，与一回路相隔离；在余热排出系统停运之前，稳压器内应已形成汽腔，安全阀组可用。

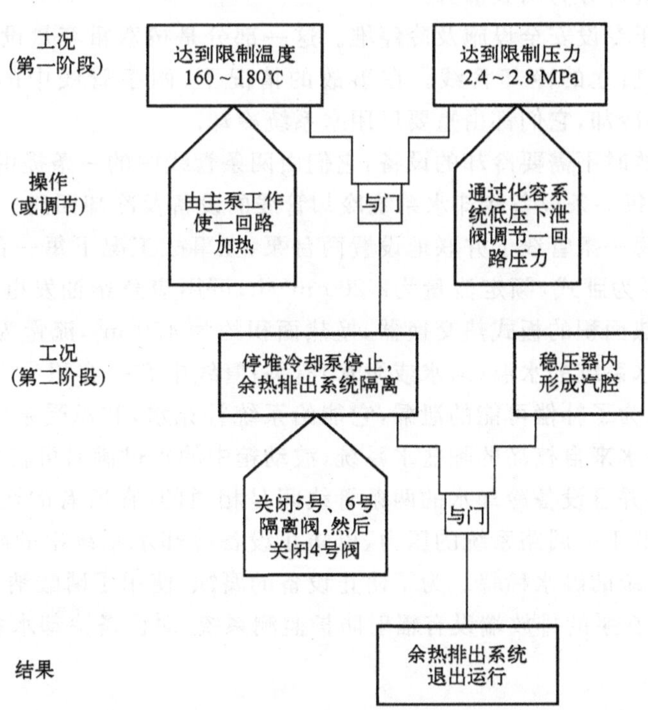

图 3-10　余热排出系统退出运行的条件和步骤

3.3 设备冷却水系统

3.3.1 系统的功能

设备冷却水系统，它是处在冷却用的生水与核岛设备的一个中间封闭回路，见图 3-11，具有以下功能。

1. 冷却所有位于核岛内的带放射性水的设备。

2. 冷却某些安全保护系统、余热排出系统的泵和热交换器、燃料水池的热交换器等。

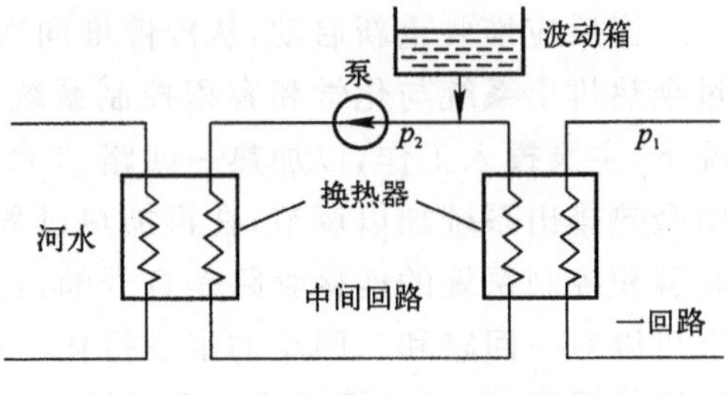

3. 它是一回路系统与重要厂用水系统之间的屏障，在核设备泄漏的情况下，它能避免对环境的污染，而当重要厂用水系统有泄漏时，设备冷却水系统又能避免生水对核设备的污染。

图 3-11　设备冷却水系统原理图

3.3.2 系统的描述

设备冷却水系统可分为两大部分：

一部分主要用于专设安全设施及冷停堆。这一部分是按双重容量设计的，通过系列 A 和系列 B 组成两条独立的冷却管线。在事故的情况下，两条管线中的每一条管线都能 100%地保证设备的冷却，它们都由重要厂用水系统冷却。

另一部分是事故时不需要冷却的设备，它们由两条管线中的一条提供冷却。

图 3-12 给出了每一条设备冷却水系统冷却管线的设备及冷却回路。像安全系统一样，设备冷却水系统的每一条管线上并联地设置两台泵，在事故工况下每一台泵都能提供所需要的 100%流量。泵为卧式，额定流量为2 200 m^3/h，可用应急柴油发电机组作事故电源；系统采用具有大换热面积的板式热交换器，换热面积约为 450 m^3，流量为1 500 m^3/h，其传热效率与重要厂用水系统的水温（河水或海水）有关；管线中有一容积为 10 m^3 的波动箱，以保持泵的吸入压力，为了补偿可能的泄漏，它能给系统补充水，和承受系统里水容积的膨胀变化，波动箱的补充水来自核岛的除盐水系统，波动箱中的水过满时可将多余的水排放到核岛排气及疏水系统，并且设备冷却水的两条管线间是相通的，在所有的运行工况下，设备冷却水系统的压力都低于一回路系统的压力，以防止设备冷却水系统中的除盐水进入一回路系统，导致一回路系统的硼水稀释。为了防止设备的腐蚀，使用了磷酸钠来控制设备冷却水系统中水的 pH 值，在泵的排放端设有辐射防护监测系统，对设备冷却水系统中的水进行放射性水平的监测。

3.3.3 系统的运行

主要考虑的是以下三种运行情况。

1. 反应堆功率运行时，排放的热量实际上是常量，设备冷却水系统的主要用户是冷却剂泵，非再生热交换器和控制棒驱动机构。

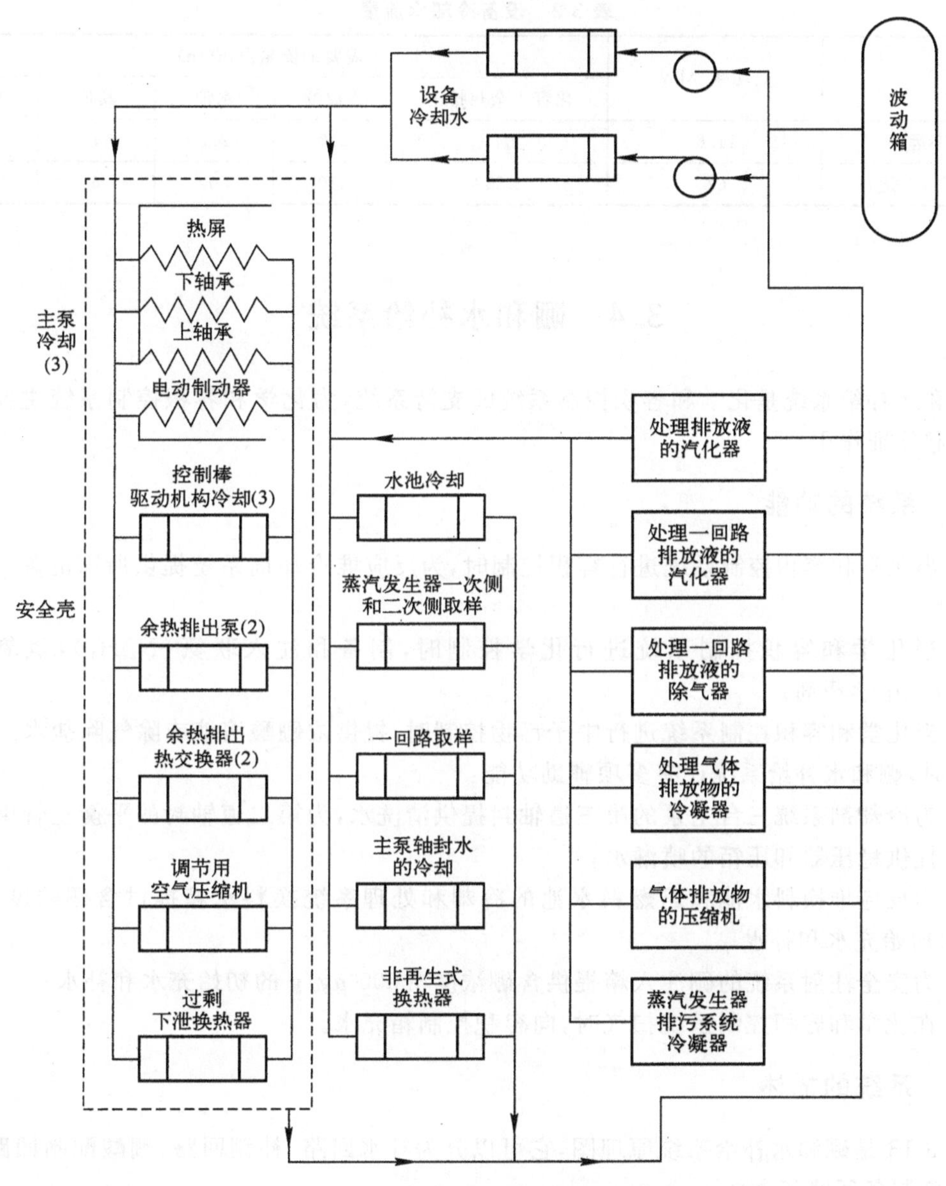

图 3-12　设备冷却水系统冷却的设备

2. 反应堆降温时，要导出的热量是变化的，最主要的是余热排出系统的热交换器。

3. 反应堆换料时，一回路水温被维持在不高于 60 ℃，要导出的热量比反应堆降温时要小得多。

设备冷却水系统需要的冷却水流量如表 3-2 所示。

在设备冷却水系统运行时，必须定期检测冷却水有无放射性，以监督有无一回路水泄漏到设备冷却水系统；并要注意保持波动箱内的水位。

设备冷却水系统的冷却由重要厂用水系统来保证，其水源可取江河水或海水，或建水塔，视核电厂选址而定。

表 3-2 设备冷却水流量

	热功率/MW	需要的流量/(m^3/h)				
		化容＋余热排出	排放物	水池	其他	总和
功率运行	11.6	544	210	225	7	986
停堆后 4 h 运行	67	2 230	210	0	6	2 446

3.4 硼和水补给系统

硼和水补给系统是化学和容积控制系统的支持系统，为化学和容积控制系统主要功能的实现起保证作用。

3.4.1 系统的功能

1. 当化学和容积控制系统进行容积控制时，为反应堆冷却剂系统提供所需的除气除盐含硼水；

2. 当化学和容积控制系统进行化学控制时，制备和注入联氨(N_2H_4)，氢氧化锂(LiOH)等化学药剂；

3. 当化学和容积控制系统进行中子毒物控制时，提供浓硼酸溶液或除气除盐水。

同时，硼和水补给系统还有多项辅助功能：

1. 为冷却剂系统三台主泵的第三道轴封提供清洗水，为第二道轴封的平衡立管供水；

2. 提供稳压器卸压箱的喷淋水；

3. 为反应堆换料水池和乏燃料水池的冷却和处理系统换料水箱提供含硼浓度 2 000 μg/g 的初始充水和补水；

4. 为安全注射系统的硼注入箱提供含硼浓度 7 000 μg/g 的初始充水和补水；

5. 在化学和容积控制系统扫气时，向容积控制箱充水。

3.4.2 系统的描述

图 3-13 是硼和水补给系统原理图，它可以分为补水回路、补硼回路、硼酸配制回路和化学添加剂制备回路四个部分。

1. 补水回路

为了向化学和容积控制系统提供除盐水，有两个容积各为 300 m^3 的水箱，系两台机组共用。正常运行时，一个箱对两台机组供水，另一箱则处于充水或备用状态。一个水箱的容量(300 m^3)足以保证机组在寿期末(冷却剂含硼量 50 μg/g)从冷停堆状态启动至额定功率时冷却剂稀释所需的水量。水箱的水源来自硼回收系统，当初次充水或硼回收系统供水不足时，可由核岛除盐水分配系统经辅助给水系统的除氧器除气后供给。

为避免箱内除盐除氧水与空气接触而氧化，水箱顶盖采用浮顶式密封结构，每个水箱均配有监测水位、水温的仪表。

硼和水补给系统为每台机组配有两台离心泵，向化学和容积控制系统供给除气除盐水，每个泵的额定流量为 27.2 m^3/h，最大流量可达到 31 m^3/h。

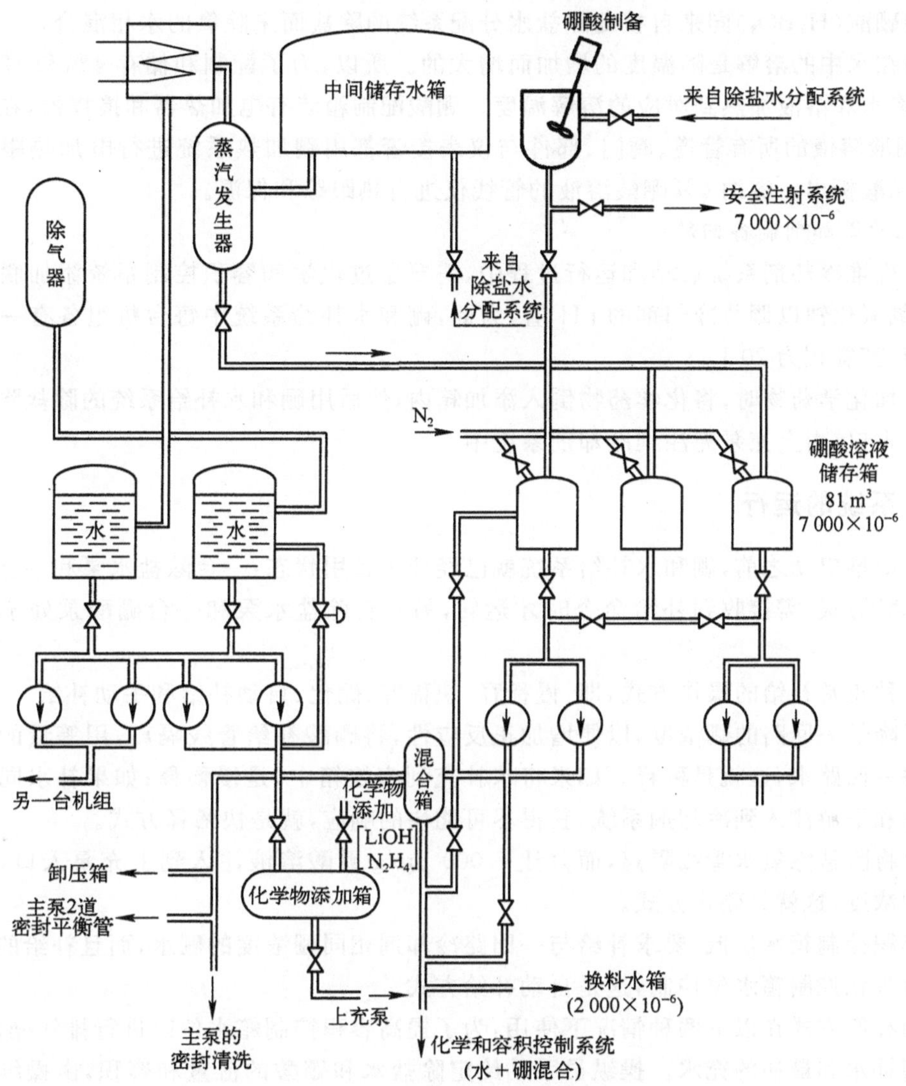

图 3-13　硼和水补给系统原理图

2. 补硼回路

4%硼浓度(7 000×10^{-6})的硼酸溶液储存在三个贮存箱内，其中一个储存箱为两台机组共用，另外两个储存箱则每台机组各用一个。这种硼酸溶液来自硼回收系统或由硼酸溶液配制回路提供。

每个硼酸储存箱的有效容积为 81 m^3，两个箱的总容量可同时保证一个机组在寿期初冷停堆要求的硼酸溶液(32.64 m^3)和另一个机组在寿期末换料冷停堆所要求的硼酸溶液(91.97 m^3)。三个储存箱都充有氮气，充注压力在 0.12～0.17 MPa 之间。

每台机组有两台硼酸泵，向化学和容积控制系统提供硼酸，正常流量为 16.6 m^3/h，该泵除正常电源外，还有柴油发电机应急备用电源。

3. 硼酸配制回路

4%和 12%浓度的硼酸溶液是在两个机组共用的硼酸溶液配制箱中配制的。配制时将结晶状的硼酸(H_3BO_3)同来自核岛除盐水分配系统的除盐而未除氧的水相混合。

硼酸在水中的溶解是随温度的增加而增大的。所以,为了配制和储存4%和12%的溶液,必须将水和溶液加热到对应的溶解温度。硼酸配制箱装有电加热器和搅拌器,在可能容纳12%硼酸溶液的所有管道、阀门、部件与仪表接管都用硼加热系统进行电加热跟踪和保温,以防硼酸析出。容纳4%硼酸溶液的管线仅进行热跟踪和保温。

4. 化学添加剂制备回路

在反应堆冷却剂系统启动和运行过程中,需要通过化学和容积控制系统添加联氨以除氧,加入氢氧化锂以调节冷却剂的pH值,为此,硼和水补给系统中每台机组各有一个化学物添加箱,其容积为20 L。

需添加化学药物时,将化学药物倒入添加箱内,然后用硼和水补给系统的除盐除氧水冲到上充泵入口,由上充泵充注到冷却剂系统中。

3.4.3 系统的运行

在反应堆启动之前,硼和水补给系统就已经处于备用状态:一台除盐水泵和一台硼酸泵选在"自动"方式,需接收到补给命令时才运转,另一台除盐水泵和一台硼酸泵处于"手动"方式。

有五种正常补给的操作方式,即:慢稀释、快稀释、硼化、自动补给和手动补给。

为了降低一回路的硼浓度,以便增加正反应性,将硼酸补给管线隔离,用等量的除盐除氧水代替一回路水,这就是稀释。如果将水补充到容控箱中,是慢稀释;如果补水同时从容控箱上游和下游注入到冷却剂系统,获得尽可能快的响应,就是快稀释方式。

如果将除盐除氧水管线隔离,而只让7 000 μg/g硼酸溶液注入到上充泵入口,以增加一回路硼浓度,这就是硼化方式。

当容积控制箱水位低,要求补给与一回路冷却剂相同硼浓度的硼水,而且补给的启动和停止都由容积控制箱水位控制,这是自动补给方式。

手动补给方式在以下两种情况下使用:为了提高容积控制箱水位以进行排气操作;或为换料水箱补水和最初的充水。操纵员手动给定除盐水和硼酸的流量和容积,由操纵员发出指令启动,补给达到预定的容积时自动停止,或由操纵员停止。

3.5 一回路的其他辅助系统

表3-3列举了一回路的一些其他的辅助系统。

表3-3 一回路的其他的辅助系统

系 统	功 用	流程简介
重要厂用水系统	保证设备冷却水系统热交换器及核辅助厂房内通风设备的冷却	本系统布置与设备冷却水系统相似。 厂用水(江河水或海水)进入总水道前应经滤网过滤,符合水质指标,再由厂用水水泵抽取

续表

系　统	功　用	流程简介
乏燃料池的冷却和处理系统	1. 保证乏燃料池的冷却和净化，将储存在池内的完好的和破损的乏燃料元件产生的余热带走； 2. 对乏燃料池、换料水池进行充水和排水，用净化、去浮方法去除腐蚀产物、裂变产物及悬浮颗粒物	系统由冷却、净化，和去浮回路组成。 乏燃料的储存区，一般可储存相当于 10/3 堆芯的燃料组件，在需要时可以再储存卸出的整个堆芯，总共可放 13/3 个堆芯，约 680 个燃料组件。乏燃料池一直充水，泵的吸入口在水池中部 2/3 高度处以防止排空。水经热交换器冷却后回到池中，使水温限制在 60 ℃以内，最高温度不得超过 80 ℃。 乏燃料池和反应堆换料水池的净化、去浮回路分别由水泵、过滤器组成，为了除去水中悬浮颗粒物，可将其流出水全部通过过滤器，过滤及去浮
取样系统	用于一回路主辅系统，二回路系统，放射性废物处理系统的气体、液体样品的采集和测量，以监督一回路、二回路系统的运行状况	从一回路水取出的液体样品，作连续测量，以确定硼浓度值，和跟踪 pH 值的变化；非连续测量用于测定含氢量、浊度、气液相分离度、O_2、Cl_2、比活度、裂变产物、腐蚀产物等。 从二回路取样，进行放射性、磷酸盐、电导度、pH 值、O_2、Cl_2的连续测量，任何放射性的出现表明蒸汽发生器有泄漏。 从放射性废物处理系统中取出的样品，收集于样品容器，在实验室中测量
通风系统	本系统在压水堆运行时，带走厂房内所有设备、管道、电机的散热，维持厂房内环境温度不高于 50 ℃。 压水堆冷停闭时，维持厂房环境平均温度不低于 15 ℃，并使厂房内空气放射性限制在允许人员长期进入的水平。 对放射性废气和污染的空气进行收集和分类处理	本系统包括：压水堆厂房封闭回路通风系统、控制棒驱动机构通风系统，碘过滤系统和安全壳换气系统等。核辅助厂房内与汽轮机厂房内也设有通风系统
放射性废料处理系统	用于处理压水堆核电厂运行过程中产生的废气、废水和固体废物，使它们的放射性水平低于规定的排放标准	详见第 13 章

第4章 压水堆核电厂二回路系统和设备

压水堆核电厂常规岛部分的二回路系统由一系列设备及系统组成。它与常规火力发电厂的相应部分相似，主要功能是：

1. 将核蒸汽供应系统产生的热能转变成电能。
2. 在停机或事故情况下，保证核蒸汽供应系统的冷却。

4.1 二回路热力系统

大型压水堆核电厂二回路热力系统如图 4-1 所示。

从核岛来的压力为 6.43 MPa(abs)的饱和蒸汽经布置在高压缸两侧的 4 组阀门进入高压缸。在高压缸内膨胀到 0.783 MPa(abs)时蒸汽的湿度为 14.2%，焓降为 296.2 kJ/kg，高压缸的功率为整机功率的 42%。高低压缸分缸压力的选取不仅考虑了高压缸排汽湿度不宜过大，以免产生严重的冲刷腐蚀，而且应使低压缸的进汽参数与常规火电机组大致相同，以便充分利用常规机组的成熟技术。

为了使布置对称，同时也可将汽水分离再热器设计成比较合理的尺寸，便于制造及运输，采用了两台汽水分离器，分别布置在汽轮机的两侧。高压缸的排汽首先进入汽水分离再热器底部的汽水分离元件，将水分分离出来，然后在其中部和上部分别用高压缸的抽汽和新汽进行两级再热，使蒸汽温度再热到 265.1℃。汽水分离元件将高压缸排汽中 98%以上的水分分离出来，用疏水泵送到给水系统中去。采用高压缸抽汽和新汽两级再热的好处是可以用一部分低品位的蒸汽代替新汽，使循环效率提高。与单用新汽再热相比，两级再热方案可使机组效率提高约 0.5%。

再热后的蒸汽经低压缸顶部的 6 组阀门进入 3 个顺序排列的低压缸。1 号和 3 号低压缸分别与高压缸及汽轮发电机连接。低压缸的焓降为 634.2 kJ/kg，排汽湿度为 9.3%。

三个独立的单流程凝汽器直接布置在低压缸排汽口下面。每台凝汽器有两组独立的水室以便进行不停机维修。冷却水使用海水，水量为 44 m^3/h，海水进口温度为 23 ℃。

给水回热系统共有 7 级，即两个高压加热器＋除氧器＋4 个低压加热器。三个单壳体的 1 号和 2 号联合低压加热器分别布置在 3 台凝汽器的颈部，这样可以使庞大的低压抽汽管道压缩到最短。从 3 个联合加热器出来的凝结水合并成二路进入二列 3 号和 4 号串联起来的低压加热器。在 4 级低压加热器中，除 4 号低压加热器有疏水冷却段并将疏水回流到 3 号低压加热器外，其余低压加热器均无疏水冷却段，从而简化了低压加热器的结构。3号

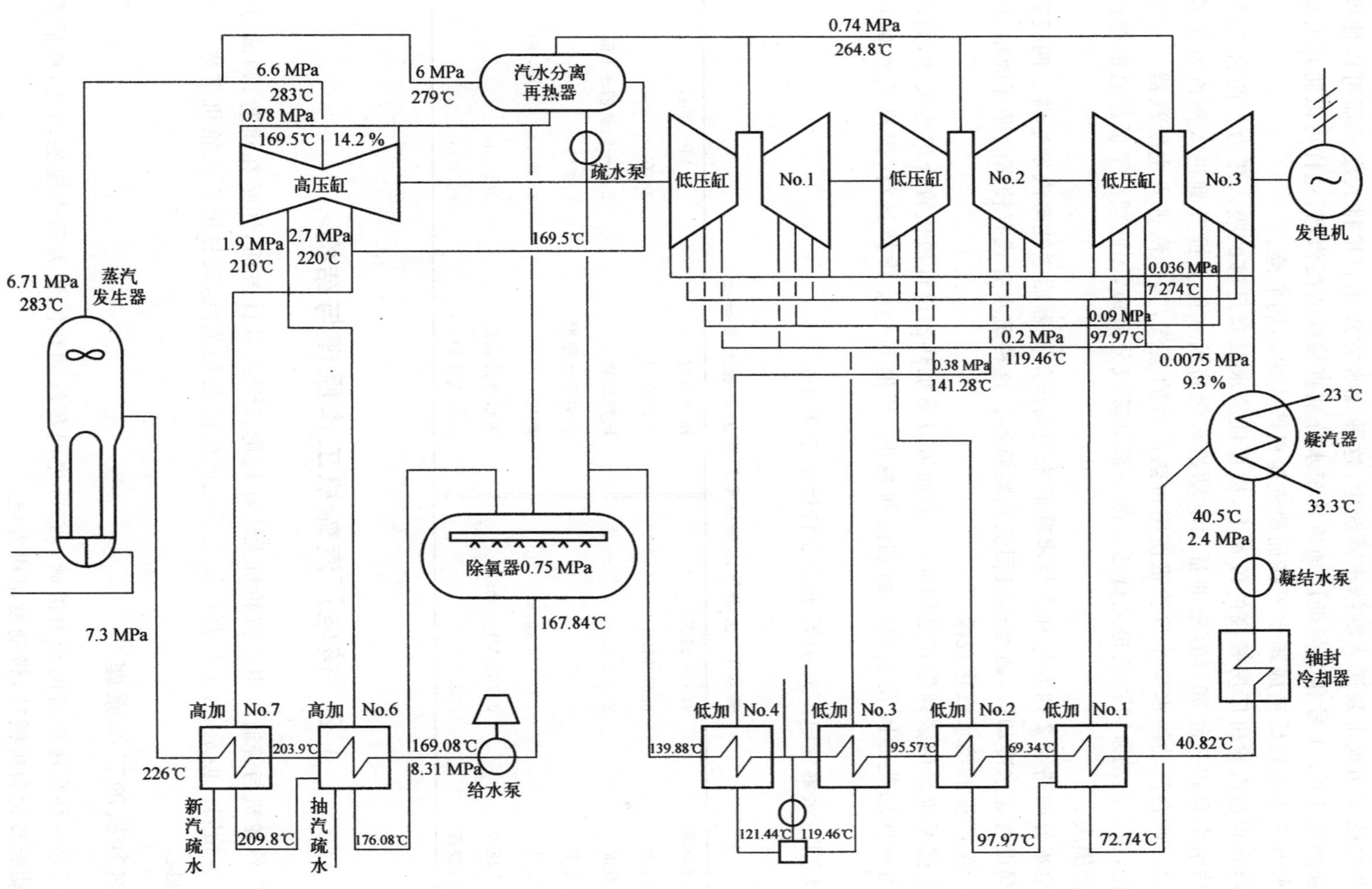

图4-1　大型压水堆核电厂二回路热力系统

低压加热器的疏水用疏水泵送入凝结水系统中，这种疏水方式比直接排入凝汽器可以使循环效率改善约 0.1%。1 号和 2 号低压加热器疏水分别直接疏入凝汽器，这样可以防止大量的低压疏水由于压差较低造成疏水不畅而使汽轮机产生水击的危险。

除氧器布置在汽轮机厂房较高的位置上，以保证给水泵有足够的吸入压力。两台 50% 容量的汽动给水泵和一台 50%容量的备用电动给水泵将给水压力提升到进入蒸汽发生器所需的压力。两台汽动给水泵小汽轮机使用再热器后的蒸汽，其排汽进入主凝汽器。与电动方案相比，由于汽动泵可以将进入低压缸的一部分蒸汽分流掉，因此减少了低压缸的蒸汽负荷和排汽损失。

高压给水分两路经 2 列 6 号和 7 号串联起来的高压加热器后送往蒸汽发生器。两级高压加热器都设有疏水冷却段，疏水逐级回流到除氧器。这种疏水方式有较高的循环效率，同时也不会产生严重的疏水汽化现象。

给水加热系统采用多列形式是因为，一方面可以将加热器设计成比较合理的尺寸，同时也考虑到当一列加热器因发生故障而切除维修时，其他列仍能维持运行，提高机组的可用率。

典型大型压水堆核电厂热力系统主要特性示于表 4-1。

表 4-1　大型压水堆核电厂热力系统主要特性

最大连续功率	983.8 MW	排汽压力	7.5 kPa(abs)
新蒸汽压力	6.43 MPa	冷却水温	23 ℃
新蒸汽温度	280.1 ℃	回热级数	2 高+除氧器+4 低
新蒸汽湿度	0.47%	最终给水温度	226 ℃
新蒸汽流量	1 613.4 kg/s	热耗	10 629 kJ/(kW · h)
再热蒸汽压力	0.755 MPa(abs)	末级叶片高度	945 mm
再热蒸汽温度	265.1 ℃	总排汽面积	46.9 m^2

4.2　核电厂汽轮机工作原理与结构

核电厂汽轮机与普通火电厂汽轮机无论在理论、结构、设计方面，还是在建造、调试、运行方面，基本相同。但是，由于核蒸汽供应系统产生的是湿蒸汽，对核电厂汽轮机带来了一些特殊问题。

4.2.1　汽轮机的工作原理

汽轮机是一种高速旋转的动力机械。它首先把蒸汽的热能变为蒸汽流的动能，然后把蒸汽流的动能转化为机械功，带动发电机发电。

汽轮机经常做成多级，即蒸汽在顺序排列的汽轮机级组中进行膨胀。

“级”是汽轮机完成能量转换过程的基本工作单元。它由两种叶栅组成，即静止叶栅(喷嘴)及旋转叶栅(动叶)。根据级的形式，汽轮机可分为冲动式与反动式两种。

4.2.2　冲动式汽轮机

图 4-2 是单级冲动式汽轮机的截面图。具有一定压力和温度的蒸汽通过一组沿圆周方向排列的，流通截面沿流动方向变化的通道——喷嘴时，发生膨胀，压力由 p_0 降至 p_1，流速由 C_0 相应增大至 C_1，蒸汽热能转换为动能。高速蒸汽流出喷嘴后，进入固定在一个轮子上的动叶栅，冲动叶轮旋转，这个过程中蒸汽压力保持不变，即 $p_2=p_1$。绝对速度由 C_1 降低到 C_2，使叶轮及轴高速旋转，从而实现蒸汽动能转变为叶轮高速旋转的机械能。

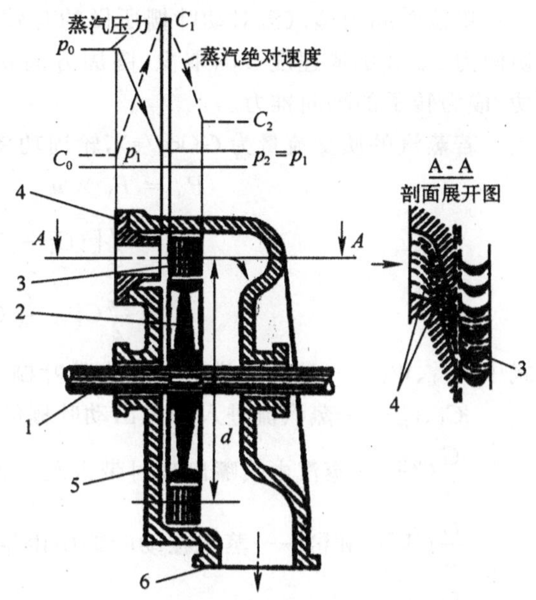

图 4-2　单级冲动式汽轮机示意图

1—轴；2—叶轮；3—动叶；4—喷嘴叶栅；5—汽缸；6—排汽管

4.2.3　反动式汽轮机

反动式汽轮机工作原理如图 4-3 所示。这种型式的汽轮机静叶栅流通截面不变，而动叶栅流通截面逐渐收缩，呈喷嘴形。静叶栅只起集流蒸汽和导向蒸汽的作用，基本上不进行蒸汽膨胀的能量转换；蒸汽在动叶栅中膨胀，压力降低，相对速度增加，一步完成热能转换为机械能的转变，当蒸汽以很高的相对速度离开动叶栅时，就对动叶片产生了反作用力，推动叶轮旋转，将动能转变为机械能。

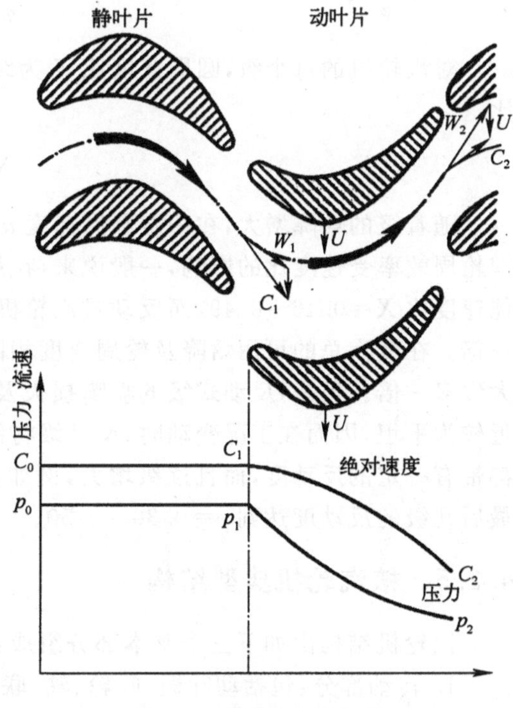

图 4-3　纯反动式汽轮机

冲动式和反动式汽轮机的不同之处是：反动级在喷嘴中只完成整个级总焓降的一部分，另一部分焓降在动叶中继续完成。为了表明汽轮机级总焓降的分配关系，定义动叶栅中的理想焓降 H_{OP}、喷嘴叶栅中的理想焓降 H_{OC} 及动叶栅中的理想焓降 H_{OP} 和之比为级的反动度 ρ，

即

$$\rho=\frac{H_{OP}}{H_{OC}+H_{OP}}=\frac{H_{OP}}{H_O} \tag{4-1}$$

式中，H_O 是蒸汽在一级内的总理想焓降，若 $\rho=0$，即蒸汽仅在喷嘴中膨胀，称为纯冲动级；若 $\rho=0.5$，即 $H_{OC}=H_{OP}$，称为反动级；若 $\rho=0.05\sim0.20$ 时，称为带小反动度的冲动级，习惯上仍称为冲动级。

4.2.4 轮周功率与轮周效率

单位时间内蒸汽流对动叶栅所做的有效功称为轮周功率。它等于蒸汽作用于动叶栅的切向力 F_u 和圆周速度 u 的乘积，圆周方向切向力推动叶轮旋转，产生机械功；轴向力不做功，成为转子的轴向推力。

若蒸汽的质量流量为 G(kg/s)，轮周功率可用下式表示：

$$\begin{aligned} P_u &= F_u \times u \\ &= \frac{G}{2}[(C_1^2 - C_2^2) + (W_2^2 - W_1^2)] \\ &= \frac{G}{2}C_1^2 + \frac{G}{2}(W_2^2 - W_1^2) - \frac{G}{2}C_2^2 \end{aligned} \tag{4-2}$$

式中，W_1、W_2——蒸汽流进入和流出动叶栅的相对速度；

C_1、C_2——蒸汽流进入和流出动叶栅的绝对速度；

$\frac{G}{2}C_1^2$——蒸汽由喷嘴出来时带入动叶栅的动能；

$\frac{G}{2}(W_2^2 - W_1^2)$——蒸汽在动叶栅中由焓降转换成的动能；

$\frac{G}{2}C_2^2$——蒸汽离开汽轮机级时带走的动能(余速损失)。

轮周效率 η_u 定义为理想能量在轮周上有效利用的系数。若理想能量以绝热焓降 H_a 表示，与轮周功率 P_u 相应的轮周焓降为 H_u，则

$$\eta_u = \frac{H_u}{H_a} \tag{4-3}$$

对汽轮机的每个级，圆周速度比 X 为级的圆周速度 u 与喷嘴叶栅出口蒸汽流速度 C_1 之比

$$X = \frac{u}{C_1} \tag{4-4}$$

随着级的焓降增大，在一定圆周速度 u 的限制下，速度比将减小，使级的轮周效率降低，即轮周效率受速度比的影响，一般说来，在最佳速度比时轮周效率最高。冲动式汽轮机的最佳速度比 $X=0.46 \sim 0.49$，而反动式汽轮机的最佳速度比 $X=0.8 \sim 0.9$，此值比纯冲动级大一倍。在蒸汽总的可用焓降及轮周速度相同的条件下，反动式汽轮机的总级数要比冲动式大致多一倍。但是，反动式级的喷嘴损失及动叶损失均较小，轮周效率 η_u 在最佳速度比附近较为平坦，因而在工况变动时，反动级将能保持较高的效率。为此，现代冲动式汽轮机也都带有一定的反动度，而且逐级增大，例如，高压缸各级的反动度 $\rho=0.05 \sim 0.20$，而低压缸最后几级的反动度达到 $\rho=0.30 \sim 0.50$。

4.2.5 核汽轮机典型结构

汽轮机结构由如下三个基本部分组成：

1. 转动部分：包括动叶栅、叶轮、轴、联轴器等部件。
2. 静止部分：包括汽缸、喷嘴叶栅、隔板、汽封及轴承等部件。
3. 附属设备：包括主汽阀、调节阀、调节系统、主油泵、辅助油泵及润滑装置等。

现代大型压水堆核电厂(1 000 MW 级)所使用的核电厂汽轮机典型结构如图 4-4 所示。该汽轮机为冲动式四缸双流中间再热凝汽式饱和蒸汽汽轮机,有一个高压缸,三个低压缸,四个汽缸均为双流式,4 个高、低压转子通过刚性联轴器联接成一个轴系,再通过刚性联轴器与发电机转子相联。每个转子都有一对径向轴承支撑,整个轴系只有一个推力轴承,安装在高压缸和第一低压缸之间的轴座内。

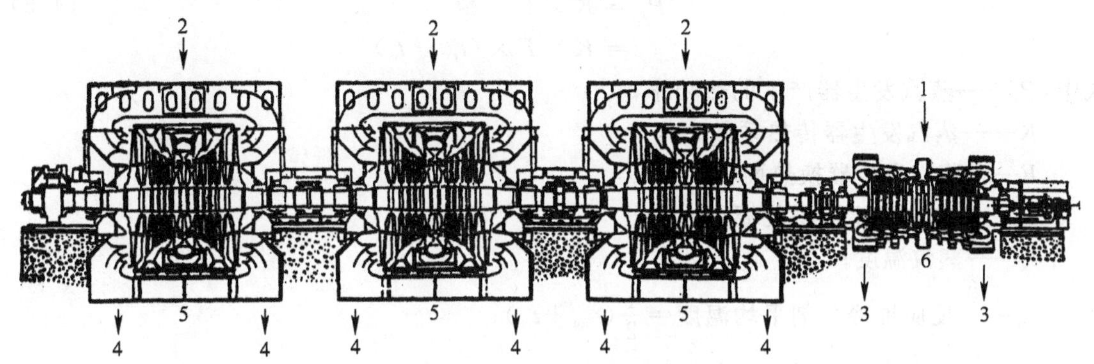

图 4-4　大型核电厂汽轮机组

1—来自蒸汽发生器;2—来自再热器;3—至汽水分离再热器;4—至凝汽器;5—低压缸;6—高压缸

1. 高压缸

来自蒸汽发生器的主蒸汽经过 4 根管道接到布置在高压缸两侧的 4 个高压蒸汽柜,从高压蒸汽柜出来,蒸汽通过 4 根具有弹性的弯管通到高压缸的 4 个进汽口(上、下各两个)。每个蒸汽柜中有一个截止阀(又称主汽门)和一个调节阀,两个阀共轴对称布置。高压缸为双流式,两个流道各有 5 个全周进汽、不调节进汽量的压力级,排汽由汽缸两侧 8 根对称排列的排汽管排出。

高压缸转子采用整锻式,即轴与叶轮是一体的,可避免套装的转子在高温下叶轮和轴之间的松动问题;具有叉型叶根的动叶栅安装在叶轮上。高压转子前部装有主油泵叶轮和危急脱扣装置的超速飞锤,后部有推力轴承的推力盘。

2. 低压缸

3 个低压缸结构相同,均为双流,每个流道中各有 5 个压力级。经过汽水分离再热后的蒸汽,先由 6 根管道输送到三个低压缸前的截止阀和调节阀,然后再由 6 根管道送至三个低压缸,每个低压缸的顶部设有两个进汽口,通过法兰与蒸汽管道相联。

低压缸是汽轮机最大的部件,转子可用整锻式,或套装式;静子为双层结构,外缸为焊接式,内缸常为铸造-焊接式。形体庞大的低压缸须有足够的刚度,排汽通道应有合理的导流形状,由每个低压缸的 2 个排汽口排出的作完功的乏汽直接排至凝汽器中。

3. 主汽阀和调节阀

汽轮机装有 1 只主汽阀和 6 只调节阀,分别控制 6 组喷嘴。运行时,首先是 1、2、3、4 阀同时开启,当负荷超过 90%时,5、6 阀依次开启,这种方式可在 90%负荷以上获得高的效率。3 只低压缸进口装有 6 只中间快速关闭阀,作超速保护之用。在机组甩负荷时,6 只阀门全关。

4.2.6 核电厂汽轮机的特点

1. 新蒸汽参数在一定范围内变化

常规火电厂汽轮机的新蒸汽参数(压力 p_0,温度 t_s)在运行期间是不变的。对于压水堆核电厂,如果仍然实施这种运行方案,即在汽轮机新蒸汽参数 p_0,t_s 保持不变的情况下提升功率,从蒸汽发生器热平衡方程可以看到:

$$P_r = K \times F \times \Delta t \tag{4-5}$$
$$= K \times F \times (t_{av} - t_s)$$

式中,P_r——蒸汽发生器产生的热功率;

K——蒸汽发生器传热系数;

F——蒸汽发生器换热面积;

Δt——蒸汽发生器平均温差;

t_s——蒸汽温度;

t_{av}——反应堆冷却剂平均温度$=\frac{1}{2}(t_{out}+t_{in})$;

t_{in}——反应堆冷却剂入口温度;

t_{out}——反应堆冷却剂出口温度。

必须提高反应堆冷却剂的平均温度 t_{av}。

为此,当一回路冷却剂流量不变时,要增加堆内平均温度就必须增大反应堆冷却剂进出口温升($t_{out}-t_{in}$),见图 4-5。

这时,对核岛来说,由于反应堆冷却剂平均温度变化较大,一回路必须具有较大体积的压力调节设备——稳压器;同时,对于具有负温度系数的压水堆,在功率提升时要求有较大的反应性补偿,需要控制棒有较大的位移。这些问题给一回路的设计和运行带来了困难,目前一般都不采用这种运行方式。

目前,压水堆核电厂常用的折中方案是选择反应堆冷却平均温度 t_{av} 和汽轮机新蒸汽参数 t_s,p_0 作适当变化,反应堆冷却剂入口温度不变的方案如图 4-6 所示。按这种运行方案,蒸汽发生器产生的新蒸汽压力由零负荷时的 7.6 MPa 到 100%负荷时 6.71 MPa 的范围内变化。

2. 新蒸汽参数低,且多用饱和蒸汽

压水堆核电厂二回路新蒸汽参数取决于一回路冷却剂温度,而一回路冷却剂温度又取决于一回路压力。提高一回路压力将使反应堆压力容器的结构及其安全措施复杂化,因此,核电厂汽轮机的新蒸汽压力应该按照反应堆压力容器的计算极限压力和温度选取,一般不超过 6.0~8.0 MPa 的饱和蒸汽。

3. 理想焓降小,容积流量大

一般饱和蒸汽汽轮机的理想焓降比高参数火电厂汽轮机的理想焓降约小一半。因此,在同等功率下核电厂汽轮机的容积流量比高参数火电厂汽轮机约大 60%~90%。因而核电厂汽轮机在结构上有如下特点:(1) 进汽管路尺寸增大;(2) 高压缸做成双分流的;(3) 叶片高度大,前几级叶片设计成变截面的;(4) 低压缸流量大,需增大分流数目,采用低转速。

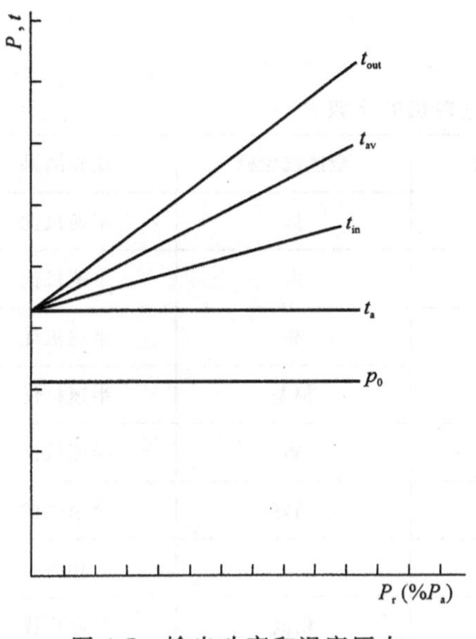

图 4-5　输出功率和温度压力的关系（t, p_0 为常数）

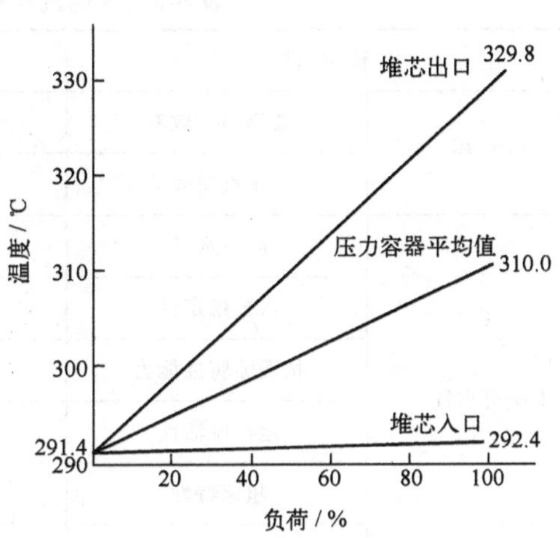

图 4-6　反应堆入口温度不变方案

4. 汽轮机中积聚的水分多，汽轮机易超速

核汽轮机使用的是湿蒸汽，使用中间再热使汽轮机各缸和管道中积聚大量蒸汽，运行时，转子表面，汽机静止部件、汽水分离器和其他部件上已凝结水分的再沸腾和汽化将引起转子的升速。计算和经验表明，甩负荷时，水膜汽化可使机组转速增长 15%～25%。为了防止汽轮机的超速，可采取的措施有：(1) 在汽水分离再热器后，蒸汽进入低压缸之前的管道上装设专用的截止阀；(2) 缩小高低压缸间的管道长度，即提高分缸压力，将分离器和再热器联在一起；(3) 完善汽轮机和管道的疏水。

5. 半速机组与全速机组

核电汽轮机分为全速核电汽轮机和半速核电汽轮机。据统计，在电网频率是 60 Hz 的国家中，几乎全部采用半速机组，在电网频率为 50 Hz 的国家中，全速和半速机组都有使用，但绝大多数为半速机组。从当前核电机组的发展趋势来看，对于1 000 MW及其以上等级的汽轮发电机组，大多采用半速机组。

根据世界上各大核电汽轮机制造商的介绍情况，目前百万千瓦级核电半速汽轮机热效率比全速汽轮机高，平均高出 2%，最多的高出 3.3%。如果反应堆热输出功率为 2 905 MW，即相当于出力提高 9.6%。

全速汽轮机转动部件的应力水平往往用到许用应力的极限，所以，从这一角度比较，对于大功率汽轮机，半速机组的安全裕量更大些。

在功率等级相同条件下，半速汽轮机尺寸和重量比全速机大，因而承受外界对机组产生的力和力矩的能力比全速汽轮机强，其稳定性优于全速机。

在投资成本方面，半速汽轮机比全速汽轮机的投资成本相应要高些。根据有关资料，在设备造价和安装土建费方面，半速机比全速机高 20%～30%（对整个常规岛相当于高 7%左右）。但总的来看，对于半速机，如考虑低压缸、辅机（如汽水分离再热器、凝汽器、除氧器、各类加热器等）的数量相对全速机减少，其整个核电厂常规岛部分的造价与全速机相当。表

4-2 是半速核电汽轮机和全速核电汽轮机的比较。

表 4-2 半速汽轮机和全速汽轮机的比较

比较项目		半速汽轮机	全速汽轮机	比较结果
热效率	通流部分效率	稍高	低	半速机优
	排汽损失	小	大	半速机优
安全可靠性	应力水平	低	高	半速机优
	汽缸稳定性	稍好	稍差	半速机优
	抗浸蚀腐蚀能力	强	弱	半速机优
	运行灵活性	影响不大	稍好	全速机优
	超速特性			相当
	强近停机率	稍低	稍高	半速机优
自主化能力	自主化设计	基本空白	略有基础	相当
	自主化制造	稍难	稍易	全速机优
发展趋势	极限功率	高	低	半速机优
	对今后系列化发展	有利	不利	半速机优
投资成本	材料消耗	多	少	全速机优
	制造设备	要求高	要求低	全速机优
	运输、起吊	要求高	要求低	全速机优
	土建、安装	成本高	成本低	全速机优
供货商	选择范围	多	少	半速机优
整个常规岛	总投资			相当

国内制造厂已有一些常用的试验设备及试验台，如叶片的测频装置、空气动力试验台、320/250 吨动平衡试验台，阀门试验台、轴承试验台、主油泵试验台等，完全可以满足百万千瓦等级汽轮机设备部件的试验检测需要。

总的来说，半速机通流部分效率比全速机高，排汽损失小。在安全可靠性方面，半速机比全速机应力水平低，汽缸稳定性好，抗浸蚀腐蚀能力强，但其运行灵活性不及全速机。在机组容量不断增大的情况下，半速汽轮机在安全可靠性、经济性等方面较全速汽轮机的优势越来越突出。

饱和蒸汽轮机参数低，流量大，采用半速机组(1 500 r/min)可以在相同的应力条件下，把末级叶轮的直径增加一倍，这样，蒸汽流通截面就增加了 4 倍，可以适应巨大的排汽容积流量。在同样功率下，半速机组可以减少排汽口数目，减少汽缸数，简化机组的布置。目前，世界上正在运行的1 000 MW级的核电机组大部分是半速的。

4.3 主蒸汽系统

4.3.1 系统的功能

主蒸汽系统的功能是把蒸汽发生器产生的蒸汽输送给汽轮机组各用汽单元，包括：汽轮机轴封系统、汽水分离再热器、蒸汽旁路系统、给水泵汽轮机、除氧器、凝汽器及其他辅助蒸汽用汽单元。

本系统在安全方面的作用是通过与主给水系统和辅助给水系统相配合，在核电厂正常运行或事故工况下，导出反应堆的释热。主蒸汽系统各测量通道的信号用于形成反应堆保护系统、安全注射系统和蒸汽管路隔离的控制信号。

4.3.2 系统的描述

三根主蒸汽管自核岛分别穿过安全壳进入主蒸汽隔离阀管廊后合并为一根公共的蒸汽集管——蒸汽母管，再自母管将蒸汽输送给各用汽设备及系统，如图 4-7 所示。

主蒸汽隔离阀管廊中每根主蒸汽管道上都装有一台主蒸汽隔离阀，主蒸汽隔离阀上游有 4 台自行动作的弹簧加载安全阀和 3 台动力操作的大气释放阀，这两组阀门都直接向大气排放蒸汽。在主蒸汽隔离阀两侧还有一条旁路管路，其上装有一台气动隔离阀和一台气动控制阀。另外，在主蒸汽隔离阀上游有一只氮气供应接头（作为蒸汽发生器干、湿保养时用）和一只疏水的接头（图 4-7 中未表示）。

在汽轮机厂房内，从蒸汽母管（蒸汽集管）引出 4 根主汽管与汽轮机高压缸的 4 只主汽门（截止阀）相连接，蒸汽母管还有两条通往凝汽器两侧的蒸汽旁路排放总管，从这两路主管上，分别接管送汽至除氧器、给水泵汽轮机、蒸汽转换器系统、汽轮机轴封系统、汽水分离再热器的新蒸汽管线等。上述管线的适当部位设有疏水和放气管。

上述管道材料均按规定选用无缝钢管，含碳量不大于 0.25%，焊接性能良好。

主蒸汽系统采用非石棉性材料保温，外用镀铸铁皮罩壳。

4.3.3 系统的运行

1. *启动和正常停运*

从冷停堆状态启动时，反应堆冷却剂泵要加热反应堆冷却剂系统，也就加热了主蒸汽系统；在加热到 120 ℃过程中，蒸汽发生器水位由辅助给水系统调节到零负荷水位，蒸汽管线和旁路管线隔离阀关闭，各疏水管线隔离；当一回路冷却剂系统从 120 ℃加热到 180 ℃时，蒸汽管线疏水阀开启，蒸汽发生器水位通过排污系统的排放或通过辅助给水泵补水来调节；到达 180 ℃后，当蒸汽发生器压力到达 0.3 MPa 时，可开启蒸汽管线旁路阀，以加热隔离阀下游的主蒸汽管线，加热过程中通过汽机旁路系统通向凝汽器的旁路排放，控制最大线性温度变化不超过 40℃/h，直到热停堆工况。在热停堆期间，如不维修二回路侧，则所有的疏水阀和主蒸汽隔离阀均开启，蒸汽温度，压力达到额定值：291.4 ℃，7.6 MPa，然后可启动反应堆到临界，使之由热停堆到热备用状态，再启动二回路带负荷，并提升堆功率。

去再热器
给水泵汽轮机
给水泵汽轮机
去再热器
主汽轮机
去轴封系统
蒸汽旁路系统
除氧器
去蒸汽转换器
辅助给水汽动泵
辅助给水汽动泵
辅助给水汽动泵
隔离阀
隔离阀
隔离阀
安全阀
安全阀
安全阀
主蒸汽隔离阀管廊
安全壳

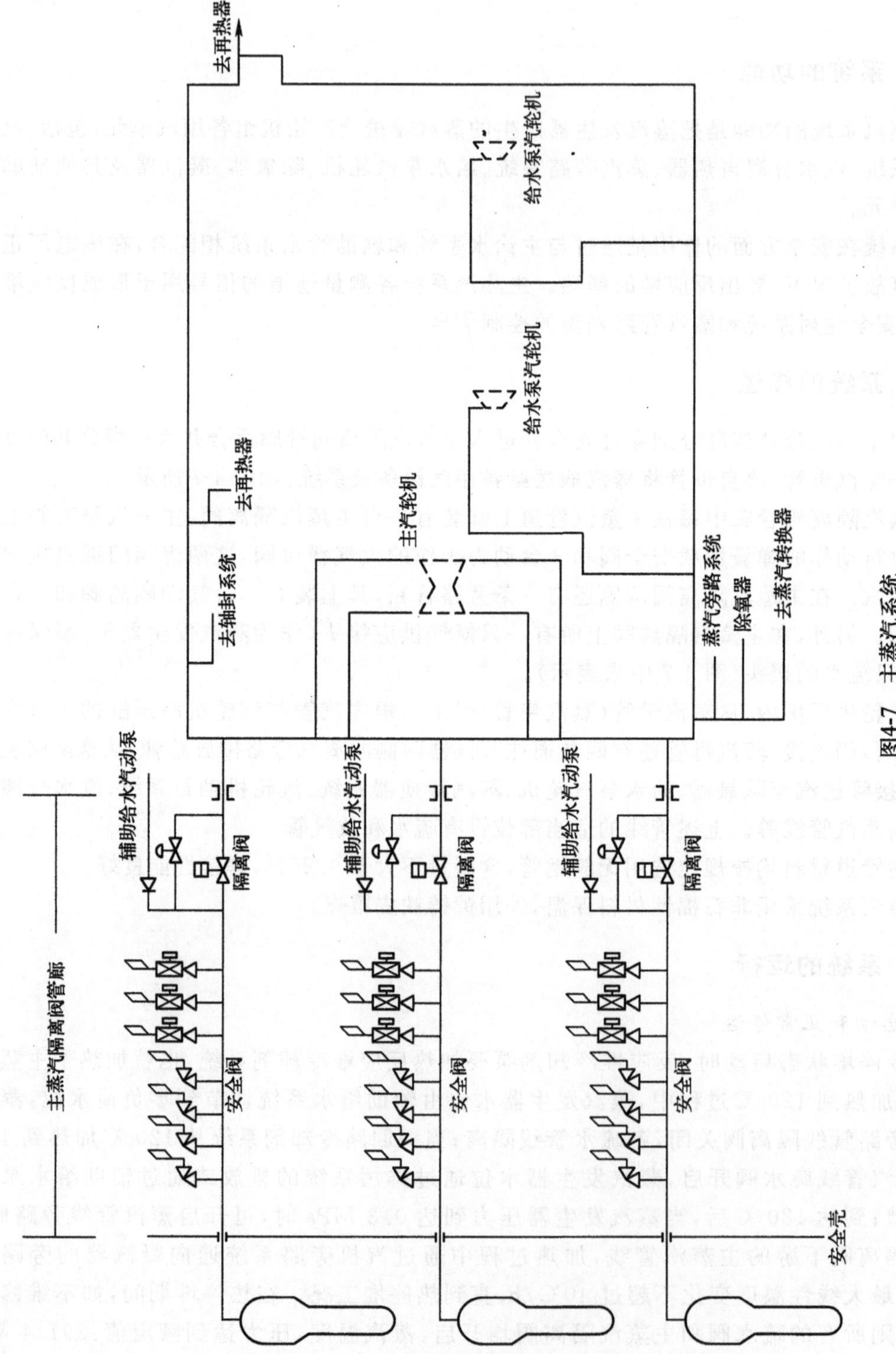

图4-7 主蒸汽系统

反应堆正常停运时，当反应堆降功率至 5%额定功率时，反应堆控制切换到手动操作，蒸汽旁路排放系统开始运行，向凝汽器排出多余的蒸汽；当汽轮机脱扣，反应堆热停闭时，全部蒸汽通过旁路排入凝汽器。如反应堆要进入冷停闭状态，则主蒸汽系统和汽机旁路系统都投入运行，使反应堆从 291.4℃冷却到能与余热排出系统相连接的状态（180 ℃，2.8 MPa）。

2. 正常运行

主蒸汽系统的正常运行包括汽轮机负荷恒定的稳态运行，和负荷跟踪或功率变化时的瞬态运行。

汽轮机负荷恒定的稳态运行，主蒸汽系统的运行状态是：主蒸汽隔离阀开启，辅助给水泵汽轮机供汽管线上的隔离阀开启，使管线不断加热，主蒸汽隔离阀上游的疏水管线隔离，主蒸汽隔离阀旁路管线关闭。这时，主蒸汽系统的压力为蒸汽发生器中水温度下的饱和蒸汽压力，系统的蒸汽流量为汽轮机负荷的函数，如图 4-8 所示。

负荷跟踪或功率变化的正常瞬态，包括幅度达 10%额定功率的阶跃变化，或每分钟 5%额定功率的线性变化情况下，主蒸汽系统的联接方式与稳态运行时相同。

在正常瞬态时，反应堆和汽轮机控制系统自动运行（汽轮机旁路系统隔离）。此时，汽轮机负荷的增加将引起汽轮机进汽阀门进一步开启，反应堆控制系统将增加反应堆功率，使其与汽轮机负荷的增加相匹配。由此引起蒸汽流量的增加使蒸汽压力降低，汽轮机负荷降低时则相反，如图 4-9 所示。

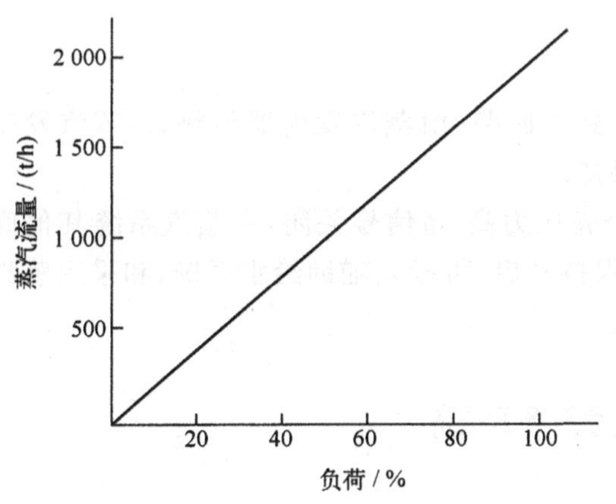

图 4-8　蒸汽流量与汽轮机负荷关系

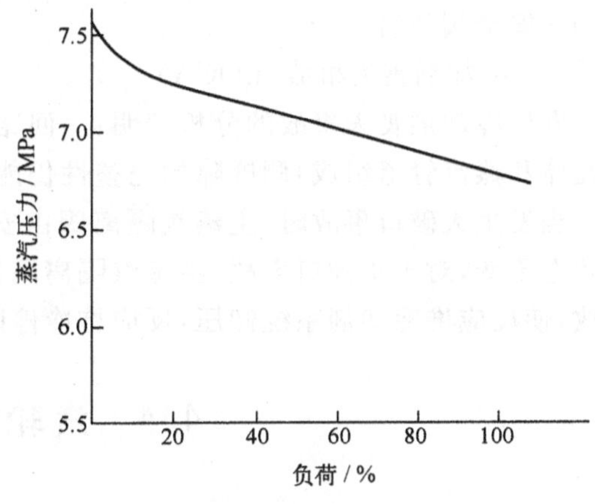

图 4-9　蒸汽压力与汽轮机负荷关系

3. 非正常瞬态运行

除正常瞬态外，还应考虑的非正常瞬态工况有：负荷急剧阶跃降到厂用电负荷；汽轮机脱扣，但反应堆未紧急停闭，以及反应堆紧急停闭。

(1) 当负荷急剧阶跃降低到厂用电负荷时，反应堆和汽轮机之间功率暂时失配，多余的蒸汽通过汽轮机旁路系统排放；随后，各控制棒组插入，导致反应堆冷却剂温度和二回路压力下降，汽轮机旁路系统阀门关小。该瞬态期间，大气释放阀和蒸汽发生器安全阀未动作，反应堆保护系统和专设安全设施也不应投入。

(2) 汽轮机脱扣，但反应堆未紧急停闭，这种情况发生在堆功率小于 40%额定功率，以改善电厂机组的利用率。如堆功率大于40%额定功率，而凝汽器如不能用，或蒸汽旁路排放系统不能用时，则1秒钟后触发反应堆紧急停闭。

(3) 反应堆紧急停闭引起汽轮机脱扣，将使蒸汽发生器压力升高因而汽轮机旁路系统动作，使反应堆进入零负荷，即热停堆状态。

4. 主蒸汽系统故障和事故时的运行

主蒸汽系统有关设备可能发生的故障和事故可能有：

(1) 一只主蒸汽隔离阀意外关闭，发生故障的蒸汽发生器中压力升高而未受影响的蒸汽发生器蒸汽流量迅速增加，压力下降，引起保护系统动作；

(2) 三只主蒸汽隔离阀意外关闭，导致主蒸汽系统的压力和温度升高，安全阀动作防止系统超压，有关保护信号触发反应堆紧急停闭；

(3) 一只蒸汽发生器安全阀意外开启，引起蒸汽失控释放，和蒸汽大量流失，反应堆冷却剂迅速冷却，稳压器低水位和低压力信号触发安全注射系统动作；

(4) 蒸汽管道破裂，主蒸汽系统中一根蒸汽管道破裂，将导致蒸汽失控排放，反应堆冷却剂系统迅速冷却，反应堆因超功率而紧急停闭，安全注射系统投入。

5. 主蒸汽系统外的故障和事故时的运行

(1) 凝汽器失去真空，发生这种故障的后果将失去主给水系统和汽机旁路系统，引起汽轮机脱扣；

(2) 失去厂外电源，造成反应堆冷却剂泵停转，失去冷却剂流量，随后，反应堆紧急停闭，汽轮机脱扣，也导致失去主给水系统和汽机旁路系统，因此，蒸汽压力迅速升高，大气释放阀和安全阀开启；

(3) 冷却剂丧失事故(LOCA)

发生冷却剂丧失事故的分析表明：一回路侧到二回路(由蒸汽发生器传热管，蒸汽发生器壳体和蒸汽管道组成)侧屏障的完整性仍能保持。

当发生大破口事故时，主蒸汽隔离阀由安全壳压力高-高信号关闭，主蒸汽系统其他阀门状态不变，对于小破口事故，主蒸汽隔离阀仍保持开启，可投入辅助给水系统，和采用蒸汽排放，使反应堆冷却剂系统卸压，反应堆冷停闭。

4.4 汽轮机旁路系统

4.4.1 系统的功能

汽轮机旁路系统是为适应机组的启停及事故处理的需要而设置的，它能为一回路提供一个人为负荷，起以下作用：

1. 在机组启动阶段，导出堆内多余的热量，以维持一回路的温度和压力；

2. 在反应堆热停闭和堆冷却的最初阶段，排出主泵运转和裂变产物衰变所产生的剩余释热和显热，直至余热排出系统投入运行；

3. 在汽轮发电机组突然减负荷或汽轮机脱扣情况下，排走蒸汽发生器内产生的过量蒸汽，以避免蒸汽发生器安全阀动作；

4. 本系统在安全方面的作用，是导出汽轮机负荷突然变化所多余的蒸汽，防止反应堆冷却剂系统过热和二回路超压。

4.4.2 系统的描述

汽轮机旁路系统由凝汽器排放系统、除氧器给水箱排放系统和大气排放系统组成，如4-10 所示。

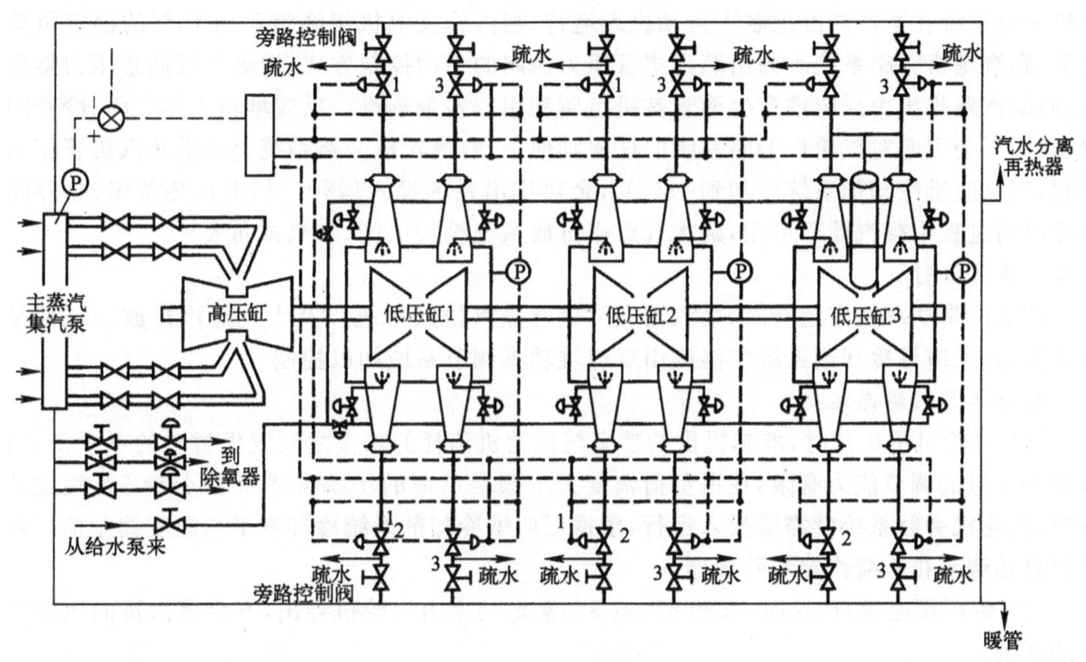

图 4-10 汽轮机旁路系统

1. 凝汽器排放系统由从排放总管上引出的 12 根管道组成，连接在蒸汽发生器隔离阀和汽轮机入口阀门的主蒸汽管道上，每个凝汽器有 4 根进汽管(每边各 2 根)，每根进汽管上装有一个手动隔离阀和一个用压缩空气操纵的旁路排放控制阀，12 根蒸汽排放管进入凝汽器后与安装在凝汽器颈部的减温减压器相连，冷却水为凝结水，来自凝结水抽取泵的出口。

2. 除氧器蒸汽排放系统由蒸汽母管引出的三根管道组成，每根管道上装有一个手动隔离阀和一个用压缩空气操纵的控制阀，这三根管道在进除氧器之前与除氧加热用的新蒸汽管和抽汽管相连，进入除氧器给水箱下部。

3. 大气蒸汽排放系统，由三根独立的管线组成，它处在反应堆安全壳外，主蒸汽隔离阀上游(见图 4-7 主蒸汽系统)，每根管线上装有一个电动隔离阀和一个气动蒸汽排放控制阀；每个气动蒸汽排放控制阀装配有一个单独的压缩空气罐，以便在空气压缩系统失灵后仍可工作 6 h。气动蒸汽排放控制阀后装有一个消音器，以降低系统排汽时的噪音水平。

4.4.3 系统的运行

1. *启动和正常停闭*

在机组的正常启动和正常停闭时，如果凝汽器是可用的，可以手动调节蒸汽集管的压力和给定压力间的偏差，来控制多余的蒸汽向凝汽器和除氧器排放，使机组正常地启动和停闭。

机组启动时，反应堆从热停堆达临界，凝汽器排放是依据蒸汽集管直接排汽到汽轮机入口或给水泵汽轮机的压力来调节的，蒸汽集管压力控制点选择在无负荷时所对应的蒸汽压力(7.6 MPa)。当反应堆功率达到10%额定功率，则控制棒控制系统转换到自动方式，旁路阀关闭，蒸汽旁路控制从压力控制模式转换到温度控制模式。在这期间，没有蒸汽排向大气。

当反应堆停闭，先进入热备用状态时，汽轮发电机组按要求减负荷至15%额定功率，汽轮机旁路系统在平均温度控制下自动投入运行，当汽轮发电机组降负荷到15%的额定负荷之下，则汽轮机旁路系统改为由蒸汽集管压力控制的手动控制方式，操纵员可调整压力整定值，向凝汽器排出由反应堆产生而未被机组所利用的多余蒸汽。反应堆转入热停闭、冷停闭状态时，不会引起对汽轮机旁路系统的任何其他干预，汽轮机旁路系统仍然受蒸汽集管压力控制；当反应堆冷却剂系统冷却到180 ℃，余热排出系统投入运行。如果在热备用、热停闭或冷停闭过程中凝汽器不可用，则大气蒸汽排放系统投入工作，蒸汽排向大气。

2. 正常运行

核电厂带功率稳定运行时，凝汽器和除氧器蒸汽排放系统以及大气蒸汽排放系统都是不工作的，反应堆冷却剂系统的温度由反应堆功率调节系统加以控制。

3. 非正常的瞬态运行

(1) 汽轮机甩负荷时，堆芯提供的功率与汽轮机消耗的功率之间发生暂时的不平衡，由于控制棒组的调节能力有限，在甩负荷幅度大于额定负荷的10%或高于每分钟5%额定功率时，汽轮机旁路系统就需要投入运行，根据反应堆冷却剂系统冷却剂平均温度偏差信号就可以自动调节排入凝汽器和除氧器。

(2) 带厂用电运行，这时，大约6%或8%额定功率由汽轮机导出，其余蒸汽排向汽轮机旁路系统。

(3) 反应堆紧急停闭，引起汽轮机脱扣，这时蒸汽发生器压力将上升，如果凝汽器是可用的，汽轮机旁路系统动作就可避免蒸汽发生器安全阀的打开。汽轮机旁路系统的排放由冷却剂平均温度加以控制，零负荷时的参考温度是由汽轮机入口压力经转换而得到的。

大气排放阀的压力整定值是7.85 MPa，在机组正常运行、甩负荷造成反应堆停闭情况下，而凝汽器和除氧器又是可用时，蒸汽发生器出口的蒸汽压力低于此压力整定值，大气排放阀处于关闭位置。如果凝汽器不可用，则旁路系统被闭锁，蒸汽发生器压力升高，控制线路打开大气排放阀并且在安全阀动作之前，允许排放大于10%额定功率的流量，随着一回路剩余热量减少，大气排放阀逐渐关闭。

4.5 汽水分离再热器系统

4.5.1 系统的功能

蒸汽在高压缸内膨胀做功后，所含湿度将大为增加，如不去湿、低压缸末级排汽的湿度可达到24%左右，大大超出了12%～15%的允许值。布置于高压缸与低压缸之间的汽水分离再热器，可分离高压缸排汽中的水分并使其获得一定再热，从而增加蒸汽在低压缸内的有效焓降，使低压缸能够提供更大的出力，提高了热力循环效率。

4.5.2　系统的描述

在早期核电厂中，只设汽水分离器或将汽水分离器与再热器分别置于两个容器中。自 20 世纪 60 年代中期起，汽水分离器与再热器已合置于一个容器内。按基本结构型式，可分为以美、法两国为代表的卧式和以德国为代表的立式两类。

汽轮机及汽水分离再热器位置示意图如图 4-11 所示。来自高压缸排汽（冷再热蒸汽）沿 8 根管道，以每 4 根一组分别进入 2 台汽水分离器，被分离、再热后的蒸汽，即热再热蒸汽由筒体上部的三个出汽口排出，沿 3 根管道分别送往 3 个低压缸做功。

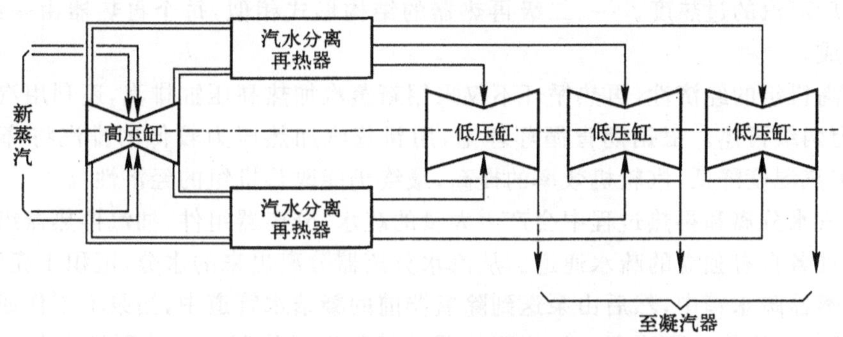

图 4-11　汽轮机及汽水分离再热器位置示意图

图 4-12 为卧式，用于 1 000 MW 级大型压水堆核电厂汽水分离再热器结构示意图，筒体下部安装着汽水分离器，中部为第一级再热器，上部为二级再热器，这三部分都安装在一个圆筒形的压力容器内。

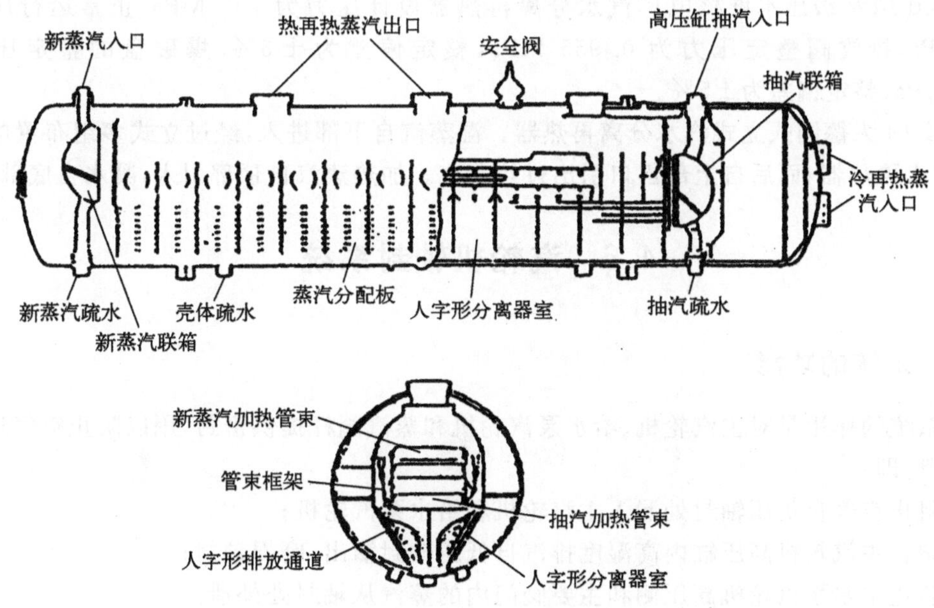

图 4-12　大型核电厂汽水分离再热器结构示意图

汽水分离再热器的圆筒形外壳(图 4-12)是按压力容器规范设计和制造的。外壳有两个支座，一个是固定的，另一个可以移动，靠纵向键导向，以保证装置可以自由膨胀，所有与湿蒸汽接触的壁面均衬有不锈钢防腐衬里。

高压缸的排汽首先从汽水分离再热器筒体左端进入汽水分离器内，再从下部进入汽水分离器组件。分离器入口处有一块分配板，由波纹板组成的汽水分离器组件按人字形布置分成两列，每列 16 块，用不锈钢制成，在正常工作参数下，蒸汽通过时，约有 98%的水分可被除去。经分离的蒸汽上行时先通过第一级再热器，由来自高压缸的第一级抽汽(压力为 2.75 MPa)加热，然后继续上行，进入第二级再热器，由压力为 6.43 MPa 的新蒸汽再加热，以提高分离后蒸汽的过热度。一、二级再热器的结构形式相似，每个再热器由一组 U 形不锈钢管束组成。

为了提高机组的经济性，再热循环不仅采用新蒸汽加热高压缸排汽，还利用汽轮机抽汽来加热，称为两级再热。根据朗肯循环理论，用新蒸汽加热压力较低的排汽将降低循环效率，但由于蒸汽湿度降低，汽轮机效率的提高，最终仍能改善机组的经济性。

在上述汽水分离和再热过程中会产生大量的疏水，分离器组件、抽汽再热器组件和新蒸汽再热器组件各自有独立的疏水通道。从汽水分离器分离出来的水分，汇积于壳体下部，借重力排入分离器疏水箱中，然后由泵送到除氧器前的凝结水管道中，当泵不工作或凝结水不能排入除氧器时，则排入凝汽器。抽汽再热器和新蒸汽再热器疏水分别排入各自的疏水箱中，当疏水箱中水位上升到一定高度，水位控制器打开紧急排水控制阀，将凝结水排入凝汽器。

为了防止事故工况下可能发生的超压，汽水分离再热器设有卸压系统来进行保护。卸压系统中有一个先导式排放阀和 8 个爆破盘可以排出 100%蒸汽流量。为了减少管网，将所有卸压组件安装在一个汽水分离再热器上，排汽排向大气。

1 000 MW 级压水堆核电厂汽水分离再热器设计压力为 1.1 MPa，正常运行压力为 0.78 MPa，排放阀整定压力为 0.955 MPa，整定偏差为±3%，爆破盘的整定压力为 1.148 MPa，整定偏差为±5%。

图 4-13 为德国式立式汽水分离再热器。湿蒸汽自下部进入，经过立式多组布置的分离器后，进入再热器，而后自上部出口引出过热蒸汽。加热蒸汽自顶部引入，凝水自底部引出。

4.6　汽轮机轴封系统

4.6.1　系统的功能

本系统的作用是对主汽轮机、给水泵汽轮机和蒸汽阀杆提供密封，用以防止空气进入和蒸汽外泄，即：

1. 阻止空气自负压轴封处漏入主汽轮机和给水泵汽轮机；

2. 防止主汽轮机高压缸内高湿度排汽自低压轴封漏出，磨损轴封；

3. 防止给水泵汽轮机高压侧和主要阀门内的蒸汽从轴封处外泄。

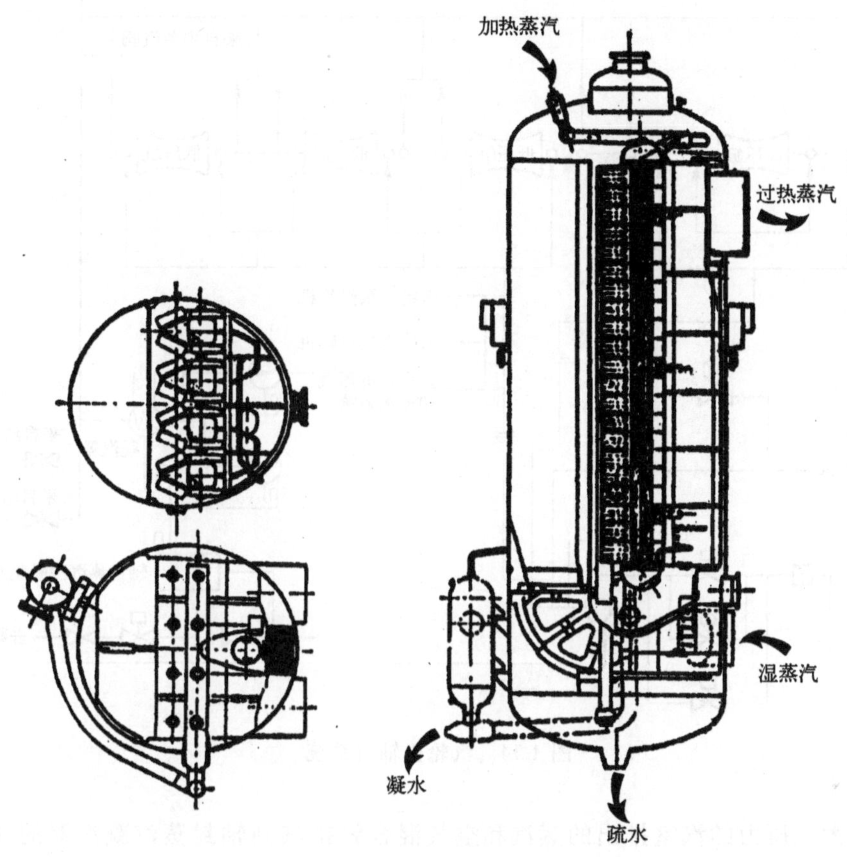

图 4-13　德国立式汽水分离再热器

4.6.2　系统的描述

汽轮机轴封系统是由压力控制器、分离器、轴封蒸汽凝汽器、轴封蒸汽凝汽器疏水箱、排汽风扇,以及有关的阀门和管道组成,分成密封管线,排汽管线和漏汽管线三条管线(图 4-14)。

用于密封汽轮机轴封的蒸汽由主蒸汽系统和辅助蒸汽系统供给。连接在密封管线上的有高压缸转子端部的中间汽室,低压缸端部的内部汽室,高压缸调节阀杆汽封、低压缸调节阀和停汽阀杆的中间汽室,借过热蒸汽的密封,可防止湿蒸汽侵蚀汽封零件。密封管线的压力由压力控制器控制的供汽阀和排汽阀进行调节。

主汽轮机和给水泵汽轮机转子的端部汽封的外部汽室,和所有的主蒸汽阀杆汽封外部汽室都通过排汽管线与轴封蒸汽凝汽器相连。轴封蒸汽凝汽器维持轻微的负压,以防止蒸汽的外泄。

所有低压缸蒸汽阀杆密封的内部汽室经由漏气管线与 3 号低压加热器相连。这样可以减少流入密封管线的流量,从而提高循环效率。

密封管线的压力为 0.107 MPa,排汽管线的压力为 0.098 MPa,轴封蒸汽凝汽器和空气混合物的压力为 0.095 MPa。

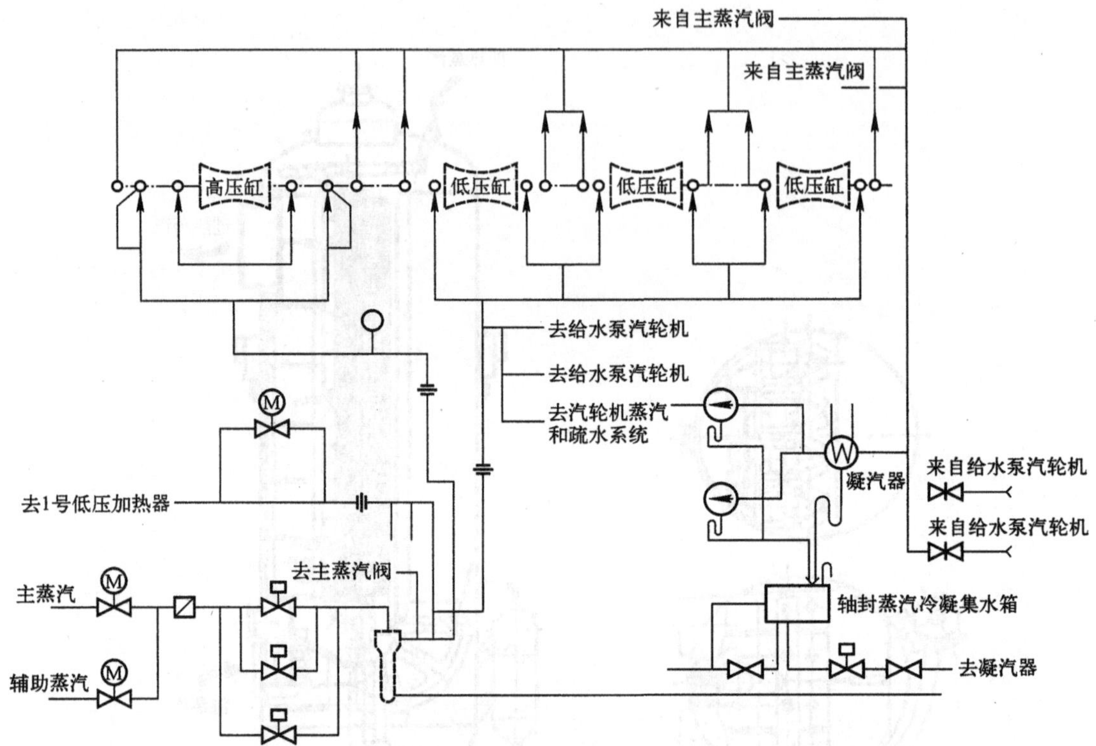

图 4-14　汽轮机轴封系统

由低于大气压力的汽室排出的蒸汽和空气混合物排汽到轴封蒸汽凝汽器的壳侧，经冷凝后的水排至轴封蒸汽排水箱，水箱的水位根据信号手动调节。由轴封蒸汽凝汽器排出的未冷凝的蒸汽和空气通过两台容量各为 100％的排汽风扇导出向大气排放，两台风扇一台运行，另一台备用。系统还设置了两个安全阀进行超压保护，保护定值为 0.6 MPa。

4.6.3　系统的运行

汽轮机轴封系统投入运行的主要步骤是：

1. 启动一台 100％的排汽风机，建立轻微负压；

2. 选择主蒸汽，或辅助蒸汽，先暖管，再建立蒸汽压力；

3. 将分离器中的水排向轴封蒸汽凝汽器；

4. 由压力控制器控制调节阀，将密封蒸汽压力控制在 0.007 MPa 表压；

5. 随着负荷增加，约为 60％～70％额定功率时，密封蒸汽供汽给高压缸内侧的密封槽，此蒸汽来自主蒸汽。

汽轮机轴封系统中汽水分离器向主凝汽器排放的排放阀由主凝汽器真空度控制。为保证在启动和停机阶段将分离器中大量收集的水直接排放到主凝汽器，汽轮机轴封系统中轴封蒸汽冷凝集水箱向主凝汽器排水阀是由集水箱的水位信号来控制的，当水位低时自动关闭，以避免主凝汽器进气；水位高时自动打开，疏水排向主凝汽器。

第5章　压水堆核电厂二回路凝结水系统及给水系统

在压水堆核电厂正常运行中，凝汽器凝结水来自汽轮机、汽动给水泵和旁路系统排出的蒸汽；凝结水经凝结水泵、低压加热器、汽动给水泵、高压加热器，作为二回路给水供给蒸汽发生器。

5.1　凝结水抽取系统

5.1.1　系统的功能

接受汽轮机、汽动给水泵和旁路系统排出的蒸汽及热力系统的各种疏水，使之凝结成水，建立所要求的背压，并从凝汽器热井中将凝结水抽出送往低压给水加热系统。

5.1.2　系统的描述

凝结水抽取系统主要由凝汽器、凝结水泵、给水管线(去低压加热器)、疏水接收罐等组成。

1. 凝汽器

凝汽器对来自三个低压缸和旁路系统：汽动辅助给水泵以及排污箱的蒸汽进行冷凝并除氧，采用凝汽器除氧能保证给水含氧量在5～7 μg/kg之内；凝汽器也回收启动时的排水和主给水系统的排水。

现代压水堆核电厂采用表面式凝汽器，如图5-1所示。汽轮机的排汽进入凝汽器同冷凝管子外表面接触，管子内由流过的循环冷却水带走排汽传给管子表面的热量，排汽受到冷却而凝结成水。

由于饱和蒸汽轮机的排汽流量要比同容量的常规汽轮机大得多。因此，核电厂的凝汽器也比较大。它的设计容量为85%的额定新蒸汽流量，在额定负荷下工作压力是43×10^{-4} MPa。

通常，凝汽器的外壳是用普通低碳钢钢板焊接而成的，管板和管子的材料和连接方式取决于冷却水的性质，若循环冷却水是江河水或冷却塔、喷水池的淡水，则管板可用厚15～25 mm的普通碳钢板，管子用铜锌合金的普通黄铜管；若循环冷却水是海水，氯离子含量较高，为了防止腐蚀，常用镍铬不锈钢制的双层管板，管材用铬合金管，并增加凝结水除盐装置。管子与管板的连接通常为扩管胀接，也有采用冷凝水密封的，以保证其严密性。

在压水堆核电厂的运行中，要注意凝汽器因冷却水中杂质造成的管板堵塞，使循环冷却水量减少；或者因管子水侧表面结垢，而使传热恶化。所以，凝汽器管侧的连续清洗，循环冷却水的加氯处理，和循环冷却水取水的过滤装置，都是十分重要的。

凝汽器要保证蒸汽、补充水以及凝结水的全面除气，由四台真空泵保证空气的抽取，抽出的空气将通过放射性活性监测。

凝汽器的热阱是为了使水温保持在饱和温度，以避免水的汽化。

2. 凝结水泵

凝结水抽出泵为本系统的主要设备，每台汽轮机组配置半容量凝结水抽出泵三台，机组额定功率运行时两泵运行，一泵备用。从凝汽器的热阱引出的凝结水，经总管分别接往三台凝结水抽出泵，凝结水抽出泵布置在汽轮机厂房零米地坪以下的深坑内，以保证水泵吸入侧有足够的水柱。

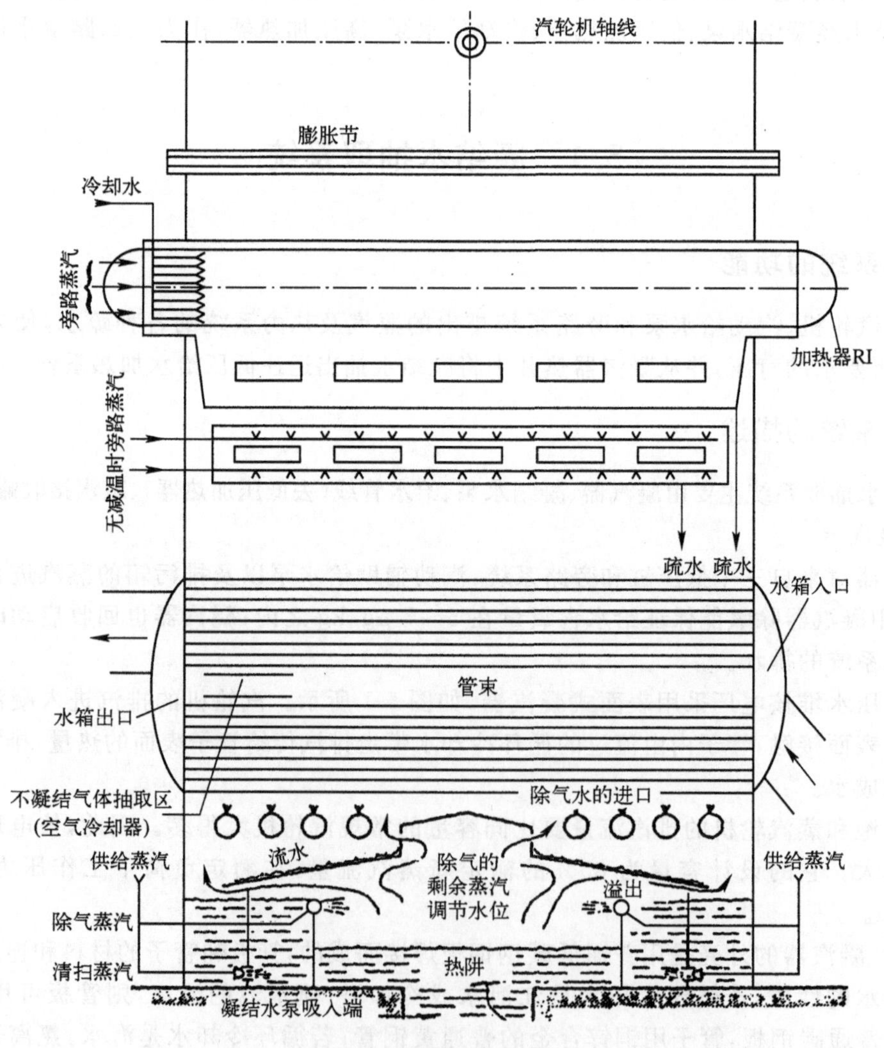

图 5-1　表面式凝汽器

3. 疏水箱

凝结水抽取系统的疏水箱是为了收集系统管线的疏水。共有4个疏水箱：主蒸汽管线疏水箱，汽轮机疏水箱，高压加热器抽汽管线疏水箱和低压加热器抽汽管线的疏水箱，其中主蒸汽管线疏水箱和汽轮机疏水箱设有减温减压喷淋，喷淋水来自凝结水泵出口。

5.1.3 系统的运行

核电厂正常运行时，排放的蒸汽进入凝汽器管束外部，一部分蒸汽遇到冷却管束的表面开始凝结，另一部分沿通道向下流动，随着蒸汽不断凝结，汽流中空气含量逐渐增加，最后，空气及部分未凝结蒸汽从抽气口排出，凝结水最后都汇集于底部的热井中，由凝结水泵抽走。

当机组启动或甩负荷时，新蒸汽自旁路系统和减压装置旁路阀直接排入凝汽器。

三级立式离心型凝结水泵，由功率为1 525 kW的电机带动，转速为1 480 r/min，水泵的临界转速为3 270 r/min，远高于正常运行转速，如运行过久，密封间隙达正常值的3倍时，临界转速将下降至1 830 r/min，这时应立即更换轴封。备用凝结水泵按要求能在5～10 s内自动投入。正常运行时，凝结水泵的密封冷却水来自凝结水泵出口母管上接口，启动时，由除盐水分配系统经密封水母管提供密封水。

对凝汽器水位设有4组水位开关监测，高水位900 mm，低水位300 mm时报警，水位由设于除盐水系统补充管线上水位控制器加以控制，零负荷时整定值为280 mm，满负荷时整定值为600 mm。同时，在4号低压加热器的出口管上装有2个流量计，以监测冷凝水流量。

5.2 给水回热系统

5.2.1 系统的功能

利用抽汽在独立的级内加热给水，是核电厂二回路热力系统的重要组成部分，回热参数(压力、温度、油汽量等)及回热级数的合理选定，对汽轮发电机组的运行经济性起着重要作用。

5.2.2 系统的描述

给水回热系统主要由回热加热器、除氧器、疏水箱、疏水泵等设备和相应管系组成。

从图4-1所示1 000 MW级压水堆核电厂热力系统图可看到，该机组设置了四级低压加热器、二级高压加热器，及一级除氧器。

1. 低压加热器系统

低压加热器系统的设计，需满足所要求的热力性能，防止蒸汽或凝结水的反向流动，以保护汽轮机，保证加热器抽汽管道有足够的疏水设施，并在所有运行工况下均能安全、可靠地运行。

低压加热器系统是利用抽汽在4个独立的级内加热凝结水。前两级加热器组合在一个共同的壳体内，即所谓复式加热器，在平行的通路中设有3个复式加热器，每个凝汽器的颈部各装一个，复式加热器可以单个地或成组地隔离。当加热器被隔离时，可通过旁路保持向除氧器输送流量，共有两套旁路阀的组合，第一套允许旁通1号和2号复式加热器，第二套允许旁通3号和4号低压加热器。

复式加热器有公用的蝶型凝结水隔离阀，当任何一个加热器出现凝结水高水位时，它们会自动关闭。抽汽止回阀的安装尽可能靠近汽轮机，以防止甩负荷时蒸汽反向流入汽轮机，隔离阀的安装靠近加热器，以防止由于传热管泄漏或疏水阻塞而引起的水进入抽汽管道。

1号和2号低压加热器的疏水采取逐级自流方式，即利用相邻加热器间的压力差，将压力较高的2号加热器的疏水自流至1号加热器，1号加热器疏水流入凝汽器。每个低压加热器的不凝结气体都直接通向凝汽器。

3号低压加热器和4号低压加热器的疏水进入疏水箱后由专用疏水泵抽出送入3、4号低压加热器间的主凝结水回路(图5-2)。此外，另设有紧急疏水直接输送至凝汽器，紧急疏水是疏水箱内出现高水位时自动投入的。

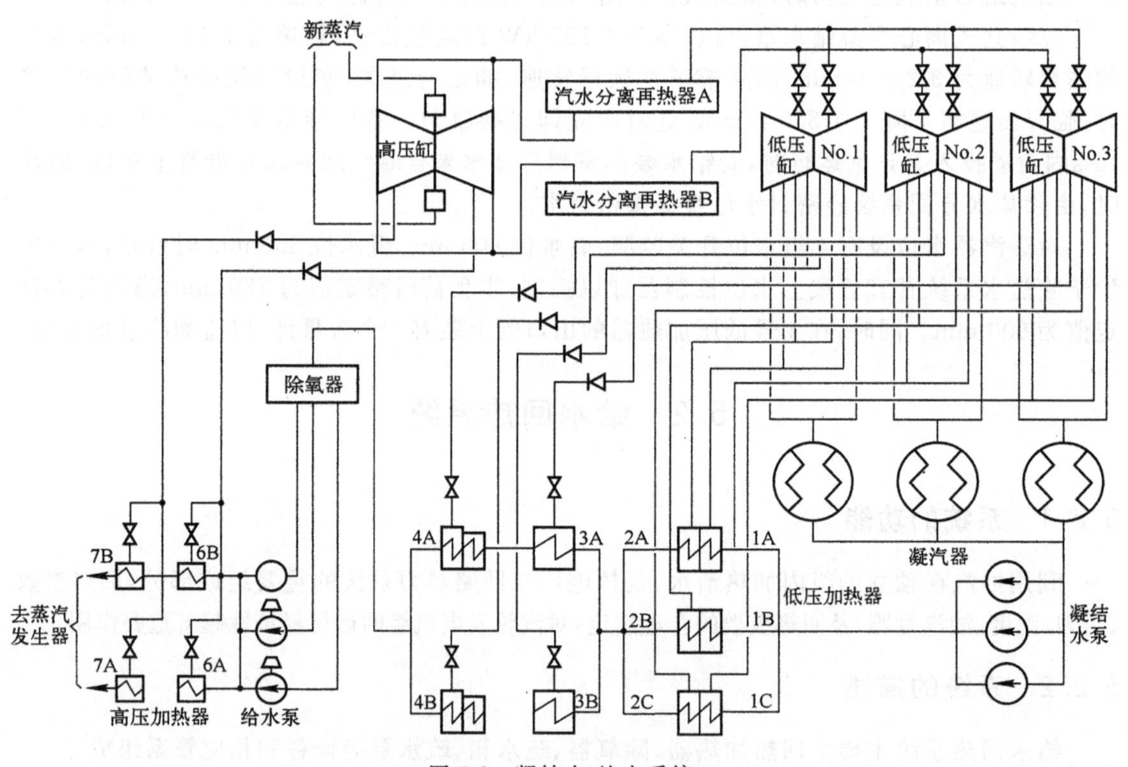

图 5-2　凝结水-给水系统

2. 高压加热器系统

高压加热器系统的设计，需满足所要求的热力性能，在所有运行工况下保证向蒸汽发生器输送给水，不发生蒸汽或给水的反向流动，保证加热器和抽汽管道疏水能有效地排放。

高压加热器系统包括2级共4个高压加热器、相关管道及阀门。两台50%流量的6号高压加热器，通常为双流程表面式加热器，分为凝结段和疏水冷却段，疏水冷却段使热量进一步传给给水。两台50%流量的7号高压加热器型式与6号相同，但疏水冷却段的传热面积较小。高压加热器系统用抽汽加热给水，当疏水系统失效或传热管损坏时，可隔离一组加热器(一台6号高压加热器和一台7号加热器)，系统能连续运行。本系统还设有两条旁路管线以保证向蒸汽发生器供水。正常运行时，7号高压加热器和抽汽管的疏水自流入6号高压加热器疏水接收罐，6 号高压加热器和抽汽管疏水则自流进入给水除氧器；当疏水接收罐水位过高时，高水位控制器动作，将使疏水直接排入凝汽器。

5.2.3　系统的运行

1. 启动和正常停运

在启动前，给水管线必须充满水。低压给水加热器系统的充水是依靠开启旁路阀，绕过除氧器隔离阀，同时，凝结水抽取泵在再循环方式下运行来进行的。

在启动时，全部给水和抽汽的隔离阀是开启的，各给水旁路阀是关闭的。在启动或正常运行工况下，这些阀门状态不再改变。

正常停运时，全部隔离阀保持在开启位置，而给水旁路阀保持在关闭位置。如果是长时间的冷停闭，则必须保护电厂设备，防止汽空间内汽一水混合物所引起的氧化腐蚀。1 号和 2 号复式低压加热器的蒸汽空间用干燥空气循环通过，3 号和 4 号低压加热器由氮气覆盖进行保护，它们的给水侧空间应充满符合正常保养条件的凝结水。

2. 正常运行

正常运行工况是指汽轮发电机在最大连续出力 983.8 MW 下运行，给水加热管线任何一段无旁路状态的运行工况，系统主要特性参数如表 5-1 和表 5-2 所示。

表 5-1　低压加热器主要参数

	单　位	低 1	低 2	低 3	低 4
每台加热器的蒸汽流量	kg/s	17.41	16.12	20.12	20.71
每台加热器的疏水出口流量	kg/s	17.637	16.12	21.036	20.71
疏水温度	℃	72.74	97.97	119.46	121.44
每台加热器的凝结水流量	kg/s	320.39	320.39	480.58	522.33
凝结水进口温度	℃	40.82	69.34	95.57	118.24
凝结水出口温度	℃	69.34	95.57	118.16	139.88

表 5-2　高压加热器主要参数

	单　位	高 6	高 7
每台加热器给水进口温度	℃	169.08	203.90
给水出口温度	℃	203.90	226.00
蒸汽压力	MPa(abs)	1.9	2.757

当核电厂处在正常运行工况，但一部分给水旁通到蒸汽发生器排污系统时，上述主要特性参数将有改变。

3. 非正常瞬态运行

(1) 两组 3 号和 4 号加热器都被隔离

如 3 号、4 号两组低压加热器都被隔离，全部给水流经旁路，而反应堆仍为 100％满功率，汽轮机阀门全开，电负荷为 98.7％，但由于除氧器系统的限制，这种方式只能短暂运行，不能连续运行 12 小时以上，如果在上述时间内，3 号和 4 号加热器中的一组或两组不能复原，则操纵员应将汽轮发电机的负荷降到厂用电负荷。

(2) 汽轮机甩负荷

汽轮机脱扣或抽汽隔离阀关闭时，3 号和 4 号低压加热器的压力随着留存在加热器内和抽汽管线内的蒸汽被连续的给水流量的冷凝而降低。1 号和 2 号低压加热器的压力与汽轮机低压缸的压力以相同的速率降低。

5.3 给水除气器系统

5.3.1 系统的功能

利用汽轮机的抽汽将进入的凝结水加热，并除氧到规定状态。一般规定在稳态运行时，除氧器出口的给水含氧量应为 3 μg/kg 左右，以防止对设备的腐蚀。

5.3.2 系统的描述

除气器的作用在于除去给水中的 O_2，CO_2，凝结水在进入除气器之前已在凝汽器中经过预除气，但凝汽器中压力极低，真空管线的密封一旦出现小故障泄漏，空气就可能进入，而使部分气体重新溶入凝结水，随着给水温度的提高，除氧要求也提高。所以，核电厂系统中还设有独立的除气器，其工作压力高于大气压力，使溶解在凝结水中的气体分离出来。

为了保证核电厂安全运行，必须对给水不断地除气，而主要对象是气体中的氧，因而又称为给水除氧。给水除氧分为化学除氧及物理除氧两类，工业上一般使用物理除氧法，若使水在常压或加压下加热至沸腾温度时，气体在水中含量趋近于零，所溶解的气体便被释出。这种方法又称为热力除氧法。

图 5-3 为应用热力除氧原理的喷淋式除氧器简图，它有三个独立的蒸汽源：

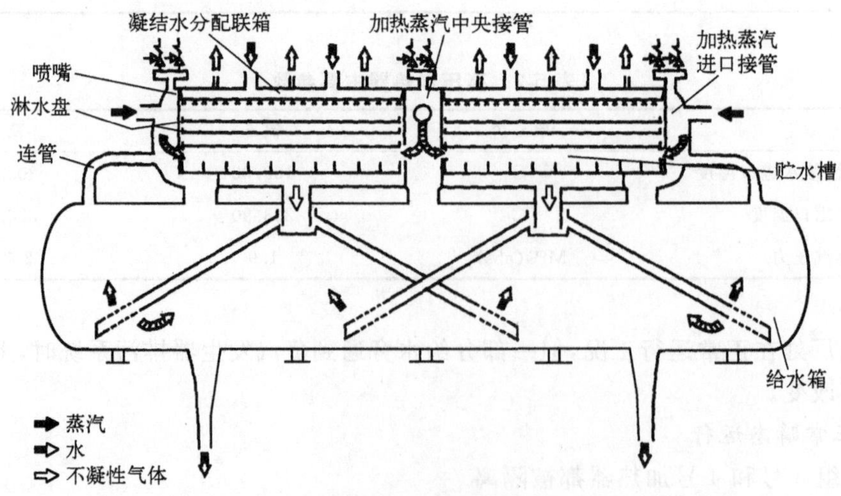

图 5-3 喷淋式除氧器

(1) 在正常运行时，取自汽轮机抽汽和疏水系统冷再热管线的蒸汽；

(2) 来自新蒸汽总管的蒸汽，在汽轮机脱扣，甩负荷或低负荷运行等瞬态时用，保持除氧器的压力，以保证给水泵的净正吸入压头；

(3) 来自辅助蒸汽分配系统的辅助蒸汽，供贮水箱启动时用，也用于无负荷时进行加热和除氧。

除氧器接纳低压给水加热器系统的凝结水(即给水)和蒸汽发生器排污凝结水的回流。除氧器四个低压给水进口均装有喷雾装置，待除氧的水由上部引入，并经喷雾器成为雾滴，在降落的过程中被逆向流动的蒸汽加热达到饱和，进行初级除氧。当水通过淋水盘的小孔时，分散成细水流；而加热蒸汽由中央接管及进口接管进入时，加热细水流，同时本身被部分凝结，这样，通过淋水盘的蒸汽逐层减少，而水量却自上而下逐层增加，析出的不凝性气体通过 8 条放气管排向凝结水抽取系统或大气。

为了达到高度除氧，当利用辅助蒸汽通过鼓泡装置使给水箱中水再沸腾时，可增设一台再循环泵，使水在启动时均匀地加热和除氧。

除氧器容器上设有 12 个相同的释放阀，它们是为防止除氧器超压而设置的。

5.3.3 系统的运行

1. 启动和正常停闭

当机组冷态启动时，首先使用凝结水抽取系统将除氧器充水至 2.05 m。当凝结水为环境温度，含氧量较高时，需靠辅助蒸汽加热，并用除氧器再循环泵进行循环，约 3 h，排气管向大气开放。

如反应堆热态启动，在蒸汽旁路方式下运行，或汽轮机在短期停运以后空负荷运行时，除氧器的压力和温度可以依靠低负荷压力控制器，利用新蒸汽来自动保持。如果新蒸汽不能利用，操纵员应手动切换到辅助蒸汽分配系统，同时把放气从通往凝汽器改为排向大气。

停运时，除氧器压力保持在 0.1 MPa(abs)，如短期停运，可用辅助蒸汽将给水贮存箱内水保持在 110 ℃；如长期停运，或除氧器需检修，除氧器贮存箱给水可通过再循环排放到凝汽器内贮存，需要时再由凝结水泵抽到除氧器，气侧空间充氮气覆盖，以防设备的氧化。

2. 正常运行

正常运行工况，对 1 000 MW 级大型压水堆核电厂，一般指汽轮发电机在 938.8 MW 的最大出力下，蒸汽发生器排污系统被旁路，其运行特征参数见表 5-3。

表 5-3　除氧器主要运行参数

参数	单位	数值	参数	单位	数值
除氧器设计压力	MPa(abs)	1.1	蒸汽进口压力	MPa(abs)	0.783
除氧器设计温度	℃	188	蒸汽进口温度	℃	169.54
除氧器正常运行压力	MPa(abs)	0.751	蒸汽进口流量	kg/s	64.7
除氧器正常运行温度	℃	167.84	蒸汽进口焓	kJ/kg	2 476.79
给水进口压力	MPa(abs)	0.802	蒸汽进口湿度	%	14.1
给水进口温度	℃	143.93	给水出口温度	℃	167.84
给水进口焓	kJ/kg	606.45	给水出口流量	kg/s	1 613.4
			给水出口焓	kJ/kg	709.79

给水含氧量，当负荷小于10％额定功率，或不保持热态时，含氧量小于100 μg/kg，当负荷大于10％额定功率，或用主蒸汽保持热态时，含氧量小于3 μg/kg。

3. 非正常瞬态运行

(1) 甩负荷　由于某些原因如凝汽器真空恶化，以致汽轮发电机出力大幅度下降而甩负荷时，蒸汽额定流量的85％经汽轮机旁路系统引向凝汽器，其余的14％通向除氧器，当负荷从100％额定功率降到20％时，低负荷控制器将产生一个信号，使除氧器保持在合适的压力下。

(2) 3号、4号低压加热器都被隔离，这时，若反应堆仍在100％额定功率下运行，因除氧器进口焓减少，使通向除氧器的抽汽量增加，在除氧器内部蒸汽管中造成不能接受的流速，若此种瞬态超过12 h，应脱扣至厂用电负荷。

5.4　主给水系统

5.4.1　系统的功能

将给水从凝汽器经除氧器送往蒸汽发生器。给水由低压加热器和高压加热器加热，给水泵输送、给水流量控制系统控制，维持蒸汽发生器二次侧水位在与汽轮机负荷相对应的参考值上。在甩负荷停堆时(包括安全阀动作排放)能保证向蒸汽发生器供水，带出反应堆的剩余热量；在反应堆一、二回路系统发生破管失水事故时，具有安全隔离的功能。

5.4.2　系统的描述

主给水系统由除氧器、给水箱、给水泵、高压加热器、给水调节阀、安全隔离阀，流量测量装置等设备和部件组成。本节主要介绍主给水泵、给水调节阀及流量测量装置。

1. 主给水泵

主给水泵的功能是通过高压给水加热器系统，将给水由除氧器连续提供给蒸汽发生器，主给水泵组具有变速设施，保证在反应堆整个热负荷范围内，能满足蒸汽发生器、主给水系统的流量变化。

一座大型压水堆核电厂机组通常设有汽动给水泵2台，电动给水泵1台。2台汽动给水泵可分为1台直接由汽轮机排汽端驱动的压力泵和1台由汽轮机进汽端通过减速齿轮箱驱动的升压泵。汽动给水泵汽轮机可用压力为0.70 MPa(abs)的抽汽或压力为6.43～7.3 MPa(abs)的新蒸汽来驱动，或这两种蒸汽组合情况下运行。正常运行时，只需1台汽动给水泵运行或与另一台汽动给水泵或电动给水泵并联运行；汽动升压给水泵的出口供热水给备用状态下的电动给水泵机组。当1台汽动给水泵脱扣时，处于备用状态下的电动给水泵即快速启动。

要说明的是，一个电厂中给水泵是采用小汽轮机驱动还是电动机驱动方式，应从运行经济性、运行可靠性和设备投资费用等方面来综合进行比较，而且还要考虑到电厂采用的汽轮机型式对给水泵驱动方式选择的影响。一般来说，电动给水泵与汽动给水泵相比，在初投资方面有明显的优势，在运行维护方面，优势不是特别明显。但在以往的工程中，如大亚湾核电厂和岭澳核电厂一期工程，都采用汽动给水泵方案，这主要与汽轮机的选型有关。因为这两个电厂都选用全速机，由于汽轮机末级叶片的制造技术难度大，制造工艺复杂，使得末级叶片不可能太长，为了确保机组的稳定运行，整个发电机组的轴系也不能太长，因此限制了汽缸的排汽面积。为降低主机排汽损耗，从而提高主机低压缸末级的效率，采用汽动给水泵是一种必然的选择。大容量常规火电厂采用汽动给水泵方案除了上述原因外，由于给水泵汽轮机的效率较高，长期运行经济效益比较可观，而且因为参数较高，若采用电动给水泵方案，全厂的电压等级可能要从 6 kV 升到 10 kV，在电气方面的投资将大大增加。与全速汽轮机组相比，核电半速汽轮机组末级叶片长度增加，汽缸的排汽面积也会大大增加。在核岛的热功率基本不变的情况下，由于增大了排汽面积，可以大大降低低压缸的排汽损失，提高了机组的效率，已不需要汽动给水泵帮着减轻发电机的负担。而且由于参数较低，采用电动给水泵方案并不会引起全厂电压等级的改变。在这种情况下，选择电动给水泵方案应是较好的选择。岭澳核电厂二期工程及 CPR1000 核电厂主给水泵的配置就是采用了 3 台 50% 电动给水泵。

2. 给水调节阀

给水调节阀对蒸汽发生器的给水起到控制和调节的作用。通常设有主流量调节阀(主调节阀)和辅助调节阀(旁路调节阀)。主调节阀的控制采用蒸汽流量、给水流量和蒸汽发生器水位三冲量调节方式，其容量为 15%～100%额定给水流量；旁路给水调节阀采用蒸汽发生器水位和汽轮机负荷二冲量调节方式，其容量＜15%额定给水流量。机组在启动和低负荷时用辅助调节阀调节给水，当机组负荷≥15%额定功率时，由辅助调节阀切换至主调节阀调节水位，这时，电厂应处于自动控制状态下。

调节阀两侧各有一个电动隔离阀，其中主调节阀的隔离阀还有一个电动旁路隔离阀。

3. 流量测量装置

主给水系统与核岛之间的管线上，设有用于给水流量测量的文丘利管，文丘利管装有三个压力传感器(2 个宽量程，1 个窄量程)，发出的信号正比于文丘利管的压降。

5.4.3　系统的运行

1. 启动和正常停闭

主给水系统在核电厂运行时，同时投运，核电厂机组停运时，主给水系统也自然停运。

在机组启动时，蒸汽发生器水位由手动调到无负荷整定值，给水可由辅助给水系统，或由凝结水抽取系统经给水泵供给。

2. 正常运行

正常运行时，流量控制由主给水调节阀控制，旁路给水调节阀全开，给水速度调节起主要作用。以给水流量与蒸汽流量相比较，即汽水平衡与否与蒸汽发生器水位信号之间的差值，产生主给水调节阀的动作信号。而每个蒸汽发生器都装有液位控制器，以维持蒸汽发生器水位；蒸汽发生器水位整定值应是汽轮机负荷的函数，见图 5-4。

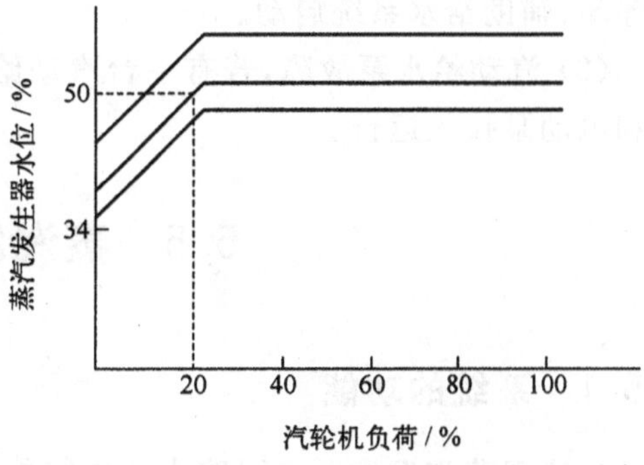

图 5-4　蒸汽发生器水位整定值的变化

汽动主给水泵在正常运行工况又可分运行于A类或B类负荷，A类负荷相应于100%正常负荷工况，而B类负荷用于增加给水需求，以补充蒸汽发生器的水装量损失，在A类或B类负荷下，汽动给水泵运行参数参见表5-4。

表5-4 汽动主给水泵正常运行参数

	单位	A类负荷	B类负荷
除氧器压力	MPa(abs)	0.75	0.75
给水温度	℃	167.8	167.8
给水流量	m^3/h	3 258	3 420
升压泵转速	r/min	1 489	1 501
升压泵扬程	m	274.5	276.7
升压泵功率	kW	2 549	2 696
升压泵净正吸人压头	m	10.7	11.8
压力级泵转速	r/min	5 100	5 142
压力级泵扬程	m	565.5	560.3
压力级泵功率	kW	5 313	5 523
压力级泵净正吸人压头	m	162	163
驱动汽轮机需供功率	kW	7 913	8 274
泵出口压力	MPa(abs)	8.3	8.27

3. 非正常瞬态运行

当甩负荷或主汽机脱扣时，除氧器将降压，由于给水除氧器系统设有压力控制措施，可保证除氧器压力近似不变或以受控方式降低，以保证汽动给水泵进口有足够的净正吸人压头。

4. 其他运行

(1) 主给水系统故障，将失去主给水流量，原因可能是：给水管道破裂；给水泵或凝结水泵停转；或者误关闭主给水调节阀或隔离阀。这时，蒸汽发生器低—低水位信号将引起反应堆停闭，辅助给水系统启动。

(2) 汽动给水泵故障，若有一台汽动给水泵停运，这时反应堆将停闭，另一台汽动给水泵和电动泵投入运行。

5.5 蒸汽发生器排污系统

5.5.1 系统的功能

1. 实现蒸汽发生器二回路水的连续排污，以保持二回路水质。
2. 对排污水进行化学处理后，冷却排放或处理后送回二回路。
3. 在蒸汽发生器维修时，实现二次侧的完全疏水。

5.5.2　系统的描述

蒸汽发生器排污系统由排污水收集与冷却的管道和设备，减压和流量控制站、处理回路以及排放回路组成，如图 5-5 所示。

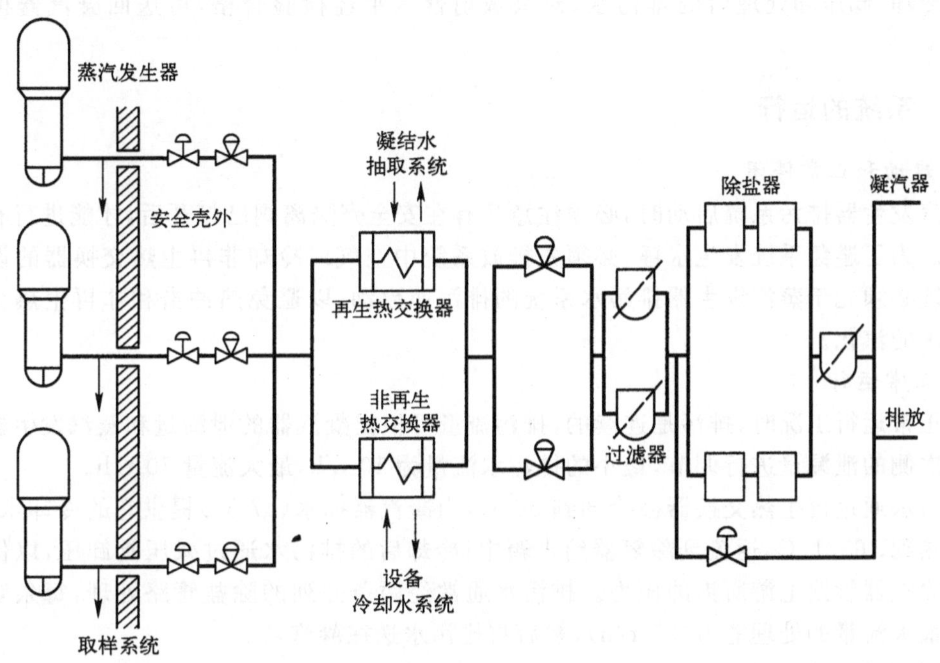

图 5-5　蒸汽发生器排污系统

1. 排污水收集与冷却

每台蒸汽发生器设有一条可控制流量的排污管路，每一管路设置一个气动防泄漏隔离阀和一个手动流量控制阀(均在安全壳外)，每条管路接有一条通向核取样系统的支路接头，这个接头位于安全壳内，尽量接近蒸汽发生器。

三条排污管路通过安全壳外的管道连接，它将流体引至再生热交换器或非再生热交换器进行冷却。再生热交换器使用凝结水抽取系统的水为冷源，非再生热交换器用设备冷却水系统的水来冷却。究竟选用哪一种热交换器冷却流体，取决于电厂的运行方式。正常运行时一般用再生热交换器冷却排污水。

2. 减压和流量控制站

由热交换器流出的已冷却的流体通过减压和流量控制站进行卸压和流量调节，它由并列的两条管路组成，每条管路设有一个减压和流量控制阀。通常只需 1 条管路运行，另一条备用或维修。

3. 处理回路

经冷却和减压后，流体引向处理回路，即通过两台并联的精细过滤器中的任一台进行过滤，然后由一条或两条并列的除盐器管路净化。每条除盐器管路设有一台阳床除盐器和一台混床除盐器用于加联氨处理，或设有一台阳床除盐器和一台阴床除盐器用于加吗啉处理。

处理的目的是调节给水的 pH 值，并降低其含氧量，由于这种方式处理后的排污水可能被离子交换材料释放的“细颗粒”污染，这些细颗粒需再经精细过滤器滤去。

在某些情况下，排污水经冷却，卸压和过滤后就引放到废液排放系统。

4. 排放管路

经冷却，卸压和处理后的排污水，对其放射性水平经检验合格，可送回凝汽器再循环使用。

5.5.3 系统的运行

1. 启动和正常停闭

蒸汽发生器排污系统启动时，必须注意只有在安全壳隔离阀已打开后，才能进行有关启动操作。为了避免系统发生水锤，必须先排放系统中空气。冷却非再生热交换器的设备冷却水系统必须先于蒸汽发生器排污水系统的排污而启动，以避免热冲击和非再生热交换器内冷却水的汽化。

2. 正常运行

在正常运行工况时，排污是连续的，排污流量可根据凝汽器的泄漏量和蒸汽发生器一次侧向二次侧的泄漏量进行调节，最小的排污水流量为 10 t/h，最大流量 70 t/h。

排污水通过再生热交换器被冷却到 56 ℃，由凝汽器抽水(47 ℃)提供它的冷却水，冷却水被加热到 168.1 ℃，返流到除氧器给水箱中；冷却后的排污水通过减压阀卸压，以保证过滤器和除盐器管路上游所需的压力。排污水通常经两条并列的除盐管路处理，每条管路具有 1/2 最大流量的处理能力(35 t/h)，然后将排污水送往凝汽器。

3. 非正常瞬态运行

(1) 蒸汽发生器疏水

蒸汽发生器冷态湿保养或干保养时需全部或部分疏水。考虑到设备的标高，可用重力排空，使蒸汽发生器在氮气压力下排空，或在临时接管上装一移动泵，以缩短排空时间。

(2) 非再生热交换器和再生热交换器出口排污水温度升高。

如除盐器入口温度高于 60 ℃，表示排污水冷却不充分，并可能导致树脂损坏。当排污水温度达 60℃时，除盐器入口前有关阀门会自动关闭，随后，减压阀也自动关闭。

(3) 蒸汽发生器管子破断

当蒸汽发生器管子破断时，必须切断蒸汽发生器给水供应，为保持最大排污流量以便排空，排污水直接或通过除盐器管路引到废液排放系统。

4. 其他运行状态

在反应堆运行中，排污系统可例外地停用几个小时，停用时间长短取决于凝汽器的泄漏量、一次侧向二次侧的冷却剂泄漏量以及停用时的水质(pH 值、活性碱浓度和阳离子电导率的值)。

第6章 压水堆核电厂的专设安全设施

压水堆核电厂配备有专设安全设施：安全注射系统、安全壳、安全壳喷淋系统、安全壳隔离系统、蒸汽发生器辅助给水系统等，它们具有能迅速为堆芯提供应急和持续冷却、将安全壳与外界隔离、提供辅助给水等功能，以保证在失水事故或蒸汽管道破裂事故出现时，迅速导出燃料的余热、排除燃料熔化的各种危险、避免在任何情况下裂变产物的向外失控排放、减少设备损失，并保护公众和核电厂工作人员的安全。

6.1 安全注射系统

6.1.1 系统的功能

安全注射系统又可称作紧急堆芯冷却系统，它的主要用途是：

1. 当一回路主系统的管道或设备发生破裂而引起失水事故时，安全注射系统能为堆芯提供应急的和持续的冷却，在事故发生的第一阶段，尽快将硼水直接注入堆芯，并在一定时间后过渡到第二阶段，利用积聚在安全壳地坑里的水再循环，防止燃料元件包壳因堆芯失水而烧毁。

2. 当化学和容积控制系统失效时，补偿一回路少量的泄漏，以保持稳压器内的水位。

3. 发生蒸汽管道破裂事故时，安全注射系统能将含高浓度硼酸的水注入堆芯，抵消因慢化剂过度冷却所减少的负反应性，防止反应堆重返临界。

为了实现上述三个功能，安全注射系统必须能根据事故引起一回路系统压降的变化情况，在不同的压力状态下介入，为此，本系统分为三个子系统，高压注射管系、蓄压注射管系及低压注射管系。一座900 MW级核电厂的安全注射系统的流程如图6-1所示。

6.1.2 高压注射管系

高压注射管系用于压水堆冷却剂系统的小泄漏事故，其主要目的是维持冷却剂系统压力稍低于正常的值，使压水堆正常停闭。当主系统因发生破损事故，压力下降至一定值(11.9 MPa)，或蒸汽管道发生大破裂时，高压安全注射泵被启动，将换料水箱内2 400 μg/g左右的硼水注入堆芯，防止反应堆重新临界和注入冷水以冷却和淹没堆芯。在有些压水堆中高压安全注射泵与上充泵合用，同时，为了保证能可靠地注入，注入管经硼注入箱接在每一条环路冷管段或冷、热管段。硼注入箱是一个容积为3～4 m^3 的容器，安装在高压安全注射泵出口端，即冷管段管线上，这是为了将硼酸溶液以最快的速度注入堆芯，箱内装满含硼浓度为4%硼酸溶液(7 000 μg/g)，在安全注射信号将隔离阀门打开时，硼酸溶液就注入压水堆堆芯，硼注入箱本身有一个循环加热系统，以保持硼酸溶液的温度，防止硼结晶析出，由

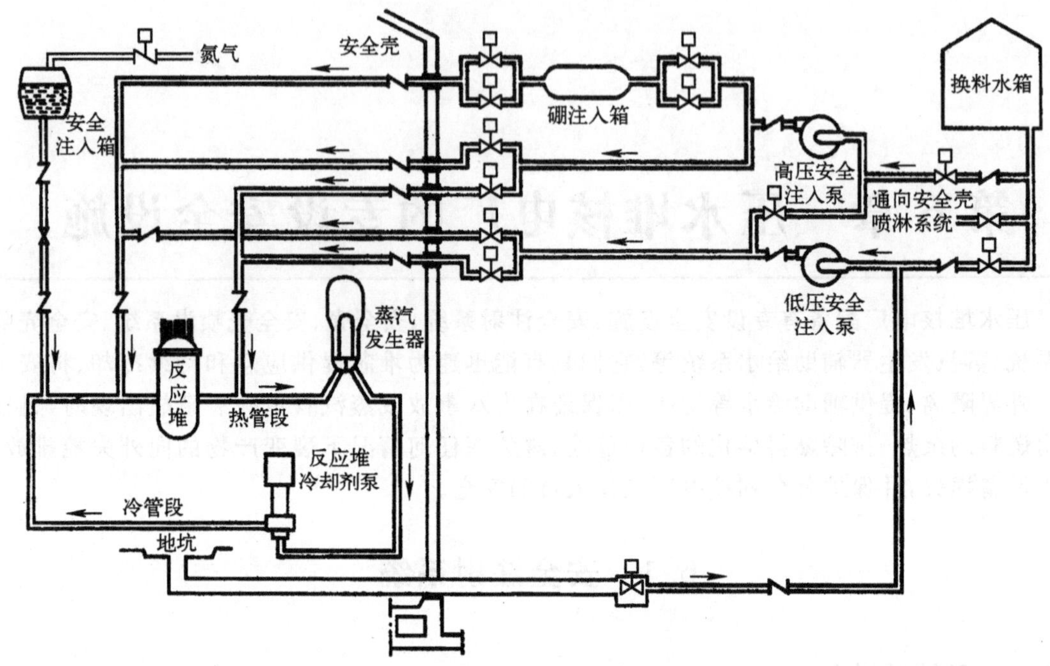

图 6-1　压水堆核电厂安全注射系统

温度测量线路控制加热器的启动或关闭。

6.1.3　蓄压注射管系

在一回路管道发生破裂,引起压力急剧下降的情况下,需依靠蓄压注射管系在最短的时间内淹没堆芯以避免燃料元件的熔化。

蓄压注射管系的每一个管路有一个安全注入箱(又称蓄压箱),其容积约 40～60 m^3,内储存浓度为 2 400 μg/g 的硼水,顶部充有压力为 4.2 MPa 的氮气以加压,每只安全注入箱设有水位测量装置,用以监测箱内水的体积,并经由一只电动隔离阀和两只串联的逆止阀,连向冷却剂系统。

蓄压注入动作是完全自动的:正常运行时,电动隔离阀是打开的,当堆芯冷却剂压力迅速降低到低于安全注入箱内的氮气压力时,硼水就顶开逆止阀从一回路冷管段注入堆内。

如图 6-2 所示,蓄压注射管系包括 3 个蓄压箱,每个环路一个,均与冷管段相连。蓄压箱容积的设计考虑每个蓄压箱可保证提供淹没堆芯所需要的容量的 50%,3 个蓄压箱与一个试验泵相连,该试验泵保证用反应堆换料水箱水向蓄压注入箱作定期补充。试验泵为容积式、反向双活塞液压控制泵,它的最大流量是 6 m^3/h,最大流量时排放压力是 24.0 MPa。在厂内外电源都丧失,上充泵停转事故工况下,试验泵可以蒸汽发生器中所存蒸汽为动力,保证主泵轴封水的注入,防止一回路由此处失水。试验泵还可用作反应堆和一回路系统的水压试验泵。整个蓄压注射管系位于安全壳内。

6.1.4　低压注射管系

低压注射管系在冷却剂管道大破裂,冷却剂压力急剧降低时用,以淹没堆芯,和保证堆

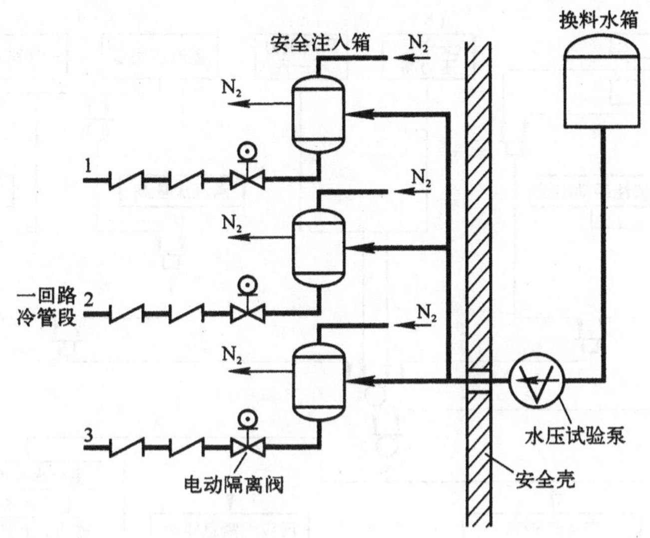

图 6-2　安全注入系统蓄压注射管系

芯内水的流动，以便导出余热。

低压注射管系在冷却剂压力下降到 0.7 MPa 时由安全注射信号启动，将换料水箱中的含硼水注入每个环路的冷管段。当换料水箱硼水水位低到一定程度时，低压安全注射泵可改为抽取安全壳底部的地坑水。地坑水收集的是一回路泄漏水、蓄压箱的水和安全壳内的喷淋水。

在有些压水堆核电厂设计中，以余热排出泵兼作低压安全注射泵。

6.1.5　安全注射系统的运行

当核电厂反应堆处于功率运行时，除了浓缩硼酸溶液的再循环回路在连续运转外。安全注射系统是不工作的，处于备用状态。

为了保证尽快地实现安全功能，安全注射系统的所有设备，除了蓄压注射系统布置在安全壳内离反应堆非常近的地方外，其余设备均布置在安全壳外的核辅助厂房的混凝土隔间内，以降低由于冷却剂管道破裂产生的飞射物引起的风险。

如图 6-3 所示，引起安全注射系统动作的安注信号是由下列各种信号产生的。

a. 稳压器水位低，同时压力(11.9 MPa)也低；

b. 安全壳内压力高 2(0.13 MPa)；

c. 蒸汽发生器之间蒸汽压力不一致；

d. 两台蒸汽发生器蒸汽流量高，同时出现蒸汽压力低；

e. 两台蒸汽发生器蒸汽流量高，同时出现一回路平均温度低；

f. 手动触发安全注射。

由安注信号引起下列自动操作：

a. 高压注射：高压安全注射管系由于高压安全注射泵的运转而投入运行，打开仅用于注入浓硼酸的冷段隔离阀，在冷段隔离阀打开后延迟一段时间打开热段隔离阀以保证硼的正确注入；

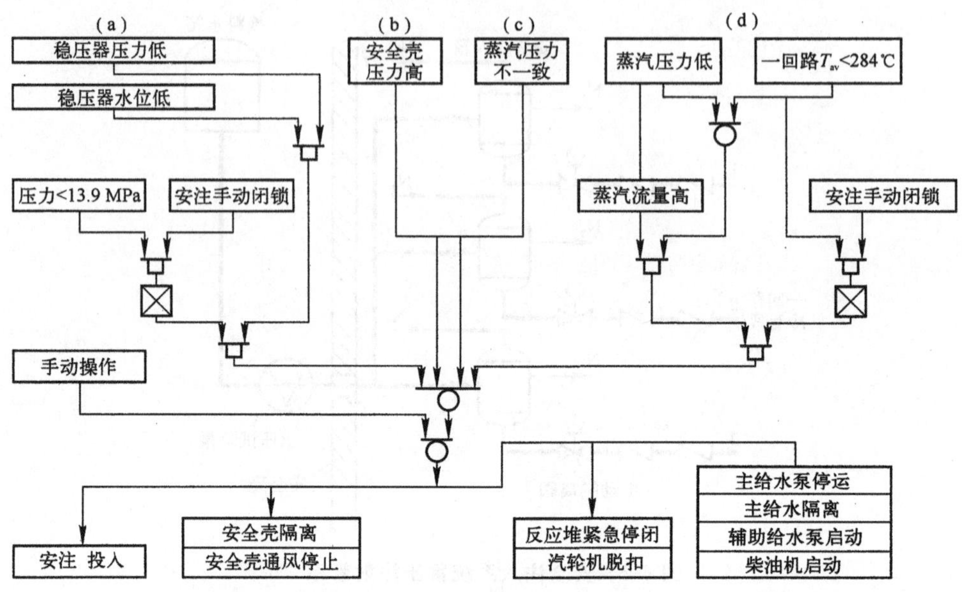

图 6-3 安全注射系统的动作信号

b. 蓄压注射：蓄压注射管系的投运取决于一回路和蓄压箱之间的压力差；

c. 低压注射：在一回路很快降压的情况，低压安全注射管系动作，以确保高压安全注射管系和蓄压安全注射管系功能的连续性。低压安全注射能淹没堆芯。它先以反应堆换料水箱作水源，换料水箱水至低-低水位后由安全壳集水坑的水作接替水源。

在安全注射信号发出的同时，还引起下列自动操作：

a. 反应堆紧急停闭；

b. 安全壳隔离和停止通风；

c. 汽轮机脱扣；

d. 二回路蒸汽发生器正常给水隔离；

e. 辅助给水投入；

f. 应急柴油发电机组启动。

6.1.6 安全注射系统的试验和监测

为了检验高压安全注射泵的运行可靠性，可以将运行的泵（上充泵兼作高压安全注射泵时）和备用泵对调使用。低压安全注射泵可与换料水箱接通，做零流量试验。

对蓄压注射管系，可借助一条试验管路来检查逆止阀的密封性。试验管路上装有压力和流量计，如图 6-4 所示。作 1 号逆止阀的密封性试验时，隔离阀 V_0和 V_2闭锁，V_1打开，如果流量计和压力计有计数，则表明 1 号逆止阀有泄漏，然后进行 2 号逆止阀的密封性试验。

运行时，要对高压注射管系硼注入箱的再循环进行监测，箱内 7 000 μg/g 硼含量的水运行温度应维持在 70 ℃，运行压力为 0.4～0.5 MPa，蓄压注射管系安全注入箱的正常压力为 4.235～4.27 MPa，正常水位是 3.77～3.92 m。

在核电厂正常运行时，安全注射系统的安全功能，是利用一系列定期试验来检验的，主要的周期试验有：

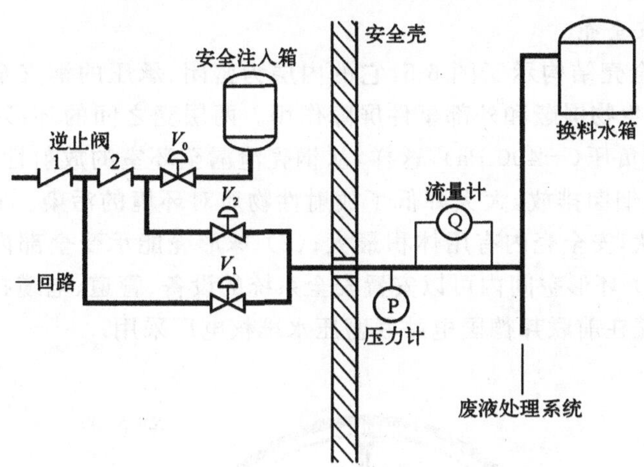

图 6-4　蓄压安全注射管系试验管路

(1) 逆止阀的密封性试验；

(2) 所有泵的启动试验；

(3) 所有泵的人口阀特性试验；

(4) 与安全注射系统相关的人口阀的特性试验；

(5) 所有隔离阀性能试验；

(6) 当安注信号发生时，在 7 000 μg/g 上隔离阀响应及其流量测定试验；

(7) 对不同设备的试验周期有不同的规定。

涉及安全注射的所有设备(阀门，电机)在控制室都有信号装置；安全注射系统的所有运行参数，如压力、温度、流量、水位……在控制室均有显示，超过这些参数的阈值有可能危及设备功能的情况在控制室也有显示。

6.2　安全壳

压水堆核电厂的安全壳内设置了核蒸汽供应系统的大部分系统和设备，即反应堆、一回路主系统和设备、余热排出系统。它的主要功能是：(1) 在发生失水事故或地震时，承受事故产生的内压力，防止堆厂房内放射性物质外逸，以免污染环境。设计准则通常按历史最大地震和失水事故考虑；(2) 保护重要设备，防止受到外部事件(如飞机坠毁)的破坏；(3) 它是放射性物质和外界之间的第三道也是最后一道屏障。因此，在任何情况下都要保证安全壳的完整性，对它特别仔细地设计、建造和监督。

6.2.1　安全壳型式

安全壳的型式，按其材料来分，有用钢板制造的、钢筋混凝土制造的(包括预应力混凝土)以及既用钢板又用钢筋混凝土的等几种；按其性能来分，有干式的和冰冷凝器式的；按结构来分，有单层或双层；还可以按其形状分成球形、圆筒形等。由材料、性能、结构和形状等几方面的组合，结合考虑压水堆核电厂的厂址、输出功率、经济性和安全性等因素，压水堆核电厂具有代表性的安全壳有以下几种型式：

1. 双层球形钢安全壳

双层球形钢安全壳结构示于图 6-5，它的内层为密闭、承压的钢安全壳，外层为钢筋混凝土二次包容壳，起生物屏蔽和外部事件屏障作用。两层壳之间的环形空间内设有负压系统，在事故时可保持负压（－400 Pa），这样，从钢壳泄漏至环室的放射性气体只能经过过滤净化后，方能从排气烟囱排放，大大降低了放射性物质对环境的污染。它的优点是：(1) 具有最经济的几何形状，安全壳内有用体积最大；(2) 球形壳能承受全部内压载荷，不会将其传递给相邻结构；(3) 环形空间内可以安置安全系统的设备、管道、电缆托架系统，这种全压式双层球形钢安全壳在前联邦德国电站联盟压水堆核电厂采用。

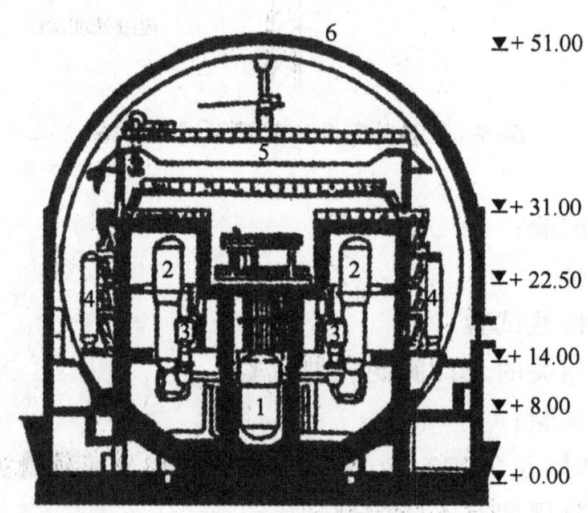

图 6-5　双层球形钢安全壳

1—反应堆；2—蒸汽发生器；3—主循环泵；4—安注箱；5—吊车；6—反应堆厂房（安全壳）

2. 双层圆柱形安全壳

外层钢筋混凝土壳为生物屏蔽层，内层钢壳起承压及密封作用。图 6-7 为美国早期建造的电功率为 800 MW 压水堆核电厂安全壳，直径约 40 m，钢板厚度 38 mm，半球顶、椭球底，二次包容壳为椭球顶盖的圆柱形钢筋混凝土结构，两层壳之间留有 1.5 m 宽的环形空间，环腔内呈负压，从钢壳泄漏至环腔的放射性气体只有经过过滤净化后方能从排气烟囱排放，以降低放射性物质对环境的污染。

3. 预应力混凝土安全壳

带密封钢衬里的单层预应力混凝土安全壳是一座支承在厚的钢筋混凝土筏基上的带穹顶的圆柱形混凝土壳，圆筒壁和穹顶埋有后张预应力钢束，内壁用 6.35～12.70 mm厚的薄钢板焊接成为气密性钢衬里，这种形式的安全壳广泛用于美国、法国、日本的 900～1 300 MW压水堆核电厂中，其结构形式见图 6-6，筒壁为圆柱形，顶盖呈椭球形，一座电功率为 1 000 MW 的压水堆核电厂安全壳，其内径约 40 m，最高处标高约 60 m，基础最低处标高约负 15 m，安全壳总高 75 m，混凝土壁厚约 1 m，其设计限值为：相对压力 0.42 MPa；最高平均温度 145 ℃；在失水事故峰值压力时，安全壳内气体泄漏率低于0.3%/24 h，正常运行时，安全壳内压力维持在 0.098 5～0.106 MPa（绝对压力），平均温度在 45 ℃以下。

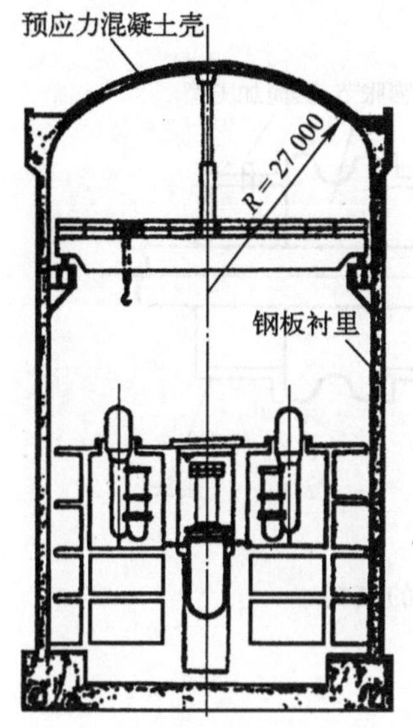

图 6-6　预应力混凝土安全壳

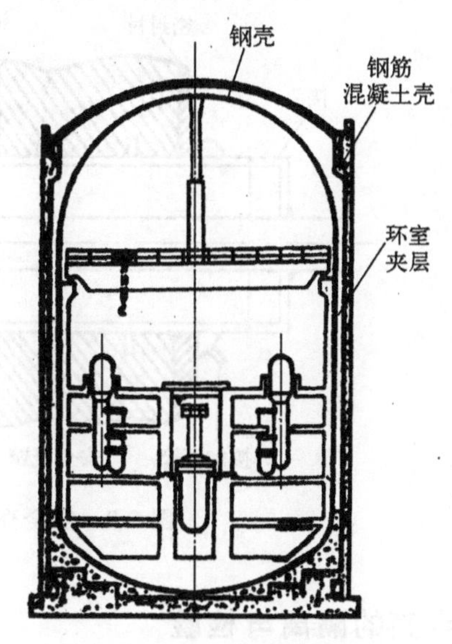

图 6-7　双层圆柱形安全壳

4. 双层预应力混凝土安全壳

单层预应力混凝土安全壳的钢衬一旦破裂，其密封就遭到破坏，因此，从提高安全性方面考虑。有改用双层安全壳的趋向，20 世纪 90 年代初期建造的 1 300 MW 压水堆核电厂均采用这种结构，如图 6-8 所示，其特点是：取消内层预应力安全壳的钢衬里，增加外层二次包容壳，从而降低了安全壳的热应力水平。

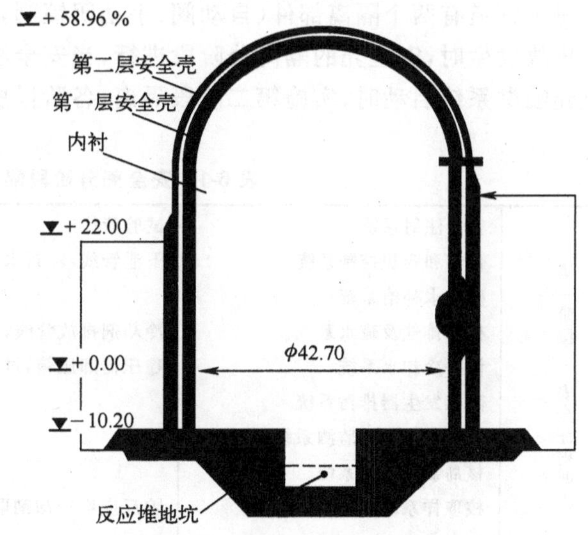

图 6-8　双层预应力混凝土安全壳

6.2.2　安全壳贯穿件

当一回路在加压状态时，除了运行人员进行定期检查外，进入安全壳的设备通道和人员通道都是关闭的。

安全壳留有不同的贯穿通道，如设备入口、管子和电缆套筒、燃料组件运输管道的贯穿孔以及进入空气闸门。为了不使贯穿件处泄漏，均有特殊设计，各种电缆、管道的贯穿件的结构如图 6-9 所示，它是由一个穿过混凝土壁面并锚固在混凝土上的钢套管及两个接头构成。接头保证了套管和穿过安全壳的管道或电缆间的密封连接。

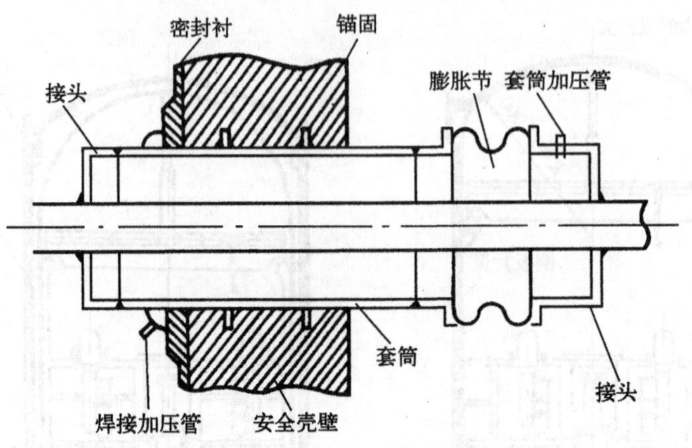

图 6-9　安全壳贯穿件的结构

6.2.3　安全壳的隔离与检验

安全壳隔离系统将安全壳内的系统与安全壳外大气隔离，以防止安全壳内的系统发生故障后可能产生的放射性物质泄漏到安全壳外，或将有故障的系统与其压力源隔离。

每个管道有两个隔离部件(自动阀、手动闭锁阀，或逆止阀)，位于混凝土壁面的两侧。

事故发生时，安全壳的隔离分阶段进行，当安全注射时，对安全壳实施第一阶段隔离，当安全壳喷淋系统启动时，实施第二阶段隔离，各阶段所隔离的系统参见表 6-1。

表 6-1　安全壳分阶段隔离的系统

阶段	系统	管线
第一阶段（安全注射时）	安全注射系统	试验管线
	化学和容积控制系统	下泄管线，轴封水回程管线，和上充管线补水分配管线
	硼和水补给系统	
	核岛排气及疏水系统	冷却剂排放管线，工艺排水管线，地面排水管线，含氧水排放管线
	设备冷却水系统	稳压器卸压箱，过剩下泄热交换器管线
	蒸汽发生器排污系统	
	安全壳内大气监测系统	
	核岛氮气分配系统	
	核取样系统	除反应堆冷却剂取样所需管钱外的所有管线
第二阶段（安全壳喷淋时）	设备冷却水系统	主泵的冷却管线，控制棒驱动机构通风冷却器管线，停堆余热热交换器管线
	核岛冷冻水系统	
	仪表用压缩空气分配系统	
	核取样系统	在第 1 阶段隔离时没有隔离的所有管线

6.2.4　安全壳的附属系统

安全壳的附属系统见表6-2。

表6-2　安全壳的附属系统

系　统	功　用	流程简介
安全壳换气通风系统	反应堆冷停闭时，维持厂房内环境温度，和降低放射性气体浓度，以允许人员进入	依靠核辅助厂房通风系统内的风机和过滤器送风和排风。另备有一台风机用于抽走聚集在核岛排气和疏水系统通风水箱上部的裂变物气体； 设计的换气量为不低于向安全壳内送入每小时一个安全壳体积的换气量
安全壳内大气监测系统	正常运行时净化安全壳内大气，保持安全壳内部压力低于最大值； 事故后运行，进行取样以确定氢浓度；为防止局部氢浓度高，进行氢复合，保证安全	本系统中有保健物理监测分系统，设有三个测点，事故情况下，安装在核辅助厂房烟囱上的放射性辐射监测仪给出信号，保护系统动作； 系统中的氢气复合器由空气压缩机、一台气体加热器，一个反应室，一台冷却器和相应的管道、阀门、仪表等组成。事故后，取样测量安全壳内空气中氢气的体积浓度，当达到1%～3%时，启动氢气复合器
安全壳连续通风系统	在反应堆正常运行期间进行工作，带走反应堆厂房内设备释放出来的热量，以保持适合于设备运行和人员在安全区内工作的环境温度。安全区的最高温度为40 ℃，其他区域的最高温度为55 ℃	本系统有三个容量为50%的通风系统，每个系统中有一台缓冲阻尼器，一台预过滤器，一组冷冻水冷却盘管，一台风机和一个逆风挡板。在正常运行时，三台风机中运行两台，第三台作为备用，在冷停闭时，通常本系统不工作
反应堆堆坑通风系统	反应堆正常功率运行时，本系统工作以维持堆外电离室附近空气的最高温度50 ℃，反应堆支撑环贯穿件的最高温度75 ℃，堆坑混凝土表面最高温度80 ℃	
安全壳泄漏监测系统	维持安全壳的整体完整性和监测安全壳及其部件的泄漏量以保证在正常运行和事故情况下安全壳的屏蔽功能	
安全壳喷淋系统		见6.3节

6.3　安全壳喷淋系统

6.3.1　系统的功能

安全壳喷淋系统的主要作用是当一回路发生破口，或蒸汽管道破裂事故情况下，使安全壳内部温度和压力保持在可以承受的值，以确保安全壳这最后一道屏障的完整性。此外，安全壳喷淋系统还能带走失水事故时散布在安全壳内的裂变产物，如放射性碘；和扑灭反应堆冷停闭时安全壳内发生的火灾（当其他方法无效时）。

安全壳喷淋系统所要排除的热量来自于：(1) 反应堆剩余功率；(2) 一回路构件和流体的显热；(3) 二回路所带的能量；(4) 锆-水反应的能量。

6.3.2　系统的描述

本系统由两条冗余而又相互独立的喷淋泵、两台喷淋水热交换器，一个氢氧化钠贮存箱，以及管道、阀门的系列组成，如图 6-10 所示。每个系列能保证 100％的喷淋功能。两组喷嘴安装在安全壳穹顶下不同高度的两条喷淋环管上，喷淋泵与集水地坑之间有专设的管道相连。

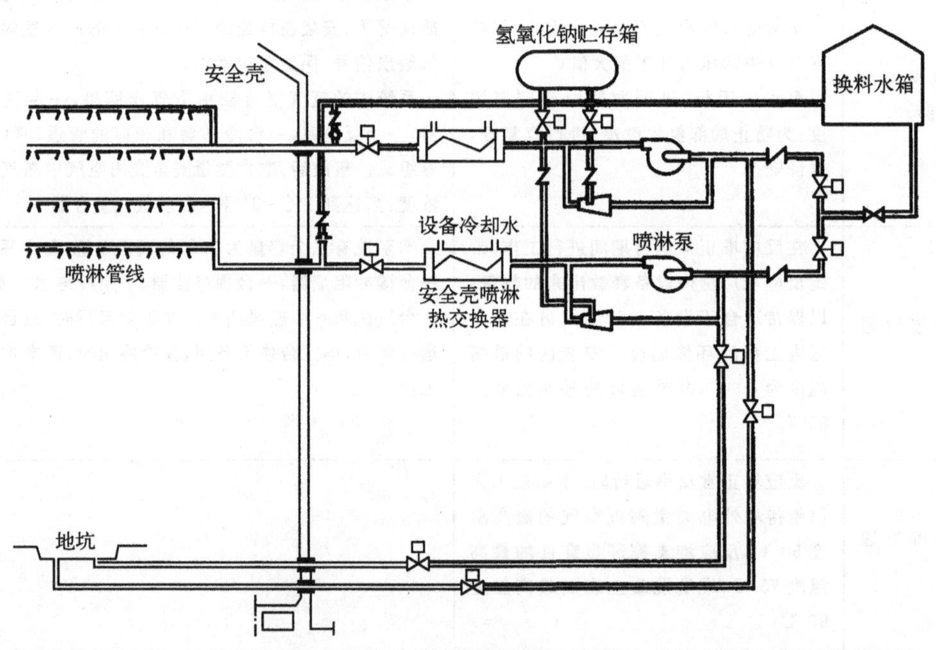

图 6-10　安全壳喷淋系统

在发生失水事故时，当安全壳内出现压力过高信号的最初阶段，安全壳喷淋系统的喷淋隔离阀自动打开，喷淋泵自动启动，把换料水箱中的冷硼水喷入整个安全壳内，使蒸汽凝结，降温降压；稍后阶段，当安全壳地坑水位到达一定值时，在换料水箱低—低水位信号的作用下，切换为从地坑取水，作再循环喷淋。这样，安全壳喷淋系统就能使事故时安全壳的压力和温度保持在维持安全壳的完整性所允许的数值之内。在最初的喷淋水中加有一定量的氢氧化钠，以提高喷淋水的 pH 值，来除去事故发生后散发在空气中对人体危害最大的放射性碘。安全壳喷淋泵应设计成运转时间尽可能长，以去除事故后的余热。在核电厂失电情况下，两条系列分别由不同的且相互独立的应急供电电源供电。

安全壳内设置两个实体隔离和冗余的集水地坑，每一集水地坑的容量足以供应喷淋系统用水。集水地坑应安装在安全壳内最低地面处，入口设有两级过滤系统保护，第一级是防止大碎片的粗滤网，第二级是细滤网，还设置有反飞射物保护，并能防安全停堆地震。

6.3.3 系统的运行

在反应堆功率运行时，安全壳喷淋系统处于停运状态，但应随时可以使用，这时，喷淋泵不工作，化学添加剂隔离阀关闭，喷淋热交换器生水一侧被隔离并处于无水状态，装有并联隔离阀的反应堆换料水箱水回路被关闭。

喷淋信号在下列情况下发出(图 6-11)：

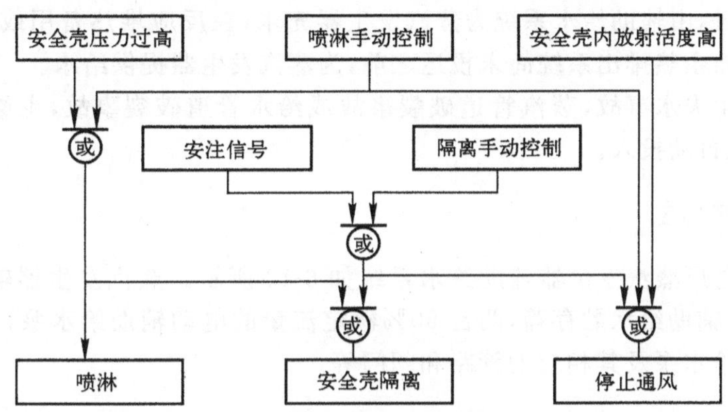

图 6-11 喷淋控制信号

(1) 出现安全壳压力偏高信号(阈值约为 0.26 MPa)，压力由安全壳大气监测系统的 4 个压力探测器测量(2/4 逻辑)；

(2) 从控制室手动操纵。为防止意外的误启动，每条管线应同时揿两个按钮。

在信号“安全壳压力很高”情况下，首先是直接喷淋阶段，并联的隔离阀打开，喷淋泵启动。在换料水箱低—低水位时，加以隔离，并转入再循环喷淋阶段，打开从集水地坑汲水的阀门，在转换到再循环过程中，喷淋泵不应停止，以避免不能重新启动的危险。

安全壳喷淋系统投入后，为了防止因误喷淋而喷入 NaOH 液体，造成巨大的设备更换费用和长期停堆清理造成巨额损失，一般采取延迟 5 min 后添加化学添加剂，但是，这一时间被认为不足以保证避免由于系统的误喷淋而导致 NaOH 对安全壳内设备的喷淋污染，为了进一步减少误喷淋的损失，国际上多数核电厂的设计已将添加 NaOH 的延迟时间增加为 20 min。

对安全壳喷淋系统，应定期作设备运行检验。本系统设有一条试验线路，在作喷淋泵定期试验时，这条试验线路把泵排出的流体送回换料水箱，试验管线还能够检查热交换器和喷射器运转的有效性。除了定期试验时外，试验管线隔离阀通常是关闭的。应定期检验喷嘴，通过注入压缩空气，探测是否阻塞，以确保其良好的工作状态。

化学添加剂溶液要定期检查其均匀程度；对与喷淋系统及安全壳状态有关的参数如压力、温度、氢浓度、放射性活度应作定期测量，以保证在任何时刻均能知道设施的工作状态。

6.4 蒸汽发生器辅助给水系统

6.4.1 系统的功能

蒸汽发生器辅助给水系统是核电厂的专设安全系统之一，用于保证蒸汽发生器的给水，以便维持一个冷源，确保反应堆余热的导出。

在主给水系统失效或故障的情况下，辅助给水系统向蒸汽发生器提供给水。

反应堆启动时，由辅助给水系统为蒸汽发生器充水；在反应堆热备用或热停闭状态时，或反应堆冷停闭而余热排出系统尚未投运之前，为蒸汽发生器提供给水。

当核电厂发生失水事故，蒸汽管道破裂事故或给水管道破裂事故，主给水系统被切除时，辅助给水系统自动投入。

6.4.2 系统的描述

900 MW 核电厂蒸汽发生器辅助给水系统如 6-12 所示。蒸汽发生器辅助给水系统的主要设备是：一个辅助给水贮存箱，两台 50%额定流量的电动辅助给水泵，一台 100%额定流量的汽动辅助给水泵及其相应的管路和阀门等。

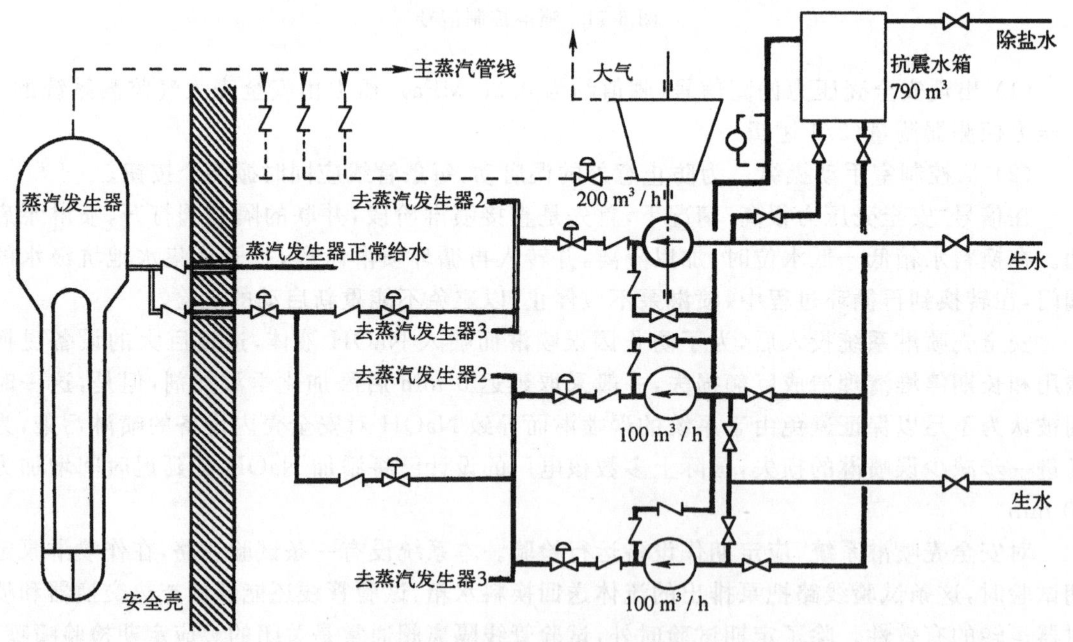

图 6-12 蒸汽发生器辅助给水系统

由于蒸汽发生器辅助给水系统是核电厂的专设安全设施，这就要求该系统必须具有两个主要特性：设备的冗余或多重性；以及在反应堆正常运行期间系统中所有设备均可随时投入运行。在系统设计中上述特性是以下列方式来实现的。

1. 水源 辅助给水贮存箱有足够大的有效容积，900 MW 核电厂辅助给水贮存箱有效容积为790 m^3，它是根据停堆后6 h内带走反应堆余热和运行主泵热量，把一回路系统冷却至177 ℃的要求而设计的。水箱的上部空间充有略高于大气压的氮气，以避免空气进入使水再次氧化，当水箱出现低压时，氮气自动进气阀自动打开，压力如继续下降，将引起真空阀打开；当水箱超过正常压力时，首先自动排气阀将自动打开，压力如继续增加，将引起安全阀打开。在正常情况下，给水贮存箱要保持高水位，水位可通过主控室水位计监测，主控室设有水位过高或过低报警信号。

辅助给水贮存箱由二回路凝结水抽取系统供水。如两个机组的凝结水抽取泵及除氧器均无法运行，由常规岛除盐水分配系统未除氧的去离子水补充；在应急情况下，辅助给水系统电动及汽动给水泵也可直接从消防水分配系统抽水。

2. 辅助给水泵 在有氮气覆盖的辅助给水贮存箱的除盐、除氧水，由两个冗余系列的辅助给水泵送往每台蒸汽发生器。一个系列由两台50%容量、水冷却的电动辅助给水泵组成，另一系列有一台100%额定流量的汽动辅助给水泵，汽动辅助给水泵是由在反应堆厂房外主蒸汽管道隔离阀上游处抽出的蒸汽来驱动的，蒸汽供应可得到保证。系统的布置应使系统中两个系列之间互相隔离，两台电动辅助给水泵安置在同一房间，电动辅助给水泵的轴线与汽动辅助给水泵的轴线垂直，以免互相受到来自对方飞射物的影响。

6.4.3 系统的运行

在核电厂正常运行期间，辅助给水系统处于热备用状态。但是，蒸汽发生器辅助给水系统的两台电动给水泵和一台汽动给水泵（其启动条件见图6-13）都必须处于备用状态时，才允许反应堆启动。

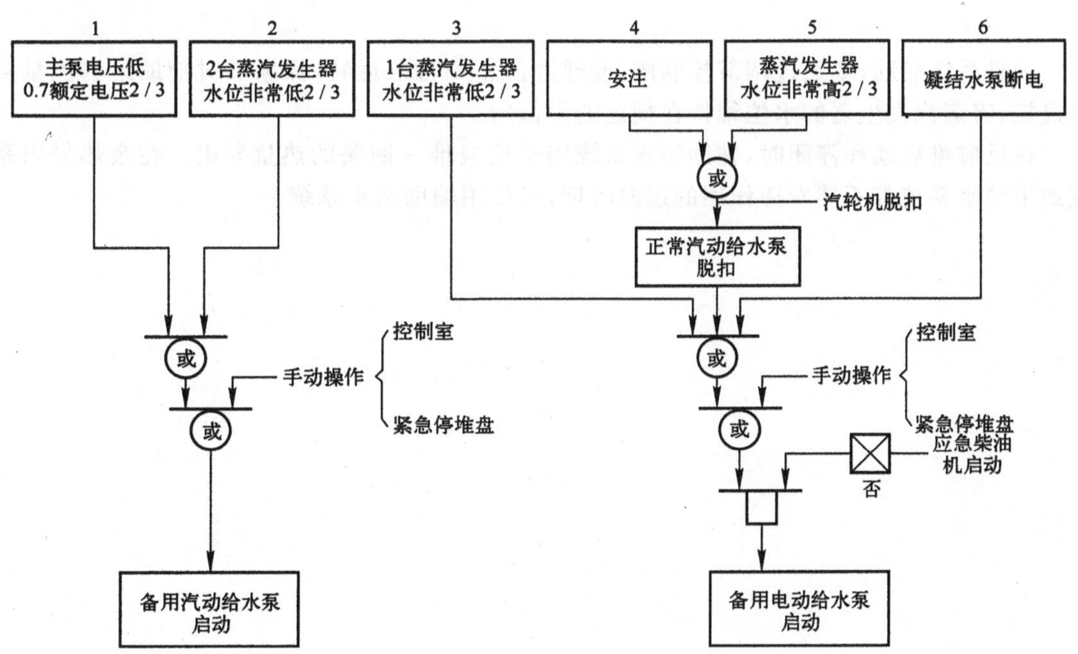

图6-13 汽动给水泵和电动给水泵的启动条件

辅助给水系统在接到反应堆保护系统的信号时或自动启动，或在程序操作的情况下手动启动，见表 6-3。

在直接或间接引起一台或一台以上蒸汽发生器的主给水断失的事故情况下，泵自动启动。启动信号由反应堆保护系统发出，根据事故情况，或只启动电动泵，或电动泵和汽动泵一起被启动。在任何情况下，都要保持辅助给水的流动，以免蒸汽发生器二次侧烧干，以及水从稳压器流失。

表 6-3 辅助给水系统自动启动情况表

情　况	电动辅助给水泵(2 台)	汽动辅助给水泵
1. 主给水泵断路	×	
2. 1 台蒸汽发生器高一高水位 1 台蒸汽发生器高一高水位(2/4)引起汽轮机脱扣，反应堆紧急停闭 关闭给水流量调节系统的主阀(延迟) 关闭给水流量调节系统的旁路阀(延迟) 自动停止主电动给水泵和汽动给水泵的运转	0	
3. 任何一台蒸汽发生器(2/4)的低-低水位同时发生低给水流量	×	×
4. 任何一台蒸汽发生器(2/4)的低-低水位	×	×
5. 反应堆一回路泵(2/3 环路)低转速		×
6. 冷凝水抽取泵母线低压	×	
7. 安全注射	×	
8. 低给水流量(2/3)，同时功率超过整定值	××	××

注：×——直接启动；0——间接启动，正常给水泵断供给水后启动；××——接到未能紧急停堆的预期瞬态信号启动。

一旦系统启动，或通过调节控制阀，或通过停止一台泵运转，操纵员对辅助给水流量可以遥控，将蒸汽发生器的水位维持在规定的限值内。

在反应堆启动和停闭时，辅助给水系统用于反应堆一回路的热量导出。在余热排出系统或主给水系统都不能发挥作用的过渡时期，可使用辅助给水系统。

第7章　压水堆核电厂的控制、保护和检测系统

压水堆核电厂的控制、保护和检测系统，由以下部分组成：

1. 压水堆堆外检测系统；
2. 压水堆堆内检测系统；
3. 压水堆控制调节系统；
4. 压水堆保护系统。

以上是一回路的控制保护和检测系统。压水堆核电厂二回路的控制保护系统有一部分包括在一回路的控制保护系统中(如功率调节、蒸汽排放)，其余的与常规火电厂基本相同。

7.1　压水堆堆外检测系统

压水堆堆外检测系统包括堆外核测量系统和热工参数测量系统。

7.1.1　堆外中子注量率测量

堆外核测量系统的主要功能是：

1. 连续监测反应堆功率(功率变化及功率分布)，对测得的各种模拟信号加以显示记录。在反应堆装料、启动、停闭及功率运行时给操纵员提供反应堆内中子注量率的信息；
2. 监测反应堆径向功率倾斜和轴向功率偏差；
3. 向反应堆功率调节系统，反应堆保护系统提供中子功率信号，当中子注量率高、中子注量率变化率高时，触发反应堆紧急停闭。

压水堆启动时，中子注量率的变化范围很大，从启动时功率至满功率时中子注量率变化可大到6至12个数量级。因此，如果只用一种探测器来覆盖所需要的整个测量范围，往往是很困难的，通常把所需测量范围分成几段，分别配以适当的核测量通道加以测定，一般分成源量程测量通道、中间量程测量通道和功率量程测量通道三段，各个测量通道所测定的范围见图7-1，从图上可以看出，各个量程之间的衔接至少重叠一个数量级，以保证控制和保护的连续性，各个量程测量通道通常选用的探测器及仪表组成见表7-1。

表7-1　压水堆堆外核测量系统的组成

	源量程测量通道	中间量程测量通道	功率量程测量通道
探测器灵敏度	硼正比计数管 8 c$(n\cdot cm^{-2}\cdot s^{-1})$	硼补偿电离室 $8\times10^{-14}A/(n\cdot cm^{-2}\cdot s^{-1})$	长电离室 $2.3\times10^{-14}A/(n\cdot cm^{-2}\cdot s^{-1})$
探测器量程	$10^{-1}\sim2\times10^{5}(n\cdot cm^{-2}\cdot s^{-1})$	$2\times10^{2}\sim5\times10^{10}(n\cdot cm^{2}\cdot s^{-1})$	$5\times10^{2}\sim5\times10^{10}(n\cdot cm^{-2}\cdot s^{-1})$

续表

	源量程测量通道	中间量程测量通道	功率量程测量通道
显示仪表量程	$1\sim10^{7}$ c/s	$10^{-11}\sim10^{-3}$ A	$0\sim120\%\ P_n$ $0\sim200\%\ P_n$
仪表	电源 100～300 V	电源 100～1 500 V	电源 100～1 000 V
	线性放大器 音响放大器 计数器 计数率计 周期计 计算机 逻辑输出	0～250 V 前置放大器 周期计 对数功率表 记录器 计算机 逻辑输出	直流放大器 线性功率表 指示记录器 计算机 逻辑输出

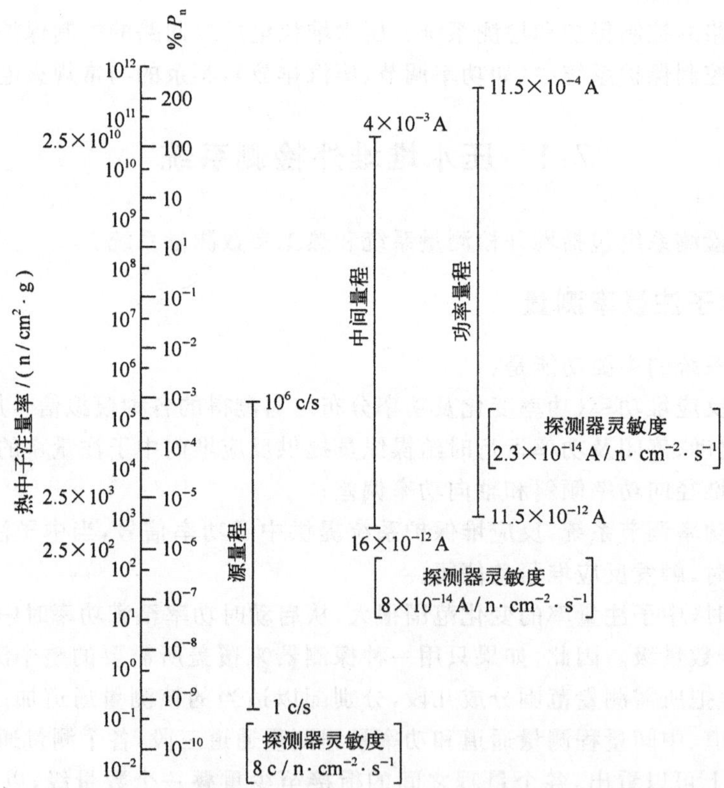

图 7-1　堆外核测量系统三个测量通道的测量范围

堆外核测量系统由 8 个独立的测量通道组成：2 个源量程测量通道，2 个中间量程测量通道和 4 个功率量程测量通道。此外，还有 3 个辅助测量通道：声-光计数率通道、功率比较通道和功率分布监测通道。

反应堆压力容器周围有 8 个沿对角线方向布置的仪表孔道（图 7-2）。在堆芯两侧的 2 个孔道中，每个孔道装有一个源量程探测器和一个中间量程探测器，四个对角线上的每个孔

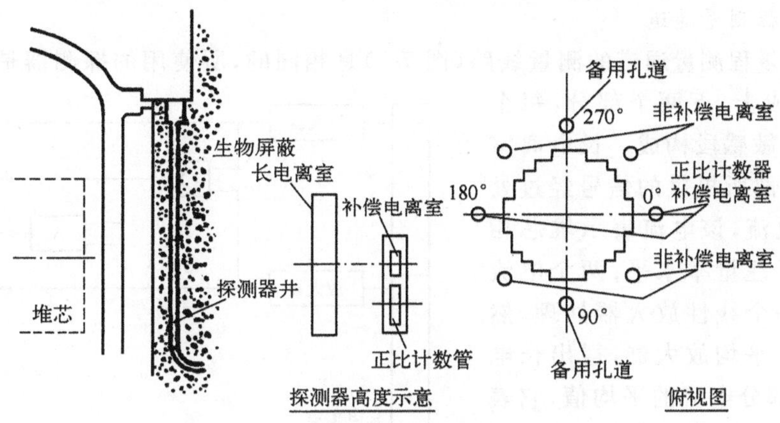

图 7-2　堆外核测量系统探测器布置

道中装有一个功率量程测量通道的长电离室，其余两个孔道留作备用。中子注量测量信号通过电缆传送到位于控制室的四只独立电子仪表柜，加以处理和显示。

1. 源量程测量通道

源量程测量通道线路框图如图 7-3 所示。每一测量通道配备一个涂硼正比计数管。中子和硼-10 进行的反应产生的锂离子和 α 粒子在气体中产生次级电离，所以可以在强的 γ 场中进行中子探测。探测器所产生的脉冲经放大器改善信号——噪声比的处理，然后再经对数放大器的甄别和整形，给出每秒的脉冲计数称为计数率，它表示探测器所在位置处的中子注量率，通过周期计可显示中子注量率的倍增时间。输出信号可作为模拟量和逻辑量，模拟量送到指示仪表和自动记录仪，逻辑量用于启动报警装置或反应堆保护系统。此外，电流脉冲还被送到视听计数线路，给出计数率的音响指示。

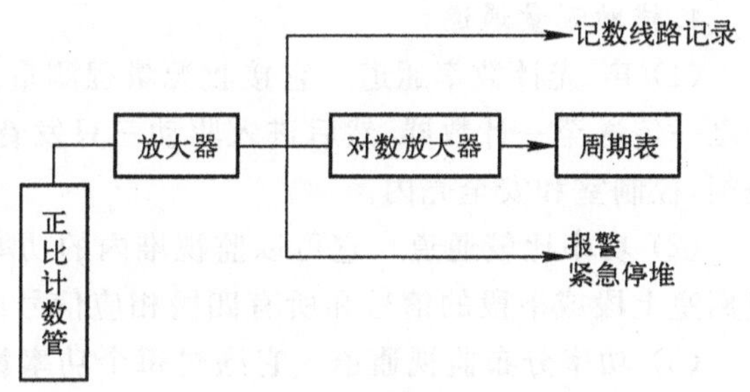

图 7-3　源量程测量通道线路框图

2. 中间量程测量通道

中间量程测量通道(图 7-4)所采用的中子探测器是涂硼补偿电离室，它由两个同轴的圆柱形电离室组成，一个电离室是涂硼的，对中子和 γ 射线敏感，产生电离电流 I_n+I_γ，另一个是不涂硼的，只对 γ 射线敏感，产生电离电流 I_γ，在电流线路中经反向连接后，获得的是中子电离电流。

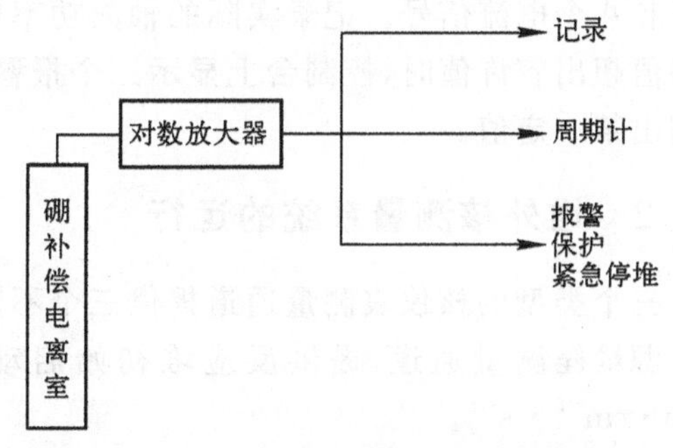

图 7-4　中间量程测量通道线路框图

中间量程测量通道的信号处理线路与源量程测量通道的相同，所产生的信号与输入电流成正比。

3. 功率量程测量通道

四个功率量程测量通道的测量线路(图 7-5)是相同的,所使用的探测器是非补偿长电离室,它可分成上、下两个部分,每个部分又由 3 个敏感段构成。长电离室上半部和下半部所提供的信号经过处理产生一个电流,该电流表示堆芯相应部分的中子注量率水平;两个电流都分别经过一个线性放大器处理,然后输入到一个平均放大器,得出长电离室上、下两部分电流的平均值,它表示探测器所在高度的总的注量率水平,也即相应的功率水平。表示相对功率的输出信号供给:指示仪表和自动记录仪,反应堆保护系统、对比线路、功率分布监测线路、反应性测量仪和控制棒系统的功率不平衡监视线路(后两项均由功率量程测量通道 4 提供)。

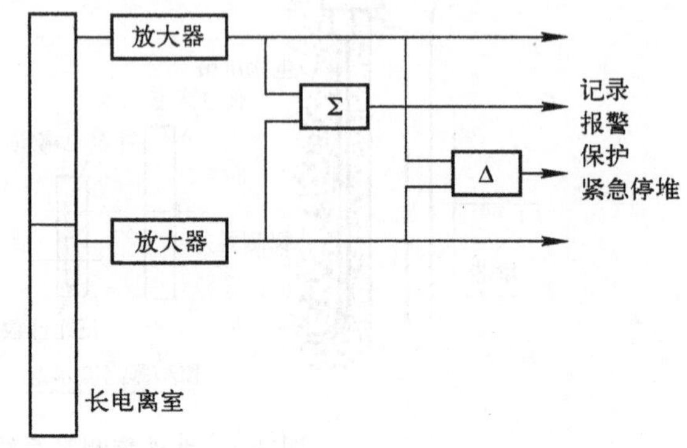

图 7-5 功率量程测量通道的线路框图

4. 辅助测量通道

(1) 声-光计数率通道 它接收源量程测量通道的信号,来自两个源量程测量通道的信号之一传送至一计数器,然后进入驱动三只发音装置的放大器。三只发音装置分别装于仪表柜,控制室和安全壳内。

(2) 功率比较通道 它可以监视堆内的功率分布的径向不平衡情况。一个比较通道将电离室上段或下段的信号和所有四段相应信号的对数平均值进行比较。

(3) 功率分布监视通道 它通过每个功率量程通道所产生的信号监视堆内中子注量率的分布,即监视堆芯的功率分布。

功率分布监测通道接收每一功率量程通道长电离室上段和下段输送的四个平均注量率信号和八个电流信号。记录实际的轴向功率偏差与轴向功率偏差参数值之间的差值;当这个差值超出容许值时,控制台上显示三个报警信号,表示几个功率量程测量通道内的通量密度超出某一定值。

7.1.2 堆外核测量系统的运行

三个类型的核仪表测量通道提供三个不同的安全级别:

源量程测量通道,提供反应堆初始启动,停闭期间中子注量率测量,范围从 10^{-1} ~ 10^{5} $n \cdot cm^{-2} \cdot s^{-1}$。

中间量程测量通道,提供冗余的注量率测量,范围约从 2.5×10^{2}~2.5×10^{10} $n \cdot cm^{-2} \cdot s^{-1}$。

功率量程测量通道,提供堆芯上部和下部的注量率测量,其实际测量注量率范围约从 2×10^{7}~5×10^{10} $n \cdot cm^{-2} \cdot s^{-1}$。

三个量程测量通道测量范围的部分重叠可保证反应堆从源量程级别,中间量程级别一直升到功率量程级别运行时的检测和控制,每个测量量程在其运行范围内一旦发生反应堆超功率时,信号触发反应堆紧急停闭。此外,各功率量程测量通道还对测出的各个注量率值进行比较,一旦发生径向功率倾斜或轴向功率偏差超出其基准值时,会触发报警。

各量程测量通道发生故障(包括失电)时,必须导致安全动作。在遇地震时仍应能完成它的保护功能。

中子注量率监测在控制室进行,反应堆瞬时和连续运行时需要的信息在控制台上分组显示。当发生控制室不可居留的情况时,为了监测注量率,可从控制室外紧急停堆控制盘上观察源量程计数率指示。

系统应作定期测试和校准,以能迅速发现故障。每一次反应堆停闭时允许进行可能的调整和检修。在系统测试和调整时,控制室内的报警被隔离。

7.1.3　堆外热工参数测量系统

热工测量系统用于指示并记录核电厂启动、运行和停闭过程中必须监督的温度、压力、流量和液位等参数。

一回路压力是通过稳压器上的三个压力测量线路得到的。这个压力测量值提供给压力调节系统以及保护系统。

稳压器水位可测量参考水柱与稳压器的水—蒸汽柱之间的压差而得到。水位测量值也用于控制调节系统和某些保护系统。

为了确定主泵运行是否良好,重要的是要测量每个环路上的流量,测量元件是一个毕托管,可通过在一回路弯管处测定流体的动压而得到其测量结果。流量剧降将触发反应堆紧急停闭。

热工参数测量仪表以常规仪表为主,在测点布置上采用调节保护和指示系统相互独立的原则,对于重要参数单独配有指示表、记录仪;次要参数利用切换开关合用一个表计;一般参数采用小型巡回监测仪等处理方法,达到多测点、少表计、运行中便于监视的要求。

7.2　压水堆堆内检测系统

压水堆堆内检测系统由热中子注量率测量系统、温度测量系统和压力容器液位监测系统组成,热中子注量率测量系统的任务是测量堆芯注量率分布,积累燃耗数据,以制定最佳换料方案和监测可能发生的功率分布振荡;温度测量系统的任务是测量有代表性燃料组件出口处的冷却剂水温,及时了解堆内有否发生超温或体积沸腾的情况,为计算烧毁比提供数据;同时根据所测定的活性区注量率分布及出口温度分布;校核堆芯热功率不均匀系数及热管因子。

压力容器液位监测系统用于事故中和事故后向操纵员提供明确和可靠的数据,监测反应堆压力容器内液位和压差,以减少操纵员误判断的可能性。

7.2.1　堆内中子注量率测量

早期的一种压水堆堆内中子注量率测量是用活化测量方法。由球体注量率测量系统用气体压力将金属小球(直径约 1.6 mm)从堆芯上部送入各个燃料组件的导向管中,所有小球在堆芯同时辐照数分钟后送到堆外,由探测器测量其活性,测量一遍约需数小时,有的国家压水堆现在还继续采用这种方法。

目前广泛应用的是裂变室中子注量率测量系统。图 7-6 是一个用于 900 MW 级压水堆堆芯检测系统的小型裂变室,它可在压水堆活性区内不锈钢导管内移动,裂变室直径

4.70 mm、长 27 mm，电极上涂有铀-235，充有氩气，用 Al_2O_3 绝缘。小型裂变室由直径为1 mm的同轴电缆引出，因裂变室与长 3.6 m 的燃料元件棒相比很小，它在堆芯内移动时，所引起的注量率畸变可忽略不计。

裂变室对中子的灵敏度为 $10^{-17}\pm15\%$ $A/(n\cdot cm^{-2}\cdot s^{-1})$，它的测量范围是 $10^{9}\sim1.4\times10^{14}n/(cm^{2}\cdot s)$。

图 7-7 是一个用于 900 MW 级压水堆核电厂堆芯检测系统的布置图。

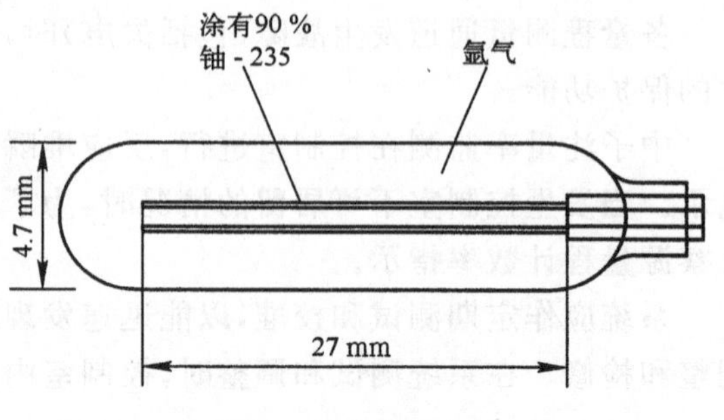

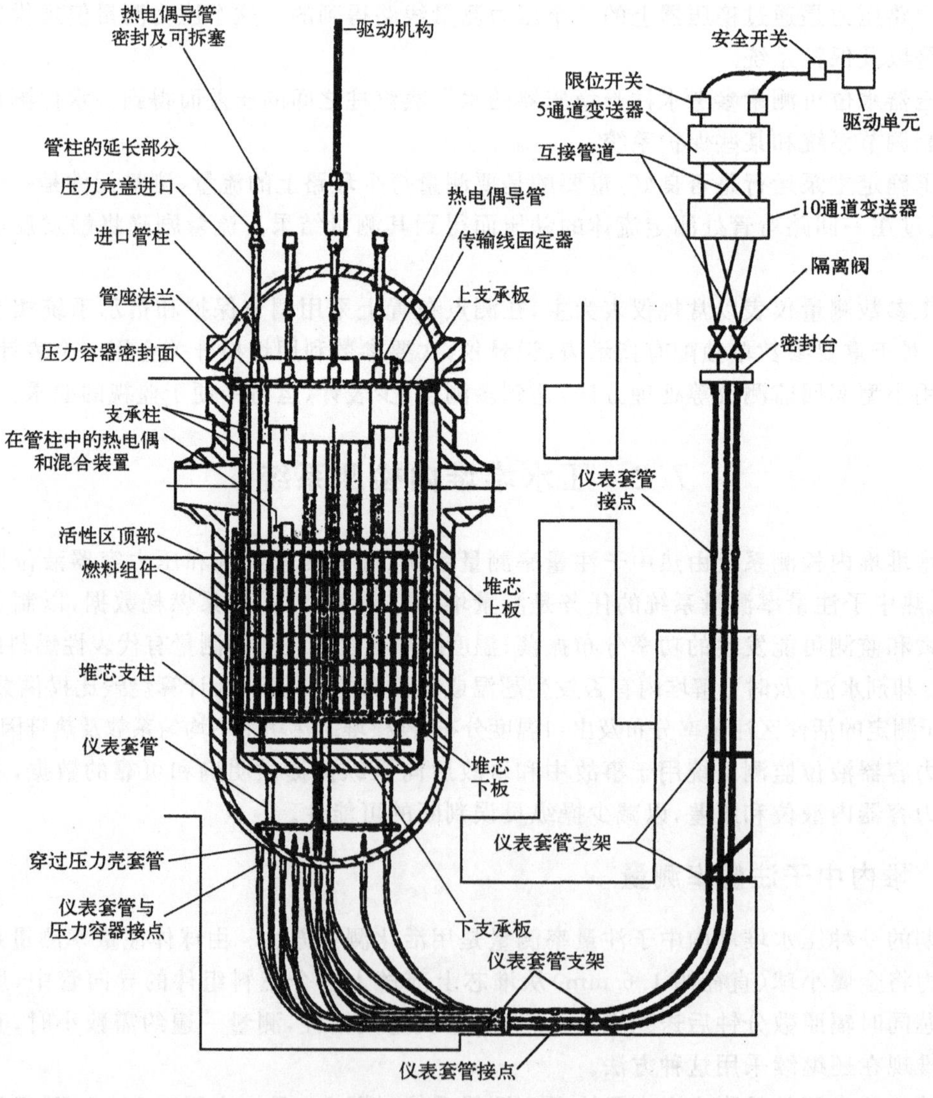

图 7-6　小型裂变室

图 7-7　堆内中子注量率检测系统

探测器通过一个遥测装置在套管内移动，套管在某些燃料组件中央的导向管内穿过压力容器底部。在停堆更换燃料期间，它们可以撤出堆外。它们的走向从里向外，依次为：燃料组件中央的导向管内，压力容器下部的堆内构件中的导向管内，和堆外的弯曲的导向管内。堆内中子通量检测系统配备有 5 个裂变室，每个裂变室连接一根柔性电缆。这 5 个裂变室可以测得 50 个燃料组件中的中子注量率。测点的选择可通过控制台进行，即在控制台上通过机电控制选择器将裂变室引向所选定的燃料组件。控制系统由 5 个组选择器，5 个通道组选择器，5 个通道选择器组件组成；裂变室的移动通过一个操作部件来实现，用这个操作部件可以伸展或缠绕遥测电缆，参见图 7-7。

控制台的设计方案允许跟踪探测器的移动和辨别探测器在堆芯的位置，随着裂变室在堆芯的移动过程，也就完成了中子注量密度的自动记录，测量一次所需的时间约为 10 min，测量工作可以编成程序自动进行，也可以手动操作，见图 7-8。

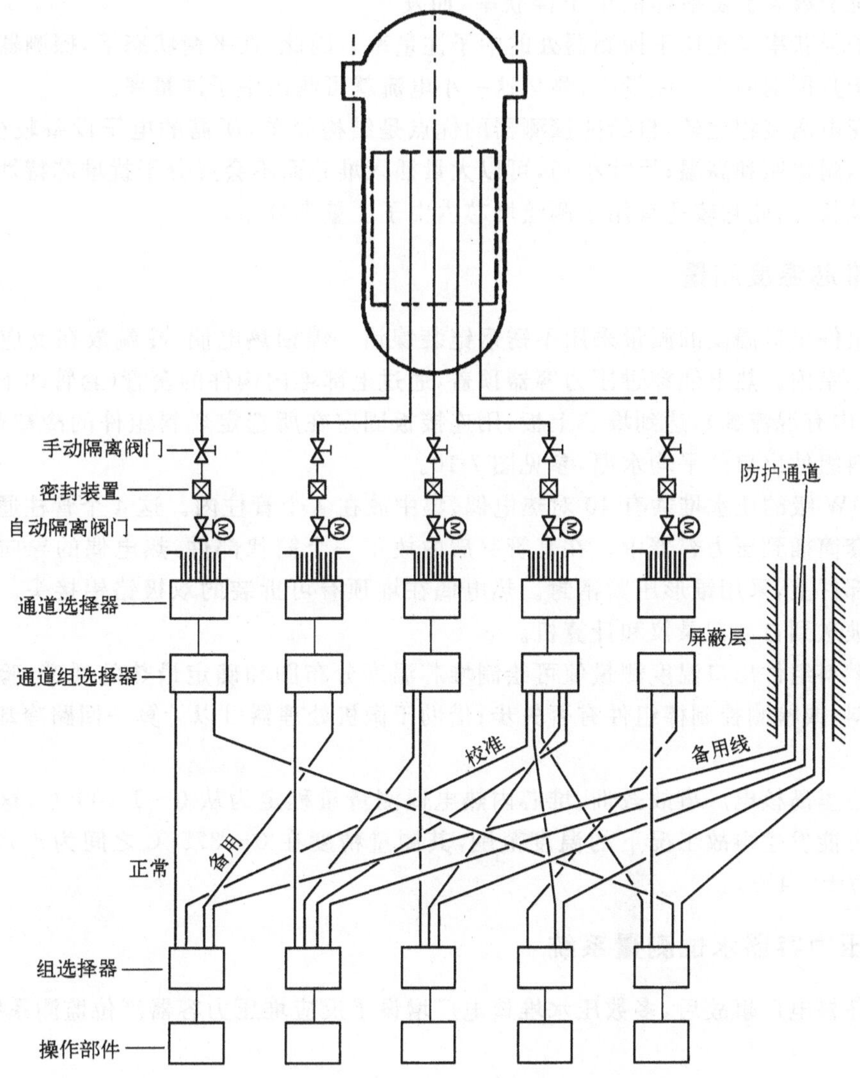

图 7-8　堆内中子注量率检测系统的传动装置

近年来，有一些压水堆的堆芯通量测量系统开始采用较先进的自给能探测器。这类探测器受到辐照时，它的电极由于发射荷能电子而产生正电荷，因此，它不需要任何外加电源。自给能探测器的主要工作机制又可分作三种：(1) 基于(n,β)反应的β流探测器；(2)基于(n,γ)反应的内转换中子探测器；(3)自给能γ探测器(受γ辐射后发射康普顿电子和光电子)。

β流自给能探测器的基本原理如图 7-9 所示。当探测器在中子场中受辐照时，其发射体吸收中子后放出高能β粒子。β粒子以一定概率逃脱发射体并穿越绝缘体，空间电荷电势峰被收集体收集，这样发射体带正电，探测器输出一小电流，在平衡状态下，探测器发射体单位时间衰变放出的β粒子数等于发射体的中子俘获率，而发射体的中子俘获率又正比于探测器处的中子注量率。因此，在平衡状态下，探测器输出的小电流正比于其周围的中子注量率，测量这一小电流就可测出中子注量率。

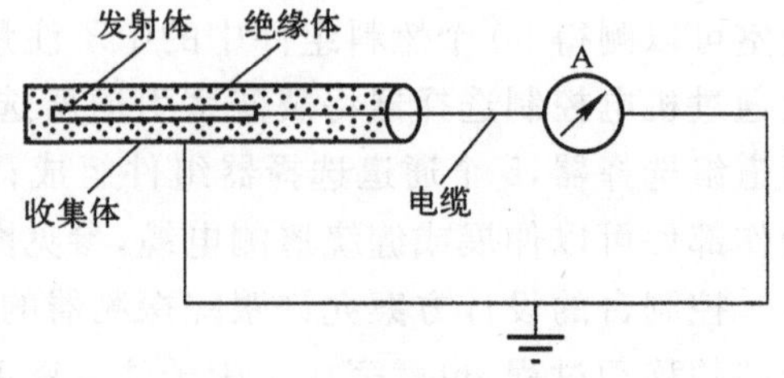

图 7-9　自给能探测器原理图

和裂变电离室相比较，自给能探测器的优点是结构简单，所需的电子设备较少；易于安装，寿命长，耐辐照和高温；尺寸小巧，可以大量插入堆芯而不会过分干扰堆芯特性。但它的响应时间较长，因此它较适宜用于测绘堆芯内中子注量率分布。

7.2.2　堆芯温度测量

燃料组件出口温度的测量采用不锈钢铠装镍铬—镍铝热电偶，冷端放在反应堆堆坑外面的补偿小室内。热电偶穿过压力容器顶盖，通过上部堆内构件的套管(套管的下端焊在堆芯上板上，内有混流翼)，达到堆芯上板，用连接板固定在所选定燃料组件的冷却剂出口处，以测定燃料组件出口的平均水温，参见图 7-10。

900 MW 级的压水堆共有 40 对热电偶，集中放在 4 个管柱内。这 4 个管柱通过压力容器顶盖的套筒插到压力容器中。在套管突肩内放了一个筒状部件，热电偶的导向套管就在这个筒状部件上，采用锥形压紧密封。热电偶在堆顶有可拆装的双极铬铝接头。所采集的测量信号被送到自动记录仪和计算机。

根据燃料组件出口温度测量值可绘制堆芯温度分布图和确定最热的通道，验证径向功率有否倾斜，或检测控制棒组件有否失步；借助于微机处理器可以计算一回路冷却剂的过冷度。

吸取三里岛核电厂事故教训，堆芯内热电偶测量量程定为从 0～1 200 ℃，这个量程覆盖了各种可能发生事故工况下的温度范围，其测量精度在 0～375 ℃之间为±10 ℃，大于 375 ℃时为±0.4%。

7.2.3　压力容器水位测量系统

三里岛核电厂事故后，多数压水堆核电厂增设了反应堆压力容器液位监测系统，它的主要功能是：

1. 压水堆发生失水事故时监测堆芯再淹没情况；

2. 在正常充、排水时，观察堆内充水情况；

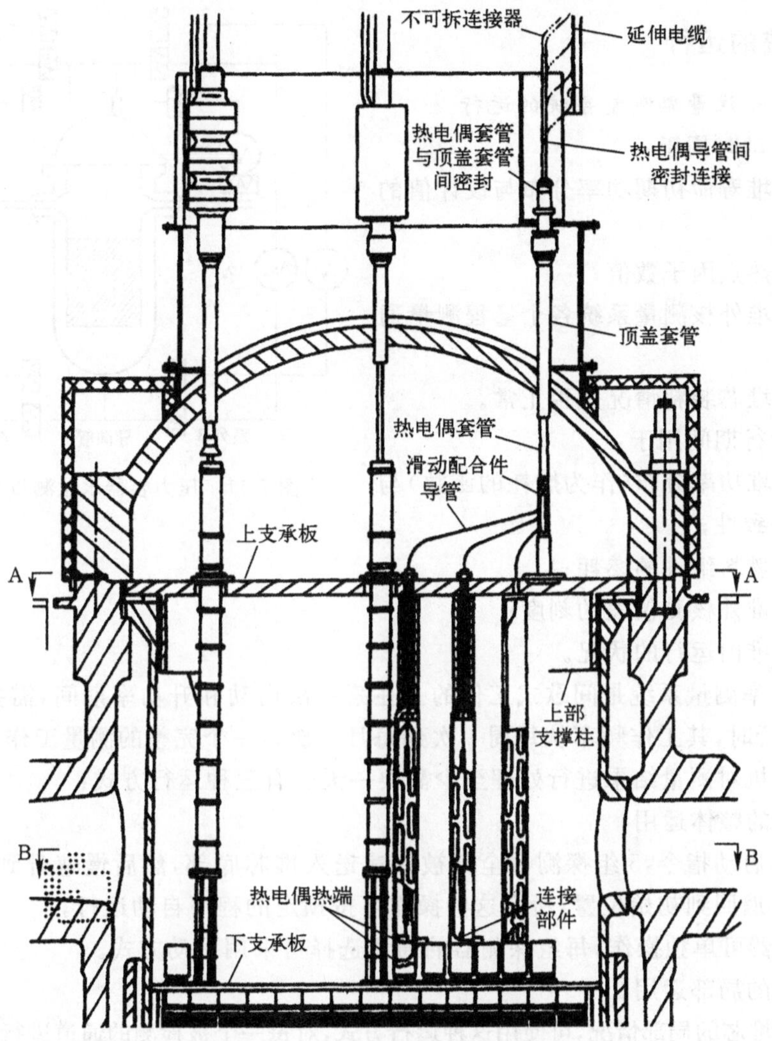

图 7-10　堆芯上部热电偶布置图

3. 当主泵开动时，监测堆芯压差。

压力容器水位测量系统（其原理图见图 7-11）由差压测量设备、信号传送及转换设备、数据处理设备及显示设备组成。它主要用于失水事故，故按可靠性要求，分系列 A 和系列 B 双重配置。

该系统共采用 6 台差压计、每列 3 台：窄量程差压计 1 台，宽量程差压计 1 台，参考差压计 1 台。宽、窄量程差压计的取压点有 3 个，一个在压力容器的顶部，两个在堆芯仪表密封组件处。来自差压计的模拟电流信号转换为模拟电压信号后送往堆芯冷却剂监测系统。在主控室安全监督盘上设有压差显示表（模拟表）用来显示主泵开动时堆芯内压差，水位显示表（数据表）用来显示主泵不开动时压力容器水位。另外，设有低水位、低—低水位警报灯。

7.2.4 系统的运行

1. 堆内中子注量率测量系统的运行

在定期启动时用于：

(1) 检查堆寿命初期功率分布与设计值的一致性；

(2) 验证热点因子数值；

(3) 校准堆外核测量系统各个量程测量通道测量值；

(4) 监测堆芯装料情况是否正常。

在正常运行期间用于：

(1) 检查堆功率分布(作为燃耗的函数)与设计计算的一致性；

(2) 监测燃料组件的燃耗；

(3) 校核堆外核测仪表的刻度；

(4) 监测堆内运行的状况。

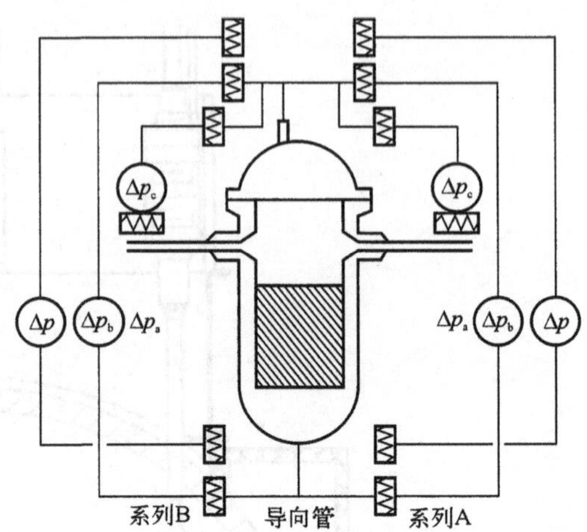

图 7-11 压力容器水位测量系统原理

中子注量率测量系统是间歇式工作的。在第一次启动和升功率期间，需要频繁地进行测量，正常运行时，其工作频率从每周一次到每月一次。一个完整的测量工作的持续时间为 2.5 h，用计算机对测量结果进行处理至少需要一天。有三种运行方式：

(1) 系统的整体运用

一旦给出启动指令，5 组探测器全部被快速送入堆芯底部，然后慢速升到堆芯顶部，同时完成测量后返回到初始位置，所有这些操作可按预定的程序自动运行。

5 组探测器可单独操作，每组探测器的通道选择可采用手动方式。

(2) 系统的局部运用

为了检测堆芯的局部情况，可使用这种运行方式，对每一个被检测的通道进行重复操作。

(3) 手动操作

全部操作，改变探测器的移动速度和方向，或测量通道的选择都手动进行。

在一个探测器或一个组选择器的操作单元有故障的情况下，其余 4 个探测器中任何一个可担当起检测任务。此外，在每次测量工作开始时，5 个探测器先后被引入一个参考测量通道中，对它们的测量结果作校核。当中子注量率测量系统不工作时，5 个探测器均被送入一根生物屏蔽层内的钢管内贮存。

2. 堆芯温度测量系统的运行

它是连续运行的，其测量值被送到控制室堆芯仪表系统控制盘的自动记录仪上。每台自动记录仪有 20 条通道，每个热电偶通过各自的开关可与它所对应的自动记录仪相连或断开。

3. 压力容器液位监测系统的运行

压力容器中差压 Δp 与水位 h 的关系由下式可得

$$h=\frac{\Delta p-\rho_y gH}{(\rho_L-\rho_v)g}$$

Δp 是压力容器顶部与底部之间测出的总压差，为堆内水位静压力加冷却剂泵运行引起的动压力，修正测量值时应考虑管内流体重量及环境条件。

由堆芯欠热度监测，及从一回路压力获得蒸汽密度 ρ_V，从而定出压力容器内饱和温度 T_{SAT}。

水的密度 ρ_L 是由一回路的压力和温度计算得出来的，压力则与计算蒸汽密度时取同一值，而温度则取决于温度范围和一回路泵的状态。

在出口温度低于 400 ℃时，用饱和温度、出口温度（两个热电偶）和一回路平均温度中的最低值；在出口温度高于 400 ℃（1 200 ℃量程）时，则用饱和温度。

7.3　压水堆控制调节系统

典型的压水堆控制调节系统如图 7-12 所示，它包括：功率调节系统、冷却剂平均温度调节系统、稳压器压力调节系统、稳压器水位控制系统、蒸汽发生器水位控制系统和蒸汽排放控制系统等，它们的作用是在压水堆稳态运行时维持核电厂的重要参数，使核电厂的输出功率维持在规定的范围内。在核电厂正常运行瞬态工况，例如发生±10%额定功率的阶跃负荷变化或 5%额定功率/min 线性功率上升或下降时，应不引起反应堆停闭、稳压器卸压或蒸汽排放。并且，根据电网的要求和运行上的需要，能保证操作的灵活性，除了在 10%额定功率以下控制棒处于手动操作外，在任何负荷水平压水堆控制调节系统都能投入自动运行，或切换至手动。

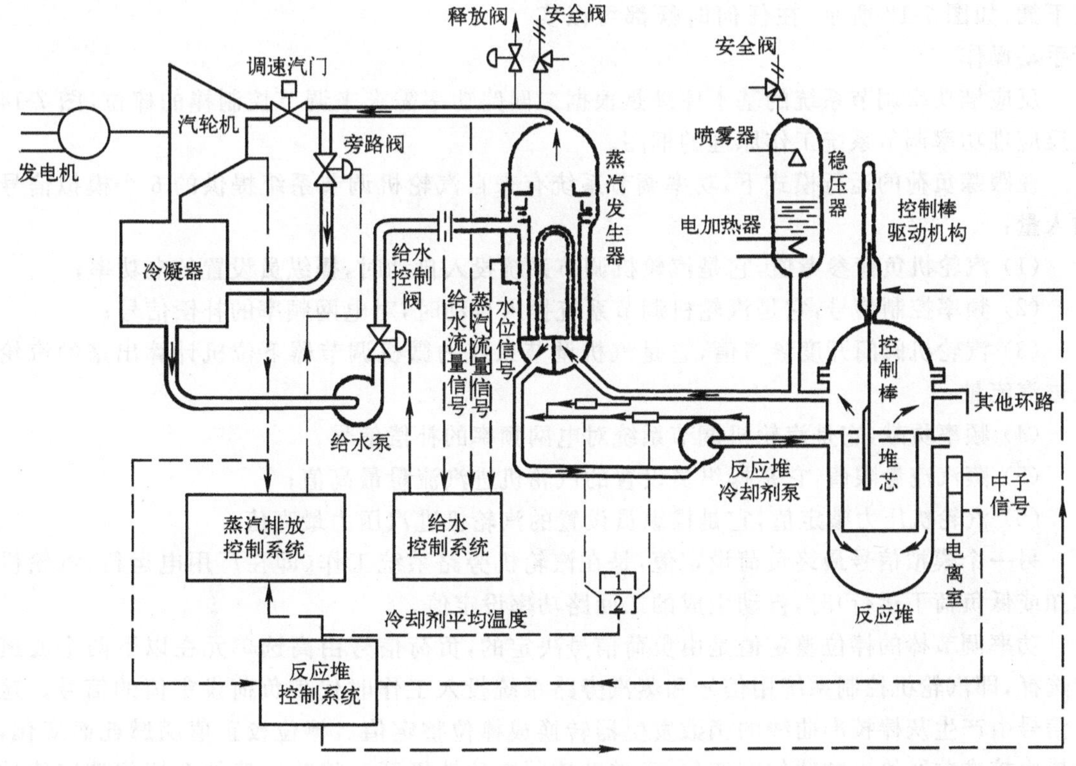

图 7-12　典型的压水堆控制调节系统

7.3.1 功率调节系统

反应堆运行控制就是使反应堆堆芯产生的热功率适应于在蒸汽发生器中所吸收的功率，如果这两种功率相等并恒定，这时反应堆的反应性等于零。

反应堆靠调节反应性来控制反应堆功率。对因燃耗、氙毒等效应引起的慢的反应性变化，用调节一回路中冷却剂硼浓度来补偿；对于反应性的快变化，则由功率调节系统调节控制棒的位置来补偿。

反应堆功率调节系统有手动和自动两种工作方式。手动操作用于反应堆的启动、停闭和10%～100%额定功率范围内的运行；自动操作用于15%～100%额定功率范围内的反应堆运行。

以运行灵活性比较好的G运行模式为例，它采用数组灰棒组来补偿在负荷跟踪中堆功率变化的反应性效应；并另设独立的R调节棒组，对冷却剂平均温度进行控制，对堆内反应性快变化进行微调。全部功率控制棒分为四组，其中，G1有4个棒束组件；G2，N1和N2各有8个棒束组件。每个组又可分为两个分组，以此求得每步运动引起一个较小的反应性增量变化。在自动控制时，四个组按预定的程序提升或下插，如图7-13所示，在任何时候都可以实行手动操作。

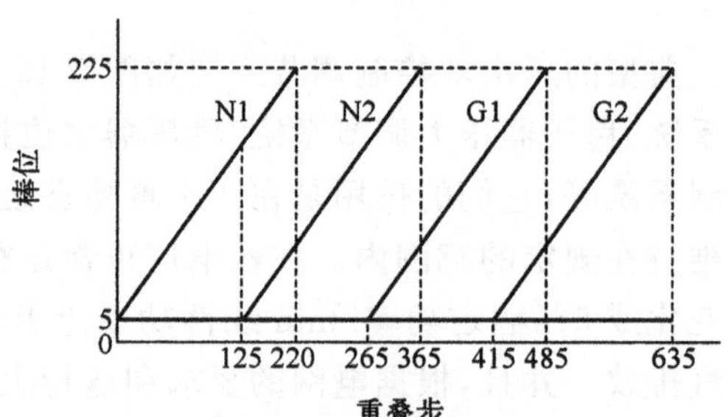

图7-13 压水堆控制棒组提升和下插顺序(G模式)

反应堆功率调节系统的基本原理是根据二回路功率需求来调节控制棒的棒位，图7-14是反应堆功率调节系统工作原理的框图。

在跟踪负荷的运行模式下，功率调节系统有来自汽轮机调节系统提供的6个模拟信号输入量：

(1) 汽轮机负荷参考值，它是汽轮机调节系统投入自动时，操纵员设置的电功率；

(2) 频率控制信号，它是汽轮机调节系统投入自动时，对电网频率的补偿信号；

(3) 汽轮机阀门开度参考值，它是汽机调节系统的微机调节器下位机计算出来的汽轮机进汽流量；

(4) 频率贡献，它是汽轮机调节系统对电网频率的补偿信号；

(5) 蒸汽流量限值，它是操纵员设置的汽轮机进汽流量最高值；

(6) 汽轮机压力整定值，它是操纵员设置的汽轮机进汽压力最高值。

另一个模拟信号最终负荷设定值，是在汽轮机旁路系统工作(即在厂用电运行、汽轮机脱扣或低负荷下运行)时，自动生成的二回路功率设定值。

功率调节棒的棒位整定值是由负荷信号决定的，负荷信号由高选单元在以下两个通道中选择，即汽轮机控制系统用信号和蒸汽旁路系统投入工作时代表负荷设定值的信号。这个信号由产生灰棒校准曲线的函数发生器转换成棒位整定值。棒位校正值随燃耗而变化，如果由校准曲线给出的棒位有变化，可借助控制室的选择开关将改正值加在棒位整定值的函数发生器之前，改正值可调，但不能小于零，以防止功率调节棒过分下插。

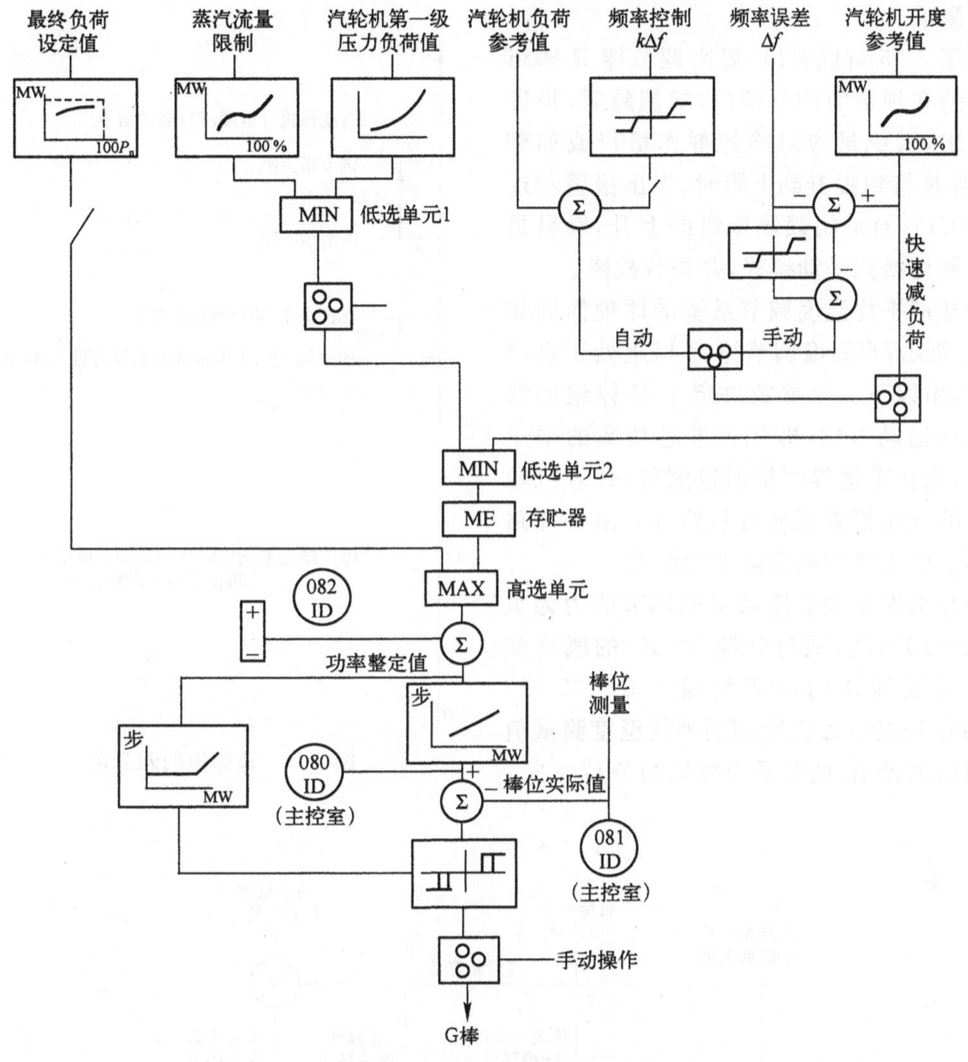

图 7-14　反应堆功率调节系统工作原理

代表功率调节棒实际棒位(见图 7-13)的叠步计数器的输出信号经滤波后在比较环节中比较,由其产生棒速和棒位信号,即一个速度信号和两个逻辑信号(一个为提升,一个为下插)。

棒组 G1,G2,N1 和 N2 重叠插入堆芯深度是需求功率水平的函数,在满功率下,所有棒组都抽出。

7.3.2　冷却剂平均温度调节系统

冷却剂平均温度调节系统对独立的温度调节棒组 R 进行微调来调节冷却剂平均温度。R 棒是黑体棒,具有较大的反应性价值,当功率调节棒中的灰棒受其移动速度的限制而不能进行控制时,可用 R 棒组辅助灰棒进行调节。

R 棒组只限于在堆芯上部的一个调节带内移动,当超出调节带时,应调节冷却剂硼浓度使 R 棒组回到调节带内,见图 7-15。所以,R 棒组移动时,对堆芯内轴向功率分布不会产生明显的影响。

从图 7-15 可以看出，温度调节棒 R 棒组必须保持在规定的调节带内，如超越时，报警信号发出，操纵员应对冷却剂作稀释或加硼操作；当 R 棒组提升到上限时，发出报警和连锁信号 C11，自动闭锁该棒组的上升，操纵员应将控制切换到手动模式，并查找故障。

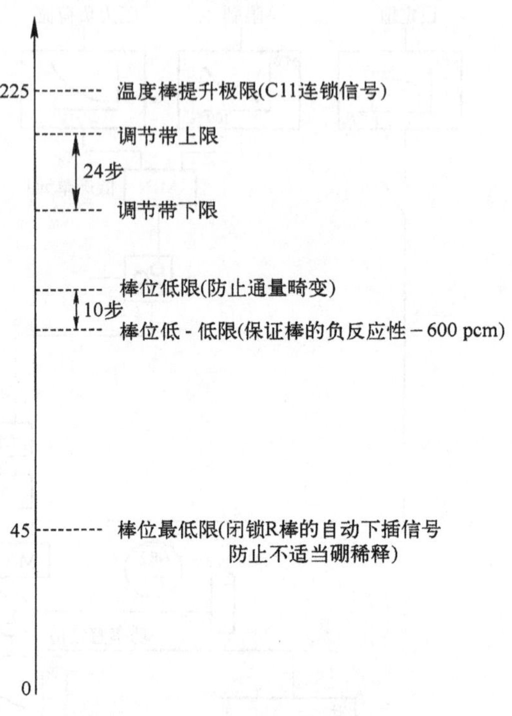

图 7-15　R 棒组的调节带

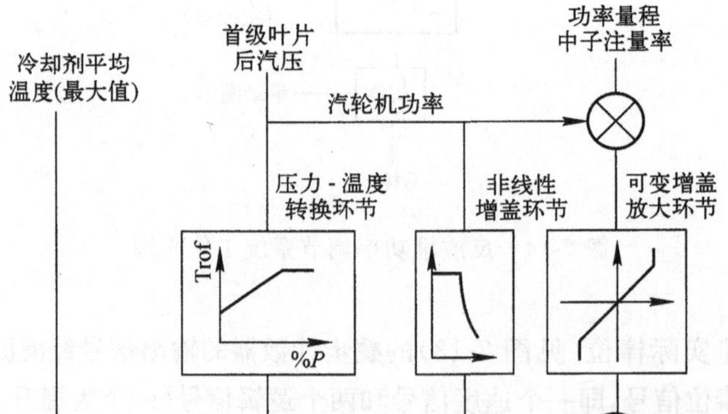

冷却剂平均温度调节系统的原理简图如图 7-16 所示，当温度调节棒 R 棒组处于自动位置时，由以下三个参数决定了 R 棒组的移动速度和运动方向，即代表堆芯功率的中子注量率，由功率量程测量通道测得；代表汽轮机功率的汽轮机首级叶片后汽压；由各环路测得的反应堆冷却剂实际平均温度。

冷却剂温度调节棒 R 棒的调节能力为负荷阶跃$\pm10\%P_n$，或每分钟 $5\%P_n$ 的线性变化。R 棒组棒速的可调范围为 6～72 步/min，棒速与温差 ΔT（冷却剂平均温度测量值与整定值之差值）的关系曲线见图 7-17。

图 7-16　冷却剂平均温度调节系统原理图

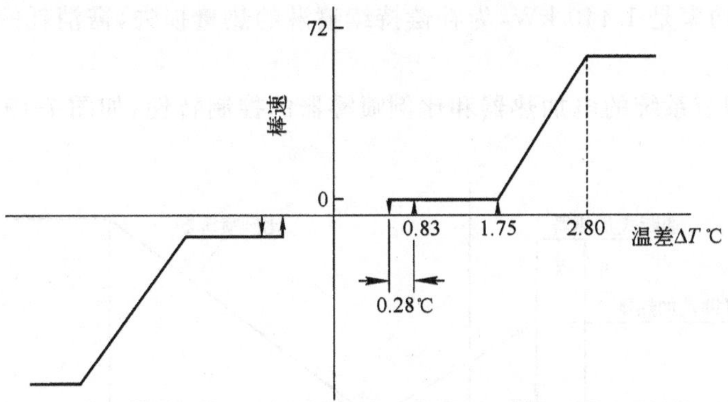

图 7-17　R 棒组棒速与温差关系曲线

7.3.3　稳压器压力调节系统

一回路的压力通过稳压器的水一蒸汽平衡状态来保持。这个平衡状态由设在稳压器水空间内电加热器的加热和设在稳压器顶部的喷雾器、安全阀组的冷却加以控制。调节原理图如图 7-18 所示，根据所测得的压差，调节装置产生下列操作：在压力低于压力整定点时启动加热器；一回路压力高于整定点时启动喷淋系统。

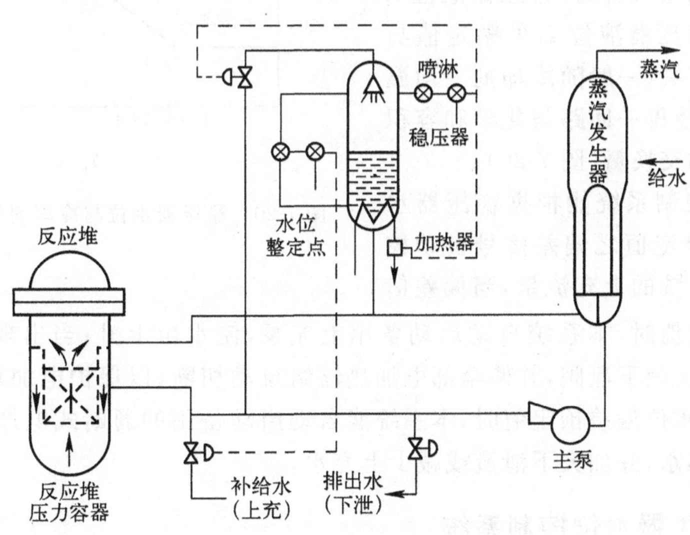

图 7-18　一回路压力调节原理

900 MW 级压水堆核电厂压力整定点恒定为 15.5 MPa，当稳压器压力升高时，稳压器实际压力和压力整定值之差给出偏差信号，经调节器控制喷雾器，系统因喷雾使蒸汽凝结而降压；当稳压器压力上升很大，喷淋系统不能将压力控制住时，按设计要求，第一个安全阀组打开，将蒸汽排放到卸压箱，如仍不能稳压时，将打开另外两个安全阀组，向卸压箱排放。在正常运行情况下，有一股很小的 3.8 L/min 持续喷淋流量，可使稳压器水和一回路冷却剂的含硼浓度保持一致。当一回路系统压力太低时，调节装置启动加热器，使水加热汽化而升压，加热装置的总功率是 1 440 kW，为补偿持续喷淋的热量损失，需消耗的持续加热功率约 100 kW。

稳压器压力调节系统的电加热器和比例喷雾器的控制特性，如图 7-19 所示。

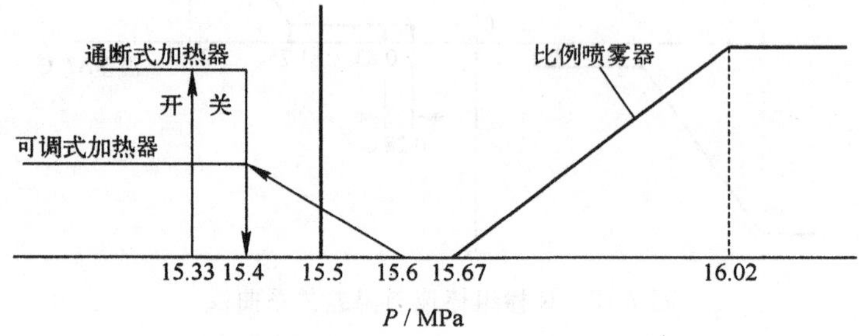

图 7-19　稳压器压力调节系统的控制特性

7.3.4　稳压器水位控制系统

压水堆冷却剂的容积随着温度而改变，因此也与负荷的变化有关，压水堆冷却剂的容积是用化学和容积控制系统来调节的，特别是利用容积控制箱，以保持稳压器液位 L 在给定范围内。稳压器液位 L 的整定值与冷却剂平均温度有关，一般随冷却剂平均温度的增加而增加，使得一回路与化学和容积控制系统有最小的交换量（图 7-20）。

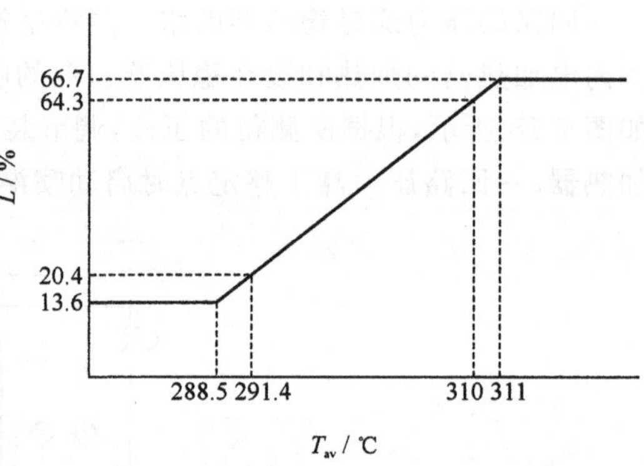

图 7-20　稳压器水位与冷却剂平均温度关系

稳压器水位控制系统能根据稳压器水位与稳压器水位整定值之偏差信号自动控制化学容积控制系统的上充流量，当偏差信号达到低水位预定值时，本系统自动启动备用上充泵，使水位上升；当出现低-低水位信号后，本系统能立即关闭下泄阀，并使全部电加热器组自动切断，以保护电加热器电阻丝不致烧毁；而当达到高水位偏差预定值时，本系统能自动启动备用的通断式电加热器组，以加热流入稳压器的欠热水，并加大下泄流或减少上充水。

7.3.5　蒸汽发生器水位控制系统

蒸汽发生器的水位，是指蒸汽发生器壳体和管束围板之间的环形区内的水位。在管束围板内部是汽水混合物，没有清楚的两相分界面，管束间的水位难以确定。

蒸汽发生器水位取决于反应堆冷却剂温度、蒸汽流量、给水温度和给水流量。当冷却剂平均温度增加时，引起传送到二回路热量增加，在短时间内，由于汽水混合物膨胀，引起水位上升，而后，由于蒸汽流量增加，水位下降。

核电厂正常运行时，蒸汽发生器必须要保持正常的水位。若水位过高，将导致流向汽轮机的蒸汽湿度过大，有可能损坏汽轮机叶片，或造成阀门带水操作；若水位过低，即二次侧水量过少，会引起一回路的冷却不充分。

蒸汽发生器的水位测量有宽量程和窄量程两种，宽量程测量反映出蒸汽发生器内总水量的变化，不用于控制目的；窄量程测量代表了实际水位，用于蒸汽发生器的水位调节。

蒸汽发生器水位控制系统原理见图7-21。这是一个三单元调节线路，根据给水流量、蒸汽流量和蒸汽发生器水位三个要素控制主给水控制阀(或调节主给水泵转速)。水位是要调节的参数，水位整定值由代表负荷大小的汽轮机高压缸第一级叶轮后的压力确定。水位测量值与水位整定值间的偏差信号通过一个随负荷可变放大系数的放大器(可变放大系数根据给水温度建立)，然后送到一个比例、积分、微分调节器(PID)，与一个扰动量—给水流量与蒸汽流量差值作比较，出来的信号通过一个比例、积分调节器(PI)，再通过手动—自动控制器控制主调节阀。当蒸汽发生器水位异常升高时，主调节阀及旁路给水控制阀全部关闭；若蒸汽发生器水位异常降低，反应堆自动停闭，并自动启动辅助给水泵；另外，在低负荷时，可手动或自动使用旁路给水控制阀控制蒸汽发生器水位。

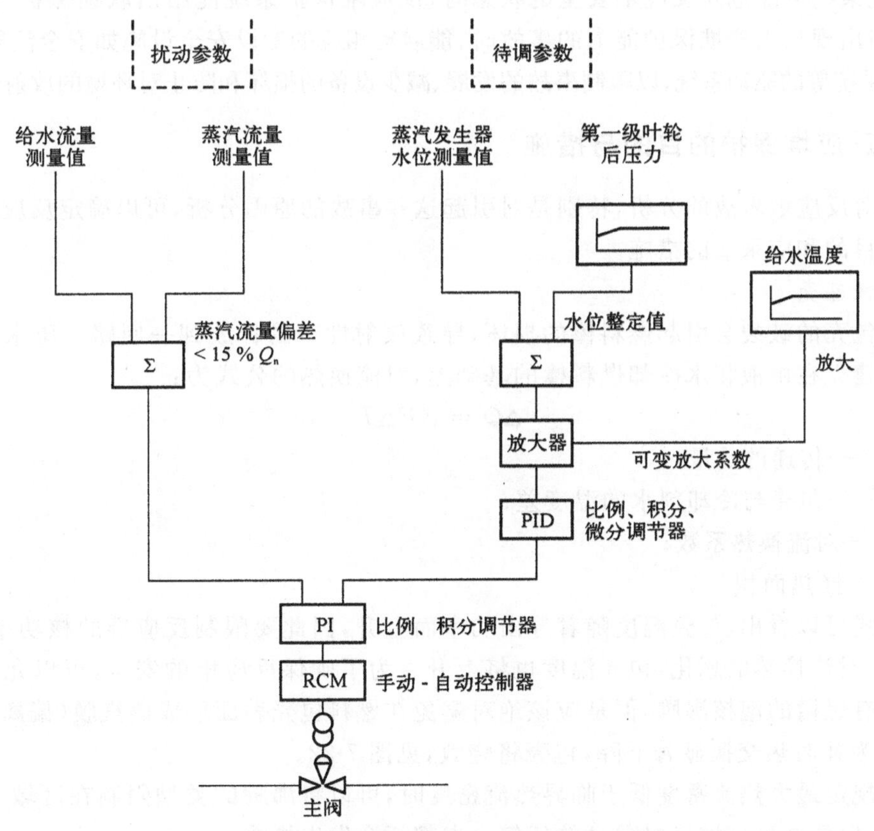

图7-21　蒸汽发生器水位的调节原理

7.3.6　蒸汽排放控制系统

压水堆核电厂运行时，当负荷突然降低(汽轮机甩负荷)时，需依靠蒸汽排放系统将过剩蒸汽排向凝汽器。蒸汽排放系统中旁路阀的开启取决于反应堆冷却剂平均温度和参考温度之差值，旁路阀开启的数量和速率取决于运行状态以及降负荷的幅度；如凝汽器不能用时，蒸汽则向大气排放。蒸汽排放控制系统的具体介绍，见4.4节。

7.4 压水堆保护系统

压水堆保护系统的设计和组成是以反应堆事故分析为依据。在反应堆运行过程中，由于设备故障或运行人员误操作，引起反应堆的功率、温度、压力等重要参数发生异常变化时，反应堆保护系统能根据对异常状态的监测和异常变化的危害程度，执行保护动作，防止损坏压力容器、一回路管道和安全壳等设备，在任何情况下能确保堆芯不致烧毁，保证核电厂的安全。

当反应堆运行参数出现异常，但还不至于危及反应堆安全时，为使核电厂继续运行，反应堆保护系统可发出报警信号或提供必要的校正措施，如控制棒组件的停棒（启动时），反插降功率运行，使反应堆恢复正常运行状态，当保护参数超过了设计极限值时，能自动快速停堆；当出现某些可能危及反应堆安全的状态时，反应堆保护系统能给出联锁保护，防止系统误动作；当出现超出停堆保护能力的事故时，能启动相应的专设安全设施如安全注射系统、安全壳喷淋系统等的驱动系统，以限制事故的发展、减少设备的损坏和防止对环境的放射性污染。

7.4.1 反应堆保护的目的与措施

通过对反应堆事故的分析，特别是对引起这些事故的原因分析，可以确定反应堆保护系统保护的目的和应采取的措施。

1. 燃料包壳

燃料包壳的破裂会引起燃料棒的损坏，导致放射性产物释放到一回路。压水堆堆芯传热的原理建立在由液相水冷却燃料棒的基础上，对流换热的公式为：

$$\Delta Q = KF\Delta T \tag{7-1}$$

式中，ΔQ——传递的热量；

ΔT——包壳与冷却剂水的温度差；

K——对流换热系数；

F——换热面积。

由上式可以看出，包壳温度随着导出功率而上升，因此要限制反应堆的核功率；而在功率恒定时，对流换热的恶化，包壳温度也将上升。为了确保反应堆的安全，可以允许反应堆的某些点有轻微的泡核沸腾，但是应该绝对避免在燃料包壳表面形成蒸汽膜（偏离泡核沸腾DNB），因为此时热交换显著下降，包壳将烧毁，见图7-22。

如果规定最大热流密度低于临界热流密度时，可以将沸腾的类型限制在区域A的那种泡核沸腾，以便在反应堆燃料包壳的任何一点都不会发生烧毁。

2. 一回路

要避免的事故是因为应力过度增大造成的破裂，这些应力可能在一回路压力高或温度快速变化下产生。另外，中子注量率的快速变化，也将引起温度的快速变化。

3. 安全壳

当一回路管道断裂，冷却剂大量泄放，将使安全壳内部压力上升，这也是应避免的事故。所以，保护一回路的所有措施也保护安全壳。

此外，安全壳还受到压水堆专设安全设施之一——安全注射系统的保护，而安全注射系统将自安全保护系统提供的信号而启动，并同时触发反应堆紧急停闭。

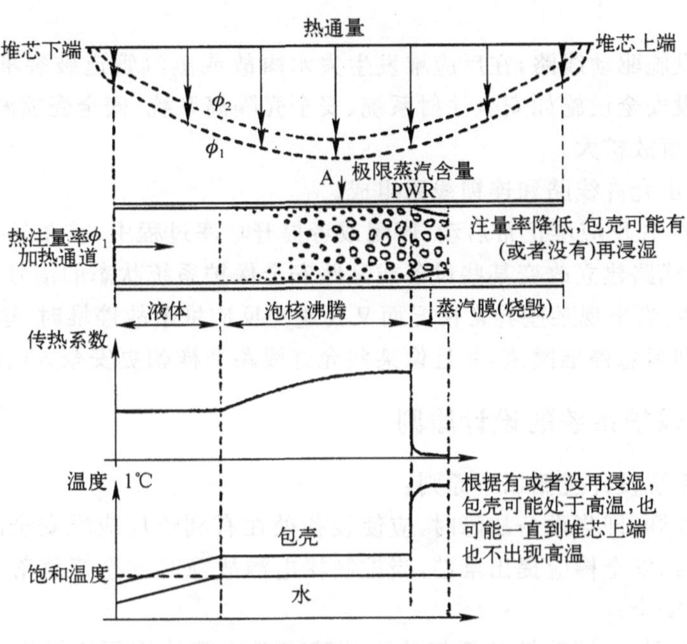

图 7-22　压水堆的一个子通道内的传热状况

反应堆保护系统所要防止的事故，及采取的保护措施见表 7-2。

表 7-2　压水堆保护系统的作用

保护的对象	危险性	原　因	采用的保护方法
燃料包壳	熔化	中子注量率过高	超核功率保护
		出现 DNB (烧毁)	P,t,ϕ 异常变化的保护 一回路流量低的保护 一回路压力低的保护 中子注量率局部峰值的保护 蒸汽发生器冷却不足的保护 (给水流量低——汽轮机脱扣)
一回路	破裂	一回路压力过高	一回路压力高的保护 稳压器水位高的保护 蒸汽发生器冷却不足的保护 (给水流量低——汽轮机脱扣)
		热应力	中子注量率变化过快的保护 平均温度变化过快的保护
安全壳	破裂	安全壳压力过高	安全壳压力高的保护 安全壳温度高的保护

压水堆保护系统的子系统分述如下。

1. 反应堆事故停堆线路，它的用途是紧急停闭反应堆。事故停堆线路能切断控制棒组件调节棒组和停堆棒组传动机构电路电源，使调节棒组和停堆棒组靠重力作用落入堆芯。

2. 专设安全设施驱动线路，在反应堆发生失水事故或蒸汽管道破裂事故时、触发停堆，并提供信号令专设安全设施如安全注射系统、安全壳隔离系统、安全壳喷淋系统以及辅助给水系统动作，防止事故扩大。

3. 联锁系统，由允许线路和连锁线路组成。

(1) 允许线路：在反应堆正常启动、停闭或者提升功率过程中，或在某些特殊情况下，为运行更安全，允许线路建立改变某些设备或某些安全保护系统状态的信号。

(2) 连锁线路：当出现某些异常情况而又要避免反应堆事故停堆时，这些线路限制反应堆功率以避免达到紧急停堆阈值，并且像某些允许线路那样朝更安全方向改变机组的状态。

7.4.2 反应堆保护系统的设计原则

压水堆保护系统设计遵循以下原则：

1. 失效安全原则：即当设备故障时，应使设备处在有利于反应堆安全的状态下。例如，反应堆正常运行时，安全棒应提出堆芯，当控制棒电源故障时安全棒就落入堆芯，使反应堆停闭，确保反应堆安全；

2. 单一故障准则：保护系统的任何单一故障或单次事故均不应妨碍系统的保护功能。为此：对每一个保护参数增设一个或几个功能完全相同的冗余通道，每个通道彼此独立，其中任一通道故障，并不损害系统应有的保护功能。为使反应堆有高度的连续运行性能，这些多重通道一般又按照“三取二”或“四取二”等逻辑组合；

3. 保护参数多重设置原则：即针对反应堆每一种事故工况，设置几个保护功能相同的保护参数，即使在某一保护参数的全部保护通道同时失效的最坏情况下，仍能确保反应堆安全；

4. 在线检查的功能：在反应堆运行过程中，在任何时候能够手动或自动地检查系统的完好性，如果发现某个设备故障，立即将它切除，组织人力修理，或换上备用设备。在进行这种检查时不需要中断反应堆运行；

5. 保护动作要快：一旦反应堆出现事故危险状态，安全保护系统应尽快地投入保护动作。保护系统动作延迟时间愈长，对反应堆的安全将愈不利；

6. 各保护通道的独立性原则：各通道应由独立线路供给可靠仪表电源(安全级)。并应考虑实体隔离，如连接导线应处在不同的电缆槽中，通过不同的安全壳贯穿件等。

7.4.3 事故停堆线路

事故停堆线路是通过控制棒组件中调节棒和安全棒下落，使反应堆紧急停闭的安全保护装置。

反应堆运行状态是否正常，是由其运行参数来表征的。为了使设置在燃料与外界之间的各种屏障不遭损坏，当反应堆的主要运行参数越出正常范围而达到危险值时，就要由事故停堆线路实现所有的保护操作。所以，这些主要运行参数，就是反应堆的保护参数。

反应堆的各个保护参数必须有恰当的整定值。这样，既能保证反应堆不致经常停闭，又能在异常工况下，防止反应堆堆芯和冷却剂系统的损坏。

在确定反应堆保护参数整定值时，应保证：(1) 最小偏离泡核沸腾比或烧毁比(DNBR)应大于 1.30，相当于不会发生偏离泡核沸腾(DNB)的可靠性概率大于 95%；(2) 反应堆线功率密度小于 590 W/cm；(3) 反应堆冷却剂系统压力限制在安全设计极限之内，一般规定冷却剂系统瞬变时最高允许压力值为 110%设计压力。此外，还应考虑影响保护参数整定值的各种不利因素，如理论计算公式本身的误差，监测仪表的测量误差，控制系统的死区和超调，电源频率波动，主泵长期使用后出力的下降，停堆系统动作的延迟等。

表 7-3 列出了 900 MW 电功率压水堆核电厂紧急停堆线路的保护参数、保护功能、产生停堆信号的逻辑表决方式以及事故停堆线路的联锁作用。

表 7-3　900 MW 电功率压水堆核电厂停堆保护参数表

<table>
<tr><th></th><th colspan="2">保护参数</th><th>保护功能</th><th>表决方式</th><th>联锁作用</th></tr>
<tr><td rowspan="5">中子注量率</td><td colspan="2">源量程中子注量率高</td><td>启动和停堆时的功率保护，防止启动时功率异常升高</td><td>1/2</td><td>P6 以下手动闭锁，
P10 以上自动闭锁，
P10 以下自动复原</td></tr>
<tr><td colspan="2">中间量程中子注量率高</td><td>启动和停堆过程中的高功率事故保护</td><td>1/2</td><td>P10 以上手动闭锁
P10 以下自动复原</td></tr>
<tr><td rowspan="3">功率量程中子注量率</td><td>高整定值</td><td>正常运行时功率保护</td><td>1/2</td><td>P10 以上手动闭锁
P10 以下自动复原</td></tr>
<tr><td>低整定值</td><td>防止启动过程中连续提棒事故</td><td>2/4</td><td></td></tr>
<tr><td>高中子注量率变化率</td><td>正值高变化率防止中等功率时发生低值控制棒抽出事故，负值高变化率防止两个以上控制棒落下事故</td><td>2/4</td><td></td></tr>
<tr><td rowspan="2">热功率</td><td colspan="2">超温 ΔT_t 高</td><td>堆芯的 DNB 保护</td><td>2/3</td><td></td></tr>
<tr><td colspan="2">超功率 ΔT_ϕ 高</td><td>超功率保护</td><td>2/3</td><td></td></tr>
<tr><td rowspan="4">冷却剂系统</td><td colspan="2">冷却剂流量低</td><td>冷却剂流量丧失
堆芯过热保护</td><td>2/3 或 1/3</td><td>P3 以上流量低(1/3)停堆
P7 以上流量低(2/3)停堆</td></tr>
<tr><td colspan="2">泵开关断开</td><td>防止冷却剂丧失事故</td><td>2/3 或 1/3</td><td>P7 以上开关断开(2/3)停堆
P6 以上开关断开(1/3)停堆</td></tr>
<tr><td colspan="2">泵母线电压低</td><td>防止冷却剂流量低事故</td><td>2/3</td><td>P7 以下自动闭锁</td></tr>
<tr><td colspan="2">泵母线频率低</td><td>防止冷却剂流量低事故</td><td></td><td>P7 以下自动闭锁</td></tr>
</table>

续表

	保护参数	保护功能	表决方式	联锁作用
蒸汽发生器	蒸汽发生器水位低(1/2)并且蒸汽/给水流量失调(1/2)	防止堆芯失去冷却	2×1/2	
	蒸汽发生器水位特低	给水流量丧失,堆芯过热保护	2/3	
稳压器	稳定器压力高	防止冷却剂系统过压	2/3	
	稳压器压力低	防止堆芯出现沸腾	2/3	P7 以下自动闭锁
	稳压器水位高	防止稳压器安全阀泄放水	2/3	P7 以下自动闭锁
其他	汽机脱扣信号	防止汽机脱扣影响一回路温度、压力的过度变化	2/3	P7 以下自动闭锁
	安全注射信号	防止冷却剂系统事故 防止堆芯烧毁		
	地震信号	防止地震破坏事故		
	手动停堆信号	由运行人员根据事故的判断停堆	1/2	

反应堆大多数保护参数的整定值是固定不变的,是在某些物理量测量值(压力、温度、中子注量率密度)达到限值时,直接定出的。但在压水堆中所设置的超温 ΔT_t 和超功率 ΔT_ϕ 保护参数则需根据物理量的值或变化值进行计算而决定。因为防止压水堆堆芯烧毁的实质是使堆芯不出现偏离泡核沸腾,即要保持偏离泡核沸腾比值 DNBR≥1.3,但 DNBR 是由堆芯温度、压力和功率联合决定的。在一定的冷却剂压力下,冷却剂平均温度与堆功率成线性关系,简称压力线或保护线,不同的堆芯压力,可得不同的压力线,见图 7-23。如果功率与平均温度的组合点在压力线以上,就超出了安全限额。图 7-23 还绘出了最大超功率快速停堆安全线,该线与压力线包围的范围为安全域。在安全域内的任一点,DNBR 必定大于 1.3。

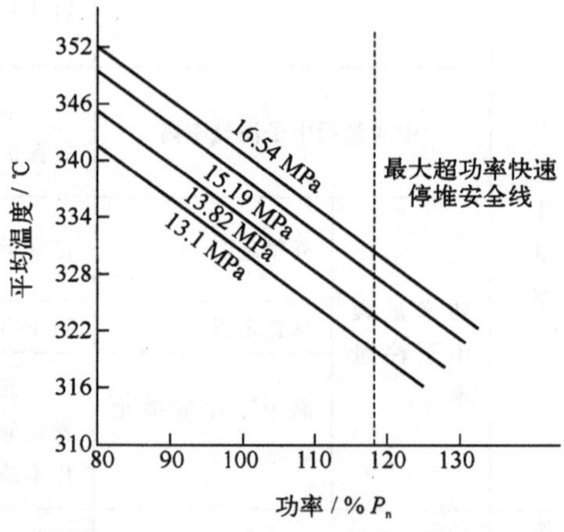

图 7-23 超功率—超温安全保护极限

在反应堆运行过程中,偏离泡核沸腾点是不能直接测量的。要使堆芯不发生偏离泡核沸腾或超功率,可以通过设置的超温 ΔT_t 和超功率 ΔT_ϕ 保护来保证,只要测出堆芯进出口的温差小于超温 ΔT_t 保护和超功率 ΔT_ϕ 保护参数整定值,就能确保 DNBR≥1.3。

超温 ΔT_t 和超功率 ΔT_ϕ 保护的整定值可用下列公式计算:

超温 ΔT_t 停堆整定值计算公式为

$$\Delta T_t = K_1 + K_2 p - K_3 \frac{1+\tau_1 S}{1+\tau_2 S} T_{av} - f(\Delta T_\phi) \tag{7-2}$$

超功率 ΔT_ϕ,停堆整定值计算公式为:

$$\Delta T_\phi = K_4 - K_5 (T_{av} - T_{av0}) K_6 \frac{\tau_2 S}{(1+\tau_4 S)(1+\tau_6 S)} T_{av} - f(\Delta\phi) \tag{7-3}$$

式(7-2)，(7-3)中，T_{av}—反应堆冷却剂平均温度，℃；

T_{av0}—反应堆满功率情况下冷却剂平均温度；

p—稳压器压力；

$\tau_1\sim\tau_6$—补偿网络的时间常数；

$K_1\sim K_6$—常数，由热工设计决定；

$f(\Delta\phi)$—功率段内上、下长电离室测得堆芯通量差的函数；

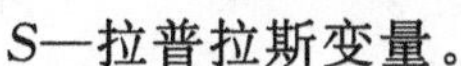

S—拉普拉斯变量。

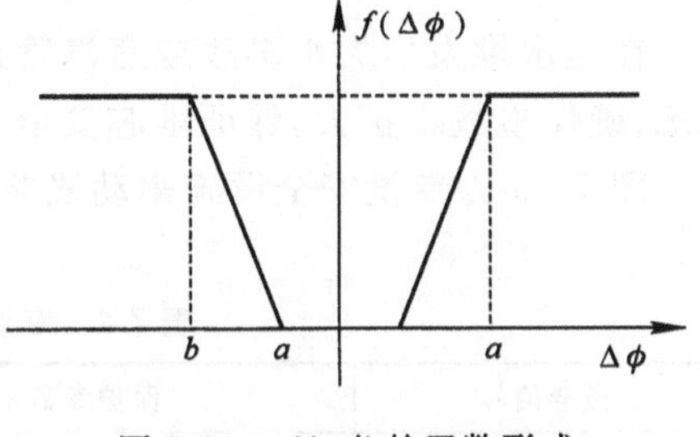

图 7-24　$f(\Delta\phi)$的函数形式

函数 $f(\Delta\phi)$ 的形式见图 7-24。在 $-a\leqslant\Delta\phi\leqslant a$ 范围内，$F(\Delta\phi)=0$，$|a|\leqslant\Delta\phi\leqslant|b|$ 区界内，$f(\Delta\phi)$ 与 $\Delta\phi$ 成线性关系，图中 $\Delta\phi$ 为

$$\Delta\phi = K_g\,\frac{\Delta I}{I_0} \tag{7-4}$$

式中，K_g—常数；

ΔI—上、下长电离室电流之差，A；

I_0—满功率时的电流值，A。

将测得的压力 p、平均温度 T_{av} 和通量 ϕ 代入由公式(7-2)或公式(7-3)构成的运算单元，便可计算出超温 ΔT_t 和超功率 ΔT_ϕ 的保护定值。

图 7-25 为中子注量率过高保护的紧急停堆线路逻辑结构。

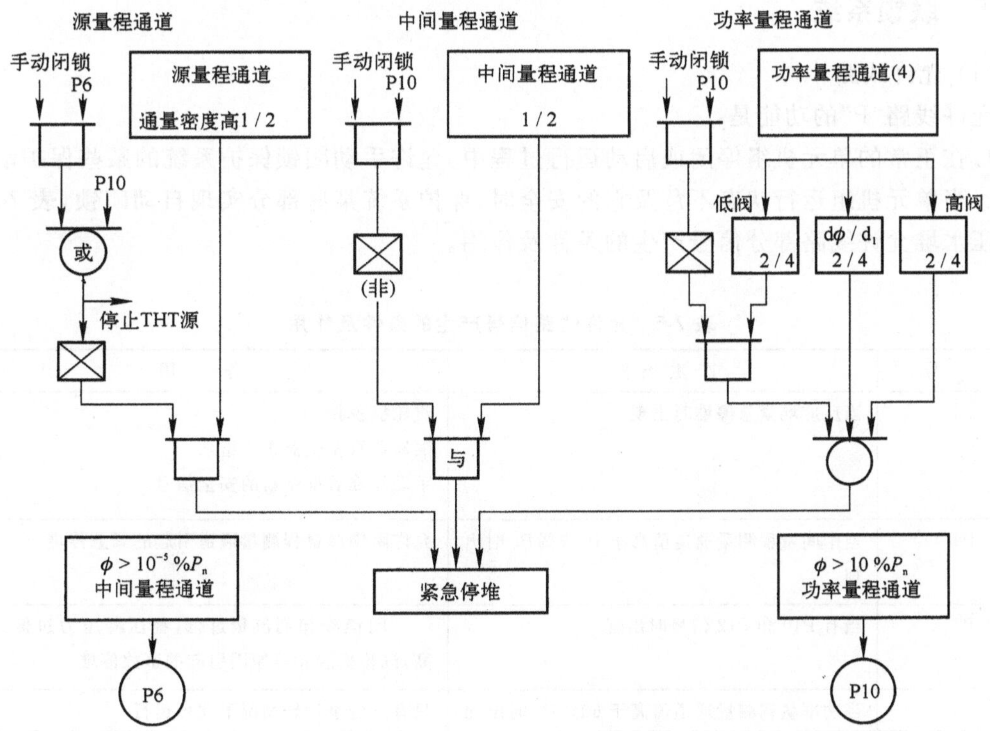

图 7-25　中子注量率过高保护的紧急停堆线路逻辑结构图

7.4.4 专设安全设施驱动线路

在压水堆发生失水事故或蒸汽管道破裂事故时，启动相应的专设安全设施，并触发停堆系统，确保事故不扩大，保证堆芯安全，表 7-4 为专设安全设施驱动线路安全保护参数表。

图 7-26 为专设安全设施驱动线路动作逻辑图。

表 7-4 专设安全设施驱动线路安全信号

安全信号	保护参数	符合度	联　锁
安全注射信号	反应堆压力低(1/3)，且稳压器水位低(1/3)	2×1/3	P11 以下手动闭锁
		2/3	
	两蒸汽管道间压差高	2×2/3	
	蒸汽管道流量高(2/3)且蒸汽管道压力低	2×2/3	蒸汽管道隔离，P12 允许手动闭锁
	手动启动	1/2	
安全壳喷淋信号	安全壳压力异常高	2/3	
	手动启动	1/2	
安全壳隔离信号	安全注入信号		
	安全壳喷淋信号		
	手动启动	1/2	

7.4.5 联锁系统

(1) 允许线路

允许线路“P”的功能是：

1. 在正常的单元机组停闭或启动运行过程中，允许手动闭锁保护系统的某些保护动作。

2. 当单元机组运行状态不危及它的安全时，保护系统某些部分实现自动闭锁，表 7-5 列举了压水堆允许线路部分信号产生的条件及作用。

表 7-5 允许线路信号产生的条件及作用

信　号	产 生 条 件	作　用
P4	当反应堆紧急停堆时出现	汽轮机脱扣 隔离蒸汽发生器正常给水 手动停堆后抑制新的安全信号
P6	当中间量程测量通道值高于 $10^{-5}\%P_n$ 时出现	允许闭锁源量程测量通道引起的紧急停堆
P7	当有 P10 和 P12 信号时出现	闭锁冷却剂流量过低，稳压器压力过低或过高，汽轮机脱扣等原因引起的事故停堆
P8	当功率量程测量通道值高于 $60\%P_n$ 时出现	只有三台泵运转情况下才可运行

续表

信　号	产 生 条 件	作　用
P10	当功率量程测量通道在 10%P_n 以上时出现	闭锁源量程产生的紧急停堆信号 允许手动抑制中间量程及功率量程中子注量率低产生的紧急停堆信号 与 P13 信号联合产生 P7 信号
P11	在稳压器内压力<13.9 MPa	允许手动打开稳压器安全隔离阀 允许手动闭锁低温低压和稳压器低水位安全注射信号
P12	当冷却剂平均温度低于设定值	闭锁处在关闭状态的旁路阀 与蒸汽流量偏离信号一起产生安全注射信号
P13	当汽轮机功率>10%P_n 时出现	与同时出现的 P10 信号合成 P7 信号
P14	当蒸汽发生器水位过高时出现	汽轮机脱扣，并且与同时出现的 P7 信号一起产生紧急停堆信号 断开主给水泵并隔离蒸汽发生器正常给水回路启动辅助给水

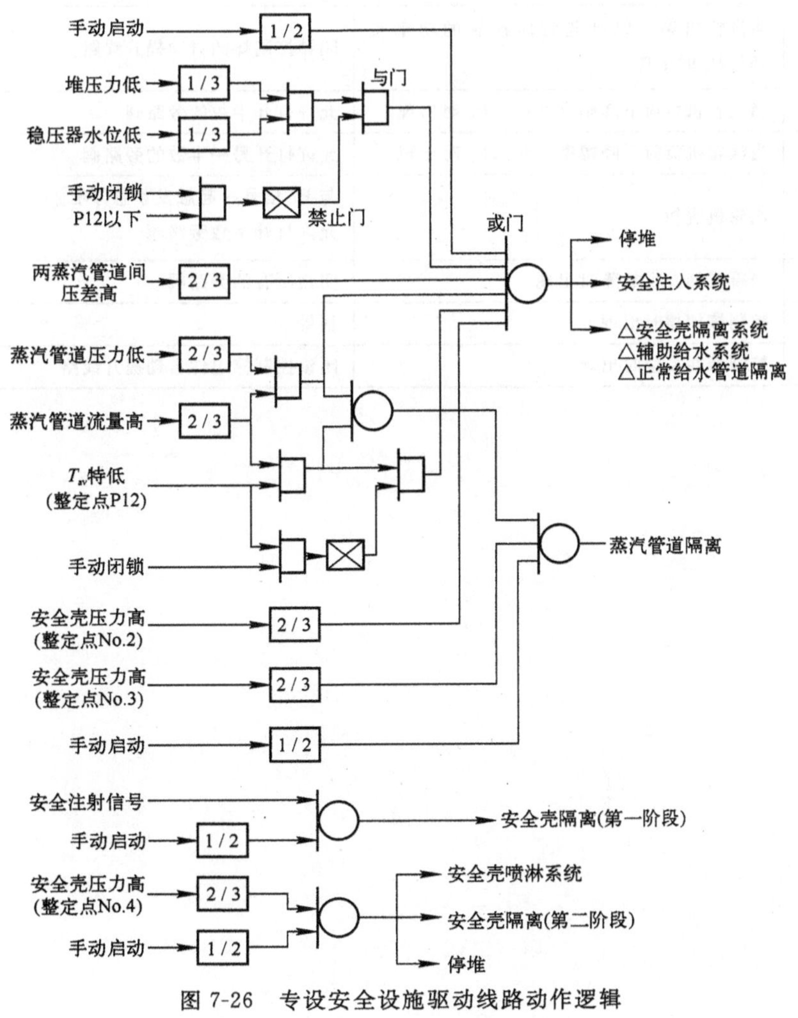

图 7-26　专设安全设施驱动线路动作逻辑

(2)连锁线路

连锁线路“C”的作用是在核电厂出现某些异常情况，而又要避免不必要的事故停堆时，可以由该线路闭锁控制棒组件手动或自动抽出，并可使汽轮机减负荷，打开或闭锁旁路阀等，表 7-6 列举了压水堆部分连锁线路信号产生的条件及作用。

表 7-6 压水堆连锁线路信号产生条件及作用

信号		产生条件	作用
C1		当中间量程测量通道中功率>20% P_n 时出现	闭锁控制棒提升线路，以避免中间测量量程产生的紧急停堆信号
C2		当功率量测量通道功率>103% P_n 时出现	闭锁控制棒提升线路(避免功率量程测量通道产生紧急停堆信号)
C3		当达到超温 ΔT_t 第一阈值时出现	闭锁控制棒的提升线路 降低汽轮机功率
C4		当达到超功率 ΔT_ϕ 第一阈值时出现	与 C2 同样动作
C5		当汽轮机第一级叶轮背压换算的功率<15% P_n 时出现	闭锁控制棒的自动提升线路
C7	A	当汽轮机负荷下降幅度>15% P_n 时出现	允许打开半数的旁路阀
	B	当汽轮机负荷下降幅度>50% P_n 时出现	允许打开另一半数的旁路阀
C8		汽轮机脱扣	与 P7 信号一起触发紧急停堆 允许打开半数旁路阀
C9		当凝汽器发生故障时出现	闭锁所有的旁路阀
C10		控制棒掉棒时出现	报警
C11		控制棒在高位时出现	闭锁控制棒组件自动提升线路

第8章 压水堆核电厂汽轮机调节保护系统

压水堆核电厂汽轮发电机组运行的任务是在安全运行的前提下，能按用户的需要保质保量地提供足够的电力，为此，在汽轮机辅助系统中设有性能良好的调节系统、保护系统，以及润滑、顶轴和盘车系统等。

8.1 汽轮机调节系统

8.1.1 系统的功能

本系统的任务是根据机组负荷的变化，调节进入汽轮机蒸汽量，在稳定工况下，保证转速不变而且为规定值；当负荷变化时，保证转速的偏差不超过所规定的范围。机组转速一般只允许在很小范围内变化，以保证供电质量和运行安全。并确保汽轮机设备免受热力和机械损伤，使它们处于安全状态。

8.1.2 系统的描述与运行

汽轮机的调节系统有多种类型，但工作原理大体相同。用 I(N·m·s^2)表示汽轮机-发电机组的总转动惯量，ω(s^{-1})表示转子的角速度，并以 M_t，M_{ge} 分别代表任意负荷下蒸汽作用于转子的主动力矩和发电机转子的磁阻力矩，可写出汽轮机-发电机组转子的运动微分方程。

$$I\frac{d\omega}{dt}=M_t-M_{ge} \tag{8-1}$$

上式表明，当 $M_t=M_{ge}$ 时，机组才能以稳定的转速运行。汽轮机调节系统的任务是根据机组负荷的变化自动改变进汽量，使 M_t 与 M_{ge} 保持基本平衡，以维持机组在规定的转速下稳定地运行。

图 8-1 表示汽轮机-发电机组特性曲线。曲线Ⅰ表示一定蒸汽流量下汽轮机作用力矩与转速的关系；曲线Ⅱ表示一定负载下发电机阻力矩与转速的关系，交点 A 为机组的平衡工作点。若外负荷变化，而交流电又不能储存，在负载降低时，发电机阻力矩特性曲线转移至Ⅱ′。此时，若蒸汽力矩曲线不相应变化，则机组将在新的平衡点 B 工作，转速将上升。

汽轮机调节系统的任务是：在稳定工况下，保证转速不变而且为规定值；当负荷变化时，保证转速的偏差不超过所规定的范围。汽轮机调节系统原理图如图 8-2 所示。感应机构Ⅰ感受机组转速的变化，并将此信号传递到放大机构 2，依次至执行机构 3，通过操作调节阀 5 的开度改变进入汽轮机的蒸汽流量，以适应负载的变化。在执行机构动作的同时，反馈装置 4 对放大机构 2 进行反调整，使机组在新的负载下作等速运转。由图 8-1 可见，在汽轮机特性改为Ⅰ′后，达到的新平衡点为 c，使转速的改变量大大减小。

典型的汽机调节系统有：机械式调节系统、液压调节系统、电液调节系统，或数字电液调节系统。随着高参数，大容量和中间再热技术的发展，以及为提高电力系统和电厂综合自动化水平，国外自20世纪50年代起研制和发展了汽轮机的电子—液压调节系统，60年代发展了电液模拟系统，70年代发展了数字电液调节系统。目前大型核汽轮机组已广泛采用电子计算机控制，它可分成微机调节器硬件、微机调节器软件、阀门操作装置和调节阀4部分。

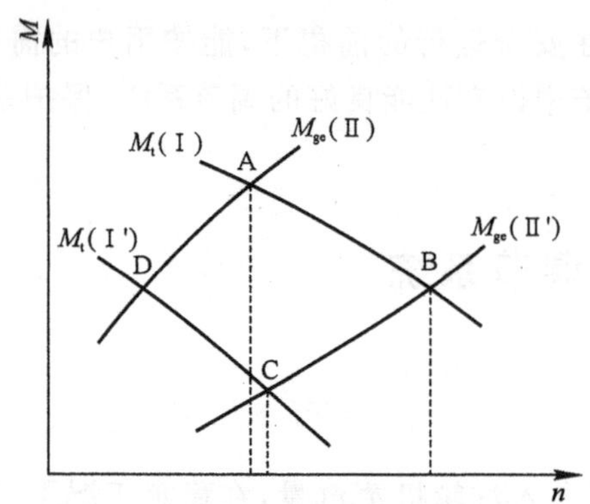

图 8-1 汽轮机与发电机组特性曲线

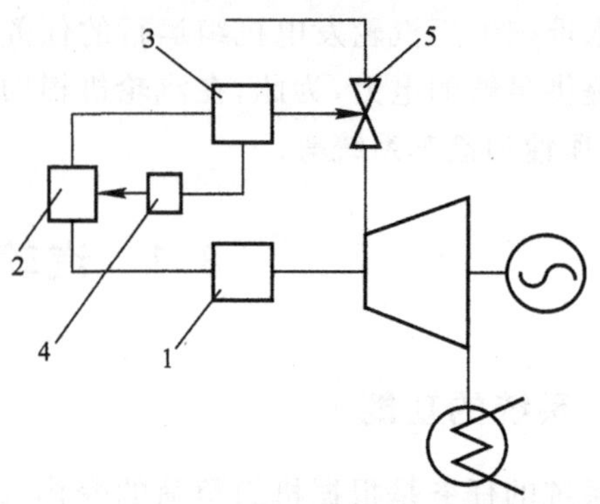

图 8-2 汽轮机调节系统原理图

1—感应机构；2—放大机构；3—执行机构；4—反馈装置；5—调节阀

1. 微机调节器硬件，一般是配有数字式可编程序的专用微处理机，采用模块式结构，并通过冗余技术，即由若干个微处理机控制若干个独立的阀门控制通道，而每个通道控制一个主蒸汽阀，以提供转速和负荷的调节，具有较高的有效度。

2. 微机调节器软件，它提供微机调节器和运行人员之间的接口，即提供所有的控制功能，以实现转速和负荷调节，当出现较高的速度时，能提供关闭信号，确保汽轮机安全运转。

3. 高压和低压调节阀，高压调节阀使蒸汽以受控方式进入高压缸，同时低压调节阀使蒸汽以受控方式进入低压缸，所有的调节阀由它们各自的操作装置确定其开度。

4. 高压和低压调节阀操作装置，用于接受由汽轮机调节油系统供应的调节油。高压和低压调节阀具有定位能力，微机调节器利用它来调节汽轮机的转速和负荷。

汽轮机调节系统的正常运行包括汽轮发电机组带负荷运行和同步并入高压电网。

通常微机调节器处于“自动负荷调节”状态，汽轮机可在（5%～100%）额定功率之间的稳定负荷下运行，或根据电网的要求而改变负荷。

8.2 汽轮机保护系统

8.2.1 系统的功能

汽轮机保护系统在汽轮发电机组发生预定故障或事故，以及调节系统失灵时，提供安全地停运汽轮发电机组的手段，防止事故发生造成设备损坏，和限制事故扩大。汽轮发电机组脱扣信号能传送给反应堆脱扣逻辑线路，使反应堆紧急停闭。

8.2.2　系统的描述

汽轮机保护系统主要由高压和低压截止阀及其操作机构组成。系统的工作原理见图 8-3。它包括：执行器件（蒸汽管道上的高压截止阀，低压截止阀）、传感器（测定转速，凝汽器压力、润滑油压等物理量），阈值探测器，逻辑处理器（根据阈值探测器的输出状态控制执行机构）、电源。当测得的某些参数达到预定值时，汽轮机保护系统通过关闭进汽阀使汽轮机脱扣。汽轮机的进汽受高低压缸的调节阀和截止阀控制。而高压调节阀和低压调节阀由双向作用油动机控制，高压主汽门、低压主汽门为单向作用油动机控制，它们的工作原理相似，

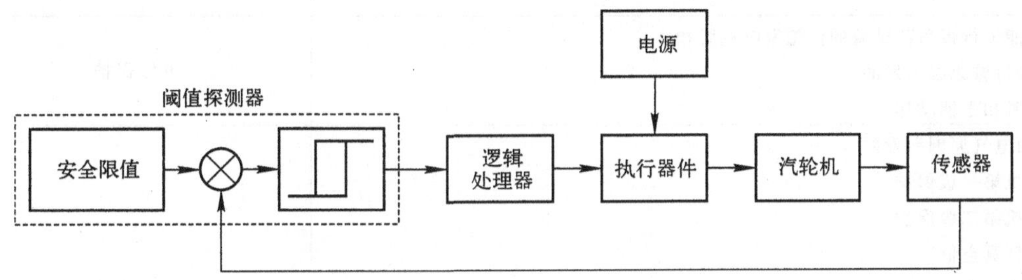

图 8-3　汽轮机保护系统原理图

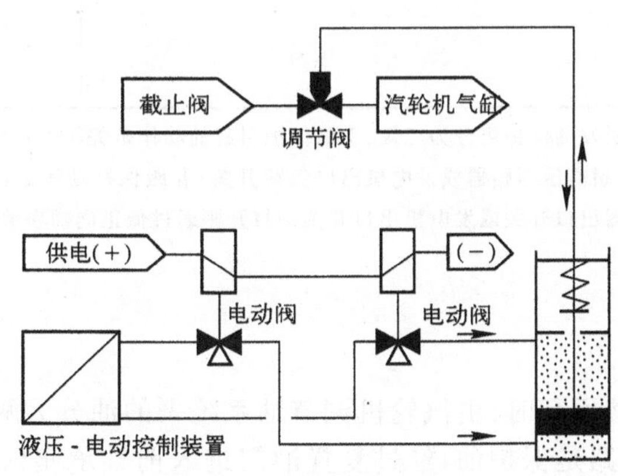

图 8-4　调节阀动作原理

图 8-4 为高压调节阀和低压调节阀的动作原理。

每个调节阀（高压或低压调节阀）由一个双向作用的油动机控制，一个油压电动控制装置（伺服阀）控制油动机位置。在伺服阀和油动机之间，装有两个安全保护电动阀，当一个安全保护电动阀失去电压时，油动机开启，将油室排空；另一个安全电动阀失去电压时，油动机关闭，将油室和高压油联通。在失去作为动力的调节油的情况下，油动机油室外部的一个弹簧保证截止阀的关闭，使汽轮发电机脱扣。表 8-1 为汽轮发电机组脱扣的保护参数表。

表 8-1　汽轮发电机组脱扣的保护参数表

保护参数	保护类别
1.能进行带负荷试验的汽轮发电机脱扣 (1)由机械原因引发的 轴承油压力低 超速脱扣销动作	Ⅱ级保护
(2)由电气原理引发的 液压油压力低 汽水分离再热器疏水箱水位过高 推力轴承磨损量大 高压缸排汽压力高	Ⅱ级保护
2.不能进行带负荷试验的汽轮发电机脱扣 (1)由机械原因引发的 手动脱扣手柄动作	Ⅱ级保护
(2)由电气原因引发的 发电机第一级保护 发电机第二级保护 凝汽器真空低 定子冷却水流量低 微机调节器引发汽轮机脱扣 发电机氢气温度高 低压缸排气温度高 紧急停堆按钮(遥控) 反应堆引起的汽轮机脱扣保护	Ⅰ级保护 Ⅱ级保护

注:1.汽轮机保护系统脱扣引发的保护可分为二级:Ⅰ级保护引起的动作是关闭汽轮机蒸汽阀(截止阀及调节阀)的同时,打开主变压器出口超高压断路器或发电机出口负荷开关;Ⅱ级保护动作是,立即关闭汽轮机蒸汽阀(截止阀及调节阀),但主变压器出口开关或发电机出口开关的打开则通过低正向功率继电器而被联锁。

8.2.3　系统的运行

汽轮机保护系统正常运行时,由汽轮机调节油系统来的油分为两种:一路供应动力油以驱动汽轮机进汽阀,另一路是保护油,经过复置油门进入前轴承座内的紧急脱扣油门,再到达每一操作机构的排油阀。由于紧急脱扣油门的动作而使油路内失去油压时,将开启排油阀并使各蒸汽阀门脱扣。

每个高压主汽阀由一个单向作用的油活塞驱动,动力活塞(主油路活塞)由液压油开启而由弹簧力关闭。高压截止阀能在 5 s 内开启而在 200 ms 内关闭。每个低压截止阀同样由一单向作用的油活塞驱动而由弹簧力关闭,它能在 3 s 内开启,1 s 内关闭。

高压缸截止阀在正常工况下是由微机调节器来控制的,在汽轮机启动时,它可以作为调节阀用于汽轮机升速,而在收到汽轮机脱扣信号时被快速关闭。低压截止阀是开/关型的阀门,当汽轮机保护系统复置或微机调节器投入时,低压缸截止阀全开,在微机调节器故障或收到停机信号时,这些阀门快速地关闭。

8.3　汽轮机润滑、顶轴和盘车系统

8.3.1　系统的功能

本系统有以下功能：

1. 为汽轮机、发电机和励磁机轴系的轴承提供润滑和冷却所需的润滑油；
2. 向发电机密封系统供油；
3. 提供汽轮发电机组顶轴用油。

8.3.2　系统的描述

本系统由主油泵、增压泵，交流油泵、直流油泵、顶轴油泵、冷却器、过滤器、主油箱、回路密封箱、油汽分离器、顶轴油管路、电动和手动盘车齿轮、有关的管道和仪表等部件组成，如图 8-5 所示。

当汽轮机润滑、顶轴和盘车系统的启动条件满足后，手动启动交流油泵，向汽轮发电机组的轴承、顶轴油泵、密封油系统主油泵供油，建立汽轮发电机组启动升速所需要的油流量、压力、温度。当汽轮发电机组升速至额定转速时，由汽轮机轴驱动的主油泵已达到它的额定运行工况，可以手动停止交流油泵。这时，主油泵向油涡轮供油，后者带动增压泵，使增压泵向主油泵供油并使主油泵的进口油压维持在正常水平，油涡轮向系统的不同用户提供符合要求的润滑油。

本系统还可以在机组启动前或停运后，转子慢速转动时，向各轴颈送入很高压力的油，靠油的压力将轴颈顶起 0.03～0.05 mm，强制形成油膜，以消除转子各轴颈与轴瓦的干摩擦，防止轴瓦的磨损；在启动盘车时还可因摩擦力矩的减小而降低所消耗的功率。

电动盘车装置设于机组轴头上，特殊情况下还可以用手动装置盘车，以防止汽轮机上、下缸因散热条件不同而造成受热(或冷却)不均，引起转子热弯曲、造成设备损坏。

8.3.3　系统的运行

1. 启动和正常停闭

在启动汽轮机润滑、顶轴和盘车系统之前，必须先将油温升到大于 30 ℃。然后启动主油箱的油气分离器，回路密封箱的油气分离器和交流油泵。通过交流油泵向机组轴承、主油泵、密封油系统和顶轴油泵供油。如果顶轴油泵建立了顶轴油的压力，盘车装置又建立了润滑油压力，即可启动盘车电动机，转速为 37 r/min，然后，蒸汽可冲转汽轮机使汽轮机升速，当汽轮机升速到 250 r/min 时，停闭盘车电动机和顶轴油泵电动机，汽轮机转速升到 2 000 r/min时，就能产生维持其自身运转的正压头，主油泵投入运行；直到汽轮发电机升速到额定转速稳定运行时，交流油泵才被手动停止。这时，由主油泵向油涡轮供油，通过油涡轮向汽轮发电机组的不同用户提供符合要求的润滑油。

当汽轮发电机组停闭时，无论是正常停闭还是事故停闭，本系统主油泵的转速必然下降，轴承润滑油的压力也下降，为了保持这个压力，交流油泵自动启动投入运行；当汽轮机转速下降到250r/min时，顶轴油泵和盘车电动机启动，当机组转速继续下降时，盘车装置的

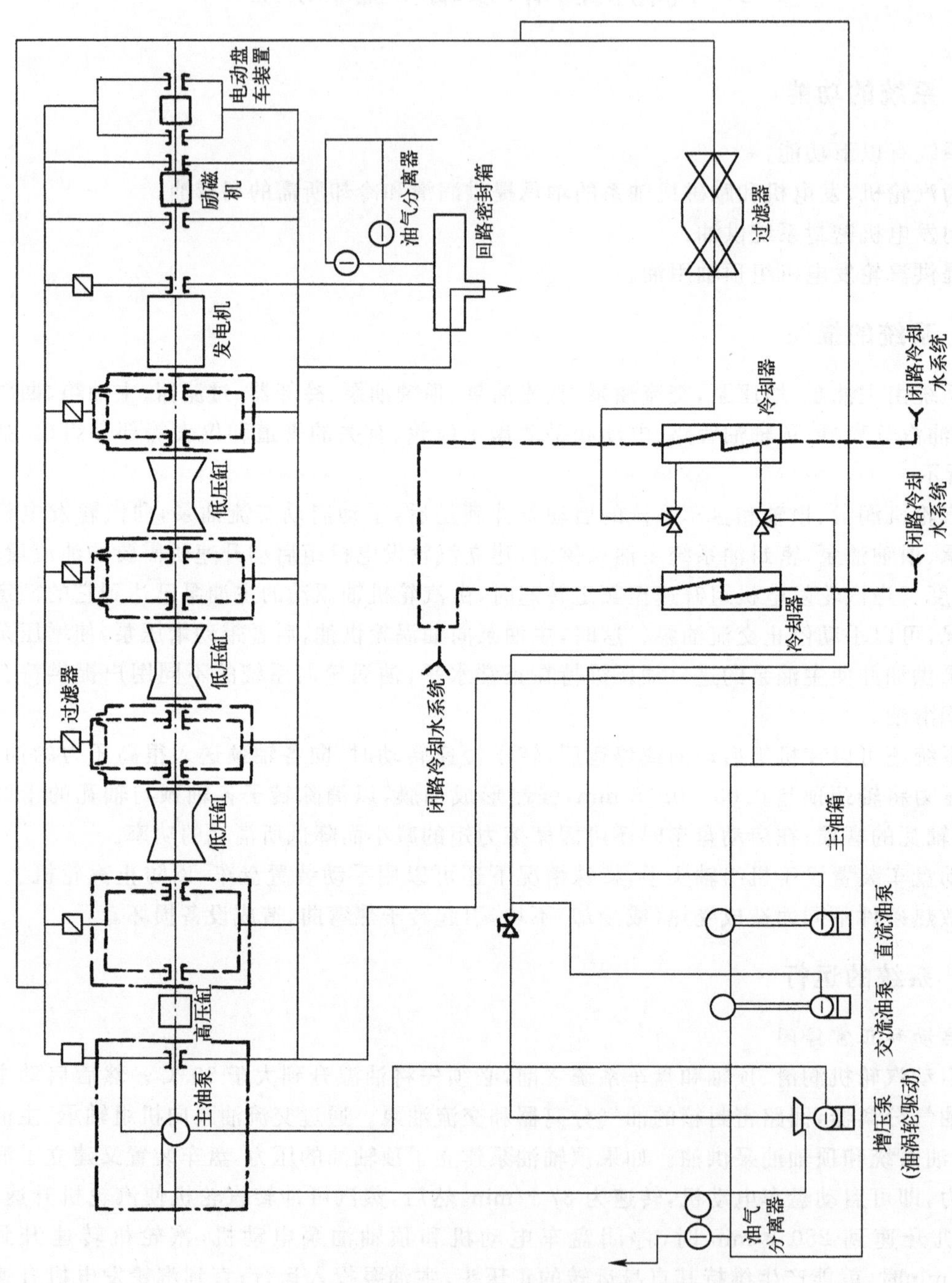

图8-5　汽轮机润滑、顶轴和盘车系统

离合器投入运行，使机组的转速最终维持在盘车转速 37 r/min。

当汽轮机高压缸温度降到低于 150 ℃时，手动停止盘车装置的电动机，再手动停止顶轴油泵电动机，依次手动停止主油箱油气分离器电动机和回路密封箱油气分离器的电动机，最终实现汽轮机润滑油系统的正常停闭。

2. 正常运行

汽轮发电机组以 3 000 r/min 转速运行时，汽轮机润滑、顶轴和盘车系统的主油泵、油涡轮、增压泵、冷却器和过滤器都正常投入运行，提供机组轴承压力为 0.1 MPa(表压力)，温度为 38 ℃的经过滤的润滑油，其流量与各轴承的特性相对应。

3. 非正常瞬态运行

(1) 轴承油压下降，当汽轮机润滑油系统的润滑油压力从正常的 0. 1 MPa 相对压力下降至 0.09 MPa 相对压力时，中央控制室控制台将显示低油压报警信号；如压力继续下降到 0.08 MPa 相对压力时，交流油泵自动启动，并维持在这个压力下工作；压力如再继续下降到 0.07 MPa 相对压力时，通过压力开关自动启动直流油泵维持其压力；压力继续下降至 0.025 MPa相对压力，汽轮机保护系统动作使汽轮发电机组脱扣。当汽轮机转速下降至 250 r/min 时，启动顶轴油泵及盘车电动机，使机组的转速最后维持在盘车速度 37 r/min，待汽轮机高压缸的温度降到低于 150 ℃时，手动操纵先停盘车装置，再停顶轴油泵，最后停交流及直流油泵以至完全停机。

(2) 汽轮发电机组密封中氢泄漏，这时在回路密封油箱中产生正压力，应及时打开排汽阀门把系统中的气体排走。

(3) 顶轴油泵故障，另一台备用的顶轴油泵自动启动投入运行。

4. 其他运行

(1) 汽轮机润滑油处理系统的运行，应与汽轮机润滑油、顶轴和盘车系统的运行相配合以控制润滑油的质量。

(2) 为发电机密封油系统供油。

(3) 在汽轮机停机减速过程中，如果电动盘车装置由于某些原因不能投入运行，而高压缸温度又大于 150 ℃时，即用手动操纵盘车。

8.4 凝汽器真空系统

8.4.1 系统的功能

在汽轮机冲转前，凝汽器真空系统即开始工作，为凝汽器提供必需的真空度。在正常运行时，维持凝汽器的真空度约 7. 5 kPa，并抽出凝汽器内因漏入或随蒸汽带进的不凝结气体，使机组运行真空度得以保持，不致因不凝结气体在凝汽器内的积聚而受到影响。

8.4.2 系统的描述

凝汽器真空系统通常配有三套能独立工作的真空泵组，每套真空泵组主要包括液环式真空泵、密封水泵、板式密封水冷却器、水汽分离箱、真空测量系统、真空破坏系统及管道组成，见图 8-6。

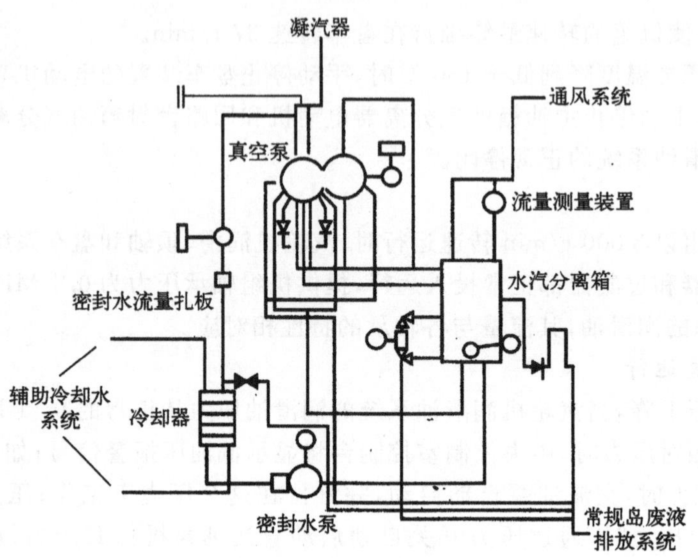

图 8-6　凝汽器真空系统的抽气泵组

凝汽器内空气经真空泵抽出后，连同少量密封水排入水汽分离箱，分离后的气体从分离箱上部逸出进入废气系统，经放射性水平检测，如合格可直接排向大气。密封水自分离箱底部由密封水再循环泵抽出，经过滤器过滤和板式冷却器降温后再送入真空泵。作该泵轴封和工作用压缩剂，后者部分从吸气管中喷入，产生对水汽的预凝作用，改善了真空泵的工作条件，部分则直接加入真空泵第一级，这样就形成了密封水的再循环系统。板式冷却器的冷却水由辅助冷却水系统供给海水。为防止海水腐蚀，该冷却器是由钛板制作的。水汽分离箱水位是自动控制的，由常规岛除盐水分配系统向该箱提供补给水。与水汽分离箱排气逆止阀相跨接的有空气流量测量装置，在正常运行时，装置前的隔离阀是常关的，空气经逆止阀排出并不计量，只有当手动打开该隔离阀时测量装置才工作，此时正常排气逆止阀保持关闭。

8.4.3　系统的运行

汽轮发电机组正常运行时，以核电厂发出 983.8 MW 电功率为例，若凝汽器空气泄漏率在正常数值范围内，使用一套凝汽器真空装置投入运行即可。正常运行时干空气的抽出量为 61.4 kg/h，凝汽器真空度为 7.5 kPa，密封水流量为 5.67 kg/s，冷却水流量为 9.97 kg/s，当凝汽器真空度因故下跌至一定数值时，备用抽真空装置能在 20s 内自动投入运行。

机组启动时，如果同时启用三套抽真空装置，对真空系统符合严密性要求的 5 000 m^3 抽吸空间来说，自提供轴密封蒸汽开始，只要 30 min，即可建立绝对压力为 30 kPa 的真空度。如果对时间要求不严格，启动时也可只开一套和两套抽真空装置。

另外在真空泵密封水再循环管系上设有密封水流量过小的报警装置。以便及早发现密封水冷却器可能不畅和真空泵的不正常运行。

第9章　压水堆核电厂发电机及其辅助系统

发电机及其辅助系统主要由发电机、励磁机及其水、氢冷却、供应系统和输电系统等组成。

9.1　发电机

核电厂的发电机，除其转速随汽轮机有全速与半速（即两极或四极）之区别外，其他方面与现代大功率火力发电厂的发电机基本相同。

发电机由定子和转子构成，随着单机容量的增大，定子和转子的尺寸也相应增加。发电机的单机容量主要受转子及护环锻件的尺寸和机械性能的限制。

9.1.1　同步发电机工作原理

图 9-1 是三相同步发电机工作原理的示意图。图中静止的部分称为定子，旋转的部分称为转子。在一般的同步发电机中，旋转的部分是磁极。转子上有绕组，当转子绕组通入直流电后便可激起一磁场，其极性如图中 N-S 所示，R_1-R_2代表转子绕组，Φ_0为转子磁极产生的磁通。定子上有许多槽，槽内安置导体，即定子绕组，图中以 A_1-A_2，B_1-B_2，C_1-C_2代表定子的 A，B，C 三相绕组。三相绕组沿定子铁芯内圆各相隔 120°电角度（电角度是机械角度乘以极对数）安放。当发电机转子被原动机（汽轮机或水轮机）带动旋转起来之后，转子磁场是旋转的，其转向如箭头 n 所示。定子绕组切割磁通就会感应出电势，电势的大小与转子的转速以及磁通密度的大小有关。由于在设计和制造发电机时有意安排尽量使磁通密度的大小沿磁极极面的周向分布接近正弦波形，所以感应出来的电势也按正弦规律变化。转子不停地旋转，磁场的磁力线被三相定子绕组切割，于是就在三相绕组中感应出三相交流电来，如图 9-2 所示。

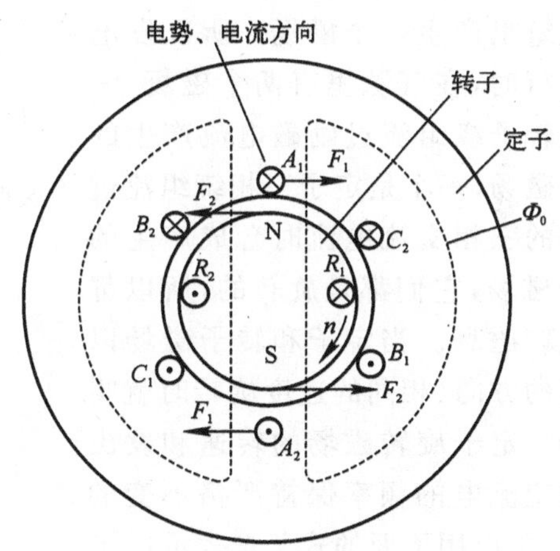

图 9-1　发电机原理示意图

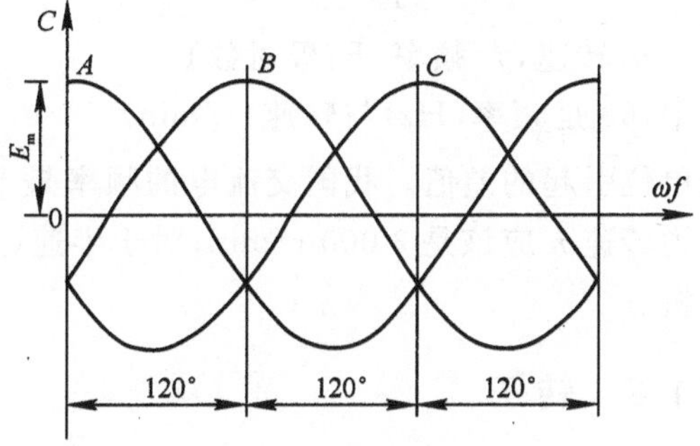

图 9-2　三相电势波形

根据右手定则可确定出感应电势的方向是自 A_1 进去从 A_2 出来，此时若在外部加上有功负载，则电流方向与电势方向相同。这个电流在转子磁场里要受到力的作用，力的方向用左手定则来确定，对 A_1 来讲是向右，对 A_2 来讲是向左，如图中 F_1 所示。这样就形成一个力矩，使定子按顺时针方向旋转，但是定子是不能转动的，于是根据作用与反作用的原理，相当于转子被加上一个反力矩，如图中 F_2 所示。这个反力矩将使转子作逆时针方向转动，因此发电机正常运行时原动机的主力矩克服阻力矩处于平衡状态而保持转速不变，把机械能转化为电能。

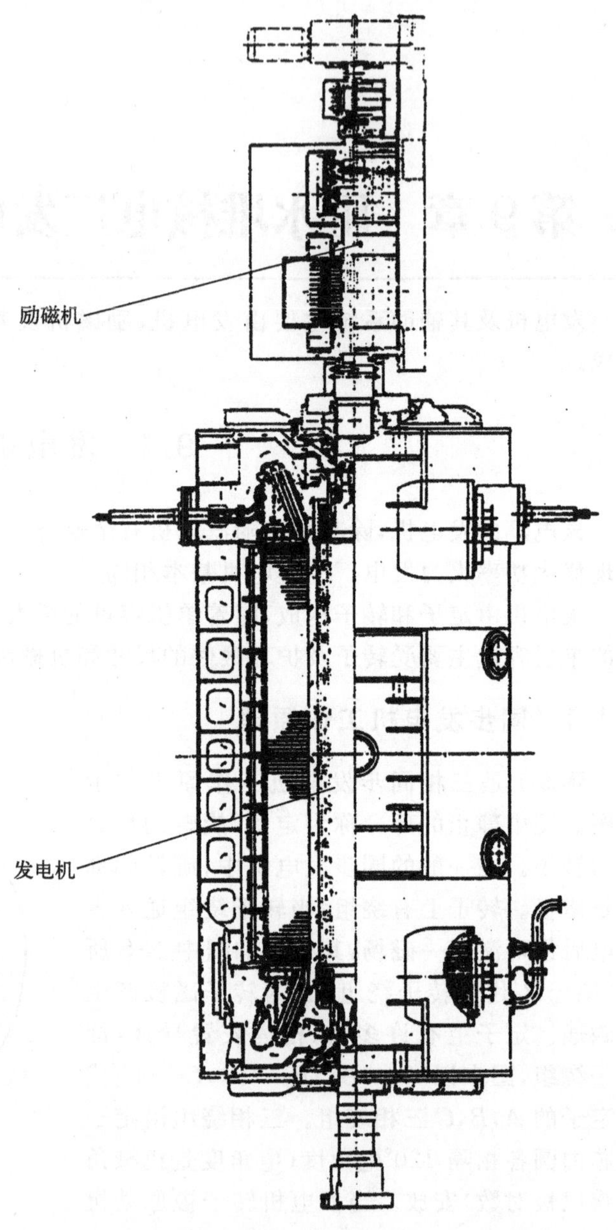

图 9-3　1 000 MW 级压水堆核电厂发电机本体

当有功电流流过定子绕组时，定子绕组也产生一个磁场。所以发电机运行时，在气隙里有两个磁场，一个是转子绕组流过励磁电流产生的转子磁场，一个是定子三相绕组流过对称的三相交流电流时合成产生的定子磁场，它们都是旋转的，所以都叫旋转磁场。当定子和转子磁场以相同的方向、相同的速度旋转时就叫同步。定子旋转磁场的转速和发出来的交流电的频率保持严格不变的关系，可以用下面的式子来表示：

$$n = \frac{60f}{P}$$

（n：转速，f：频率，P：极对数）

式中，60 是频率(Hz)与转速(r/min)的单位引起的差值。我国交流电的频率是 50 Hz(工频)，对于只有 1 对磁极的汽轮发电机来说转速 n 应该是 3 000 r/min；对于半速(1 500 r/min)机组来说就应该采用 2 对磁极的发电机。

9.1.2　转子

图 9-3 是一用于 1 000 MW 级核电厂的发电机本体。发电机总体结构见图 9-4。转子用合金钢整体锻造而成，重 99 t，总长为 14 210 mm，转子线圈部分长 7 124 mm，中心截面

直径 1 275 mm，在转子的圆周上开了 32 个线槽，转子线圈镶入这 32 个线槽内，另有 10 个空槽配重，从而形成一对 N-S 磁极，在线圈槽的两端各装有循环氢气用的风扇叶轮，氢用作冷却剂。由风扇把转子，定子之间的热氢气抽出，送入冷却器；从冷却器出来的冷氢分成两路，一路穿过转子线圈冷却，以后回到转子与定子的缝隙间，另一路穿过定子铁芯，起冷却作用，以后回到转子与定子的间隙中，再由风扇把热氢气送回冷却器。

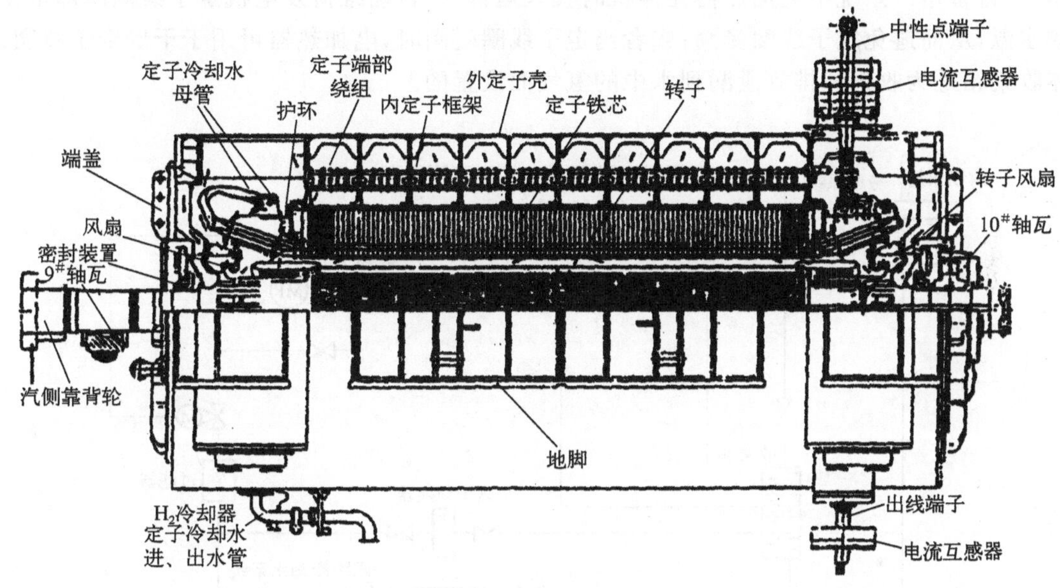

图 9-4　发电机总体结构

9.1.3　定子

发电机的定子分为外定子和内定子。外定子包括框架、冷却器、轴承、氢密封装置、发电机出线端子等，重 193 t，它起着固定内定子的作用。内定子由许多框架和凸片组成，它包括铁芯架、铁芯线圈、冷却水集流管和波纹连接管等，重 308 t，用螺栓与外定子固定。

定子铁芯由冷轧硅钢片组成，用硅钢片既可以提高磁性又可以减少涡流损耗。定子线圈则是由若干束线棒组成的线圈，定子铁芯由氢气冷却，而定子线圈矩形铜管内通有去离子水，进行冷却。

9.2　发电机定子线圈冷却水系统

9.2.1　系统的功能

本系统的作用是通过一个闭合的低电导率水的循环回路，带走核电厂带负荷运行时发电机定子线圈内的热量。

9.2.2 系统的描述

发电机定子线圈冷却水系统是由容积控制箱、水泵、热交换器电加热器、过滤器、离子交换器、气体收集容器以及有关的阀门与管道组成，如图 9-5 所示。容积控制水箱保证整个系统始终满水，并为两台水泵的入口提供一定的压头，同时当水温变化时，起容积补偿的作用。该水箱由核岛除盐水分配系统补水，补水可由水箱液位通过浮子自动控制。两台水泵，一台工作，一台备用。系统中电加热器在停机时投入运行，以自动维持发电机定子线圈冷却水系统的水温，从而避免定子线圈受潮；或者当定子线圈受潮时，电加热器可用于干燥定子线圈。气体收集箱是为收集和排放泄漏到水中的氢气而设置的。

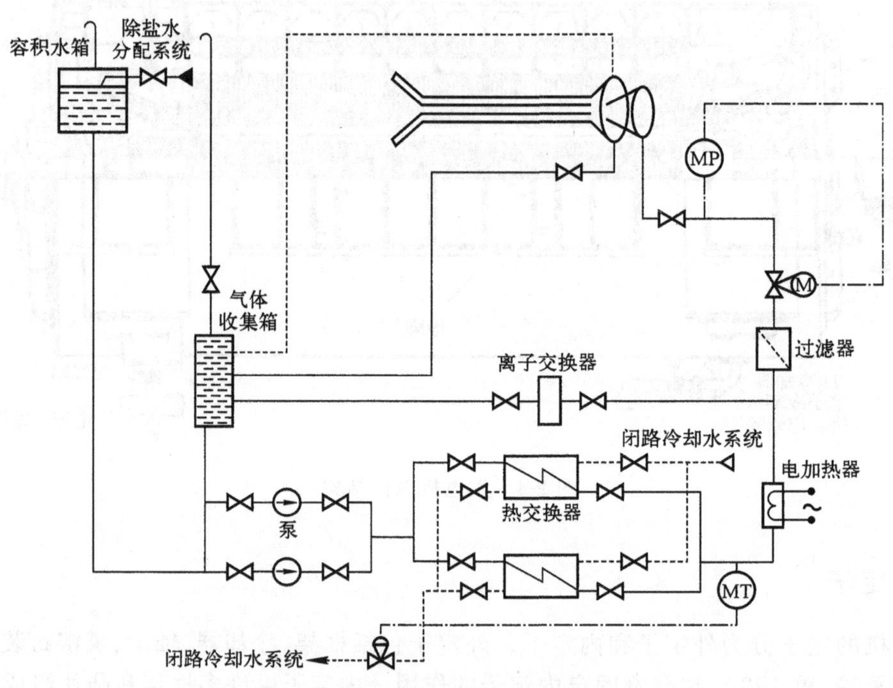

图 9-5　发电机定子线圈冷却水系统

9.2.3 系统的运行

核电厂正常运行时，发电机定子线圈冷却系统实现以下的控制：

1. 调节由常规岛闭路冷却水系统提供的冷却水的流量，以控制定子线圈入口的冷却水温，避免定子内温度变化，使定子线棒与铁芯之间产生的相对变形(热膨胀)减少；

2. 汽轮发电机组停机后，投入电加热器，以控制定子线圈水温，避免因受潮而损坏；

3. 定子线圈冷却水压力由电动调节阀控制，它应始终小于氢气压力，以防止冷却水漏到发电机内；

4. 当水的电导率大于 1.8 μS/cm 时，手动投入离子交换器，以降低水的电导率。

9.3　发电机氢气供应、冷却系统

9.3.1　系统的功能

核电厂正常运行时，发电机氢气供应系统应保证发电机内氢气压力，监测氢气纯度和干燥氢气，保证发电机工作在允许的限值内。发电机启动时，本系统通过中间介质二氧化碳来排除发电机内的空气而充入氢气；相反，在发电机停机检修前，由本系统用二氧化碳扫除发电机内的氢气而充入空气。

发电机氢气冷却系统是利用常规岛闭路冷却水系统的水冷却发电机内循环的氢气以及励磁机内循环的空气。本系统还利用设置在发电机及励磁机内的热电偶，对发电机和励磁机的温度进行连续地监测。

9.3.2　系统的描述

发电机氢气供应系统主要由氢、二氧化碳及压缩空气供应管道及手动阀门等组成，如图 9-6 所示。

为了保证充气和排气的安全，系统采用两个可拆卸刚性的 U 形接头来连接气源及管道，一个用于氢气供应，另一个 U 形管(具有不同半径)用于二氧化碳的供应。系统设有氢气及二氧化碳取样管道，配备有温度及纯度分析仪，设有定子线圈冷却水泄漏监测和报警装置及气体干燥器，还设置了紧急排气盘。

从图 9-6 所示发电机氢气供应系统原理图上可看出，系统的排空气充氢气流程如下：把两个可拆卸移动的 U 型管接在氢气和二氧化碳气源管上，然后向系统充入二氧化碳，在压差作用下，发电机内空气通过相应的管道从系统内排空，根据取样和监测分析，确认空气已排完时，打开压力调节阀向发电机充氢，同样，在压差作用下，发电机内的二氧化碳从系统向大气排放而排空。根据取样和监测分析，二氧化碳已排完，且发电机内氢气压力、湿度和纯度均符合运行要求时，充氢过程结束，否则，要用干燥器对氢气进行处理，正常运行时，氢是依靠其压差维持循环的。

若发电机要停机检修，排除氢气充入空气的流程是：先把氢气源供应管的 U 形接管拆装到压缩空气供应管道上，然后向系统充二氧化碳，这时，在压差作用下，发电机内的氢气由相应的管道向大气排放，根据取样和监测分析，氢已排完时，二氧化碳供应管的 U 形接管也拆装到空气管线上，当两个 U 形接管同时接上空气管线，即可向发电机内充入空气，二氧化碳在压差作用下向大气排放。

为防止意外事故而危及发电机安全，本系统设有紧急排气盘，通过它可迅速向发电机内充二氧化碳，使氢气迅速排空，避免爆炸。

发电机氢气冷却系统有 4 台氢气冷却器，每台容量为 25%，分装在发电机两端，如图 9-7所示。冷却器为管式热交换器，垂直地布置在发电机的上部，氢气靠发电机转子两端的两台离心式风机驱动，由常规岛闭路冷却水系统提供冷却。励磁机空气冷却器有 4 台，每台容量为 50%，分装在励磁机的两侧，正常运行时两侧各有一台冷却器投入运行，另一台备用，冷却器为管式热交换器，空气靠励磁机电枢转动时的鼓风作用而循环，也由常规岛闭路冷却水系统提供冷却。

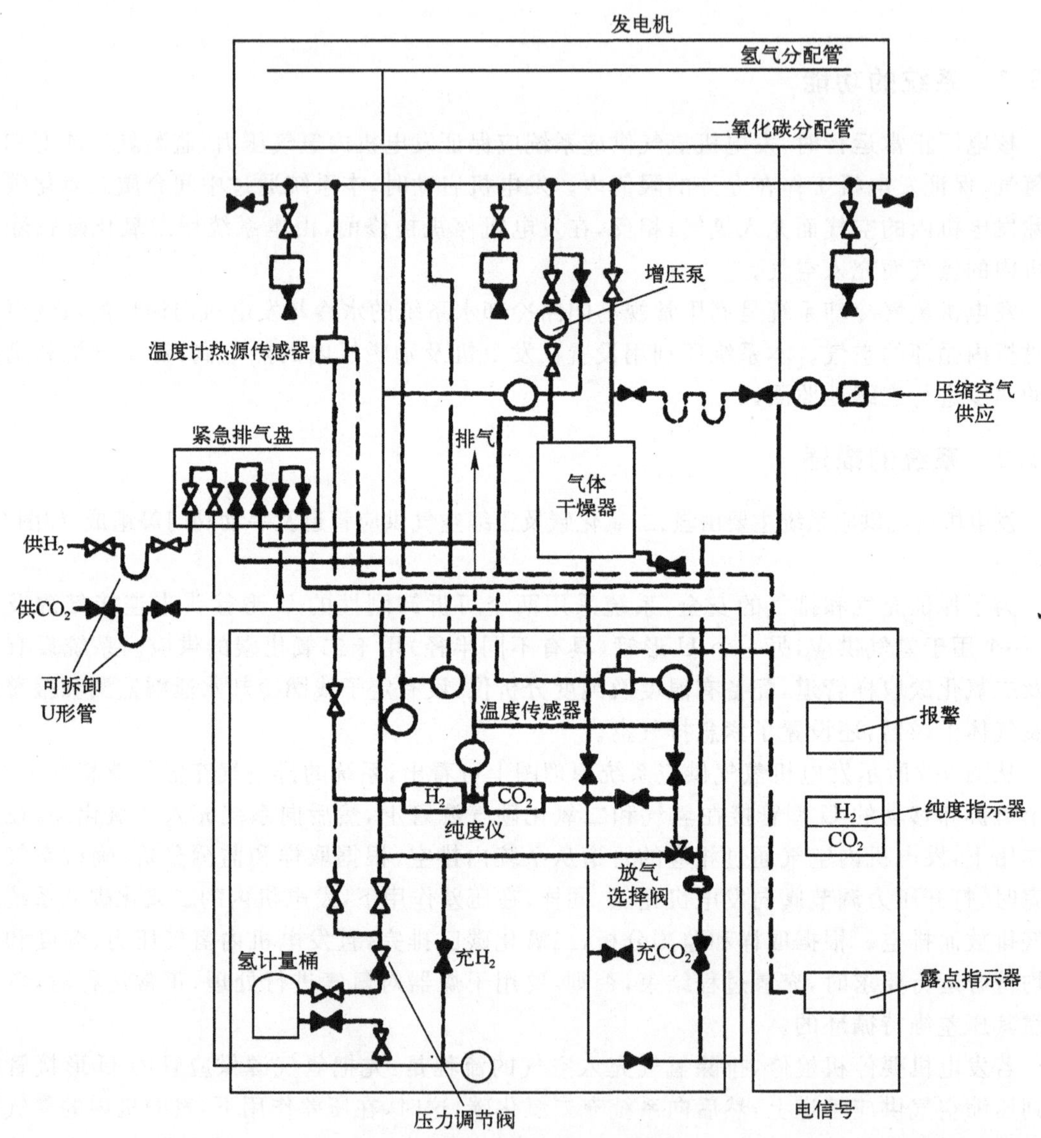

图 9-6　发电机氢气供应系统原理图

9.3.3　系统的运行

在正常运行时，发电机氢气供应系统由制氢和分配系统供给氢气，由气体贮存和分配系统供给二氧化碳，由压缩空气分配系统供给空气。氢气压力由氢计量计维持在 0.6 MPa 左右，不足时由压力调节阀向发电机内补充氢气。氢气纯度应≥98%，其报警值为 95%，如氢气纯度下降，应打开主通风隔离阀，把不纯气体排放出去，被排放部分气体将由氢气供应管线自动补给，直到发电机内氢气压力达到规定值为止，发电机内氢气露点温度范围为

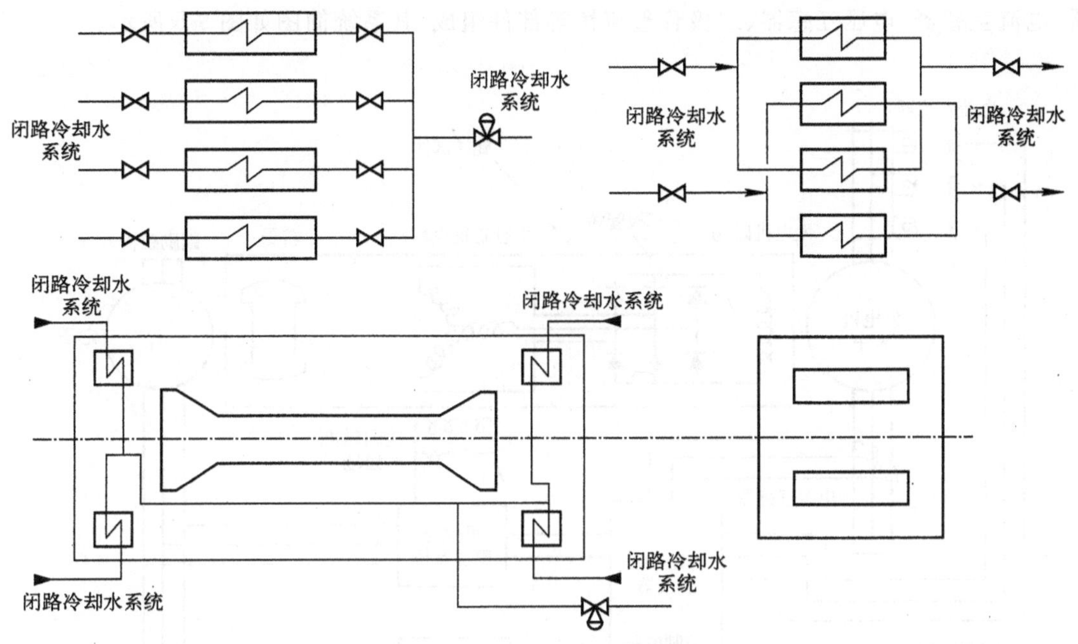

图 9-7　发电机氢气冷却系统

0～3 ℃,其报警值为 5～10 ℃,如氢气露点温度达到报警值时,可手动打开主通风隔离阀,使潮湿气体排出,充进干燥的氢气,从而降低露点温度。

发电机正常运行时,发电机氢气冷却系统的 4 台氢气冷却器全部投入运行,无备用。如果发电机有一台氢气冷却器因故障退出运行,发电机输出功率应减至满负荷的 70%,如果有两台氢气冷却器退出运行,而不在发电机同一侧时,输出功率需减至满负荷的 65%,如果发电机的同一侧有两台氢气冷却器退出运行,则输出功率应减为零,不能带功率运行。

运行时,如发电机氢气冷却系统所有冷却器出口氢气温度都逐渐升高,这可能是调节阀工作不正常,应进一步打开以降低氢气温度,另一种可能原因是氢气供应系统故障,如氢气压力过低,应通过增加氢气压力或减负荷以降低氢气温度。如果四个氢气冷却器的氢气温度都迅速升高,这是由于所有氢气冷却器失去了闭路冷却水系统冷却水,这种情况下,发电机维持最大连续输出功率的时间只允许为 90 s,冷却器氢气进口温度定值是 90 ℃,超出时将导致发电机跳闸。

9.4　发电机励磁和电压调节系统

9.4.1　系统的功能

本系统的作用是保证发电机的励磁建立转子旋转磁场,发电机并网前用以调节同步所需的空载电压,发电机并网后用以调节与电网交换的无功功率。

9.4.2　系统的描述

发电机励磁和电压调节系统主要由主励磁机、副励磁机、可控硅整流桥、自动励磁调节器、电流互感器、电压互感器、二极管整流桥等部件组成，其系统简图如图 9-8 所示。

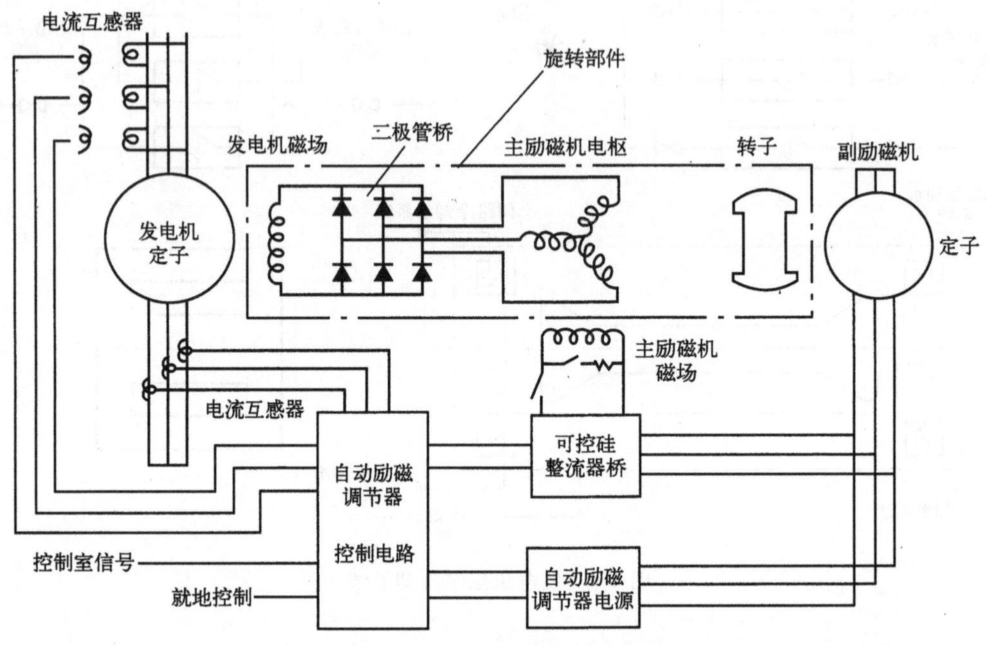

图 9-8　发电机励磁系统原理图

本系统的工作原理是：当发电机以 3 000 r/min 的同步转速旋转，发电机定子绕组三相接成星形（Y 形），转子绕组由励磁系统供给励磁电流（直流），转子旋转时，旋转磁场切割定子绕组，并在其中感应出电势。当发电机并网后向电网输出功率时，有电流通过定子绕组，产生感应磁场，这个磁场与空载时的转子磁场相比在空间上有所偏离，它们相应的感应电势在时间上也不同相。在感性负载条件下，负载后的感应电势将滞后于空载感应电势，其间的相位差称为内角。当发电机发出电感性无功功率时，定子电流滞后于定子电压，电枢反应为去磁反应，即定子磁场对转子磁场起阻碍作用，使发电机的感应电势减小；为维持发电机感应电势，必须增加励磁电流，电机中的磁场，此时发电机为过励，当发电机发出容性无功功率时（即容性负载条件下），定子电流超前于定子电压，电枢反应为增磁作用，即定子磁场对转子磁场起推动作用，使发电机感应电势增强，为此须减小励磁电流，此时发电机为欠励运行。由此可见，改变励磁电流的大小，可以改变发电机向电网输送的无功功率。

发电机并列运行时，其频率取决于电网的频率。若汽轮机加速或减速，发电机将出现一个相反的力矩，使汽轮发电机组转速维持同步转速，即保持稳定运行。发电机能否稳定运行取决于其内角。当内角超过 π/2 时机组就会失步而不稳定，失步的极限取决于励磁电流的大小，为使发电机不失去稳定，其励磁电流须不低于某一最小临界值；为了避免转子绕组过热，励磁电流还有一个最大限制值。

9.4.3 系统的运行

1. *自动励磁调节器*

在发电机励磁和电压调节系统正常运行时，由两路励磁同时运行，各担负 50% 负荷，当其中一路（如 A 路）发生故障，则另一路（B 路）继续运行，担负全部励磁；如两路自动励磁都发生故障，则第二路故障后，自动转换到手动励磁控制，由操纵员在主控室完成调节。

2. *转子测量和监测系统*

正常运行时，转子测量和监测系统对主发电机转子的电气参数进行连续监测。这些主要参数是：主发电机励磁电流，电压以及转子线圈温度，整流器组件载流导线的探测线圈的输出，轴接地的电流与电压等。

3. *主发电机定子线圈端部支撑的振动测量*

正常运行时，由安装在发电机每一端部的支撑上的三个加速度仪表组件，对定子线圈端部支撑的振动幅值进行不定期测量。

4. *主发电机定子线圈电流传感器*

正常运行时，电流传感器用于对定子线圈每相中每个平行电路的电流变化率进行连续监测。

9.5 发电机和输电保护系统

9.5.1 系统的功能

发电机和输电保护系统的主要作用是探测和限制电厂内部和外部的故障，采取必要措施切断隔离故障点，以限制故障可能造成的损失，保护机组及输电设施的可用性。

9.5.2 系统的描述和运行

发电机和输电保护系统主要由若干种不同类型的继电器组成，具有足够的灵敏度与可靠性，保护动作迅速，当发生如表 9-1 所列来源于电厂内部或外部的故障时，对机组及输电设施加以保护。

表 9-1　发电机和输电保护系统的保护

来源于电厂内部故障	来源于电厂外部故障
定子、转子、发电机与变压器间连接的接地、变压器绕组	电网的单相或多相短路低电压或过电压
与 6.6 kV 母线连接的接地	电流不平衡
发电机相间短路	过负荷
发电机失磁	频率降低或升高
电压调节器故障	失步

为限止发电机定子两相间短路故障，设有差动保护装置，其工作原理如图 9-9 所示。正常情况下，线路中电流为 I，流过两电流互感器 CT_1，CT_2，由于发电机定子每相输入和输

出电流相等，两个电流互感器性能一样，感应的电流 i_1，i_2 大小相等，极性也一致，流过差动继电器的电流为零，差动继电器不动作。当两电流互感器之间发生故障，或有相间短路、绕组与铁芯之间绝缘逐渐损坏等故障时，这时 $i_1 \neq i_2$，继电器动作引起保护动作，发电机跳闸。差动装置也同样适用于变压器内部的相间故障保护。

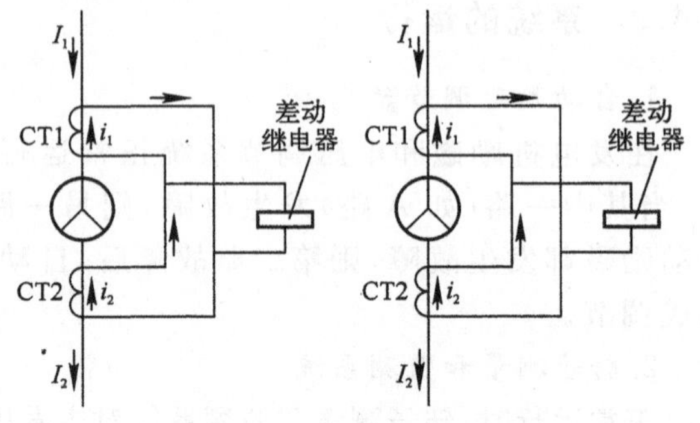

图 9-9　差动保护装置

9.6　厂用电系统

9.6.1　系统概述

压水堆核电厂发出的电能除供给厂用电外，绝大部分经主变压器升压送往电网。压水堆核电厂的厂用电率一般为 4%～5%，比同容量火电厂低，但核电厂厂用电有很高的要求，在外电源失电和一回路失水事故同时发生的情况下，要能确保压水堆安全停闭。为此，在厂用电设计中必须遵循核电厂的安全准则，即系统、设备的多重性和独立性。

核电厂必须有两个独立的外电源(图 9-10)。

1. 主要电源是主电网(400 kV 或 500 kV)，通过降压变压器(3 线圈式，即有两个二次绕组)分两段供电；

2. 主电网故障时，由辅助电网(220 kV 或 6.6 kV)通过辅助变压器(3 线圈式，或两台)供电，它能在 1.5～3 s 内投入；

3. 两段专设安全设施护母线，它们分别接有两台应急柴油发电机，在失去外电源，又停堆时，它们可以自启动并连接到厂用电网，以确保压水堆安全停运时对电源的最低限度的需要。

如图 9-10 所示，核电厂的专设安全设施有 A，B 两套，双重保险，其主要设备都由两路互相独立的电源供电，当一路电源故障时，另一路电源可投入，在正常情况下，母线是由汽轮发电机组经过降压变压器直接供电，或者在发电机停机时，由外电源供电。在失去外电源的事故情况下，由柴油发电机供电。非主要设备通过连接于降压变压器上的母线供电或者通过辅助变压器供电。

9.6.2　厂用电负荷分类

压水堆核电厂厂用电设备主要是水泵、风机、电动阀门、蓄电池、照明设备等。根据其重要程度大致可分为以下三种类型。

1. 正常运行负荷(第一类负荷)

机组工作时必须投入运行的负荷称为正常运行负荷，即这类负荷是与机组同时启、停的，主要有：一回路主泵、二回路的凝结水泵、循环水泵等，它们是厂用电的主要负荷，耗电量约占厂用电的 60%以上。

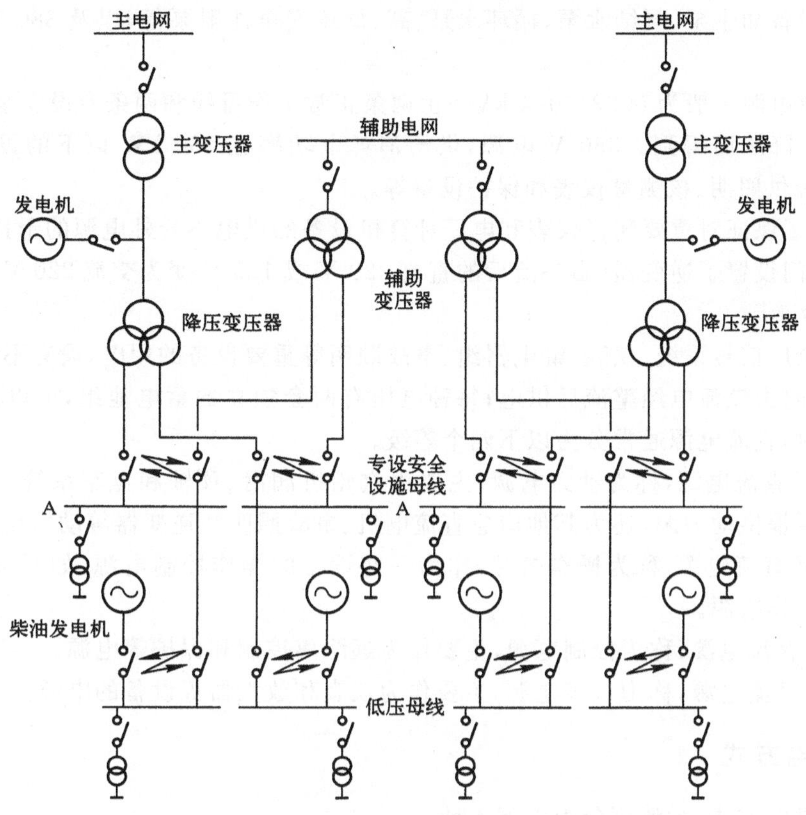

图 9-10　压水堆核电厂的电气系统(双堆机组)

第一类负荷由机组普通电源供电。

2. 永久性负荷(第二类负荷)

永久性负荷不论机组运行或停运,要求必须保证送电,否则,会对生产造成极大影响。这类负荷有水处理车间的设备,空压机设备等。

第二类负荷由机组常备电源供电。

3. 安全负荷(第三类负荷)

安全负荷是要求必须连续、永远供电的设备。这类设备中有的是一直在运行的,如核测量系统,保护系统等;有的设备在需要或事故情况下启动,如安全注射泵,安全壳喷淋泵等。这类负荷一旦断电即使是短时间的间断,都有可能造成设备的损害,甚至危及到核安全。

安全负荷的配电盘由机组常备电源供电,每一段母线均有 100% 的安全负荷容量。为了保证两段母线的可靠性,在全厂断电时,由应急电源—两段母线所配备的柴油发电机组供电。

9.6.3　电源分类

厂用电电源根据用电性质可分为交流电源与直流电源。

1. 交流电源

压水堆核电厂的交流电源通常分为高压交流电源与低压交流电源。

高压交流电源一般为 6.0～10.0 kV,图 9-10 中选用 6.6 kV,供给耗电功率在 160 kW

以上的大型设备如主泵、凝结水泵、循环水泵、高、低压安全注射泵等，以及 380 V 电源变压器。

低压交流电源一般为 0.23～0.4 kV。由两条正常工作母线和两条专设安全设施母线，分别经变压器降压而得到。380 V 电源，供给消耗电功率在 160 kW 以下的设备，充电器等；220 V电源供照明、核测量仪表和保护设备等。

另外，为了保证对重要测量仪表和电厂计算机设备的供电不受外电源的干扰，能稳定可靠地工作，专门设置了逆变器(由整流后的直流 220 V 或 125 V 变为交流 220 V 或 380 V)。

2. 直流电源

为供应全厂信号系统、仪表、继电器组、事故照明等重要设备的用电，设有不同电压的直流电源，正常时由交流电经整流后供电；每种电压有两套独立的蓄电池组，可以单独地向负载供电一小时，直流电源通常分为以下四个等级。

1) 230 V 直流电源，称为动力电源，主要为汽轮机润滑、顶轴和盘车系统、发电机密封油系统直流泵提供动力源，还为其他应急直流电机、事故照明和逆变器等动力设备供电。

2) 125 V 直流电源，称为操作电源，作为一些设备的操作控制电源，如开关电磁线圈、逆变器等的工作电源。

3) 48 V 直流电源，称为控制电源，主要作为远距离控制和保护等电源。

4) 30 V 直流电源，称为仪表电源，主要作为仪表和放大器等设备的电源。

9.6.4 供电方式

厂用电供电方式，大致可分为以下 4 种。

1. 发电机供电方式

在这种供电方式下，发电机产生的电能一方面通过主变压器向电网送电，另一方面通过厂用变压器向厂内负荷送电，正常运行情况下一般采用此种供电方式；电网故障时，发电机通过厂用变压器仅供厂用电。

2. 主电网供电方式

当机组故障或检修停机期间，发电机不发电，由主电网反供厂用电，即厂用电由主电网通过主变压器和厂用变压器倒送电。

3. 辅助电网供电方式

当机组故障或停运时，发电机不发电，若主电网又不可用，这时厂用电可切换到辅助电网供电方式。这时，停供正常运行负荷，仅供厂用电的重要负荷及应急负荷。

4. 柴油机供电方式

当机组故障或停运期间，主电网又发生故障且辅助电网也不可用时，厂内重要负荷及应急负荷便由柴油发电机组供电，这种供电方式属于应急供电方式，遇到的概率很小。每一台机组的两个应急配电盘各备有一台额定功率为 6 700 kW 的柴油发电机组，它们可在 10 s 内自启动带负荷运行，需 40 s 才能实现带全负荷运行。

第10章　压水堆核电厂的调试启动

一座大型压水堆核电厂建设工程可以分为设计、制造、建造、调试、运行和退役几个阶段。调试启动过程是核电厂投产的前一工程阶段，在此过程中，需进行各种必要的试验，以保证安装好的各个部件、设备和系统，及整个电厂都能按设计要求及有关准则正确地运行。

10.1　调试的主要阶段

核电厂的调试启动的三个主要阶段分述如下。

A阶段：预运行试验

1. 设备初步试验

每一台设备安装完毕，都必须进行单项试验，以检查设备安装是否正确及能否达到设计所要求的性能。

2. 基本系统试验

在系统中所有设备初步试验完成后，需要对该系统的功能及与系统有联系的各种回路的功能进行检查。

3. 系统综合试验

对互相并联的若干基本系统进行联合功能检查。它又可分为冷态性能试验与热态性能试验两个分阶段：

(1)冷态试验

对一回路主系统进行水压试验和冷态试验。冷态试验结束后安装设备与管道的热绝缘。

(2)热态试验

利用反应堆冷却剂泵和稳压器电加热器对一回路升温升压至额定参数，试验核蒸汽供应系统的热态功能。如无外汽源，在一回路热态试验时，对二回路进行热态试验。在热态试验结束后要进行一次全面检查，包括第一次在役检查(又称役前检查)，作为运行中在役检查的基准，做好装料前的准备工作。

B阶段：装料，初始临界和低功率试验

这个阶段的目的是证实反应堆已处于能够启动的状态，并证实堆芯冷却剂、堆芯、反应性控制、反应堆物理参数和屏蔽等特性都能满足核电厂运行有关的安全要求。B阶段分为下列分阶段：

1. 装料和次临界试验

按规定程序进行装料，以保证安全和正确的装载；装料后在反应堆处于次临界状态时，确定冷却剂流动特性及其对部件的影响，以及反应堆控制设备的可运行性，进行一些性能自验。

2. *启动到初始临界*

按预定步骤、有次序地改变堆内反应性,以逼近临界。必须连续地监测和分析反应性的变化,确保初次启动安全。

3. *低功率试验*

按反应堆设计要求,在反应堆功率维持在足够低的水平情况下,进行持续时间较长的系统流动性能试验和冷态、热态性能试验。证实反应堆已具有较高功率水平下运行的合适条件。

C 阶段:功率试验

包括逐级逼近满功率的试验和满功率试验。在每一分阶段,要在规定的功率水平下进行一系列试验。典型的分级为额定功率的 10%,25%,50%,75%和 100%,以验证核电厂能按设计要求安全地连续运行。

调试启动是核电厂建设中一个非常重要的阶段,它可以:

1. 从大量试验数据中,验证核电厂的建造和设备安装质量是否符合设计标准;

2. 通过核电厂运行瞬态和在假想事故条件下运行特性的检验,验证是否符合设计要求,以确保核电厂安全、可靠地投入运行,并可为设计、制造与施工的改进提供参考;

3. 验证运行限值和运行条件,检验运行规程和事故处理规程是否恰当;

4. 通过调试启动,使运行人员熟悉核电厂的性能和各种设备与系统的操作。

调试启动是一项复杂的技术组织工作,周密地计划和实施调试,对核电厂以后的安全运行十分重要,因此,必须制定一份详细的调试大纲,并且必须明确规定调试大纲各个部分的实施和报告的责任。调试大纲必须经国家核安全局的批准,在制订和实施整个调试大纲期间,营运单位必须和国家核安全局保持密切的联系。

表 10-1 列出了一个大型压水堆核电厂调试启动各阶段的主要工作内容,以及所需的时间。

10.2 基本系统试验

基本系统实验(阶段 A)包括单个系统独立试验(子阶段 I0)和一回路主、辅系统冲洗(即核回路清洗,NCC: Nuclear Circuit Cleaning)。前者包括对各系统的各项设备的检查和初步试验以及系统的基本试验;后者是核蒸汽供应系统(NSSS)从单个系统调试到总体试验的过渡,是冷态功能试验的前奏。本节只对这一阶段调试活动的总体过程作一个概述,并不对单个系统的独立试验逐一予以介绍。

10.2.1 单个系统独立试验

首先,在安装结束、实行责任移交的过程中,以及在责任移交后在建立的试验区内,在系统的试验进行之前,要把组成该系统的各项设备与图纸、设计说明书、合同等对照进行检查,以确认:

1. 系统、子系统或部件已按合同和设计要求(包括数量、质量)安装完工,未完工作不会影响调试或调试后所取得的结果。

表10-1 调试运行阶段表

分类	预运行试验						运行试验			
试验类别	基本系统试验		一回路及辅助回路装料前冷态和热态总体试验				调试			运行性能验证
试验名称	单个系统的独立试验	NSSS联合冲洗	冷态功能试验	热试车准备	热态功能试验	装料准备	燃料装载	冷态和热态临界前试验	首次临界和低功率试验	升至满功率及瞬时试验
子阶段	Ⅰ0	Ⅰ1	Ⅱ1	Ⅱ2	Ⅱ3	Ⅱ4	Ⅲ1	Ⅲ2	Ⅲ3	Ⅲ4
时间/周	—	4	2	16	6	6	2	8	8	8
内容摘要	单项设备初步试验： ·阀门 ·泵、风机 ·管道和容器 ·电气、仪表和控制 系统的基本试验： ·单个系统（包括回路、系统、仪表和控制系统、电气系统等）性能试验 ·特殊情况下系统性能试验	·冲刷并清洗主回路系统主管道和主要辅助系统及安全系统进入主管道的管路系统（安注系统/化容系统/余热排出系统） ·验证核设备（如上充泵、安注箱等）的工作能力 ·验证蒸汽发生器隔阻板的水密封性能	一回路水压试验： ·主回路系统和核辅系统高压部分打压试验 ·核相关系统的冷态功能试验 ·核高压部分的泄漏试验 ·水化学处理 ·役前检查 开盖情况下冷态功能试验： ·安注系统流量整定，再循环时安注泵的NPSH验证 ·安全壳喷淋系统流量压力试验 ·低压安注泵作高压安注泵的前置泵，安注泵和安全壳喷淋泵互为备用 ·电源切换 ·余热排出系统和乏燃料冷却系统互为备用	·压力容器和其他一回路设备役前检查 ·安装的收尾、遗留工作 ·设置调试锅炉，用试验蒸汽进行常规岛试验	在升温升压和降温降压过程中进行： ·RCP主设备（PZR、SG）功能试验 ·RCV功能试验，Rlc标定和检查 ·辅助系统功能试验，包括主泵轴封水、冷却水流量和温度验证，RRI、SEC、RRA、泄漏探测系统等 ·电气系统试验，包括：全厂断电、应急停堆盘试验等 ·安全壳通风、隔离系统试验 ·支承件膨胀和约束试验	·设备（包括压力容器内部构件）检查 ·RPR试验 ·RPN仪表安装、调试 ·临时启动仪表安装调试 ·PTR、PMC试验和检查 ·KRT检查 ·安装遗留项消除后的试验·对结果不满意的试验重新进行试验 ·安注箱试验 ·NSSS和堆坑充水（C_B=2 200 μg/g） ·模拟装料试验	·检查装料的先决条件是否满足 ·装料 RIC（核、温测）连接、就位 ·堆芯上部构件就位 ·控制棒组件与驱动机构连接 ·压力容器封盖	·冷停状态下的试验： —RIC通道密封性、定位 —RGL动作准确性 —落棒时间测定 ·升温、升压过程中和热停状态下的试验： —监测堆冷却剂化学性质 —验证堆芯热偶与电阻温度计特性 —检查RCP部件支承结构正确性 —确认压力容器水位测量系统工作正常 —落棒时间测定	·稀释及提棒达临界 ·零功率下堆芯物理试验（包括各种棒态下C_B^C、α_{iso}、φ、控制棒积、微分效率测量等） ·10% FP汽轮发电机试验 ·并网 ·50% FP以下的物理试验和瞬时试验	·物理参数测量（φ、反应性系数） ·PRC、LSS参数测量并最终确定 ·功率调节棒刻度 ·100%FP下瞬时试验 ·机组性能试验

2.设备清洁完好,可投入运行。

3.测试设备经过标定,并可操作。

4.经过安装后的机械或电气设备已经过检查可以进行试验,且不会影响试验结果。

其次,对于下列一些机械、电气及仪表控制设备还需作进一步的检查。

1.阀门　其安装、布置、支撑结构及标牌情况,其可操作性及可维修性,是否可以挂锁,机械、电气和气体的连接件连接是否完好,是否可以自由地进行手动操作,电气接线是否正确,对地绝缘是否良好。

2. 泵、风机　其轴是否对中,润滑油的液位是否正确,冷却系统流量正确否,轴是否可以自由转动,监察仪表工作是否正常。

3.容器及管道　容器及管道是否经过冲洗,是否洁净,密封垫是否合适,密封是否完整,是否经过静态水压试验,管道支承是否正确,紧固螺栓的拧紧力矩对不对,接地是否良好。

4.电机　其定位、支撑、润滑、通风及冷却是否完好;检查其铭牌及标牌的正确性,电气接线的正确性;测量轴承温度热电偶及定子温度探头接线的正确性;对地绝缘、线包间绝缘的情况。

5.继电线路及仪表、控制电路　检查线路是否与图纸相符;对机柜内外接线作目视检查;机柜内安装零件、电缆及内部接线等标牌检查;就地仪表或传感器安装情况及安装前的标定结果及记录仪、指示仪的标定结果检查。只有在上述各项检查的结果都满意之后,才能对各项设备进行初步的调试试验,包括各种调整、刻度、逻辑控制的空白试验等试验。

前述设备(阀门,泵,等)是组成回路系统的主要设备,有关的试验项目举例如下。

— 阀门

泄漏,开关时间,阀门的行程,位置指示,转矩和行程极限的整定值,承压后的可运行性,卸压阀和安全阀的整定值校正及功能,气动阀门的运行和有关信息的传输和处理。

— 泵、风机

振动,噪声,轴承温度,电动机负荷的时间特性曲线,密封或密封压盖泄漏,密封冷却,流量特性和压力特性,润滑,加速度和惰转。

— 容器及管道

重力冲洗,清除障碍物,调整支架,选用合适的衬垫,调整螺栓扭矩,保温,充水和排气。

— 电机

旋转方向,振动,超载保护和短路保护,整定值和满负荷运行电流之间的裕量,润滑,绝缘试验,电源电压,相序检验,中线电流,带负荷下加速度,在规定的冷态和热态启动条件下的温升,相电流,承载能力的时间及负荷特性曲线,电动机的运行及有关信息的传输和处理。电动泵的电动机部分在与泵不联轴的情况下调试成功后,将其与泵体相连,在小流量的情况下进行试运行,以验证电动泵的运行以及冷却、润滑油系统的运行情况。

— 电气、仪表和控制

对电气设备,在通电前,通过测量绝缘电压,进行高压试验、耐久性试验和控制装置的运行试验,验证其完整性和运行;通电后测量电压、频率、电流,完成电压调节等试验;断路器操作,总线切换,跳闸整定值,禁止/许可连锁操作,报警,标定。

在完成单项设备初步试验后,就需要进行基本系统的试验。对于不同类型的基本系统需要进行不同的试验。

对于回路系统，需要进行单个回路的水压试验；将电、气、水等供给系统作首次启动；进行动力冲洗，即启动回路上的泵对回路进行水力冲洗；按照各种回路系统应该具有的功能特性对系统进行试验。

对于仪表和控制系统，需要进行继电线路、仪控系统的带电调试，包括正常运行时的功能试验，在偏离正常工况时提供报警信号(以便采取纠正措施和监测事件发生的顺序)的试验。仪表和控制系统需在整个设计的运行范围内进行试验，并对功能失常和故障进行模拟试验。有些控制系统可与有关设备一起进行试验。

对于电气系统，则包括对正常和应急交流配电系统、直流系统、应急交流电源等的功能试验。

10.2.2　一回路主、辅系统冲洗试验

一回路主、辅系统冲洗试验(NCC)的目的是冷态试验的前奏并为核系统冷态打压试验作准备的，其试验的目的是：

冲刷并清洗反应堆冷却剂主管道和主要辅助系统进入主管的管线系统，其中主要是安全注入系统、化学和容积控制系统和余热排出系统；安全注入箱的注入管道特性测量及注入管、试验管道的清洗。

通过冲刷试验了来验证核设备，如上充泵、低压安注泵、安全注入箱、余热排出泵和乏燃料水池循环泵的工作能力和池水净化过滤器的净化能力。

验证蒸汽发生器一次侧水腔与主管道隔阻板的水密封性能，为电厂大修、蒸汽发生器在役检查及维修作准备。

NCC 试验是在反应堆压力容器开盖、无堆内构件的情况下进行。因此，整个核系统是在处于大气压状态下进行试验的。蒸汽发生器的一次侧水腔与主管道出入口连接处，用特殊的水密封隔阻板来阻塞。在蒸汽发生器安放隔阻板后，在对蒸汽发生器作在役检查和停堆维修时，就可以打开人孔盖进行。因此，隔阻板的水密性是保证人员安全的重要条件，每次安放前均要进行水密封试验。

NCC 前，主回路准备的另一个重要条件是主泵的联轴和主泵一号轴封水注入。其原因是，主泵联轴后使主泵的二号、三号机械轴封关闭，防止主泵一号轴封水沿轴上窜而向泵体外泄漏；另外，一号轴封加轴封水后，使其密封面不断有高纯度的去离子水通过，水的压力在反应堆开盖情况下为 0.7 MPa，流量为 500 L/h，就注入水压力而言，足以阻止回路水进入主泵一号密封而污染其密封面。

NCC 的过程主要包括：主泵一号轴封水投入；压力容器底部充水；主泵电机与泵体连轴；安全注入箱向压力容器卸压冲刷；化容系统上充管线向主回路冲洗；化容辅助喷淋管线向主回路冲洗；热段安注管线向主回路冲洗；冷段安注管线向主回路冲洗；通过余热排出系统再循环主回路系统水；主回路向余热排出系统/乏燃料水池的冷却与净化系统向厂外排水。

10.3　冷态功能试验

冷态功能试验和后面介绍的热态功能试验属于总体试验(Overall Test)范畴。内容包括：冷态反应堆压力容器合盖情况下的试验(冷态打压和功能试验)和开盖情况下的功能试

验。这两种试验的顺序可以根据具体情况确定。

冷态功能试验主要包括主辅系统的功能试验及其高压边界内的打压试验两部分。所涉及的系统有反应堆冷却剂系统，化容系统，安注系统以及余热排出系统。其主要目的为：

1. 核主、辅系统高压部分按承压容器耐压试验规定，按其设计压力 17.2 MPa 的 1.33 倍进行耐压试验，时间不少于 30 min；

2. 与一回路相关系统（余热排出系统，化学与容积控制系统，主回路系统）的冷态功能试验；

3. 与一回路相连的高压管线的泄漏试验。

水压试验的实验压力一般取设计压力的 1.33 倍，或不低于从下述公式得到的 p_s 值：

$$p_s = Kp_c \frac{R_F}{R_C}$$

式中，p_c 为设计压力；R_F 为试验温度下设备所用材料的许用应力；R_C 为设计温度下设备所用材料的许用应力；K 为系数，对于锻件取 1.25，铸件取 1.5。

试验时水温应高于压力容器脆性转变温度 38 ℃，以防止在试压时发生脆性断裂。

10.3.1 冷态打压及功能试验条件

冷态功能试验是在核主、辅系统冲洗试验后进行的，此时核岛单个系统经调试已具备了联合调试的条件，并且各项水质指标均满足要求。另外，还必须具备以下条件：两路独立的外电源供电；仪表用压缩空气生产和分配系统可用；去离子水生产及分配系统可用；通讯系统可用。

核岛部分必须具备的条件如下。

核主、辅系统的补给水源为满足“冷试”期间试验系统的充水和补水需要，换料水箱的水来自除盐水生产车间，通过核岛除盐水分配系统给水箱供水，换料水箱水可通过重力或低压安注泵、上充泵向主系统充水。正常试验期间回路的补水是通过反应堆硼和水补给系统向容控箱补水来完成的。

核主、辅系统的冷却水源为向主泵电机、低压安注泵电机、上充泵小流量管线和轴封水回水管线热交换器、余热排出泵轴封水及热交换提供冷源（至少要在其二次侧充水），设备冷却水系统和重要厂用水系统应可用并投入正常运行。

反应堆冷却剂系统：反应堆压力容器内，上、下堆内构件就位，在堆芯位置安装堆芯过滤器，以模拟堆芯压差及防止回路异物进入循环回路。压力容器顶盖就位，螺栓上紧，堆芯测量管装上假指塞，堆芯上部测温热电偶和控制棒电缆按正常运行工况连接；蒸汽发生器一次侧人孔盖上紧；管板的二次侧装上管板变形探测装置并保持干燥状态；稳压器安全阀的卸压阀和隔离阀均用特殊装置盲死；在稳压器顶部附上七个热电偶装置以测量其表面温度。主泵电机、循环油泵的试验，三道密封管线冲洗试验完成，能满足主泵运行启动条件。堆芯压差测量装置就位。

化容系统的单系统调试已能满足冷试要求。上充泵、容控箱、上充线、密封线、下泄线、过剩下泄线、水质净化和处理部分均能投入使用，特别是主泵一号密封水流量测量仪要经过严格的标定。整个系统经过清洗，水质分析达到核一级水平。安全阀安装就位；容控箱水位和压力调节正常。

余热排出系统和安全注入系统的阀门试验、继电保护系统试验、电机和泵试验、回路冲洗均能满足“冷试”的要求。特别是打压试验泵试验完毕，保证压力能升至24.0 MPa。

集中数据处理系统和部件松动与振动监测系统两系统已投入进行数据收集处理和系统运行监视，以保证核主设备运行的安全。

10.3.2 试验过程

整个冷试过程可概括为下列几个重要的阶段。

(1) 系统隔离，隔离边界检查，有关运行操作程序生效。

(2) 系统动力充水、排气；隔离边界的泄漏检查，相应主辅系统设备投入试验。

(3) 主泵启动，动力排气。

(4) 各个压力平台(2.7,10.0,15.4,16.2,16.5,17.2 MPa至22.8 MPa)，边界泄漏检查。正常冷停堆条件下的系统功能试验。

(5) 降压至2.7 MPa表压，主回路与余热排出系统相连，冷态功能试验结束。

1. 系统隔离、检查和重力充水、排气阶段

在系统边界隔离的基础上，利用换料水箱的高水位差，通过上充泵入口，对高压安注管线充水；同时进行上充泵排气，上充泵启动，对上充管线、高压安注管线动力充水、排气。同样，利用换料水箱的高水位差，通过低压安注泵入口、低压安注泵和低压安注管线，为主系统充水、排气。打开主系统与余热排出系统的连接阀门，向余热排出系统充水、排气。同时，要对余热排出系统的安全阀充水、冲洗、排气。对一回路主系统的稳压器充水，亦是由换料水箱通过低压安注管线。再向主回路冷、热段注水，主系统稳压器可充至17 m标高。

2. 系统动力排气，主泵启动阶段

为保证主泵启动的最低压力，系统升压至2.3 MPa(表压力)以上。升压后，一定要对隔离边界内外作全面的泄漏检查。升压过程中，要对化容系统有关的压力控制和上充、下泄流量孔板进行校核试验。

(1) 主泵启动　主泵启动是动力排气中一个重要步骤，为排除蒸汽发生器一次侧U形管顶部的残余气体，只有循环一回路水，将这部分气从U形管顶部带到稳压器或压力容器方能实现排气。一般说来，启动运转时间控制在20～30 s之间为最佳赶气时间。对主泵来说，这是第一次启动，因此事关重大，各项检查工作均要按规程程序进行。检查工作包括主泵电机的冷却水压力、流量，轴承润滑油油位，轴承温度检测装置；主泵主轴的周向和上下的位移量，润滑油泵启动后的主轴上蹿量；主泵一号轴封水流量和回水流量的检查，三号轴封直立管的水位等等，均要严格符合技术规范的要求，在主泵启动过程中要密切注意回路压力的变化，一旦主回路压力低于1.7 MPa(表压力)应立即停止主泵。

(2) 系统的排气　每启动一台主泵后，均要将主回路压力降至标准大气压，以便将在高压下溶解在水中的空气在常压下能释放出来。降压后一般要等待6或7 h，待气体从水中充分释放后再排气，排气点主要是压力容器、稳压器顶部，主泵蜗壳体等。第二台主泵启动升压后[2.7 MPa(表压力)]，先将主泵一号密封线排气阀打开，充分排气，并且一定要将余热排出泵投入，将主回路水充分搅拌、排气。三台主泵按上述办法交替启动，排完三个环路的残气。最后，将三台主泵作间隔25 s的相继启动，并同时运行30 s。

(3) 下泄流量验证和回路内残留气体含量计算　对下泄流孔板用化容系统的容控箱水

位变化来进行验证试验；并在升压过程中，用容控箱水位的变化来计算回路残气的含量，利用以下公式可得：

$$(L_1 - L_2)A = V_1 - V_2 = V_2\left[\left(\frac{p_2}{p_1}\right) - 1\right]$$

$$p_0V_0 = p_1V_1 = p_2V_2$$

由此可知：

$$V_0 = p_2V_2/p_0 = \left(\frac{p_2}{p_0}\right)(L_1 - L_2)A\frac{1}{\left(\frac{p_2}{p_1}\right) - 1}$$

式中，V_0 为常温常压下回路内残气量；L_1 为 p_1 压力下的容控箱水位；L_2 为 p_2 压力下的容控箱水位；A 为容控箱截面积；p_0 为大气压力。

在排气后，将回路压力升至 2.7 MPa(表压力)，达正常冷停堆条件。

3.　2.7 MPa 正常冷停堆条件下的试验

(1) 关闭小流量阀，仅留主泵一号轴封水(5.4 m^3/h)的情况下，作上充泵性能试验，主要测量其泵进出压力及泵体的振动情况。

(2) 反应堆冷却剂单相水情况下压力控制检查，对反应堆冷却剂压力和下泄流控制阀，上游压力相互校核，对上充、下泄流量进行流量校核。

(3) 水质调节，加 LiOH 以提高回路 pH 到 11，以保护不锈钢表面。

(4) 在余热排出泵全流量运行条件下，对余热排出泵的电流、电压、功率、泵振动情况的测定。

(5) 余热排出系统安全阀压力整定试验。

(6) 三台主泵试验，在正常冷停堆条件下，相继启动三台主泵，测量泵体振动、轴承温度、电机转速、电流、电压、功率系数，三道轴密封泄漏量等等。并密切注意堆芯过滤器压差的变化，堆内松动部件系统投入并监督主回路运行情况。

(7) 化容系统水质净化回路，离子交换器投入试验及净化流量测定。

4.　2.7 MPa 至 7.0 MPa 压力台阶

升压前隔离余热排出系统，升压至 7.0 MPa 后，检查堆芯测量系统高压指塞及通道的密封状况。检查结果若没有泄漏，升压至 10.0 MPa 压力台阶。

5.　10.0 MPa 压力台阶

在这压力下进行了边界泄漏试验的预试验，对出现泄漏的部件进行维修。

6. 升至 15.4 MPa(表压力)正常工作压力台阶

(1) 主泵试验，同正常冷停堆一样，不再赘述。

(2) 主回路泄漏试验，以验证总泄漏率低于规定的可泄漏水平。

7. 升压至 22.8 MPa 表压的水压试验压力台阶

(1) 压力增至 16.5 MPa 表压时，应逐步投入过剩下泄，隔离正常下泄，操作上一定要避免将上述操作程序颠倒而引起回路超压。

(2) 打开化容系统控制阀使试验泵与化容系统、安注系统和主回路系统，打压回路相互连通。

(3) 在 17.2 MPa 之前要隔离所有热工仪表脉冲管阀，启动试验泵保持上充泵至少有一台正常运转。

(4) 相继打开高压安注隔离阀。

(5) 升压至 22.8 MPa 表压。水压试验期间(大约为 6 h),承包商、安装队、业主组成专门检查队,分区对受压设备、边界进行全面检查;役前检查组对各个应检查点进行检查。通过这些检查,经专家鉴定和认可,水压试验正式通过。

8. 一回路主、辅系统在压力容器开盖情况下的冷态功能试验

冷态开盖功能试验(Cold Functional Test with Reactor Vessel Open, CFTRVO)的目的,主要是全面验证反应堆专设安全系统的安全功能是否满足安全准则的要求,从而确保核电厂在各种事故工况下的安全。冷态开盖功能试验涉及的主要系统及其安全功能是:

(1) 安注系统,其中包括该系统的高压和低压安注部分向反应堆冷却剂系统的冷段和热段注入的流量整定,以及当安注系统用安全壳地坑水作再循环时安注泵在给定流量情况下净正吸入压头(NPSH)的验证;

(2) 安全壳喷淋系统,在模拟装置上进行喷淋流量和喷淋口压力的试验,以及当安全壳喷淋用反应堆安全壳地坑水作再循环时,在安全壳喷淋泵给定流量情况下,其泵吸入口是否维持为净正吸入压头;

(3) 低压安注泵作为高压安注泵的前置泵作安注试验,安注泵和安全壳喷淋泵的互为备用试验;

(4) 反应堆水池和乏燃料水池的冷却和处理系统的性能试验;

(5) 余热排出系统的性能试验,即在停堆检修状态(一回路管道内水位与管道中心线取齐)下性能试验;

(6) 余热排出系统和反应堆水池和乏燃料水池冷却系统泵的互为备用试验。

10.4 热态功能试验

热态功能试验(Hot Functional Tests, HFT)是总体试验的重要组成部分。是 NSSS 首次在无燃料装载的情况下升温升压,然后又降温降压,也就是说,NSSS 从换料冷停堆状态过渡到热停堆状态,然后再返回换料冷停堆的过程中进行试验。在此过程中,尽可能模拟核电机组实际运行条件,包括对典型的温度、压力和流量下预期的运行事件,进行相关的试验。

10.4.1 试验的目的

HFT 的目的可以概括为以下三项。

1. 在压力和温度的全范围内对 NSSS 的有关设备和系统的功能响应进行验证,以确定它们能够按照技术规格书运行。

2. 验证定期试验程序和运行程序的有效性。

3. 使操纵员通过试验进一步熟悉电厂的运行。

HFT 的具体试验项目分述如下。

1. 一回路系统主设备功能试验

· 稳压器:证明稳压器的控制压力的能力,包括核查安全阀组的运行,调整其整定值,验证喷淋效率和电加热器的效率在可接受的限值之内;

· 蒸汽发生器：检查蒸汽发生器的测量仪表（包括水位计）和控制系统、安全阀压力值整定。证明利用蒸汽发生器排放蒸汽使电厂降温的能力（即大气排放阀卸压检查）；对主蒸汽隔离阀进行试验，验证其动作时间在事故分析所用限值之内。核查排污系统，核查加药系统，准确确定由一次侧到二次侧的硼的潜在泄漏率；

· 泵和它的电机（包括主泵）：核查振动、功率需求、润滑、冷却、流量、压力特性、绝缘、超载保护等。进行主泵平衡试验。此外还要：

· 钝化一回路系统；

· 在三台主泵以正常流量运行的情况下对堆内构件进行流致振动试验；

· 一回路热绝缘性能检查。

2. 反应性和堆芯测量系统试验

· 化容系统：核查在不同运行模式下泄、上充流量的正确性，核查硼化、稀释两种运行方式的有效性，证明硼酸配制箱、硼酸泵房、连接管等处为保持最高硼浓度所需的加热是足够的。通过验证离子交换器流量、压降、温度以及树脂调节功能，证明净化系统的运行状况；

· 堆芯测量系统：对温度探测器和堆芯热电偶进行互校，并对后者标定，同时检查所有显示装置和有关设备，确定热电偶的修正值。

3. 辅助系统试验

· 验证主泵轴封水和冷却水的流量和温度与规定值一致；

· 设备冷却水系统：验证能向各部件提供足够的冷却水，从而保持了温度限值；

· 余热排出系统：在热试后的降温期间，证明系统的降温能力；

· 厂用水系统：热交换器试验；

· 泄漏探测系统：检查安全阀和反应堆容器顶盖密封的疏水管在线的温度探测器，以验证探测泄漏的灵敏度和核查其报警功能；

· 检验蒸汽发生器排污系统的运行和性能。

4. 安全系统试验

· 检验安全注入系统运行情况；

· 检验辅助给水系统汽动和电动泵的性能及在事故条件下的性能。

5. 电气系统试验

· 进行厂外电源断电试验；

· 进行与直流电源 30 V，48 V，125 V 和 220 V 交流电源有关的试验。

6. 膨胀和约束试验

在加温期间的不同温度下，验证设备既能无约束地膨胀，与支承件间具有可接受的间隙，又不致发生畸变；在降温后，对它们进行核查，确认它们回到接近基准的位置，从而证明在降温期间为无约束移动。

10.4.2 一回路系统升温升压

冷态试验结束后，对高压设备与管道包扎绝热保温层，然后按照运行规程对一回路系统升温升压，利用稳压器电加热器通电和反应堆冷却剂泵所产生的热量可以把冷却剂系统加热到正常运行温度，还能使蒸汽发生器产生一些蒸汽，因此，可以在堆芯无燃料组件的情况下进行热态性能试验。热态性能试验从一回路系统的充水排气开始。按程序先启动化学和容积控制系统的上充泵，将来自补水系统的除盐水充满一回路系统，同时放气；系统充水后，在达到主泵启动条件下，交替启动主泵，赶出聚集在蒸汽发生器U形传热管弯头死区的气体。接着将系统加热到90 ℃，并保持这个温度，加联氨以消除溶解氧，加氢氧化锂调节pH值，直至冷却剂的化学性能达到规定指标，然后继续加热使系统升温升压。在升温升压过程中，为了保证一回路升温速率限制在28 ℃/h，稳压器的升温速率限制在35 ℃/h，单相时升压速度不超过0.4 MPa/min，必须保证有足够的控制方式来实现一回路平均温度和压力的控制。一回路平均温度控制当平均温度小于180 ℃时，由余热排出系统来实现；当平均温度大于180 ℃时，由蒸汽发生器通过辅助给水系统及大气排放阀来实现；系统压力控制在稳定器汽腔建立前通过化学和容积控制系统的上充下泄来调节；汽腔建立后，由稳压器内的电加热器和喷淋装置来调节。一回路系统的升温升压过程实际上就是把一回路从换料冷停堆状态过渡到热停堆状态，它们是反应堆的两个标准状态。在升温升压过程和热停堆状态期间，进行一系列热态性能试验。

10.4.3　冷却剂系统热态性能试验

1. 稳压器压力与水位控制试验

稳压器控制系统投"自动"操作方式，通过手动改变稳压器压力调节器的控制整定值，确定控制系统的运行特性(必要时改变调节器的补偿整定值)。试验时，首先接通稳压器的通断式加热器，使稳压器内压力逐渐升高。分别记录以下压力数值：一回路压力控制系统中的可调电加热器断开喷雾器开始动作到全开(喷雾器经校验后应立即关闭，使稳压器继续升压)、发出稳压器高压报警信号、保护阀开启、发出稳压器压力过高、反应堆紧急停堆信号等。然后，将稳压器电加热器投入自动，并手动调整调节器，打开稳压器的任何一只喷雾器，逐渐降低稳压器压力，分别记录一回路压力调节系统中下述动作的压力数值：保护阀关闭、稳压器高压报警信号消失、可调加热器接通到全部投入、通断式加热器接通(加热器经校验后应切断电源，使稳压器继续降压)隔离阀闭锁、发出稳压器低压报警信号、安全注射系统手动闭锁、发出稳压器压力过低紧急停堆信号等。最后，系统恢复正常。通过上述试验可以：

(1)校验报警信号和控制整定值，观察动作过程和响应特性；

(2)检验喷雾流量以及稳压器的压力下降曲线；

(3)对保护阀进行热校核，测量开启响应时间，要求小于2 s，并检验保护阀关闭后的密封性能；

(4)校验稳压器电加热器的容量；

(5)根据实验结果作出稳压器压力控制程序图。

2. 冷却剂流量试验

稳压器压力控制置于自动操作方式，系统稳定在热态工况下，停止一台主泵，校验该泵所在环路上蒸汽发生器的流量比较器，发出低流报警和停堆信号的动作，并检查主泵失电后防反转机构的功能。然后，启动停闭的冷却剂泵测量最大启动负荷，观察报警和停堆信号的消失过程。

3. 一回路系统热损失测定

一回路系统(包括稳压器在内)热损失是基于图10-1所示的热平衡来测定的，当冷却剂温度保持不变时，一回路系统功率(冷却剂泵加热功率与电加热器功率之和)减去蒸汽发生器与下泄流（在稳定工况下，与上充流相等）带走的热量，即为一回路系统热损失（包括辐射损失和泄漏水热损失）。

$$\sum_{i=1}^{3} P_{Pu,i} + P_{EH} = \sum_{i=1}^{3} W_i c_p (T_{SGin,i} - T_{SGout,i}) + W_{BD} c_p (T_{BD} - T_{CH}) + Q_{rl}$$

式中，$P_{Pu,i}$ 为第 i 个环路主泵加热功率，它等于泵的电功率减去冷却和损耗功率，kW；P_{EH} 为稳压器电加热器功率，kW；W_i 为第 i 个环路冷却剂品质流量，kg/s；c_p 为冷却剂定压比热，kJ/(kg·K)；$T_{SGin,i}$ 为第 i 个环路蒸汽发生器冷却剂进口温度，℃；$T_{SGout,i}$ 为第 i 个环路蒸汽发生器冷却剂出口温度，℃；W_{BD} 为下泄流质量流量，kg/s；T_{BD} 为下泄流温度，℃；T_{CH} 为上充流温度，℃；Q_{rl} 为一回路系统热损失，kW。

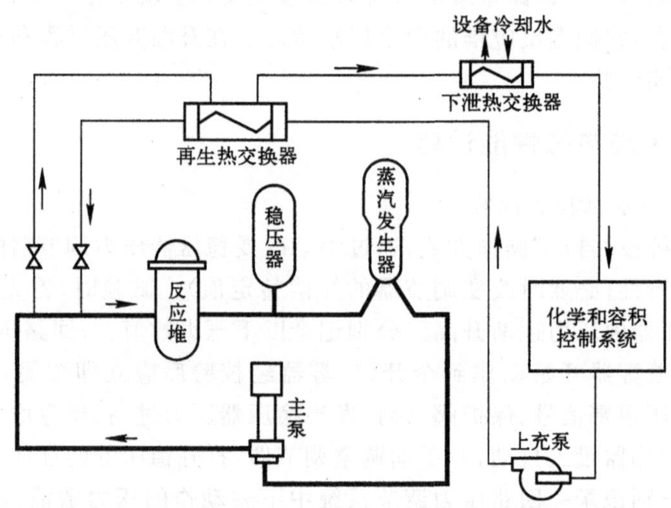

图 10-1　一回路热平衡试验

在测量过程中，通过调节蒸汽发生器蒸发量的办法，保持蒸汽发生器水位不变，建立一回路系统的稳定工况，然后分别记录下列数据：各个环路冷却剂温度和流量；再生热交换器壳侧（下泄流）和管侧（上充流）的进出口温度和流量；冷却剂泵电功率；稳压器电加热器电功率等，即可根据上式算出一回路系统的热损失。

4. 稳压器辐射热损失

测定在一回路系统建立稳定工况后，将稳压器水位调节器置于自动，并调整到无负荷整定值，关闭所有喷雾器（但仍有一小股喷雾）停止喷雾。试验期间禁止使用通断式电加热器，也不改变二回路状况，用手动操作可调式电加热器组的开关，直到热平衡建立和压力保持稳定一段时间（如 30 min）。在此期间，记录稳压器的温度和压力，以及电加热器的电压，由热平衡关系算出稳压器的辐射热损失，其中包括了一小股喷雾损失。

5. 冷却剂系统泄漏量

测定一回路系统工况维持不变，下泄与上充流量相等，观察稳压器水位下降速度，计算泄漏量。

10.4.4 化学和容积控制系统热态性能试验

试验的主要项目有：

1. 上充下泄性能试验

首先，建立正常的上充下泄流程，并记录每只下泄孔板的流量，以及当下泄流达到额定值时过滤器两端的压力。然后，将过剩下泄热交换器投入工作，让下泄流直接排向容积控制箱，并在过剩下泄热交换器壳侧的设备冷却水达到额定值时，分别记录下列数据：设备冷却水流量和进出口温度、反应堆冷段温度、过剩下泄热交换器出口下泄流温度等。利用热平衡关系，算出过剩下泄热交换器的下泄流量。

其次，通过缓慢地减少上充流量，而下泄流量保持不变，使再生热交换器壳侧下泄流出口温度上升(此时，稳压器水位会逐渐下降，但不应降到“低-低”水位整定值，可在试验之前，采取提高稳压器水位的办法来加以保证)；或者利用减少下泄热交换器壳侧设备冷却水流量，来提高下泄热交换器管侧的下泄流出口温度。记录系统发出高温报警信号时的温度，检验电磁三通阀动作(将下泄流旁通至容积控制箱)的正确性。

2. 容积控制箱水位自动控制性能试验

(1)置自动补水控制开关于“停止”位置，将水位控制转换阀转向硼回收系统的贮存箱。记录容积控制箱低水位报警动作值和换料水箱紧急补水时“低-低”水位值，同时校验紧急补水阀自动开启和容积控制箱下部泄放阀的关闭动作。然后，置水位控制转换阀于“自动”，手动恢复紧急补水和容积控制箱出口阀的正常位置，补水控制开关置于自动，随着容积控制箱内水位的回升，分别记录低水位报警解除和自动补水终止时的水位值。

(2)手动控制上充流量，并以最小速率逐渐提高容积控制箱水位，记录水位控制转换阀转向硼回收系统贮存箱时的水位。然后，将水位控制转换阀放在“正常”位置，继续增加容积控制箱水位，记录高水位报警值。重置水位控制转换阀开关于“自动”位置，校验此时流量能否直接流入硼回收系统贮存箱，并记录当容积控制箱内水位下降到高水位报警解除时的水位值。

10.5 安全壳性能试验

10.5.1 试验目的

安全壳是核电厂第三道安全屏障，当反应堆发生失水事故时，释放出来的大量放射性和高温高压汽水混合物可被它包容和隔离，以防止对核电厂周围居民产生危害。因此安全壳性能实验的目的就是模拟在 LOCA 事故下，检测安全壳的强度和密封性，以保证实现安全壳的功能。

安全壳性能试验包括安全壳强度试验和安全壳密封性试验两个部分。

安全壳强度试验的验收准则是以安全壳设计计算的应力、变形数据为预期值，和安全壳试验压力下测量的相应值比较，确定安全壳的弹性表现与计算结果相符，没有因试验而由底板变形引起混凝土本身损伤。

安全壳的整体密封性试验的验收准则是安全壳的整体泄漏率：在 0.42 MPa(表压力)的

试验压力下，干燥空气的整体泄漏率 $L_R \leqslant 0.16\%\ d^{-1}$（相当于标准状态 16 m^3/h）。

10.5.2 安全壳性能试验原理和方法

10.5.2.1 强度试验

在 LOCA 事故极端情况下，安全壳内会充满 0.42 MPa（表压力）、145 ℃的汽水混合物。显然，安全壳性能试验不可能用高温的汽水混合物，而只能采用加压的干燥空气进行，这就需要进行必要的模拟条件换算，以保证试验条件和 LOCA 事故条件等效。

经计算在 LOCA 事故条件下 145 ℃的高温对安全壳产生的热应力为安全壳设计压力 0.42 MPa（表压力）的 15%，所以安全壳的最大强度和变形，是在 1.15 倍的设计压力，即 0.483 MPa表压下测量的。安全壳的强度和变形测量，还需要在若干不同的压力台阶上进行，其目的是为了验证应力、变形的变化是否在弹性变形范围内。

除了检查受压安全壳的内衬表面和安全壳混凝土外表面的裂缝外，主要进行以下测量：

(1)混凝土结构的局部变形

用埋设在穹顶、筒壁、筏基不同部位的 52 个振弦应变仪和相应处的 36 个热电偶温度计来测量混凝土结构的应变并作温度修正。

频率应变换算以及温度修正如下式：

$$\varepsilon_{brut} = a(f^2 - f_0^2) + a_s(T - T_0)$$

$$\varepsilon_{cor} = \varepsilon_{brut} - a_c(T_m - T_{m0})$$

式中，ε_{brut}为混凝土承受的全部作用力产生的实际应变值，μm/m；ε_{cor}为除去温度影响后的应变值，μm/m；a 为应变仪的仪表常数；f 为应变仪的输出频率测量值，Hz；T 为相应热电偶的测量值，℃；T_0 为相应热电偶初始温度，℃；a_s 为振弦应变仪的热胀常数，℃$^{-1}$；a_c 为混凝土的热胀常数，℃$^{-1}$；f_0 为应变仪的输出初始频率，Hz；T_m 为筒壁温度测量的平均值，℃；T_{m0} 为筒壁初始温度的平均值，℃。

根据应变仪埋入方位，分别可测筒体垂直方向和切线方向的应变。

筒体和穹顶混凝土结构，在安全壳加压时的应力可以用受压容器的力学公式来表示。

筒体切向的平均应力：

$$\sigma_H = P \cdot \frac{r}{e}$$

筒体垂直方向的平均应力：

$$\sigma_V = \frac{P \cdot r^2}{2er + e^2} \approx \frac{P \cdot r}{2er} \doteq 0.5\sigma_H$$

而由应力应变公式：

$$\varepsilon_H = \frac{\sigma_H}{E} - \mu\frac{\sigma_V}{E} \approx \frac{P \cdot r}{E \cdot e}(1 - \frac{\mu}{2})$$

$$\varepsilon_V = \frac{\sigma_V}{E} - \mu\frac{\sigma_H}{E} \approx \frac{P \cdot r}{E \cdot e}(\frac{1}{2} - \mu)$$

由应力应变公式可计算出混凝土的 E 和 μ。

球形穹顶的平均应力：

$$\sigma = P \cdot \frac{r_m}{2e}$$

应力应变公式为：

$$\varepsilon = \frac{\sigma}{E}(1-E) = \frac{P \cdot r_m}{2E \cdot e}(1-\mu)$$

(2)筒体变形

在安全壳筒体部分外侧的四个象限的三个不同标高上，共埋设了 12 个重锤线，每一垂线有一支点，下挂 20 kg 重锤，垂线为 0.8 mm 的钢丝，外边用套管保护。每根垂线的下端有一个读数盘，用以测量受压筒体径向位移和高度方向的倾斜。

显然，在垂线下端读数盘读出的垂线位移等于垂线支点标高处的位移。分析三个不同标高处的位移，就可用图示出高度方向的倾斜。

(3)混凝土筏基的变形

在混凝土筏基标－5.80 m 与－6.10 m 之间的两个呈相互垂直布置的 AA，BB 直径上，埋设了 13 个静力水平盒(Levening pot)，每个水平盒与布置在预应力环廊的相应水罐相连通。筏基在不同的受压条件下，应用连通器原理测量环廊水罐的水位就可测出筏基 13 个水平盒位置的沉降和筏基的环向变形。

(4)安全壳周围大地沉降

在安全壳筏基以外靠近预应力环廊外侧，布置了 12 个地形水平测量标志，用以测量安全壳处于不同受压状态下周围大地的沉降。测量地形水平标志读数用精密光学水平仪。

(5)预应力钢束的张力

在选择的四个圆周象限垂直位置的预应力钢束上，用测力计测量其受压力时钢束张力的变化。

10.5.2.2　密封性试验

安全壳整体密封性试验和局部泄漏试验统称为安全壳密封试验，用来评价核反应堆在失水事故(LOCA)状态下安全壳内气体和其他流体的泄漏量。试验在尽可能接近失水事故工况或可以递推到失水事故工况的条件下，用一致认可的方法，在核电厂投运前和以后的服役期内定期进行。运行役前试验用以检验施工质量和评价失水事故泄漏的风险；在役试验用以确定安全壳结构及其附件是否继续保证其密封性能，否则须采取相应的弥补措施。

安全壳整体密封性试验又称 A 类试验，通过测量安全壳及其附件的总体泄漏率来检查安全壳的密封性能。目前世界上绝大部分国家均采用绝对压力法测量整体泄漏率(个别国家以参考容器法作为参考方法，如日本和比利时)。

根据反应堆堆型、安全壳结构和试验压力等因素，各国制定出不同的合格标准，即最大允许泄漏率 L 为 0.1%～1%(质量分数)/d，并要求

$$L_m + \Delta L_m < 0.75\,L$$

式中，L_m 为试验压力下整体泄漏率测量值，%(质量分数)/d；ΔL_m 为不确定性，%(质量分数)/d；L 为试验压力下最大允许泄漏率，%(质量分数)/d。

LOCA 事故条件下允许泄漏到安全壳外的放射性汽水混合物的最大整体泄漏率为 L_a。对单层安全壳 $L_a \leqslant 0.3\%d^{-1}$。由于 L_a 难于测量，将其换算为试验条件下干燥空气的整体泄漏率 L_e 来测量，其换算公式如下：

$$L_e \leqslant L_a\sqrt{\frac{R_e \cdot T_e}{R_a \cdot T_a}K_L}$$

式中，L_e 为试验条件下干空气的泄漏率；L_a 为 LOCA 条件下汽水混合物的泄漏率；T_e 为试验条件干空气的绝对温度，以 20 ℃即 293 K 为参考值；T_a 为 LOCA 条件汽水混合物的绝对温度，418 K；R_e 为试验条件下干空气的气体状态常数，其数值为 287 J/(kg·K)；R_a 为 LOCA 条件下汽水混合物的气体状态常数，其值为 394 J/(kg·K)；K_L 为安全壳的老化系数，法国 RCC－G 规程规定为 0.75。

试验条件下安全壳内干空气质量相对变化率是根据下式，用测得的安全壳内的平均温度、湿度、压力导出的。

$$M=\frac{(p-H)}{RT}V$$

$$\frac{\Delta M}{M_0}=\frac{\Delta(p-H)}{(p-H)_0}+\frac{\Delta V}{V_0}-\frac{\Delta T}{T_0}$$

忽略安全壳容积的变化，上式简化为

$$\frac{\Delta M}{M_0}=\frac{\Delta(p-H)}{(p-H)_0}-\frac{\Delta T}{T_0}$$

为了获得满意的平均温度和平均湿度，在安全壳内不同的位置设置了 59 个铂电阻温度测点和 9 个氯化锂露点湿度测点，每个探测点代表分配的容积。

核电厂投产运行前必须进行 A 类试验，在役试验一般每 3～5 年做一次。

局部泄漏试验又分 B 类试验和 C 类试验。B 类试验是对贯穿安全壳压力边界的部件进行密封性检查，该部件主要包括电气贯穿件、人员闸门、设备闸门和运输通道。C 类试验是对贯穿安全壳压力边界管道上的隔离阀进行密封性检查，B 类试验的方法一般为压力下降法(用皂液法检漏)。C 类试验的方法一般为压降法和流量法(均用皂液法检漏)。试验压力通常在安全壳失水事故时的峰值压力以上。合格标准各国不一，即要求 B 类和 C 类试验的总泄漏率在(50 %～75 %)L 之间。此外，A 类试验中修补后进行的 B，C 类试验结果须迭加到之后进行的 A 类试验的整体泄漏率上。

压降计算法的基本原理是向试验旁路充一定压力的压缩空气，若隔离阀存在泄漏，则试验旁路中压力将下降。根据压力的变化，通过理想气体状态方程而推导出计算公式即可计算出该隔离阀的泄漏率。

如图 10-2 所示，被测试的阀门为 V2。关闭 V1，V2 和 V3 阀，阀门 V1 两端各通过 t1，t2 阀门接压力为 p_c 的压缩空气源，然后关闭 t1。对 V1 和 V2 之间的管路加压到相同的压力 p_c。记录初始和最终的温度和压力。

若初始和最终的温度相同：

根据理想气体状态方程，有

$$\Delta m=\frac{p_0V}{RT}-\frac{p_1V}{RT}=\frac{\Delta p\cdot V}{RT}$$

将 Δm 换算成标准状态下空气的等效体积，有

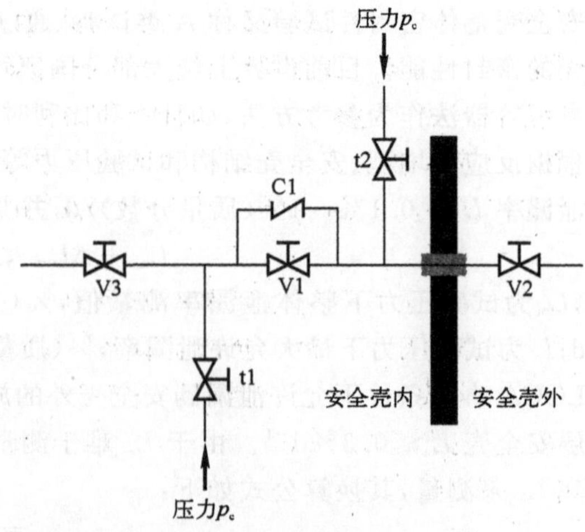

图 10-2 安全壳隔离阀泄漏率的压降计算法

$$\Delta V = \frac{\Delta mRT_{20}}{P} = \frac{\Delta p \cdot V \cdot T_{20}}{T \cdot p}$$

$$Q = \frac{\Delta V}{t} = \frac{\Delta p \cdot V \cdot T_{20}}{T \cdot p \cdot t}$$

若初始和最终温度不同,也可以用类似的方法求得。

B、C 类试验的频率一般为 2 年,但经常开关的贯穿件要经常检查。

10.6　燃料装载

10.6.1　装料准备

在热试车正常、反应堆主回路系统冷却后,压力容器开盖、排水,进行装料准备工作。具体的准备工作包括:设备(包括压力容器内部构件)检查;反应堆保护系统的试验;堆外核仪表(电离室)安装;用模拟信号对核测量仪表进行调整。核查源量程探测器对中子源的回应;用中子源对三套临时启动测量仪表(包括三个临时 BF_3 中子计数管及其二次仪表)进行试验;对燃料装卸输送和储存系统及反应堆水池和乏燃料水池冷却系统进行检查和试验;检查放射性防护测量系统,进行刻度和报警值整定;按换料停堆要求对 NSSS 系统和堆坑充水(C_B=2 200 mg/L)。

总之,在装料前,所有系统都要处于可用状态。

10.6.2　核燃料装载

核燃料装载是核电机组调试过程中运行试验阶段中的第一个子阶段。

将一个个核燃料组件全部安全、准确地装入堆芯,使装料最终完成后的状态与堆芯燃料装载图的设计布置完全一致,即满足运行准则的要求,是装料阶段的任务。为了达到此目的,必须在装料的全过程中把握好以下两个方面的控制:

(1)装料过程的控制:参与装料的所有人员必须学习和了解运行试验程序,必须按规定的职责组织起来,各司其职,在堆芯装料负责人的领导和协调下完成装料任务。装料过程中的每一步骤都必须反复检查、核实,确保无误,并有文字记录。

(2)反应性的控制:在装料的全过程中,应始终使堆芯的物理状态处于深度次临界(即远离临界点),以确保核安全,因此,在装料过程中必须控制堆芯反应性的引入。

引起堆芯反应性变化的因素有:向堆芯内添加燃料组件,或降低冷却剂硼浓度,都将引入正反应性。如果使水中的硼浓度增加,就会引进负反应性,在装料过程中硼浓度的降低可能是由于在堆芯内意外注入清水,或注入浓度低于原来的硼浓度的硼水造成的。这种意外的注入,特别是不可控的注入,有可能使堆芯意外超临界,酿成核事故。因此必须严格控制清水和低浓度硼水的注入。

在装料过程中,对堆芯状态的监督要通过对中子计数率的监督来进行。中子计数率监测的有关事项如下。

(1)核仪器:在堆芯装料之前,两个堆外永久性的源量程通道(Source Range Channel,SRC)及 3 个临时的 SRC(它们的探测器直接装入堆芯)须处于运行状态。装料期间只要 3

个 SRC 中有两个可用，装料操作就可继续进行。在装入最后一个燃料组件时，两个堆外的永久性 SRC 必须可用。

(2)计数率检测：从第一个燃料组件装入堆芯起至装料结束的全过程中，都须对中子计数率进行检测。在首先装入 8 个燃料组件后以及随后的装料过程中，5 个 SRC 至少有 2 个计数率不低于 2 计数/s。具有这样的计数率的 SRC 才可以认为是可用的。

监测堆中子计数率是为了确保堆芯处于次临界状态。监测原理如下：当反应堆处于次临界状态时，堆芯中子计数率与次临界度有如下关系：

$$n = \frac{S}{1-k}$$

当堆芯逼近临界点时，$1-k$ 趋近零，n 将趋于无穷大。

设所选择的初始状态下的计数率(作为参考计数率)为

$$n_0 = \frac{S}{1-k_0}$$

当逐个往堆芯内装入燃料组件时，可测得不同的计数率：n_i ($i=1,2,\cdots,157$)

堆的次临界度也就随之改变，因此

$$n_i = \frac{S}{1-k_i}$$

当前状态与初始状态计数率倒数之比与相应的次临界度之比相等，即

$$\frac{1/n_i}{1/n_0} = \frac{n_0}{n_i} = \frac{1-k_i}{1-k_0} \propto \frac{1}{M}$$

在平面坐标上以 n_0/n_i 为纵坐标，以次临界度为横坐标(如前所述，次临界度与装入堆芯的燃料组件的数目成对应关系。因此，实际上，是以装入堆芯的燃料组件数目为横坐标)，标出状态点，逐点相连并外推。相临两个状态点的外推线与横坐标的交点(即 $n_i \to \infty$，意味着此交点即为临界点)，应远大于当前的堆芯内的燃料组件数。这样就可作出各 SRC 各自的外推曲线图。

在装料的初始阶段，因堆芯处于深次临界状态，计数率变化不大，因此外推曲线显得比较平缓，甚至与横坐标轴接近于平行。为了便于监测，须保证在每一堆芯状态下都有稳定的计数率。为此，一开始就需把带一次中子源的燃料组件装入堆芯中。由于带中子源的燃料组件的位置变换，或者在靠近临时探测器处添加燃料组件，都会使 SRC 的计数率有较大的变化，此时需改变参考计数率。

图 10-3 给出了中子计数率倒数 $1/M$ 相对于燃料组件装载数的示意图。图中的三条曲线是由于探测器位置的不同而得出的。

目前压水堆核电厂普遍采取的燃料装载方案如图 10-4 所示。首先沿活性区围板装入三套临时的 BF_3 计数装置 A,B 和 C，两个带有初级中子源的燃料组件，接着沿堆外两个源量程测量通道的连线方向，先行装料，以形成稳定的板壁，然后在其前后、左右依次装入燃料组件。这种换料方案通常称为平板装料法，其特点是：

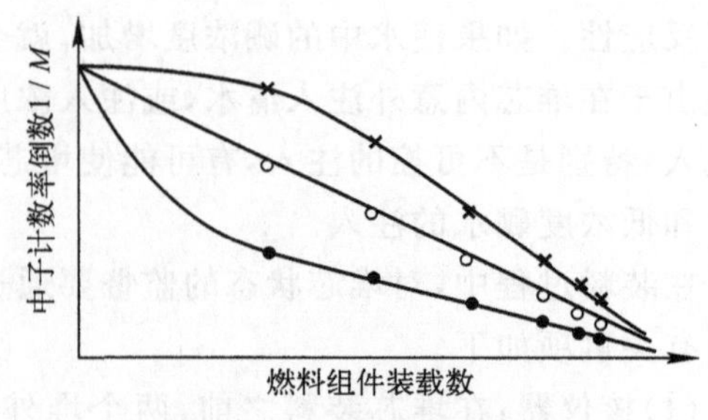

图 10-3 计数率倒数曲线

(1)在结构上较稳定，燃料组件插入时在压力容器内倾斜的可能性小；

(2)带有中子源组件的燃料组件较早装载到规定位置，这样不但简化装料步骤，同时，临界安全性的监督受中子源几何位置的影响较小。

图 10-4 给出了装料的顺序。由于在同一图上不能完全表示出装料过程中燃料组件位置的变换，为此简单补充说明如下：(1)首先装入的是两个带一次中子源的燃料组件(即步骤 1 和 2)；(2)为了使各 SRC 的探测器有足够的稳定计数，这两个组件经过了若干次换位，最后相应于步骤 1 装入的燃料组件在步骤 SC 装入 C－8 位置，相应于步骤 2 装入的燃料组件在步骤 39D 装入 N－8 位置。(3)步骤 8A 装入 C－8 位置的燃料组件在步骤 8B 装入 N－12，再在步骤 39B 装入 N－8 位置，在步骤 39C 装回 N－12，最后在步骤 45B 装入 R－9 位置；(4)在步骤 2 装入 A－9 位置的组件移走后，在步骤 9 在 A－9 装入另一个燃料组件。(5)在步骤 155A，156A 和 157A 先后移走临时探测器 C，A，B，在步骤 155B，156B 和 157B 先后装入最后 3 个燃料组件。

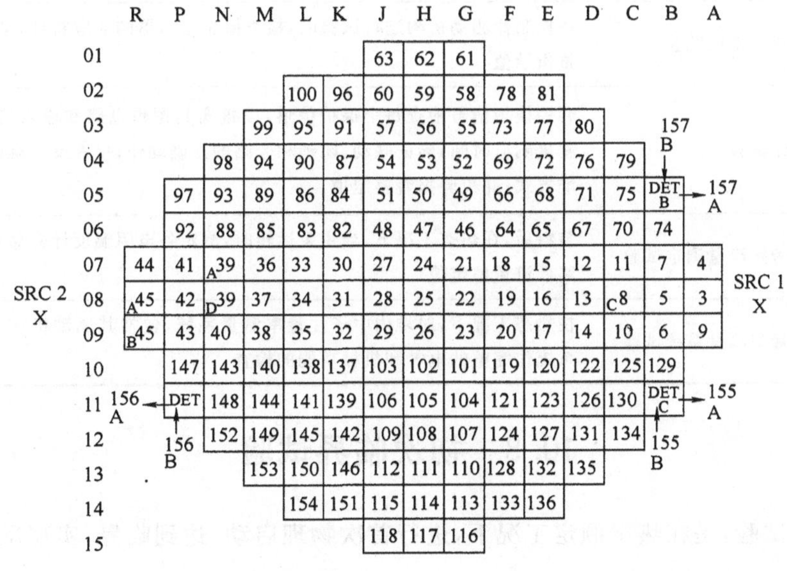

注：A，B，C－临时BF_3计数管。

图 10-4　平板装料方案

10.7　临界前试验

燃料组件全部装完后，就安装压力容器压紧部件、压力容器顶盖以及堆顶其他部件。然后，进行临界前的全系统试验，主要是试验燃料装载后一回路的水力特性以及其他在未装燃料前无法进行的试验，如控制棒驱动机构动作特性试验、堆内仪表试验、将堆芯测量仪表套管插入燃料组件并检查驱动系统等。试验的项目及内容见表 10-2。

表 10-2 项目冷却剂系统泄漏试验

项目		内容概要
1	冷却剂系统泄漏试验	在堆芯装料和安装压力容器顶盖后，对冷却剂系统作运行前的最后一次水压试验，检验压力容器顶盖的密封性
2	一回路系统流量测定	在装料后的热态工况下： 1. 测定主泵功率； 2. 测量环路弯管压差，以求得一回路冷却剂流量，并与设计值相比较
3	主泵惰转流量下滑试验	在额定工况下，当发生主泵(一泵或数泵)惰转时： 1. 测量冷却剂流量的变化； 2. 测量与失流事故有关的各种延迟时间
4	控制棒驱动机构试验	在冷、热态工况下，对每组控制棒组件的整个行程范围内进行操作试验，验证动作的可靠性，核实棒的速度和驱动机构的供电程序
5	控制棒落棒时间测量	额定流量或无流量时，在冷、热态工况下，测定控制棒组件落入堆芯所需时间
6	控制棒位置指示系统试验	在控制棒驱动机构进行试验时，检查棒位指示器的响应特性，动作过程，并调整指示值
7	保护系统动作试验	利用模拟信号检查每个保护信道，以核实其逻辑电路和输入信号的可靠性，测量响应时间；验证联动、闭锁和旁路的正确动作；检查反应堆的各种紧急停堆方式；并校验报警整定值
8	电阻温度计旁路流量测定试验	装料后，在热态工况下，当主泵运转时，测定各电阻温度计旁路流量并验证旁路低流量整定值
9	堆内中子注量率测量系统试验	在热态工况下，对堆内中子注量率测量系统，包括其驱动机构及注量率测量系统作完整的电气和机械功能的检查

10.8 初次临界试验

初次临界试验，是在热态额定工况下，进行首次物理启动，达到临界，实现反应堆的自持链式裂变反应。

10.8.1 初次临界

压水堆的初次临界是通过从堆内相继提升各组控制棒组件，并交叉地稀释冷却剂中的硼浓度，直至反应堆的链式裂变反应能够自持来达到的。具体步骤如下：

1. 提升控制棒组件(以 A 运行模式为例)　在控制棒组件全插入堆芯的初始工况下按规定依次提升控制棒组件中的停堆棒组 SA，SB，调节棒组 A，B，C；然后把调节棒组 D(又称主调节棒组)提升到相当于积分价值约为 100 pcm 插入位置时为止，在提棒过程中以及提棒后，应密切观察核测量系统源量程测量信道的中子计数；并且，根据中子注量率的变化情况，随时调整控制棒组件的提升速度，每提升若干步(步数由反应性的每次增加量来确定)，应等待一段时间，测量中子计数，作棒位和计数率倒数曲线，如图 10-5 所示并从曲线外推来预计临界值，在确保安全的前提下，再进行第二步操作。

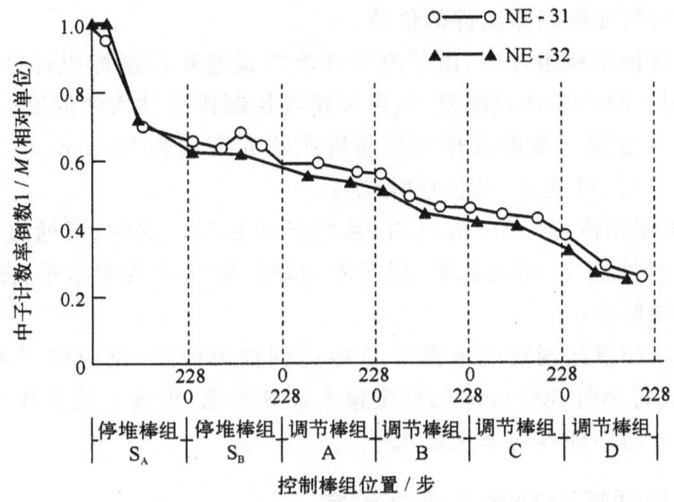

图 10-5　中子计数率倒数与控制棒组件位置的关系

2. 减硼向临界接近　减硼是通过化学和容积控制系统的上充泵，将补给水以规定的流量注入堆芯，并将相同数量的冷却剂排向硼回收系统实现的。按物理设计要求，减硼速率规定为因硼稀释而引起的反应性增加量每小时不超过 1 000 pcm。在减硼过程中，每隔一刻钟停止稀释，对一回路系统和稳压器作取样分析。由于稳压器硼浓度的变化滞后于一回路系统冷却剂硼浓度的变化，为了促使混合均匀，必须投入稳压器的全部电加热器，并打开喷雾器，使两者之间的硼浓度差值小于 20 μg/g；然后，测量中子计数率，直至反应堆的次临界度约负 50 pcm 为止。函数的外推曲线，如图 10-6 所示。画出中子计数率倒数作为冷却剂系统所添加水量。

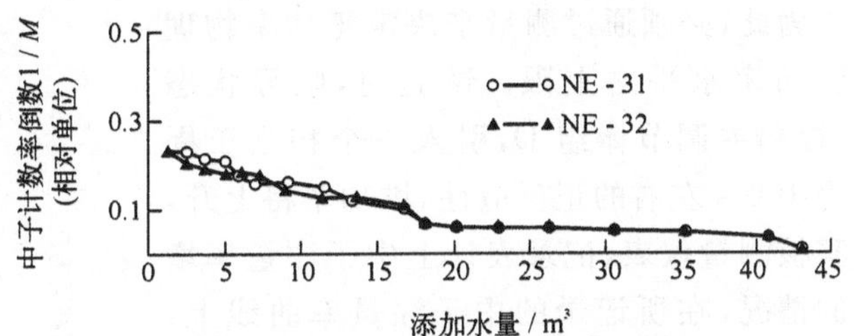

图 10-6　中子计数率倒数与添加水量的关系

3. 次临界下首次刻棒　在临界试验中，当反应堆处于接近临界的次临界状态下，可用计数率外推法对控制棒组件作初刻度，以检验控制棒组件的性能。此时，由于堆内有中子源，如果刻度试验开始时，反应堆的次临界度为$(1-k_{eff})$则探测器的中子计数率 n_1 为

$$n_1 = k \cdot \phi_1 \propto \frac{S}{1-k_{eff}}$$

接着，把待刻度的控制棒组件如停堆棒组 S1 或 S2 插入堆芯，待中子注量率分布稳定后，在同一探测器上测得的计数率 n_2：

$$n_2 = k \cdot \phi_2 \propto \frac{S}{1-(k_{eff}-\Delta k)}$$

比较上述两式，可以得出

$$\Delta k = \left(\frac{n_1}{n_2}-1\right)(1-k_{eff})$$

这里，Δk 即为所刻度控制棒组件的价值。

用这种方法刻度控制棒组件时，由于测量计数的误差和控制棒组件插入时对中子注量率的扰动等影响，刻度的结果比较粗糙，但可获得各控制棒组件大致的反应性价值。

4. 提棒向超临界过渡　减硼操作到反应堆次临界度约为 50 pcm 时，提升主调节棒组 D，向超临界过渡。这时，可能有下面两种情况：

(1)最后一次减硼操作，经充分混合后，系统已达临界。这时，可通过微调主调节棒组 D，以中子计数每分钟增加 10 倍的速率，提升堆功率到零功率规定水平，然后，插入 D 棒至刚好使反应堆临界的棒位；

(2)减硼稀释后，如果按规定速率提升 D 棒达到抽出极限，反应堆仍未临界，则必须重新插入 D 棒，再次以每小时 300 pcm 的恒定速率继续减硼，重复上述操作步骤，直至出现正周期为止，然后，提升功率到零功率规定水平。

10.8.2　零功率物理试验功率水平之测定

进行低功率物理试验时，如果功率水平过低，由于扰动或工况不稳定，核测量仪表中的噪音信号将很显著；如果功率水平过高，则由于燃料棒的温度效应，不能得到良好的试验结果。

为此，必须通过测量来决定零功率物理试验功率水平之上限。试验时，临界状态下，提起主调节棒组 D，引入一个相当于周期为 100 s 左右的正反应性，堆功率将上升，观察核测量仪表，记录表计上中子注量率增长的情况，在所记录的中子注量率曲线上，如出现中子注量率不按指数规律上升的趋势时，则表明堆内开始产生了核加热效应。因此，应该以比此点低一个数量级的注量水平，作为零功率物理试验时的上限，零功率物理试验的功率水平应在这个注量率范围以内。

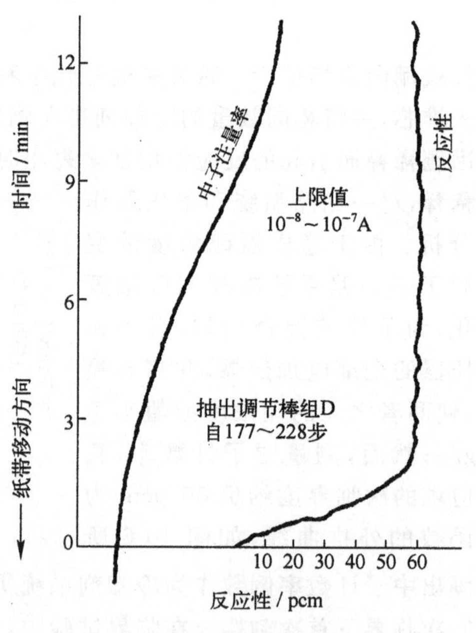

图 10-7　零功率物理试验功率水平之测定

图 10-7 表示一个大型压水堆所测到的结果，功率水平在中间量程测量通道电流指示值是 $10^{-8}\sim10^{-7}$ A。

10.9　低功率物理试验

低功率物理试验主要是在热态、功率稍高于零功率时进行的堆物理特性试验，所取得的实验数据用来为运行服务和校核理论计算。试验时，蒸汽排向凝汽器或排向大气。低功率物理试验主要内容见表 10-3。

表 10-3　低功率物理试验

项　目	条　件	试　验　内　容
控制棒价值和硼价值测定	热态零功率	在冷却剂硼稀释或加浓过程中，测定控制棒组件微分价值、积分价值，以及整个棒组行程范围内的硼微分价值
模拟弹棒事故试验	热态零功率	在模拟弹棒情况下测定： 1. 弹出棒价值； 2. 临界硼浓度； 3. 堆内注量率分布，计算热管因子，并核实是否满足事故分析中所作的规定
最小停堆深度验证	热态零功率	当具有最大反应性价值的一根控制棒组件卡死在堆顶时，测定堆内是否仍具有 $1\%\Delta k/k$ 停堆深度的硼浓度值
慢化剂温度系数测定	热态零功率	测量慢化剂的等温温度系数
功率分布测定	低功率	在正常的棒位布置情况下，测量堆内功率分布，以验证燃料组件装载的正确性
放射性水平测定		测定核电厂内部及周围的放射性剂量水平
压力系数测定		确定反应性随冷却剂压力变化关系，由于数值较小，一般不测

10.9.1　控制棒价值和硼价值测定

控制棒组件的效率与中子注量率平方成正比，因此，处于不同径向位置的控制棒组件，因中子密度的分布而有不同的吸收能力。从一个控制棒组件来说，位于活性区不同高度时，单位长度的吸收能力也有明显的不同。为了定量描述控制棒组件对反应性的补偿能力，就引入了“控制棒价值”这一概念，其定义为：棒位改变单位长度时所引起的反应性变化称为棒的微分价值，用 α_h 表示，即

$$\alpha_{h} = \frac{\partial \alpha}{\partial h}$$

而积分价值是指整个控制棒组件所能补偿的反应性，即

$$\rho_{棒} = \int_{0}^{H} \frac{\partial \alpha}{\partial h} \mathrm{d}h$$

应该指出，控制棒组件效率还与堆内温度、中毒、燃耗及堆功率大小有关，各控制棒组件相对位置也有一定的影响，这种现象称为控制棒组件之间的“干涉效应”。对于压水堆来说由于采用棒束型控制棒组件，这种干涉效应不显著。压水反应堆通常是用改变控制棒组件在堆内的位置及调硼操作来调节反应性的，因此，在核电厂正式投入运行之前，应在热态零功率和其后的各个不同功率水平，测定控制棒组件价值和硼价值，即测定调节棒组在不同位置的微分价值、调节棒组和停堆棒组的积分价值，以及不同浓度的硼水所能补偿反应性的能力。目前大型压水堆上普遍采用的一种方法，是对冷却剂进行硼稀释或加硼，利用反应性模拟机测定控制棒组件的微分和积分价值，以及整个控制棒组件行程范围内的硼微分价值。测量工作是在反应堆处于热态零功率工况下进行的，为了保

证测量精度，要求：

1. 一回路冷却剂温度维持在额定值的 0～－2.8 ℃范围内，温度变化率必须小于±0.6 ℃/min；

2. 一回路系统压力维持在额定值的±0.168 MPa 范围内；

3. 稳压器和一回路系统之间的硼浓度差值小于 20 μg/g；

4. 一回路系统相继两次取样的硼浓度偏差不超过±5 mg/kg。

试验时，采用充排水方式，将反应堆补水控制选择开关置于“稀释”(或硼化)的位置，由上充泵向一回路系统注入除盐水(或浓硼酸)，对冷却剂硼浓度进行稀释(或加硼)。冷却剂硼浓度改变所引起的堆内反应性变化(增加或减少)速率，应控制在每小时不超过 50 pcm。与此同时，必须周期性地插入(或提升)控制棒组件作及时补偿，使反应堆始终维持在临界点附近。通过反应性模拟机和数字电压表监测反应性和中子注量率的响应，并且用双笔长图记录仪进行记录，预期的变化径迹如图 10-8 和 10-9 所示。

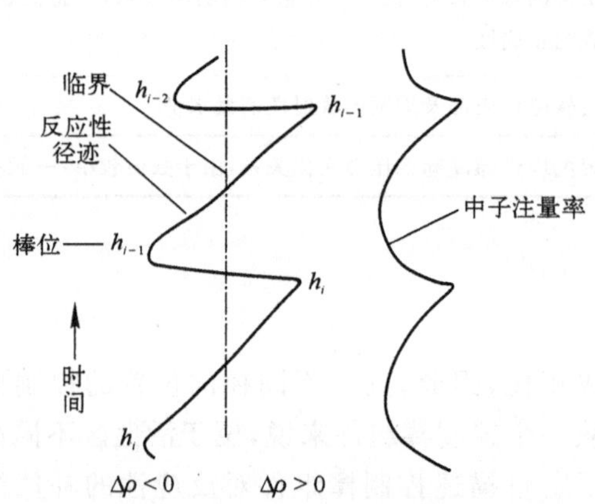

图 10-8　硼稀释时，反应性变化径迹

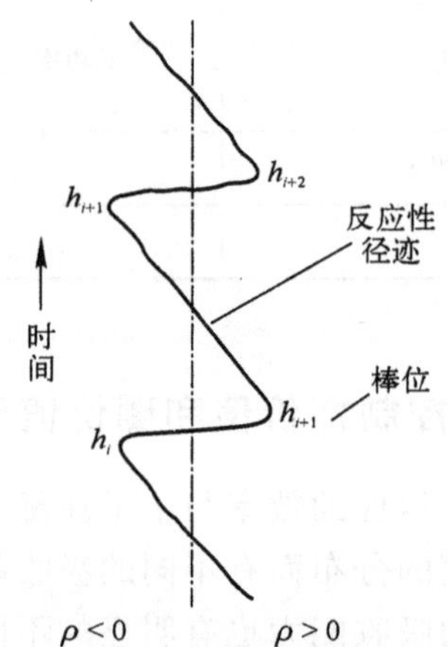

图 10-9　加硼时，反应性变化径迹

根据测量结果，可以绘制 $\frac{\Delta\rho}{\Delta h}$，对 h 即棒组微分价值对棒组位置的微分价值曲线图；$\sum\Delta\rho$ 对 h 的曲线，即棒组的积分价值曲线图，见图 10-10。

从图 10-10 上可以看出，控制棒组件调节棒组 D 的积分曲线有一段近于直线，相应的微分价值 α_h 基本上保持不变，一般称为控制棒组件的线性段，调节棒组 D 这一特性在核电厂控制中是很有用的。调节棒组整个行程范围内的平均硼价值可用比值 $\frac{\Delta C_B}{\sum\Delta\rho}$ 来表示。

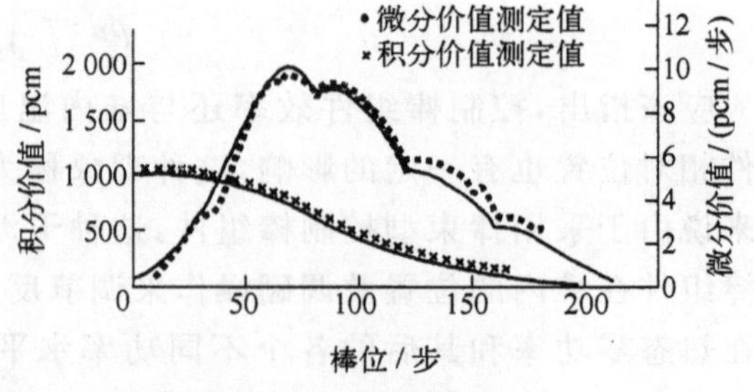

图 10-10　调节棒组 D 组的反应性价值曲线

10.9.2　模拟弹棒事故试验

弹棒事故是指由于控制棒驱动机构的外壳损坏时，在压差作用下，使得控制棒组件迅速射出的事故。

模拟弹棒事故试验是在热态零功率工况下，将插入堆内的调节棒组中反应性价值最大的一根控制棒组件（简称弹出棒）逐步抽出，同时通过向一回路系统冷却剂加硼来补偿提棒引起的堆内反应性的变化。当弹出棒接近全抽出位置时，停止加硼，使一回路系统硼浓度得到充分混合。混合均匀所引起的附加反应性变化，以及弹出棒最后一部分抽出堆芯所相当的反应性，均可移动调节棒组 D 的位置来进行补偿，以维持反应性的平衡。然后，分别测定临界硼浓度、弹出棒反应性价值和堆内功率分布。

1. 临界硼浓度

通过取样分析，测出一回路系统均匀混合时的硼浓度值 C_{Bm}，并根据调节棒组 D 堆内位置的变化 Δh，查调节棒组 D 的价值曲线得到相应的反应性 $\Delta\rho$，再求出模拟弹棒工况下的临界硼浓度值。

2. 弹出棒反应性价值把弹出棒从底部到顶部的全行程按高度标为 $h_0, h_1, \cdots, h_n$，相应的硼浓度为 $C_{\mathrm{B0}}, C_{\mathrm{B1}}, \cdots, C_{\mathrm{B}n}$。于是，弹出棒在 $(h_{i-1}+h_i)/2$ 位置处的价值 $\frac{\partial\rho}{\partial h_{i-1\to i}}$ 可表示为

$$\frac{\partial\rho}{\partial h_{i-1\to i}} = \frac{\Delta\rho_{i-1\to i}(\text{棒})}{\Delta h_i} = \frac{\Delta\rho_{i-1\to i}(\text{硼})}{\Delta h_i}$$

如果以 $\Delta C_{\mathrm{B}i-1\to i}$ 代表弹出棒从位置 h_{i-1} 提升到 h_i 对应的硼浓度变化，则

$$\Delta\rho_{i-1\to i}(\text{硼}) = \Delta C_{\mathrm{B}i-1\to i}\cdot\frac{1}{2}\left(\frac{\partial\rho}{\partial C_{\mathrm{B}i}} + \frac{\partial\rho}{\partial C_{\mathrm{B}i-1}}\right)$$

因此，只要测出各种浓度下的硼微分价值和弹棒前后堆内临界硼浓度值的变化就能得到弹出棒反应性价值。

10.9.3　最小停堆深度验证

在反应性价值最大的一根控制棒组件全抽出，其他控制棒组件全插入的情况下，测定反应堆尚能提供停堆深度为 $1\%\frac{\Delta k}{k}$ 所需硼浓度的试验，称为最小停堆深度验证。

最小停堆深度验证试验是在热态零功率工况下进行，并且假设 F－8 为反应性价值最大的一根控制棒组件。试验开始时，逐步抽出控制棒组件 F－8 到堆顶，使反应堆处于临界，接着，在保持临界的同时，稀释一回路系统冷却剂硼浓度，先将调节棒组 A 全插入，后把停堆棒组逐步插入。为了保证安全，硼稀释速率所提供的反应性增加量每小时不应超过 300 pcm。当停堆棒组剩余约 1% 反应性时（见图 10-11 所例举的某压水堆停堆棒组价值曲线），

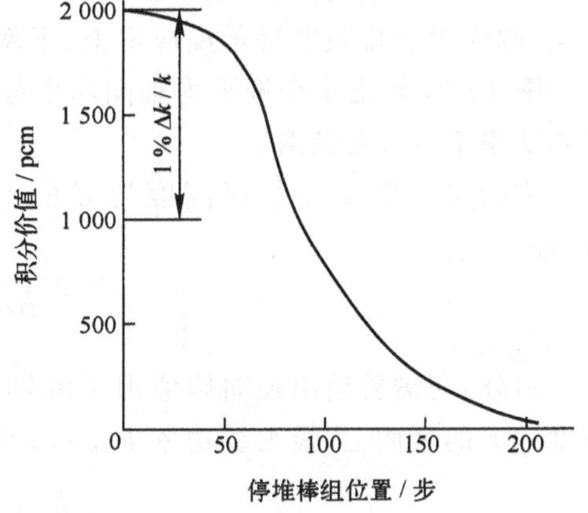

图 10-11　具有 $1\%\frac{\Delta k}{k}$ 停堆深度时硼浓度值

停止稀释，并在稳压器和一回路系统内冷却剂混合均匀的情况下，取样分析，测定硼浓度。测量结果为 956 μg/g，这就是反应堆具有 $1\%\frac{\Delta k}{k}$ 停堆深度的硼浓度极限值，它表示在堆芯寿期初，无氙毒工况下，冷却剂硼浓度不允许稀释到此值之下。当然，运行以后随着燃耗的不断加深，此值也应加以适当的修正。

10.9.4　功率分布测定

从反应堆运行来讲，不仅需要随时知道堆的功率大小，而且还必须掌握堆内功率分布。如果在局部区域内出现超过设计范围的功率峰时，虽然反应堆的总功率未变，但仍有可能发生燃料包壳因过热而损坏的现象。所以，在反应堆各级功率水平上，都要测量堆内功率分布以证实设计计算的可靠性。根据试验测量的结果，可以对全部燃料组件平均功率相对值、总的焓升因子、径向峰值因子和象限功率倾斜进行校核和评价。

由于堆内某处(指燃料棒所在处)发出的功率正比于该处的热中子注量率，所以只要测得堆内热中子注量率的空间分布，也就知道了功率分布情况。

利用堆内核测量系统可以测量活性区的热中子注量率分布。为了能够得到足够的功率信号，测量时可将反应堆功率提升到 3%额定功率的水平，根据中子注量率测量系统的输出信号由电厂计算机计算出堆内功率分布。因为中子注量率分布与控制棒组布置有关，所以应按正常运行时的棒位进行测量。在低功率工况下，也可对各种不同的控制棒组布置方式进行测量，以作相互比较。

功率分布测量试验在以下功率水平完成：(0.1%，10%，30%，50%，75%，100%)P_n。

图 10-12 给出了全堆芯燃料组件平均功率归一化的功率分布。这一结果是根据全堆芯 50 个注量率测点的实测值及二维扩散程序计算的理论值扩展成全堆芯 157 个燃料组件的归一化平均功率。方格中上排数字表明该燃料组件的平均功率与全堆燃料组件平均功率之比值，下排数据表示该盒燃料组件平均功率的测量值与设计值之间相对误差的百分数。

图 10-13 给出了象限功率分布。图中第一排数字表示归一化的全堆芯象限平均功率分布或称象限倾斜。程序计算了八分全堆芯和四分全堆芯的象限功率分布。图中第二排数字表示反应堆上、下两部分的四个象限归一化平均功率分布以及全堆四个象限的轴向偏移 AO。图中第三排数字表示反应堆上、下两部分的四个象限的功率倾斜。

图 10-14 给出了全堆平均轴向功率分布图。横坐标是活性区高度 Z。纵坐标表示相对平均功率 $P(z)$，无量纲。

它的定义是，在活性区高度为 Z 的平面上的平均线功率与全堆平均线功率密度之比值，即：

$$P(z)=\frac{\overline{P}(z)}{\overline{P}_V}$$

另外，还需要给出径向峰值因子的轴向分布 $F_{xy}(z)$。这个物理量的意义是，在活性区高度为 z 的平面上，最大线功率 $P_{\max}(z)$与该平面上的平均线功率的比值，即：

$$F_{xy}(z)=\frac{P_{\max}(z)}{\overline{P}(z)}$$

	R	P	N	M	L	K	J	H	G	F	E	D	C	B	A
01							0.647 1.4	0.824 1.2	0.643 0.7						
02					0.685 1.3	0.982 1.2	1.007 1.6	0.927 1.2	1.006 1.4	0.980 1.1	0.686 1.4				
03				0.732 0.7	1.047 1.3	1.079 1.4	1.054 1.7	1.026 1.1	1.052 1.5	1.078 1.3	1.047 1.3	0.735 1.1			
04			0.731 0.5	0.891 0.3	1.081 0.7	1.104 1.0	1.159 1.4	1.090 1.6	1.159 1.4	1.108 1.4	1.087 1.2	0.898 1.0	0.733 0.7		
05		0.681 0.7	1.037 0.3	1.079 0.5	1.100 0.6	1.180 1.0	1.119 1.0	1.098 1.2	1.120 1.1	1.182 1.2	1.103 0.9	1.079 0.5	1.033 0.0	0.677 0.1	
06		0.975 0.6	1.067 0.3	1.089 −0.3	1.165 −0.3	1.102 −0.2	1.168 0.7	1.100 0.8	1.170 0.9	1.108 0.4	1.172 0.4	1.086 −0.6	1.059 −0.5	0.964 −0.6	
07	0.643 0.7	0.997 0.6	1.038 0.1	1.138 −0.4	1.100 −0.7	1.156 −0.4	1.082 −0.2	1.066 0.3	1.082 −0.2	1.155 −0.4	1.099 −0.8	1.133 −0.9	1.026 −1.0	0.982 −1.0	0.636 −0.5
08	0.819 0.6	0.919 0.3	1.009 −0.5	1.064 −0.9	1.069 −1.5	1.075 −1.5	1.054 −0.7	1.038 −0.7	1.056 −0.5	1.081 −1.0	1.073 −1.1	1.059 −1.3	1.004 −1.1	0.913 −0.4	0.810 −0.5
09	0.639 0.1	0.995 0.4	1.034 −0.2	1.140 −0.3	1.100 −0.7	1.149 −0.9	1.066 −1.6	1.046 −1.5	1.067 −1.6	1.143 −1.5	1.093 −1.3	1.135 −0.7	1.030 −0.6	0.989 −0.3	0.637 −0.3
10		0.972 0.2	0.068 0.4	1.092 0.0	1.165 −0.0	1.089 −1.3	1.142 −1.6	1.066 −2.4	1.138 −1.9	1.087 −1.5	1.163 −0.5	1.029 −0.3	1.067 0.3	0.969 −0.1	
11		0.681 0.7	1.043 1.0	1.085 1.1	1.099 0.6	1.159 −0.8	1.089 −1.7	1.059 −2.4	1.088 −1.8	1.156 −1.1	1.092 −0.1	1.078 0.4	1.040 0.6	0.679 0.4	
12			0.735 1.0	0.909 1.3	1.084 1.0	1.085 −0.7	1.125 −1.5	1.053 −1.8	1.127 −1.4	1.085 −0.7	1.078 0.4	0.898 0.9	0.731 0.5		
13				0.739 1.6	1.045 1.1	1.069 0.5	1.028 −0.5	1.003 −1.1	1.022 −1.4	1.062 −0.2	1.035 −0.1	0.735 1.0			
14					0.690 2.0	0.976 0.6	0.991 0.6	0.910 −0.6	0.984 −0.7	0.963 −0.7	0.679 0.4				
15							0.642 0.6	0.811 −0.4	0.636 −0.5						

图 10-12　全堆功率分布

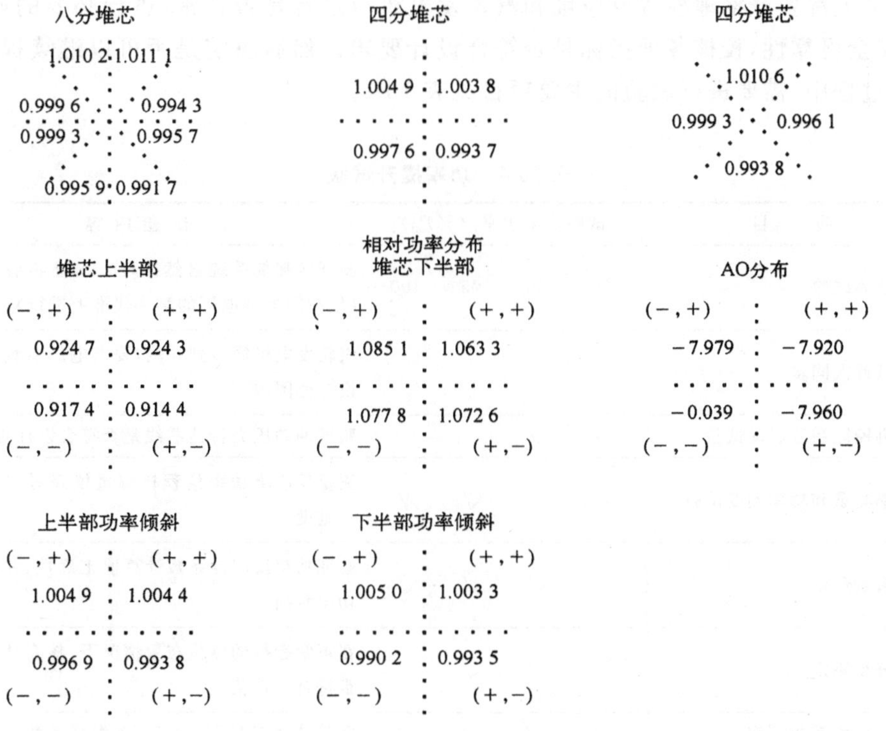

八分堆芯

1.010 2	1.011 1
0.999 6	0.994 3
0.999 3	0.995 7
0.995 9	0.991 7

四分堆芯

1.004 9	1.003 8
0.997 6	0.993 7

四分堆芯

1.010 6

0.999 3　0.996 1

0.993 8

相对功率分布

堆芯上半部

(−,+)	(+,+)
0.924 7	0.924 3
0.917 4	0.914 4
(−,−)	(+,−)

堆芯下半部

(−,+)	(+,+)
1.085 1	1.063 3
1.077 8	1.072 6
(−,−)	(+,−)

AO分布

(−,+)	(+,+)
−7.979	−7.920
−0.039	−7.960
(−,−)	(+,−)

上半部功率倾斜

(−,+)	(+,+)
1.004 9	1.004 4
0.996 9	0.993 8
(−,−)	(+,−)

下半部功率倾斜

(−,+)	(+,+)
1.005 0	1.003 3
0.990 2	0.993 5
(−,−)	(+,−)

图 10-13　象限功率分布

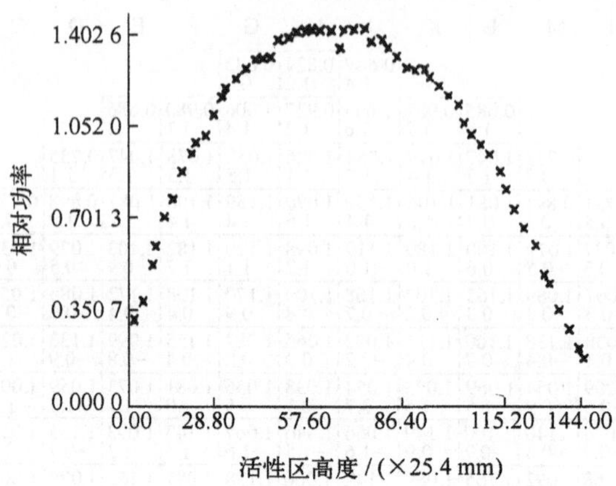

图 10-14 全堆平均轴向功率分布图

10.10 功率试验

通过临界和低功率物理试验，为核电厂的安全运行提供了必要的试验数据，二回路系统的汽轮发电机组经过热试验，运转正常，厂外输电系统已投入使用，汽轮发电机组并入电网，反应堆可以逐级提升功率，一般分 15%，25%，50%，75%和 100% P_n 个功率水平。在每一级功率水平上都要严格地检查反应堆和汽轮发电机组运行是否正常，进行必要的调整与试验，分析安全可靠性，校核各项指标是否符合设计要求。然后决定是否可以继续提升功率。功率提升过程中，需要进行试验的主要项目见表 10-4。

表 10-4 功率提升试验

	项　目	试验功率水平/(% P_n)				试验内容
1	自然循环试验	20	50	75	100	验证冷却剂系统自然循环带出堆芯余热的能力（仅在同类型电厂的第一代堆上进行）
2	发电机首次同步					汽轮发电机同步到并网，要求电厂参数的变化在设计范围内
3	汽轮机控制系统启动试验	√	√			验证冲动压力特性曲线是否符合设计规定
4	热功率测量和功率刻度试验	√	√	√	√	测量反应堆功率量程核测量仪表对照热功率进行刻度
5	功率系数测定	√	√	√	√	验证功率反应性系数计算值正确性，并测定整个功率亏损
6	功率分布测定	√	√	√	√	在正常运行的棒位布置情况下，核实功率分布是否符合计算值
7	慢化剂温度系数测定	√	√	√	√	在带功率工况下，测定等温温度系数
8	取样系统试验	√	√	√	√	在低功率物理试验和功率提升过程中，对冷却剂系统取样分析，核实水质是否符合要求

续表

	项　目	试验功率水平/(%P_n)				试验内容
9	放射性水平测定			√	√	测量厂区内外辐射水平，验证屏蔽设计
10	废液废气监测	√	√	√	√	监测排放量与排放水平
11	蒸汽和水流量仪表刻度试验	√	√	√	√	对蒸汽和给水流量仪表进行刻度
12	蒸汽发生器水位自动控制试验	√				测量蒸汽发生器水位控制系统的工作特性以及维持正常水位的能力
13	核测量仪表调整试验					测量源量程、中间量程、功率量程测量通道之间重迭度数据，调整功率量程高注量率停堆整定值，检查通量偏差报警整定值
14	堆内、堆外核测量仪表刻度试验					堆内、堆外核测量仪表以反应堆功率进行刻度校验，根据功率轴向偏差来修正超功率 ΔT 和超温 ΔT 整定值
15	控制棒组件落棒试验		√			验证控制系统对掉落棒组的自动检测能力，以及禁止提棒和汽轮机降负荷的动作过程
16	蒸汽发生器蒸汽水分夹带试验			√	√	在稳定工况下，测定蒸汽发生器出口蒸汽中水分夹带量
17	中毒曲线测量	√	√	√	√	测量中毒曲线，求得平衡氙毒与功率水平的关系
18	碘坑测量	√	√	√	√	测定最大氙毒和碘坑曲线
19	负荷摆动试验	√	√	√	√	验证核电厂对负荷阶跃变化不超过±10%P_n 时的瞬态响应特性和控制系统自动跟踪负荷能力
20	甩负荷试验			√	√	验证自动控制系统和蒸汽排放系统对于承受甩去(50%～95%)P_n 负荷的能力；评价控制系统之间的相互作用，根据测量数据调整整定值以改进过渡响应特性
21	电厂满功率停闭试验				√	检验电厂在 100%P_n。下，汽轮机脱扣时的响应特性
22	电厂验收试验				√	满功率连续运行 100 小时的可靠性验证测量电功率测定电厂热效率

10.10.1　二回路热功率测量

二回路热功率 Q_{SE} 就是核蒸汽供应系统的总热量输出，对三个环路带有三台蒸汽发生器的机组来说，是根据图 10-15 所示的测点 B、C 之间的热平衡来确定的。

$$Q_{SE}=\sum_{i=1}^{3}Q_{SGi}$$

式中，Q_{SGi} 代表在第 i 个环路蒸汽发生器中输出的热功率。

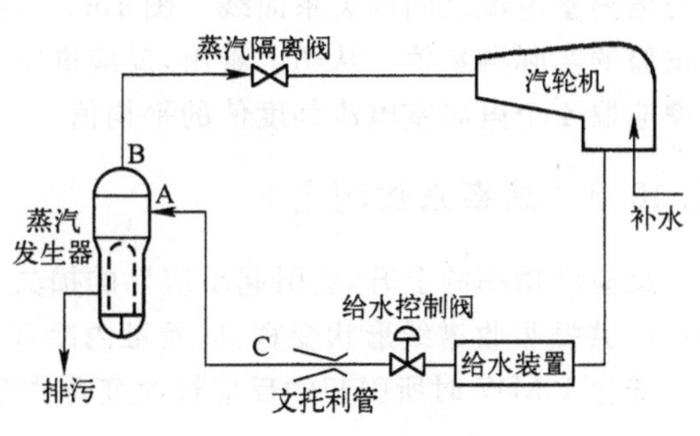

图 10-15　二回路热平衡图

当系统达到热平衡后，第 i 个环路蒸汽发生器输出的热功率为：

$$Q_{SGi} = (h_{vi}W_{si} + h_{Bi}W_{Bi} - h_{Fi}W_{Fi}) + Q_{ri}$$

在稳定工况下运行时，由于进入蒸汽发生器的给水流量等于蒸汽发生器出口蒸汽流量与排污水流量之和，即：

$$W_F = W_s + W_B$$

得

$$Q_{SE} = \sum_{i=1}^{3}[h_{vi}W_{si} + h_{Bi}W_{Bi} - h_{Fi}(W_{si} + W_{Bi}) + Q_{ri}]$$

式中，h_{vi}——蒸汽发生器出口的焓，kJ/kg；

W_{si}——蒸汽发生器出口蒸汽质量流量，kg/h；

h_{Bi}——蒸汽发生器排污水焓，kJ/kg；

W_{Bi}——蒸汽发生器排污水质量流量，kg/h；

h_{Fi}——二回路给水，kJ/kg；

W_{Fi}——蒸汽发生器进出口给水质量流量，kg/h；

Q_{ri}——蒸汽发生器端部与测点 C 之间给水管道的热损失，kW。

在测量过程中，蒸汽发生器应停止排污，即 $W_B=0$，于是：

$$Q_{SE} = \sum_{i=1}^{3}[W_{si}(h_{vi} - h_{Fi}) + Q_{ri}]$$

10.10.2　功率刻度试验

功率刻度试验是通过试验的方法，来建立堆外核仪表系统功率量程测量通道电离室电流值与反应堆功率之间的关系，以便能迅速反映出堆内的功率水平及其变化情况。大型压水堆核电厂，由于一回路冷却剂流量很大，要精确测量比较困难，所以，目前普遍采用测量二回路热功率，然后根据一、二回路系统之间的热平衡关系，求得反应堆功率 P_R，即：

$$P_R = \sum_{i=1}^{3}Q_{SGi} + Q_{r_1} - \sum_{i=1}^{3}P_{PUi}$$

利用上述方法测量反应堆功率精度较高，可以用来对电离室电流指示值进行刻度，建立两者之间的对应关系。功率刻度试验必须在电厂稳定运行一段时间后开始。通过测量二回路给水流量、温度、压力和蒸汽发生器出口饱和蒸汽压力等有关参数，算出反应堆功率，然后刻度电离室电流表。试验至少要重复一次。将几种功率水平下得到的数据，画成反应堆功率与电离室电流之间的关系曲线。图 10-16 是某压水堆核电厂 4 个功率量程电离室电流刻度试验的实际测量值。从图上看出，反应堆功率与电离室电流之间是一个线性关系，反应堆功率应取 4 个电离室电流刻度值的平均值。

10.10.3　功率系数测定

反应堆功率的上升，会引起反应性的损失，这是由于功率提高后，燃料棒温度升高导致铀-238 共振吸收谱线形状变宽，以及堆内冷却剂温度升高对反应性影响的综合效应。堆功率每变化 1 MW 时所引起的反应性改变称作功率系数，用 α_P 表示。

$$\alpha_P = \frac{\partial\rho}{\partial P}$$

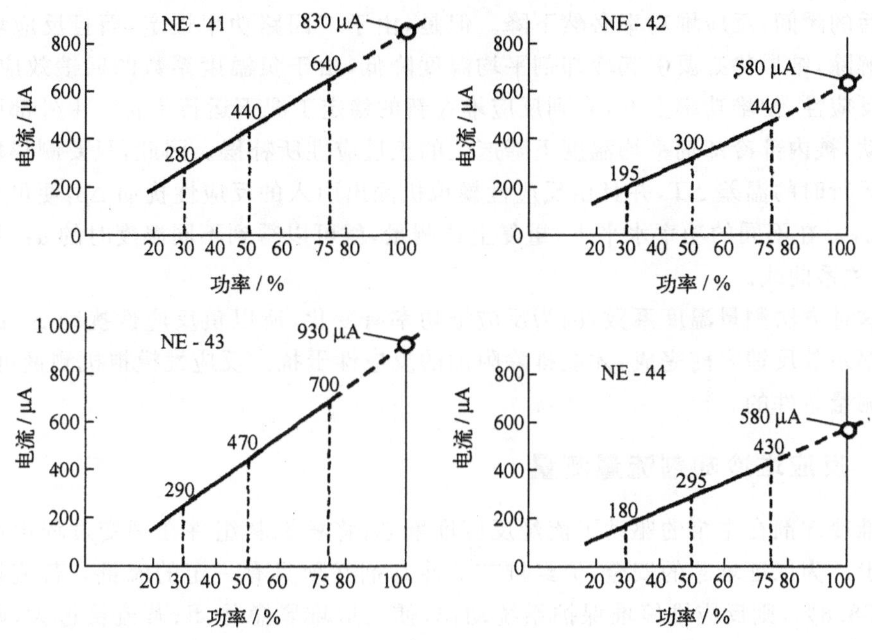

图 10-16　反应堆功率刻度曲线

压水堆的功率系数是负值，并且绝对值比较大，当反应堆功率发生变化时，它是首先起稳定作用的因素。

反应堆在低功率工况下作功率系数测定时，通过手动提升调节棒组 D 使功率增加，达到某一功率水平后，维持堆的稳定工况。记下电离室电流表上的功率增长值 ΔP，同时，根据调节棒组 D 在功率改变前后的棒位变化 Δh，从它的微分价值曲线查得相应的反应性变化 $\Delta\rho$，即可得出功率系数 α_P。

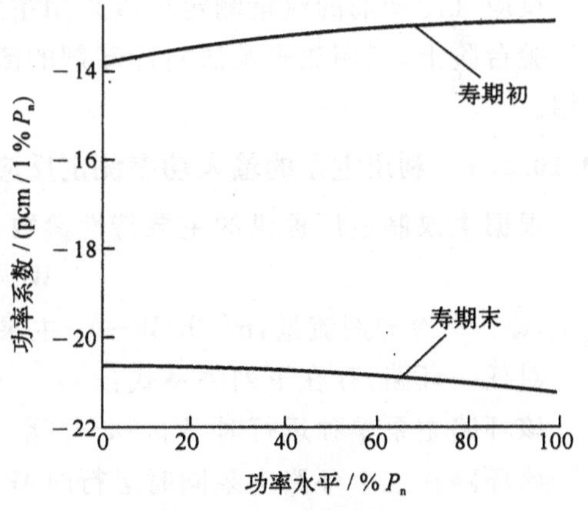

图 10-17　功率系数曲线

当反应堆在 $15\% P_n$ 以上运行时，功率调节系统能自动跟踪负荷变化，只要在提升功率的同时，分别记录反应性和功率随时间的变化。即 $\frac{\Delta\rho}{\Delta t}$ 和 $\frac{\Delta P}{\Delta t}$，就可得到功率系数 α_P 曲线（图 10-17）。

在功率系数测定试验中，应避免突然发生大的负荷变动，每次测量之前，使反应堆在某一功率水平上稳定运行一段时间，达到平衡中毒后才开始。

10.10.4　带功率工况下慢化剂温度系数测定

在带功率工况下，可用负反应性扰动法测量慢化剂等温温度系数。

试验开始时，首先切除功率调节系数对反应堆的自动控制，并且使二回路功率（汽轮发电机组负荷）保持不变。然后，突然向堆内引入一个负反应性扰动（如调节棒组 D 下插），在扰动发生后的瞬间,反应堆功率必然下降。但是,由于二回路功率恒定,而且反应堆功率自动调节已解除,结果势必要引起冷却剂平均温度降低,由于负温度系数的回馈效应,又产生一个正的反应性,使堆功率上升,直到反应堆在新的稳定工况下运行为止。由外部引入的负反应性扰动,被内部冷却剂平均温度下降产生的正反应性所补偿。因此,只要测得堆在扰动前后稳定运行时的温差 ΔT,并且由反应性模拟机测出引入的反应性扰动 $\Delta\rho$,便可求得等温温度系数 α_T。在不同的功率水平下,重复上述测量,就可以得到不同温度时的 α_T,从而作出 α_T 与 T 的关系曲线。

利用这种方法测量温度系数,因为反应堆功率有变化,所以负反应性扰动 $\Delta\rho$ 的测量必须要在功率系数反馈之前完成,才能排除附加的反应性干扰。反应性模拟机测量迅速,是能满足这个测量条件的。

10.10.5 反应堆冷却剂流量测量

反应堆冷却剂在主泵的驱动下流经反应堆堆芯,将核燃料组件在裂变过程中产生的热量及时带走。为保证堆芯的安全,流经堆芯的冷却剂必须具有一定的流量。若流量低于其额定值的 88.8%,则反应堆停堆保护系统动作,使反应堆紧急停闭;若流量过大,则流致振动增大,严重时会导致堆内部件的损坏。因此,在核电厂堆芯装料前和装料后的热态调试阶段以及功率试验阶段,必须对反应堆冷却剂的流量进行测定及验证,以确认其流量满足设计准则和安全准则的规定,即流量大于热工设计所要求的最小流量值,且小于机械设计所允许的最大流量值。

反应堆冷却剂的流量测定可以采用主泵电功率法和弯管流量计法,并在反应堆各个功率试验台阶上,利用热平衡法对冷却剂的流量进行了验证。本节对这三种方法的原理作一介绍。

10.10.5.1 利用主泵的输入功率测定反应堆冷却剂流量

根据主泵制造厂提供的主泵特性参数,主泵电功率与流量的关系可表示为:

$$W = a - bQ^2$$

式中,Q——冷却剂流量,$\mathrm{m^3/h}$;W——主泵电机电功率,kW。a 和 b 为常数。

对任一环路,存在下列关系式:

该环路主泵单独运行时 $W_1 = a - bQ_1^2$

该环路在三个环路主泵同时运行时 $W_3 = a - bQ_3^2$

由以上两式可以得到:

$$W_3 - W_1 = bQ_3^2\left(\left(\frac{Q_1}{Q_3}\right)^2 - 1\right)$$

由于某一环路的流量正比于该环路弯管流量计给出的差压值的平方根,即 $\frac{Q_1}{Q_3} = \sqrt{\frac{\Delta P_1}{\Delta P_3}}$

故可表示为

$$Q_3 = \sqrt{\frac{(W_3 - W_1)}{b\left(\frac{\Delta P_1}{\Delta P_3} - 1\right)}}$$

从上式可知,通过测量每一环路主泵单独运行时的电功率 W_l、弯管流量计压差 ΔP_1,和三台主泵同时运行时该环路主泵的电功率 W_3 和弯管流量计压差 ΔP_3，就可以计算出三台主泵同时运行时该环路的流量 Q_3。三个环路的冷却剂流量之和即为流过压力容器的总流量。

10.10.5.2 利用弯管流量计测定反应堆冷却剂流量

在蒸汽发生器一回路主管道出口的第一个弯头 17.5°处，管道的外侧和内侧分别设有一个和三个取压孔。由于冷却剂流经该弯头处时产生的离心力的作用，使在弯头的内、外侧间产生一差压 ΔP。流量与差压 ΔP 存在如下关系式：

$$Q = k(\Delta P/\rho)^{1/2}$$

式中，Q——冷却剂环路流量，m^3/h；ρ——冷却剂密度，kg/m^3；k——弯管系数，仅与弯管的几何特性有关。

10.10.5.3 利用一、二回路的热平衡测定反应堆冷却剂流量

为分析方便，选择任意一个环路，在蒸汽发生器一回路入口和主泵出口之间建立热平衡方程。

$$Q_m(H_h - H_c) = W_{SG} - W_{RCP}$$

式中，Q_m——冷却剂环路质量流量，kg/s；

H_h——蒸汽发生器一回路入口端面焓值，kJ/kg；

H_c——主泵出口端面冷却剂焓值，kJ/kg；

W_{SG}——蒸汽发生器从一回路得到的热量，kW；

W_{RCP}——环路从外界得到的热量，kW。

$$W_{RCP} = \eta_m W_e - (W_{br} + W_{seal} + W_{hl})$$

式中，W_e——主泵电机的输入电功率，由实测得到，kW；

η_m——主泵电机的效率；

W_{br}——主泵热屏冷却水带走的热量，kW；

W_{seal}——加热一号轴封注入水消耗的热量，kW；

W_{hl}——管段的热损失，kW。

与主泵的输入电功率相比，W_{br}，W_{seal}和 W_{hl} 均可忽略，故得到：

$$W_{RCP} = \eta_m W_e$$

①从蒸汽发生器输出热量 W_{SG}

$$W_{SG} = Q_v H_v + Q_p H_p - Q_e H_e$$

式中，Q_v——蒸汽发生器出口蒸汽质量流量，kg/s；

Q_e——蒸汽发生器二次侧给水质量流量，kg/s；

Q_p——蒸汽发生器二次侧排污水质量流量，kg/s；

H_v——蒸汽发生器出口蒸汽焓，kJ/kg；

H_e——蒸汽发生器给水焓，kJ/kg；

H_p——蒸汽发生器排污水焓，kJ/kg。

为提高试验精度，在蒸汽发生器二次侧水质合格的前提下，试验期间可以停止排污。这样 $Q_p=0$，$Q_v=Q_e$。

②环路冷却剂流量及压力容器流量

环路冷却剂的质量流量为：

$$Q_m = (Q_v H_v - Q_e H_e - \eta_m W_e)/(H_h - H_c)$$

对应的体积流量为：

$$Q_e = 3\,600\ Q_m/\rho$$

式中，ρ 为环路冷却剂密度，kg/m^3。

三个环路的冷却剂体积流量之和即为流经压力容器的冷却剂流量。

10.10.6 蒸汽发生器水分夹带试验

蒸汽发生器水分夹带试验，是为了测定蒸汽发生器新蒸汽中所含水分的平均值，根据饱和汽轮机的设计要求，新蒸汽中所含水分应小于 0.25%，即新蒸汽干度要在 99.75%以上。试验工作在 75%和 100%P_n 水平下进行，测试时蒸汽发生器的负荷和水位要稳定。

压水堆核电厂所使用的汽轮机属于饱和蒸汽。蒸汽中湿气含量的多少对汽轮机特别是其末级叶片影响很大。在额定功率下测定蒸汽发生器出口湿气含量对确保汽轮机安全可靠运行意义极大。蒸汽质量(即蒸汽湿度)主要取决于蒸汽发生器上部汽水分离器的分离效果，为考核蒸汽发生器的性能，尽可能准确地计算出蒸汽发生器的热功率输出，必须精确地测量主蒸汽湿度。

目前在压水堆核电厂广泛采用示踪剂法测量主蒸汽湿度，其中普遍采用的示踪剂有化学碳酸铯，(Cs_2CO_3)和放射性钠-24。放射性钠-24 示踪剂法由美国西屋公司研究发明，由于其测量精度较高(2%左右)而被广泛采用。但钠-24 放射源半衰期短，受供源困难的限制，对于某些电厂，只能采用化学铯作示踪剂测量主蒸汽湿度。

借助于一种易溶于水而不挥发的示踪剂，通过测定蒸汽发生器内的示踪剂浓度和饱和蒸汽中水滴带走的示踪剂的量就可以确定蒸汽发生器出口的湿汽含量。例如，在凝结水泵入口注入示踪剂，由于示踪剂的不挥发性，干蒸汽不带走示踪剂，那么经过一段时间后，示踪剂将全部积聚在蒸汽发生器内。实际上，由于蒸汽发生器提供的是湿蒸汽，水滴总是要带走部分溶于水的示踪剂并通过给水系统返回到蒸汽发生器。

设 q 为被蒸汽量为 Q 的蒸汽所带走的水滴流量，则根据蒸汽湿度的定义，有：

$$H = \frac{q}{q+Q}$$

在试验时，关闭蒸汽发生器排污系统下泄流及凝汽器排污，维持常规岛水汽系统各水箱水位不变，则在注入碳酸铯以后经过一段时间运行，可在蒸汽发生器水侧建立起铯浓度之间的平衡关系式：

$$q \times C = (q+Q) \times C'$$

式中，C——蒸汽发生器沸水区的示踪剂浓度；

C'——给水中的示踪剂浓度。

因此，蒸汽湿度可表示为

$$H = \frac{q}{q+Q} = \frac{C'}{C}$$

示踪剂注入系统后，在蒸汽发生器内部，示踪剂的分布和蒸汽发生器内部的热力平衡及再循环过程有关。在稳定功率运行工况下，蒸汽发生器内的水蒸发量和给水量相平衡。为提高蒸汽湿度测量精度，要求蒸汽发生器内的示踪剂浓度测量具有一定的代表性，一般取蒸汽发生器上部的水样，利用化学取样管线，通过取样分析 1，2，3 号蒸汽发生器的示踪剂浓度。

给水中示踪剂浓度，可在给水母管上通过取样分析得到。

为检查二回路各部分的示踪剂污染情况，试验过程中分别就汽水分离再热器疏水箱和凝结水泵出口的示踪剂浓度进行监测，如果两部位的示踪剂浓度趋于稳定，则可开始取样分析蒸汽发生器内部和给水母管中的示踪剂浓度。

根据所选用示踪剂的不同类型，其分析方法也不同。如果用放射性钠-24 作示踪剂，则用放射性闪烁探测器可分别测得各被测点的放射性活度从而计算出蒸汽湿度。如果用碳酸铯作示踪剂，则取样后在化学实验室用原子光谱仪分析样品中的示踪剂浓度，最后求得蒸汽湿度值。

10.10.7　中毒曲线测量

在反应堆运行过程中，铀裂变后可直接或间接地产生 100 多种新的同位素，其中氙-135 和钐-149 的热中子吸收截面特别大，称之为毒物（如表 10-5 所示）。毒物会造成反应性的损失，所以在设计时就要考虑它的补偿。毒物吸收的热中子数与燃料吸收热中子数之比称为反应堆毒性，用 P_p 表示：

$$P_p = \frac{(\phi \Sigma_a V)_p}{(\phi \Sigma_a V)_U} = \frac{\Sigma_{ap}}{\Sigma_{aU}} = \frac{\sigma_{ap} N_p}{\sigma_{aU} N_U}$$

氙-135 的热中子吸收截面最大，由裂变直接产生的氙-135 只是很小一部分，占 0.3%，大部分是由碲-135 衰变两次生成的，占 5.6%，碲-135 的衰变链为：

$$^{125}\mathrm{Te} \xrightarrow[\beta]{2\ \mathrm{min}} {}^{135}\mathrm{I} \xrightarrow[\beta]{6.7\ \mathrm{h}} {}^{135}\mathrm{Xe} \xrightarrow[\beta]{9.2\ \mathrm{h}} {}^{135}\mathrm{Cs} \xrightarrow[\beta]{3\times 10^{6}\ \mathrm{a}} {}^{135}\mathrm{Ba}$$

碘-135 本身不是一个强中子吸收剂，但它是氙-135 的先驱核。

表 10-5　几种元素的热中子吸收截面

元　素	微观热中子吸收截面/b	比产额/%
铀-235	650	
镉	2 500	
硼	700	
钐-149	5.3×10^{4}	1.4
氙-135	3.5×10^{6}	5.9

在中子注量率 ϕ_0 恒定的情况下，堆内毒物的产生与其自身衰变和吸收中子后失去毒性相平衡，达到平衡时的浓度 N_{oXe} 为：

$$N_{oXe} = \frac{\gamma_I + \gamma_{Xe}}{\lambda_{Xe} + \sigma_{Xe}\phi_0}\phi_0 \sum\nolimits_f^{235\mathrm{U}}$$

式中，γ_I——碘的比产额，等于 0.058；

γ_{Xe}——氙的比产额，等于 0.003；

λ_{Xe}——氙的衰变常数，等于 2.1×10^{-5}；

σ_{Xe}——氙的中子微观吸收截面，b；

$\sum_f^{235U}$——铀-235 的宏观裂变截面。

表 10-6 列出了在各种中子注量率下氙毒平衡值的计算结果。从表上可以看出，当堆内中子注量率较低时，可忽略不计；当中子注量率大于 10^{12} n/(cm² · s)时，毒性迅速增加，最后趋近于极限值 0.050。

表 10-6　氙毒平衡值计算结果

热中子注量率 n/(cm² · s)	氙平衡毒性
10^{11}	0.000 85
10^{12}	0.007 0
10^{13}	0.030
10^{14}	0.046
10^{15}	0.048
10^{16}	0.049
10^{17}	0.049

中毒曲线的测量是从热态零功率，无毒工况下开始的。首先，以允许的最快速度将功率提升到某一级水平，待反应堆稳定，记下调节棒组 D 的棒位。然后，开始计算时间，随着反应堆内氙毒的出现，调节棒组 D 逐渐抽出以补偿中毒反应性的损失，必要时还要进行调硼操作，当达到平衡中毒(约需 40 h)时，棒位才保持不变，从开始计时起，每隔一定的时间 Δt_i，记录一次调节棒组 D 的棒位变化 Δh_i，查价值曲线得到相应反应性当量 $\Delta\rho_i$，即可画出如图 10-18 所示的中毒曲线。对于核电厂运行更有意义的是各种功率水平下的平衡中毒值，在不同的反应堆功率水平下，重复上述的测量过程，即可画出平衡中毒值与功率水平的关系曲线(图 10-19)。

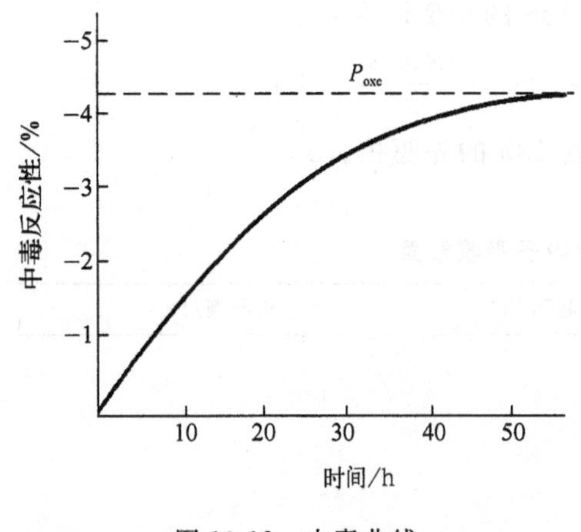

图 10-18　中毒曲线

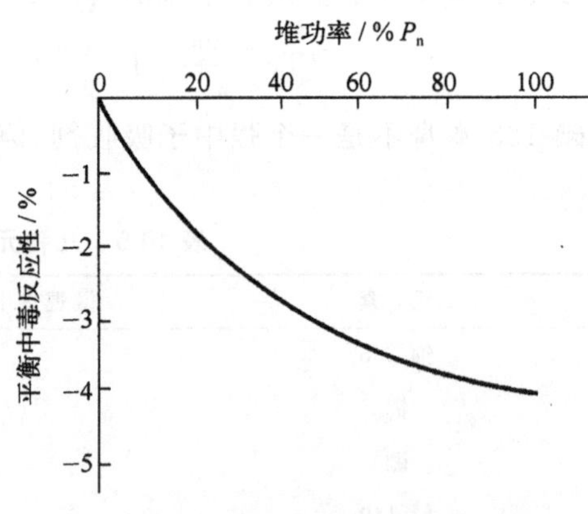

图 10-19　平衡中毒与功率关系

需要指出的是，在中毒曲线的测量过程中，实际上已将所有毒物对反应性的影响都包括在内，也难以将它们区分开来，但起决定作用的是氙-135，其次是钐-149，其他毒物由于微观吸收截面小，而且产额也低，对反应性的影响与氙毒相比可忽略不计。

10.10.8　碘坑测量

碘坑是反应堆从高功率向低功率过渡时的一种现象。满功率运行的反应堆，突然停堆后，氙毒的最大浓度可能比平衡值大几倍，使反应性大大下降，因此，反应堆降功率运行或者热停闭时，必须要考虑氙毒的变化特性，并根据碘坑随时间的变化情况，进行反应性的补偿。

碘坑测定试验是在平衡氙毒工况下进行的，让运行中反应堆降到零功率，待稳定以后记下调节棒组D的棒位，并开始计算时间，仔细观察功率表的指示，随着碘坑的出现，手动操纵调节棒组D，补偿反应性的变化。使功率保持不变，必要时还需进行调硼操作，根据调节棒组D的移动方向和数值大小及硼浓度的变化，可以画出碘坑曲线。改变停堆前的功率水平，重复上述的测量过程，可以作出不同功率水平下的碘坑曲线(图10-20)。一条碘坑曲线的测量时间需要30 h以上，为了保证测量精度，要求在这段时间内维持反应堆功率、冷却剂平均温度等热工和物理参数的稳定。

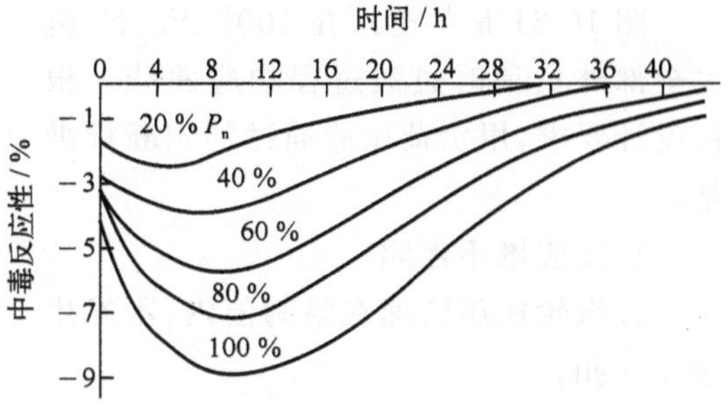

图10-20 不同功率水平下的碘坑曲线

10.10.9 负荷摆动试验

为了验证核电厂对负荷阶跃变化不超过±10%额定功率时的瞬态响应特性和自动跟踪负荷能力，应分别在不同功率水平，例如25%，75%和100%P_n下进行负荷摆动试验。试验从低功率水平开始，通过手动操作调节器，降低汽轮发电机组负荷，其数值相当于10%P_n，待系统稳定后，一步增加汽轮发电机组负荷相当于10%P_n。在负荷阶跃变化的过渡过程中，利用电厂仪表测量一回路热工参数(冷却剂温度、压力、稳压器水位)和二回路热工参数(蒸汽流量、压力、蒸汽发生器水位、给水流量)。根据要求，核电厂设计成能够承受±10%P_n的负荷阶跃变化，不需要手动操作，依靠控制调节系统吸收过渡响应，使运行工况自动趋于稳定。所以，在试验过程中不应出现蒸汽排放系统和稳压器安全阀的动作，更不允许发生停机、停堆等现象。

10.10.10 甩负荷试验

在核电厂运行中，甩负荷是比较容易发生的，常见的原因有：

1. 电网频率不正常，例如因周波低于49 Hz而甩去部分负荷；

2. 电网故障(如短路)，电压降到70%并且持续时间大于0.95，超过了电网故障的排除时间，汽轮发电机组与电网解列，甩去全部外负荷。当失去全部外负荷时，不希望发生汽轮机组跳闸、反应堆紧急停闭，为此，希望核电厂具有甩全负荷的能力，在设计上可使蒸汽旁路系统排放高达85%额定蒸汽量，配合反应堆阶跃10%P_n然后带5%P_n的厂用电负荷继续运行。如果电厂负荷的适应能力比较小(例如旁路阀排放只有40%额定蒸汽量，多余蒸汽向空排放)，则将由保护系统引起反应堆紧急停闭。甩负荷试验进行时，反应堆处于自动跟踪负荷变化状况，有关的控制系统工作正常并置于自动控制方式，汽轮机组置于调节器控制，电网已作好接收负荷变化的准备。然后，分别在25%，50%，75%和100%P_n下，打开主变压器的断路器，突然甩去全部外负荷，观察各系统的响应特性和瞬变后的稳定能力，并测定反应堆功率、一回路冷却剂平均温度、稳压器压力与水位、二回路蒸汽压力等参数随时间的变化以及汽轮机组调速系统的动态特性。

图 10-21 是某电厂在 100%P_n 下，甩去全部外负荷时过渡过程响应曲线。根据设计要求，甩负荷试验通过的判断标准是：

1. 反应堆不停闭；

2. 汽轮机组转速在限制值内，不发生超速脱扣；

3. 稳压器安全阀组不动作；

4. 蒸汽发生器安全阀不动作；

5. 安全注射系统不动作；

6. 在 15%P_n 以下时，不需要手动进行控制棒组调节、给水调节、稳压器水位调节。

和蒸汽排放调节，电厂能够自动趋于稳定。

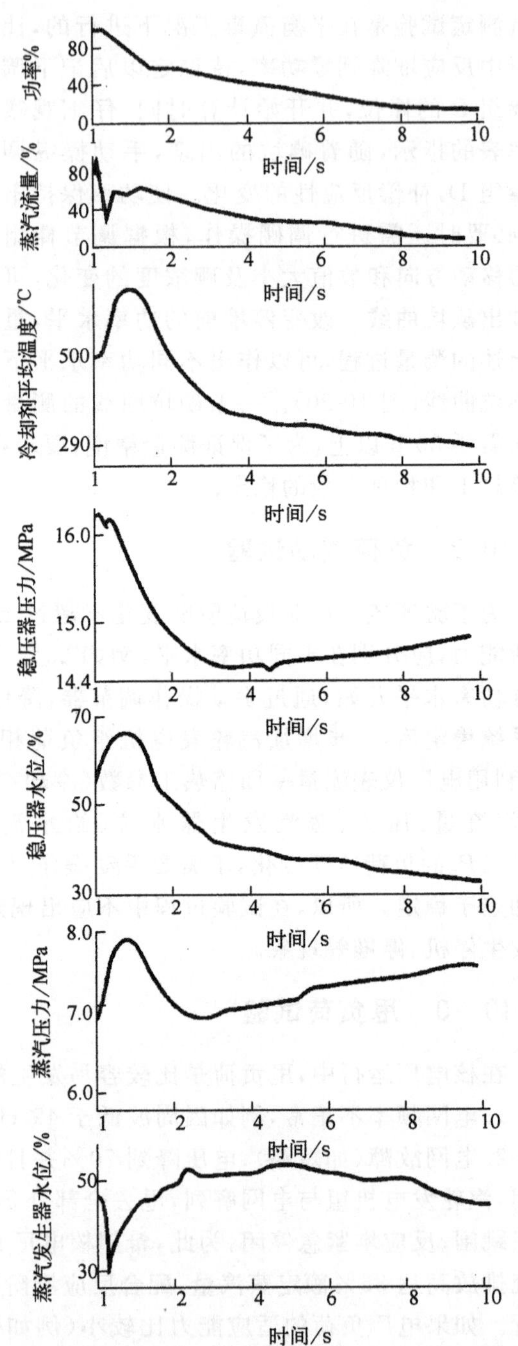

图 10-21　100%P_n 甩去全部外部负荷时的过渡响应

10.10.11　电厂停机不停堆试验

核电厂机组在其运行期间，汽轮发电机会因多种因素发生跳闸事故。汽轮机停机就是汽轮机进汽截止阀关闭，同时发电机负荷开关断开。按核电厂控制设计要求，反应堆在汽轮机停机后应该维持在设计要求的功率水平上(30%P_n)。

停机不停堆试验就是检验核电机组在汽轮机停机后机组的主要运行参数维持或重新达到正常运行范围而不引起反应堆停闭。

10.10.12　电厂满功率停闭试验

电厂通过负荷摆动试验和甩负荷试验之后，为了进一步验证一、二回路设备和自动控制系统的性能，在 100%P_n 的稳定工况下作停闭试验。为了确保安全，在试验前应：

1. 启动柴油发电机组，使之处于空转的热备用工况，以便试验过程中万一失去外电源时，提供备用电源；

2. 电厂辅助设备负荷由机组切换到外电源供电。

试验进行时，反应堆自动跟踪负荷变化，有关的控制系统工作正常并置于自动方式。然后，在控制室手动脱扣汽轮机组来引起反应堆紧急停闭，测定反应堆功率、冷却剂平均温度、稳压器压力与水位、二回路蒸汽流量等参数随时间的变化，并观察各系统的响应特性以及稳定能力。

试验的验收标准是：

1. 稳压器安全阀组保护阀不动作；
2. 蒸汽发生器安全阀不动作；
3. 安全注射系统不动作；
4. 蒸汽发生器大气排放阀在超压后 3 s 内开启，卸压后又能及时关闭；
5. 全部控制棒组必须下落，插入堆芯。

10.11　电厂验收试验

在机组逐步提升到满功率，完成各项试验任务后停机，对电厂进行全面检查，然后，再次启动达到满功率稳定运行。验收试验即可开始，内容包括电厂可靠性验证和性能保证值测定。

10.11.1　电厂可靠性验证

电厂处于 100%P_n 的稳定工况下，作 100 h 以上的连续运行，进行可靠性验证。要求在 100 h 内，不发生因电厂本身的故障而引起负荷减少，甚至停闭的现象。

10.11.2　性能保证值测定

性能保证值主要指电厂的净效率和净电功率输出两项指标，它的测定与电厂可靠性验证试验同时进行。利用巡回检测装置定时测量汽轮发电机组的电功率、厂用电功率、每台蒸汽发生器出口处蒸汽压力、蒸汽温度、排污流量、给水流量、给水温度、给水压力等有关资料，计算净电功率和电厂净效率。

1. *净电功率*

在发电机组出线端用功率表测得的电功率 P_{GE}减去厂用电功率 P_A，即为电厂的输出功率或净电功率 P_{NE}：

$$P_{NE} = P_{GE} - P_A$$

式中，厂用电功率 P_A是机组的所有辅助设备、变压器损耗、照明等用电之和。

2. *电厂净效率*

电厂净效率 η_{NE}是净电功率 P_{NE}与二回路热功率 Q_{SE}之比值，即：

$$\eta_{NE} = \frac{P_{NE}}{Q_{SE}}$$

在验收试验时，由于电厂的运行工况可能与设计条件下的基本运行工况有偏离，主要表现在冷却水温度、大气温度、冷却水泵入口水位、发电机组功率因子与出线电压、电网周波、凝汽器清洁度、蒸汽发生器排污量等有变化。因此，必须对上述用来计算净电功率和电厂净效率的测量值，按照设计所规定的条件进行修正，才能保证测量结果的精确性。根据国际电工学会的规定，性能保证值的误差不能大于 1%。例如一座 900 MW 级核电厂的净电功率设计值为 925 MW，则验收试验时测量到的净电功率应不低于 915.75 MW，才算合格。

第 11 章　压水堆核电厂的运行与维护

压水堆核电厂的标准运行状态有换料停堆、冷停堆、次临界中间停堆、热停堆、热备用、反应堆带功率运行。本章介绍各个标准运行状态的定义、特性及运行状态过渡时的操作原则。

11.1　压水堆核电厂运行的一般原则

1. 一回路的正常运行相应于电厂的功率运行。反应堆设计成相应额定功率 P_n 的 2% 和 100%之间的任一功率的各种稳定工况下均能带功率运行。

2. 反应堆控制应能使反应堆堆芯发出的功率与机组要求的功率(机组需求是优先的)相符合。

3. 保证任何时刻(即使反应堆停闭时)堆芯有足够的冷却剂循环。

4. 保持一回路冷却剂的压力在运行范围内,以防止堆芯的沸腾或超压。

5. 具有足够的剩余反应性控制能力,需要时反应堆可快速停闭,保持在热态或冷态。

6. 运行时应限制负荷变化和中子注量率分布的畸变,避免由于热应力和出现温度过高的热点而损坏燃料元件。

7. 使液体排放量减低到最低限度,以限制放射性物质对环境的影响。

为了满足 6、7 两项原则,运行时需要在使用调节棒组(将引起中子注量率分布畸变,但排放物少)和改变冷却剂硼浓度(对中子注量率分布无影响,但冷却剂排放量会增多)之间进行权衡。

11.2　压水堆核电厂的标准运行状态

压水堆核电厂的标准运行状态(见表 11-1)可分为:

1. 换料停堆;
2. 冷停堆(维修冷停堆、正常冷停堆);
3. 次临界中间停堆;
4. 热停堆;
5. 热备用;
6. 反应堆带功率(降功率运行,额定功率运行)。

各标准运行状态的定义如下。

1. 换料停堆

换料停堆是指允许作换料操作的停堆,此时,压力容器已打开,顶盖已吊起并移走,燃料组件在压力容器的堆芯内,反应堆换料水池充满 2 400 μg/g 的含硼水。

表 11-1　压水堆核电厂的标准运行状态

序号	运行状态	反应堆的反应性	堆功率	一回路平均温度 T_{av}	T_{av}控制方式[1)]	稳压器状态	压力/MPa(abs)	压力控制	主泵运行台数	汽轮发电机组	凝汽器
1	换料冷停堆	次临界≥5 000 pcm	0	10 ℃$\leqslant T_{av}\leqslant$60 ℃	a	满水	0.1		0		
2	检修冷停堆	次临界≥5 000 pcm	0	10 ℃$\leqslant T_{av}\leqslant$70 ℃	a	满水	0.1		0		
3	正常冷停堆	次临界≥1 000 pcm	0	10 ℃$\leqslant T_{av}\leqslant$90 ℃	b	满水	≤2.8	化容系统控制阀	$T_{av}\geqslant$70 ℃时，至少开一台泵		
4	单相中间停堆	次临界	0	90 ℃$\leqslant T_{av}\leqslant$180 ℃	c	满水	2.4$\leqslant P\leqslant$2.8	化容系统控制阀	≥1		
5	过渡中间停堆	次临界	0	120 ℃$\leqslant T_{av}\leqslant$180 ℃	c	汽水二相	2.4$\leqslant P\leqslant$2.8	稳压器	≥1		
6	正常中间停堆	次临界	0	160 ℃$\leqslant T_{av}\leqslant$291.4 ℃	c	汽水二相	2.8$\leqslant P\leqslant$15.5	稳压器	≥2		
7	热停堆	次临界	0	T_{av}=291.4 ℃	d	汽水二相	15.5	稳压器	≥2		
8	热备用	临界	≤2%P_n	$T_{av}\approx$291.4 ℃	d	汽水二相	15.5	稳压器	3	并网或不并网	投入
9	功率运行	临界	2%$P_n\leqslant P\leqslant$100%P_n	291.4 ℃$\leqslant T_{av}\leqslant$310 ℃	e	水位在 20%～64%	15.5	稳压器	3	并网	投入

注：1）a——余热排出系统（反应堆水池和乏燃料水池的冷却和处理系统备用）；

b——余热排出系统；

c——余热排出系统（或辅助给水系统）；

d——汽机旁路系统、给水流量控制系统（或辅助给水系统）；

e——给水流量控制系统。

2. 冷停堆

冷停堆又有两种状态。

维修冷停堆，这时反应堆的次临界度至少为 5 000 pcm，一回路平均温度在 10～70 ℃之间，是敞开的，一回路水部分排空，可以对一回路设备进行维修；

正常冷停堆，该状态时压力容器是封闭的，一回路至少用稳压器的一个安全阀组进行保护，反应堆次临界度至少为 1 000 pcm。

3. 次临界中间停堆

反应堆有足够的负反应性，处于次临界状态，一回路平均温度处于 90 ℃至 291.4 ℃之间。有两种不同的运行工况：在稳压器内没有形成汽泡，这是单相次临界中间停堆状态(一回路温度在 90 ℃到 177 ℃之间)；在稳压器内形成汽泡，一回路温度处于 120 ℃和 291.4 ℃之间，这是正常的双相次临界中间停堆状态。

4. 热停堆

反应堆处于次临界，一回路平均温度为 291.4 ℃，相应于空载条件。

5. 热备用

反应堆为临界状态，然而产生的功率很小(≤2%P_n)，蒸汽的绝大部分排向大气或凝汽器。

6. 反应堆带功率

反应堆在临界状态，所产生的功率＞2%P_n，可分为两种运行状态：反应堆控制仅仅是手动方式，运行在大于 2%P_n 而小于 15%P_n 的低功率工况；反应堆控制是自动或手动方式，在大于 15%P_n 而小于(或等于)100%P_n 范围内带功率运行。

压水堆核电厂各个标准运行状态冷却剂系统压力与温度的变化见图 11-1。

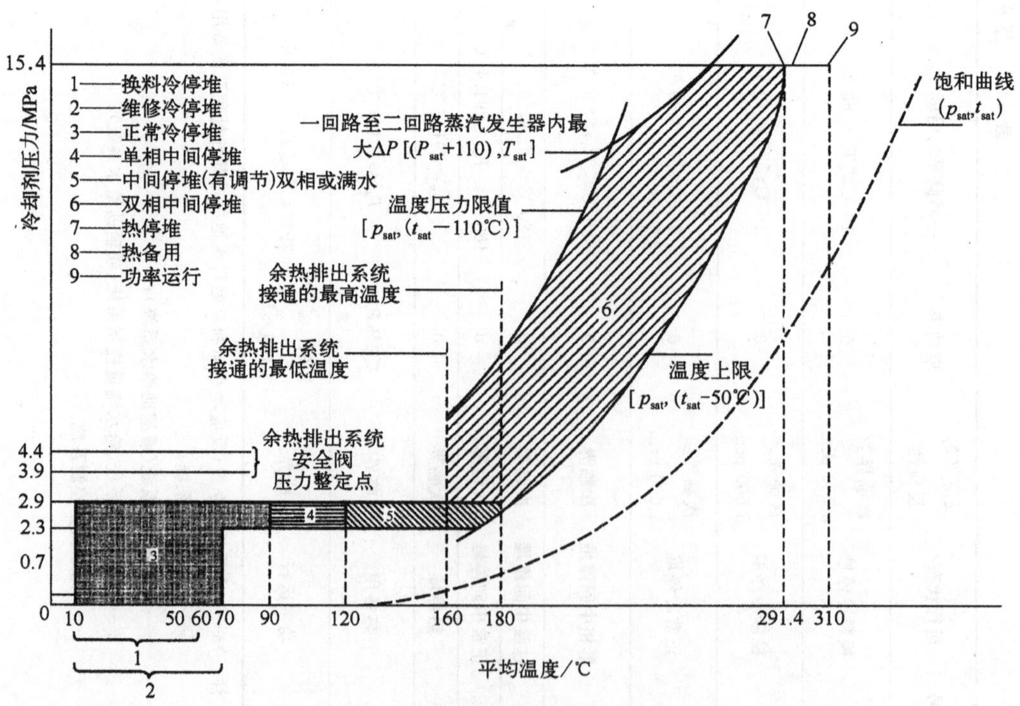

图 11-1　压水堆核电厂标准运行状态

只有具备特定资格并经指派的运行人员，才能控制和指挥核电厂的运行和状态的改变，运行人员必须熟知和遵循核电厂各个运行状态的运行规程。

核电厂营运单位必须在运行开始之前制定详细的运行规程，其内容应包括核电厂正常运行，预计运行事件和设计基准事故情况下应采取的行动，并有严重事故应急运行规程，以便于操纵员按正确的顺序进行操作。

11.3　正常启动

压水堆核电厂的正常启动可以分为冷态启动和热态启动两种。压水堆停闭了相当长时间，温度已降到 60 ℃以下时的启动称为冷态启动；而热态启动则是指压水堆短时间停闭后的启动，启动时压水堆的温度和压力等于或略低于工作温度和压力。此外，当核电厂建成，堆芯装载燃料后的启动称为初次启动，已在第 10 章作了介绍。

由于对冷态启动的研究可以包括所有的各种工况，以下叙述从换料冷停闭工况开始，到功率运行工况的所有操作，为方便起见，将启动过程按时间次序分成一些独立的阶段。

11.3.1　初始状态——换料的冷停闭工况

各系统的状态如下。

1. 供电系统

检查所有的母线和配电盘上的交直流电源，调整厂用电方式使符合启动要求，检查备用电源的完整性，检查重要负载的电压是否正常。启动时，电源电压应在(0.85～1.05)额定电压之间，对电网频率的限制为(50±0.5)Hz。保证压水堆、冷却剂泵、一回路及二回路的辅助系统，反应堆控制与安全保护系统，检测仪表系统，信号系统等处于能够运行状态。

2. 反应堆

装换料结束，堆顶所有设备与仪表已装上，堆处于次临界，堆内应充满浓度约 2 400 μg/g的含硼水，使停堆深度不小于 5 000 pcm；所有控制棒组件都在最低位置，堆内温度低于 60 ℃。

3. 控制和保护系统

已作好启动准备，检查与校验工作已完毕，中子源量程测量通道已投入运行，对反应堆进行监测，反应堆的其他控制、保护、检测仪表系统也已投入。

4. 设备冷却水系统

设备冷却水泵一台运行，一台备用，可根据需要对冷却剂泵、停堆热交换器、停堆冷却泵、过剩下泄热交换器、安全注入泵等供应冷却水。

5. 余热排出系统

它的一台(或两台)热交换器正在运行，控制一回路温度在 60 ℃以下，但应高于反应堆压力容器脆性转变温度，和避免冷却剂中任何可能的硼酸结晶。

6. 化学和容积控制系统

应处于可用状态，补水控制使冷却剂的含硼浓度为一定值，并保持堆内水位，下泄流由余热排出系统经过剩下泄管系进入容积控制箱。

7. 安全注射系统

高压注射管系和低压注射管系应经检查，处于可启动状态，安全注射箱已因电动隔离阀门的关闭而隔离开。

8. 二回路系统

所有设备均在停闭状态，蒸汽发生器二次侧处于湿保养：即充入除盐除氧水至一定高度，其余空间充氮使压力稍高于常压；蒸汽隔离阀关闭。

其他与常规电厂相同。

11.3.2 由冷停闭状态向热备用状态过渡

图 11-2 给出压水堆各标准运行状态间的转变过程，在压水堆核电厂的运行实际中，状态间的转换都必须按相应的运行规程进行操作。从图中可以看出，从冷停堆状态过渡到热备用状态，须经历以下三个阶段：

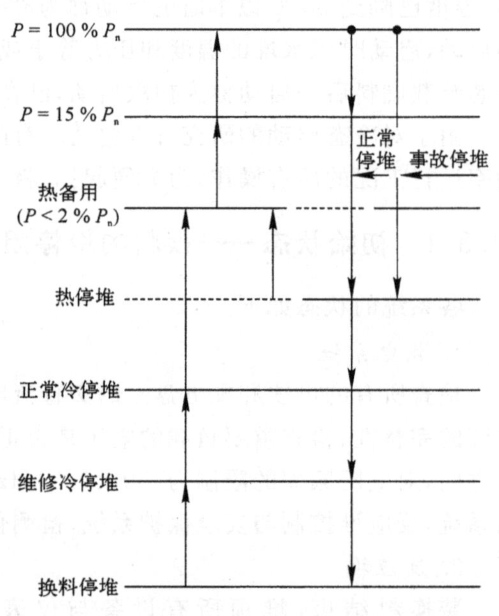

图 11-2 压水堆各标准状态的转变过程

1. 第一阶段——一回路充水和排气

由化学和容积控制系统充水。充水时，将来自补水系统的除盐水注入一回路，进行稀释操作，使充水结束时，反应堆的停堆深度不小于 1 000 pcm。充水时应注意系统排气，调节余热排出系统的流量，将温度调到 50～70 ℃。

降低蒸汽发生器二次侧水位到零功率值时，然后，启动主泵并投入稳压器加热器，使冷却剂系统升温预热。

在开始加热阶段，应注意监测和调节一回路水质，使冷却剂水化学特性得到保证，当系统加热到 90 ℃时，从化学物添加箱对冷却剂系统添加氢氧化锂(LiOH)以控制 pH 值，加入联氨(N_2H_4)以消除溶解氧。当一回路水质合格时，将净化系统投入运行，一回路温度达到 120 ℃时，不能再调整水的化学特性。

2. 第二阶段——稳压器投入运行

当第一阶段终了时，一回路温度约 100 ℃至 130 ℃，压力为 2.5 MPa，上充流已开始建立。为了在容积控制箱顶部建立氢气空间，可手动控制容积控制箱上游的控制阀及补给水的控制阀，用氢气替换氮气，直到分析表明具有合适的氮气和氢气含量，使一回路水中有足够的溶解氢浓度为止。这时，容积控制箱水位控制阀转为自动控制。

由反应堆冷却剂泵和稳压器电加热器的投入，使一回路升温，升温时，应注意在反应堆和稳压器之间维持温差和限制升温速率，稳压器比一回路其余部分加热得更快，它的温度比冷却剂平均温度高 50 ℃至 110 ℃，最大加热速率为 56 ℃/h。

当稳压器温度达到系统压力(2.5～3.0 MPa)的饱和蒸汽温度(约 221～232 ℃)时，用减少上充流量的方法使其形成蒸汽空间，然后用手动控制以保持稳压器水位。在稳压器内汽腔的形成过程中，由化学和容积控制系统维持压力在 2.5～3.0 MPa 之间的一个常数值上。

从容积控制箱排出来的一回路水被排放到硼回收系统。当稳压器水位达到零功率水位整定值时，就从调节转为运行，承担了压水堆冷却剂系统的压力控制。

然后断开余热排出系统和化学和容积控制系统之间的连接，并且降低低压膨胀阀的整定值至 1.5 MPa 左右，来控制通过下泄孔板的下泄流量，在系统温度达到 177 ℃时应及时隔离余热排出系统。

在一回路温度到达 180 ℃之前，投入控制棒驱动机构的通风回路，抽出停堆棒组。

3. 第三阶段——一回路升温升压至热停堆状态

反应堆在达到临界以前，要遵守的条件如下：

(1)压水堆随着核燃料或慢化剂的温度变化而改变其反应性，在工作温度范围内反应性的负温度系数是保证压水堆稳定运行的重要条件。应在慢化剂温度系数为负时启动反应堆达临界。

核燃料温度系数由于多普勒效应，总是负的；慢化剂温度系数不仅随温度和燃耗而变动，而且与硼浓度有关，对于新装载的堆芯，冷却剂含硼浓度较高，直到 200～250 ℃时，慢化剂温度系数都是正的；在燃料寿期末，在从 20～320 ℃的温度范围内，它总是负的。

(2)稳压器已建立汽腔，水位控制已投入运行。

(3)化学和容积控制系统至少有两台上充泵、两台硼酸泵投入运行，并且至少有一条管道可向反应堆供应硼酸。

(4)冷却剂系统的临界硼浓度值，随燃料的燃耗而降低，通常可由理论计算得出它们之间的关系曲线，如图 11-3。在每一次启动反应堆时，可根据反应堆投入运行以来，已发出的累计功率，以燃耗(MWd/tU)为单位，从图示曲线上估计出本次启动时临界硼浓度值。

在满足上述条件情况下，依靠稳压器的电加热器和主泵转动时的机械功，使一回路系统的压力和温度达到或接近零功率额定值，然后可以启动反应堆达到临界。

上述升温升压方式，称为联合加热法。

为使一回路温度和压力达到零功率额定值，稳压器的加热器继续运行，水位受到控制，稳压器压力上升，这样导致下泄流量的增加。随着压力的增加，逐步关小下泄孔板隔离阀，以控制下泄流量(在升温结束时，上充和下泄流量是相等的，约仅等于通过一个下泄孔板的流量)。在一回路系统升温末期，过剩下泄热交换器投入运行，以防止下泄孔板下游过高的温度，当系统升温结束，下泄流量用关小下泄孔板隔离阀的方法达到其正常数值。

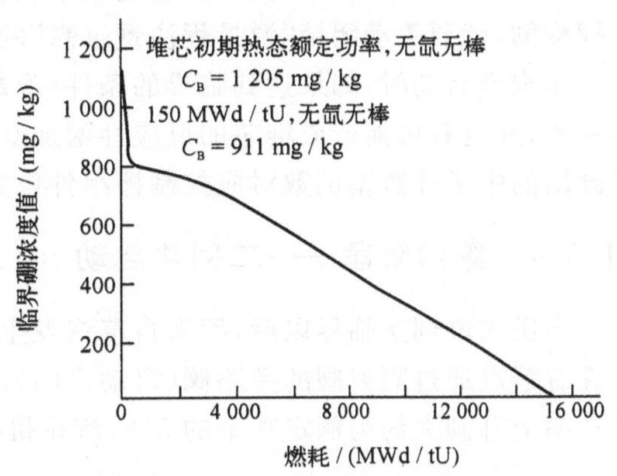

图 11-3　临界硼浓度值随燃耗的变化

压水堆冷却剂系统的温度和压力一起增加时，必须注意限制它们在设备工艺所允许的范围内，温度上升的速率必须不超过 28 ℃/h，要注意安全保护系统及有关设备应处于良好的工作状态，例如开始升温时，应关闭安全注入箱的电动隔离阀，以避免安全注入箱排水；当系统压力达到 7.0 MPa 时，核实安全注入箱的气压并打开电动隔离阀，使安全注入箱处于备用工况；当系统压力升至 13.8 MPa 时，应将安全注射系统的所有设备和阀门切换至安全注射准备工况，同时，凡和高低压安全注射系统相联接的外系统管路、阀门均应关闭；当系统达到正常运行压力(15.52±0.1)MPa 和温度(291.4 ℃)时，切断稳压器的可调加热器电源，压力控制由手动转为自动控制，达到热停堆工况。

11.3.3　趋近临界和临界

压水堆按下述步骤向临界趋近，为保证启动安全，必须保证在每一时刻，堆芯反应性只随单个参数的改变而变化。

1. 压水堆冷却剂温度应尽可能保持为常数，以避免任何能引起突然冷却的操作；冷却剂泵提供的能量，可以通过二回路产生的蒸汽排向大气或凝汽器。

2. 稀释冷却剂硼浓度到一个与临界条件相对应的预定值。

压水堆核电厂的各种运行工况下冷却剂的硼浓度值是不同的。稀释时，由补水系统的补水泵将补水送到容积控制箱，再从容积控制箱注入上充泵吸入口，向一回路系统充注。注意限制冷却剂硼浓度的稀释速率，以防止反应性变化过大。在稀释的同时，必须对稳压器进行最大喷雾，使得稳压器和冷却剂系统的硼浓度均匀化，它们之间的差值应小于 50 μg/g。另外，对冷却剂进行取样分析时，应保证冷却剂有足够的混匀时间，至少不小于 10 min。

3. 然后，根据堆芯的布置，推算出与最低无负荷临界相对应的各个控制棒组件的位置，并按照所指定的顺序，依次提升控制棒组件中的四组调节棒组。

如按 A 模式运行控制棒组件的调节棒组有 A，B，C 和 D 四组，四组调节棒的前后两组之间有一定的重迭度；棒组重迭的目的是为了使反应性与调节棒组位置的关系曲线线性化，使棒组在堆芯内移动时反应性引入率近似为常数。

压水堆启动时，在抽出控制棒组件的过程中，应预期反应堆随时会达到临界。为此，先将调节棒组 A，B 分别提升到堆顶，调节棒组 C 接近堆顶，然后，在将调节棒组 D 提升到它的调节带下限时，预期反应堆就应达到临界。调节棒组的提升速率要有一定的限制，以防止功率上升太快使得燃料过热，也考虑到即使发生控制棒驱动机构的误动作或运行人员的误操作，也不致造成重大事故。

趋向临界的过程由源量程测量通道来监测，一旦注量水平达到中间量程测量通道的最小探测阈，就要手动闭锁“源量程注量过高”的保护措施。

压水堆启动时，如果达到临界的条件(冷却剂温度、压力以及硼浓度)与预先计算的数据不一致，并且有可能造成堆芯的反应性增加 0.5% $\Delta k/k$ 以上时，则必须像初次启动时那样，在画出的中子计数率倒数对应控制棒组件位置的监督曲线指导下，逐步达到临界。

11.3.4　第四阶段——二回路启动

当压水堆到达临界以后，用来自蒸汽发生器的蒸汽，开始启动二回路系统。其主要操作步骤有蒸汽通过隔离阀的旁路阀(启动汽门)对主蒸汽管进行暖管，低速暖机等。然后反应堆功率上升到大约为额定功率的 5%，汽轮机按规定的速度升速，直到额定转速。

11.3.5　第五阶段——发电机并网，提升功率

发电机作好并网准备，反应堆功率上升到大约为额定功率的 10%时，进行并网操作，完成并网以后，带最小负荷（约 5%P_n 的负荷）运行，调整厂用电的供电方式，从机组启动前的外电源供电切换到由汽轮发电机组供电。反应堆与汽机之间功率要达到平衡，以限制蒸汽的排放；接着，缓慢增加汽轮机负荷，直到蒸汽排放阀全部关闭，继续增加汽轮机负荷，同时手动提升堆功率与此相适应，直至反应堆功率达到控制系统能投入自动的最小值，即约为额定功率的 15%。然后，(1)把给水控制由辅助给水系统切换到主给水系统，检查蒸汽发生器二次侧水位是否在规定的范围内；(2)将蒸汽排放从压力控制切换到冷却剂的平均温度控制；(3)当冷却剂平均温度处在正常范围内时，将反应堆控制从手动切换到自动。

一旦反应堆功率达到 10%P_n，就手动切除"中间量程通量过高"安全保护和"低功率量程通量过高"安全保护，在这一功率水平上，反应堆保护系统的允许系统接通了所有在低功率下被闭锁的保护通道。

在 15%P_n 功率水平时，由于反应堆已转为自动控制，保护系统的连锁系统不闭锁控制棒组件的自动提升，核蒸汽供应系统的功率可以满足汽轮机所要求的负荷，可以由控制系统的介入或运行人员的要求来继续增加负荷。在 60%P_n 水平上，允许系统接通一直被闭锁着的由功率量程测量通道给出信号的那些保护通道。

压水堆从冷态启动的整个过程可以参看图 11-4。

如果反应堆启动是从热停闭状态开始，则可以从 11.3.3 向临界趋近起以相同的方法完成，若启动时二回路已处于热备用状态，则 11.3.4 第四阶段——二回路启动可以取消。

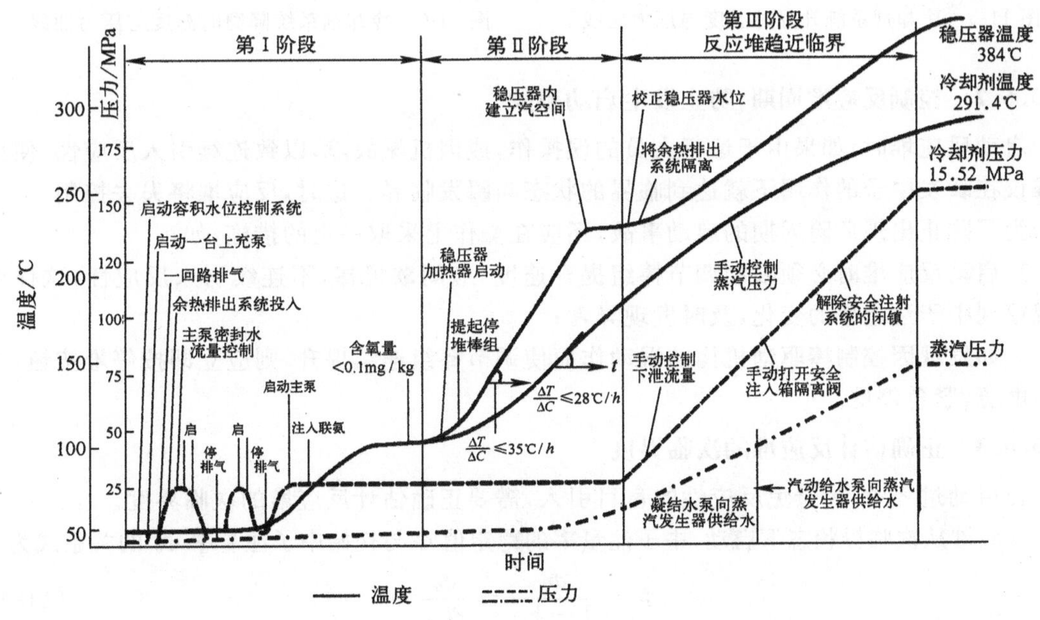

图 11-4　冷态启动曲线

11.3.6　启动过程中应注意的问题

11.3.6.1　冷却剂系统压力及升温(冷却)速率的限制

图 11-5 给出了冷却剂系统升温时，系统的温度与压力间所必须维持的极限关系。各特定温度变化速度所允许的压力和温度组合应在所示极限曲线的下面和右面。曲线的垂直部分，规定了反应堆可以临界的最小温度，在这温度之下，所引起的压力偏差将超过规定值。在高温部分，加热曲线提高了 23 ℃，这是考虑到反应堆压力容器在辐照下引起脆性转变温度升高而作的偏移。

在系统冷却时，对于一定的冷却速率，压力和温度的关系限制在曲线的下面和右面，如图 11-6 所示。

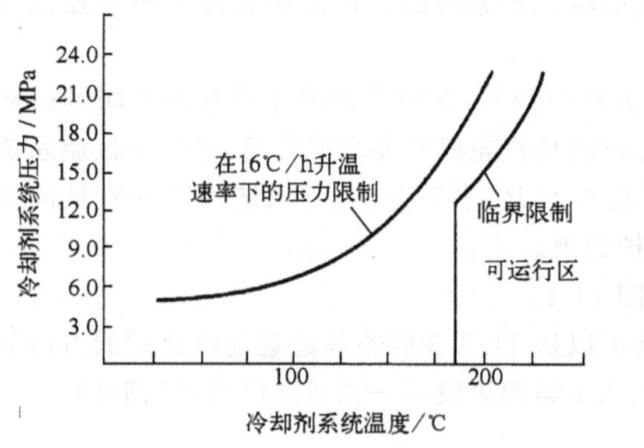

图 11-5　冷却剂系统升温时温度与压力曲线

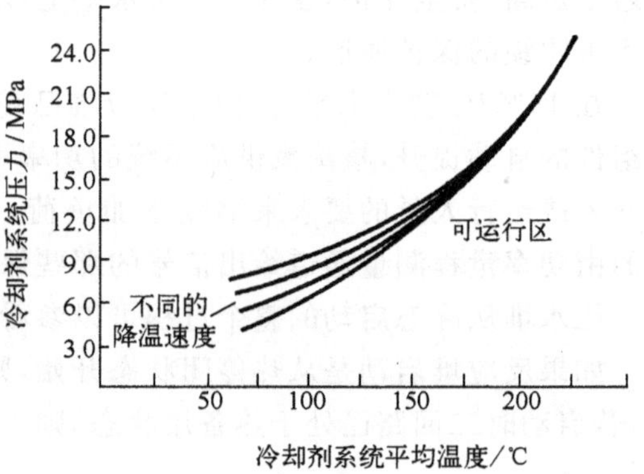

图 11-6　冷却剂系统降温时温度与压力曲线

11.3.6.2　控制反应堆周期，防止发生启动事故

启动反应堆时，如果由于运行人员的误操作，或因机械故障，以致连续引入反应性，使反应堆仅在瞬发中子的作用下就达到临界的状态叫瞬发临界。这时，反应堆将失去控制。

为了防止出现危险周期的启动事故，还应在操作上采取一定的措施，如：

1. 启动反应堆时必须限制调节棒组提升速度，应间歇提棒，不连续引入反应性，这样可以观察到中子注量率的变化，及时发现异常；

2. 如发现因控制棒驱动机构的误动作而使调节棒组连续提升，则应立即按停堆按钮，或切断电源，紧急停堆。

11.3.6.3　正确估计反应堆的次临界度

在启动过程中，为避免反应性的盲目引入，需要正确估计反应堆的次临界度。

反应堆从次临界状态下启动，中子注量率的稳定值 Φ 与初始中子注量率 Φ_0 的关系式为

$$\Phi = \frac{\Phi_0}{1-k_{\text{eff}}} = \frac{\Phi_0}{\delta k_{\text{eff}}} \tag{11-1}$$

从上式可见，反应性增加以后，次临界注量率趋向于稳定值。如果反应堆在次临界深度为 $-\Delta k_1$ 的情况下，稳定的中子注量率比值为 $\frac{\Phi_0}{\Phi_1}$；这时若再引入一个反应性 δ，反应堆就会

处于另一个新的次临界深度 $-\Delta k_2$，相应的中子注量率比值为 $\frac{\Phi_0}{\Phi_2}$，利用外推法，就可以估计出要达到临界尚需引入的反应性 x(图 11-7)。

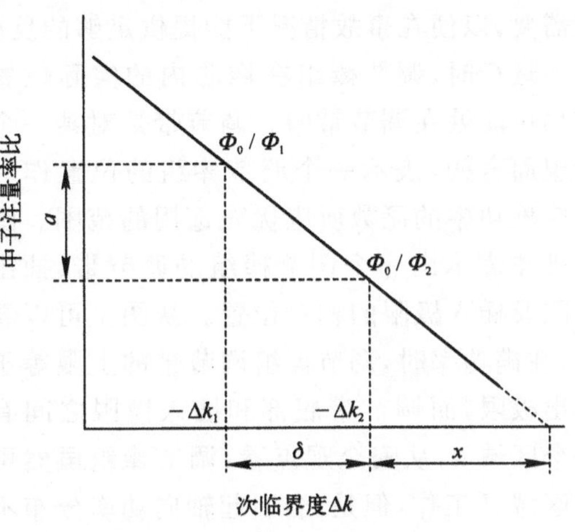

图 11-7　用外推法估计次临界度

$$a : \delta = \frac{\Phi_0}{\Phi_2} : x$$

式中，

$$a = \frac{\Phi_0}{\Phi_1} - \frac{\Phi_0}{\Phi_2}$$

$$\begin{aligned} x &= \delta\left(\frac{\Phi_0/\Phi_2}{a}\right) \\ &= \delta\left(\frac{\Phi_0/\Phi_2}{\Phi_0/\Phi_1 - \Phi_0/\Phi_2}\right) \\ &= \delta\left(\frac{\Phi_1}{\Phi_2 - \Phi_1}\right) \\ &= \delta\left(\frac{1}{n-1}\right) \end{aligned} \tag{11-2}$$

这里，$n=\Phi_2/\Phi_1$

如果引入反应性 δ 后，中子注量率增加 1/10 倍($n=1.1$)，由上式算出 $x=10\delta$，即还要引入 10 倍于 δ 的反应性才能使反应堆达临界，通常取引入的反应性 δ 值满足 $n=1.1$、1.25 和 1.5 的条件，可算出相应的次临界度 $x=10\delta$、4δ 和 2δ。

从以上讨论还可以得到一个重要的结论，如果某一次反应性引入量使次临界注量率上升一倍，即 $n=2$，则下一次再增加同一数值的反应性时，即 $x=\delta$，将使反应堆达到临界。

需要注意的是，在一次增加反应性之后，次临界注量率是缓慢地达到稳定值的，特别是在接近临界的时候。所以，在两次增加反应性之间的不太长的时间内，观察到的次临界注量率上升值一般偏低，而所估计的次临界度偏大，偏于不安全。为此，在实际操作中规定：

(1)当 $k_{eff}<0.99$ 时，每次引入的反应性应小于外推值 x，一般取

$$\delta = \frac{1}{3}x$$

(2) 当 $k_{eff}>0.99$ 时，应根据不使临界后的倍增周期 $T_{1/2}$ 小于 15 s 来限制反应性引入量。

11.3.6.4　控制棒组的插入与抽出极限

当反应堆临界时，控制棒的停堆棒组应全部抽出，只有物理试验时可以例外。以 A 运行模式为例，控制棒组中四个调节棒组，应按如下次序运动，从零到 100% 功率时，调节棒组抽出的顺序是 A-B-C-D(棒组之间有一定的重叠度)，负荷降低时，按 D-C-B-A 的顺序插入(也允许同样顺次重叠)。

对于一个调节棒组，考虑到它的停堆能力、恢复满功率能力和运行时对堆芯功率分布的影响，它在堆芯位置有一定的要求，调节棒组插入量的上限就是它的抽出极限，或可称“咬量”，保持这个最小插入量是为了使调节棒组插入堆芯更深时具有一定的价值，以便能应付可能发生的瞬变工况；调节棒组的最大插入限度，也就是插入极限，是为了满足反应堆安全

性需要，以便在事故情况下能提供足够的反应性来补偿反应性功率系数。

运行时，调节棒组在堆芯内的实际位置应尽可能处在调节带内。调节带是对某一个棒组而言的，表示一个调节棒组的位置作为反应堆功率的函数所应优先选用的范围。图11-8中表示出一个调节棒组的调节带、抽出极限及插入极限的相对位置。从图上可以看出，在满功率时，调节棒组调节带的上限等于抽出极限，而调节带底部和插入极限之间有一个区域 d，从安全观点看，调节棒组虽然可在区域 d 工作，但是，会引起轴向功率分布不均匀，为消除此缺点同时为减小控制棒弹出事故的严重后果，应尽可能离开这个区域：区域 c 为调节带。调节棒组若运行在 b 区域时，反应堆一般不可能快速地恢复到它的满功率，但对燃耗的均匀有利。在满功率稳定运行时，一般使调节棒组D稍微插入，以防止造成燃料燃耗的过分不均匀。

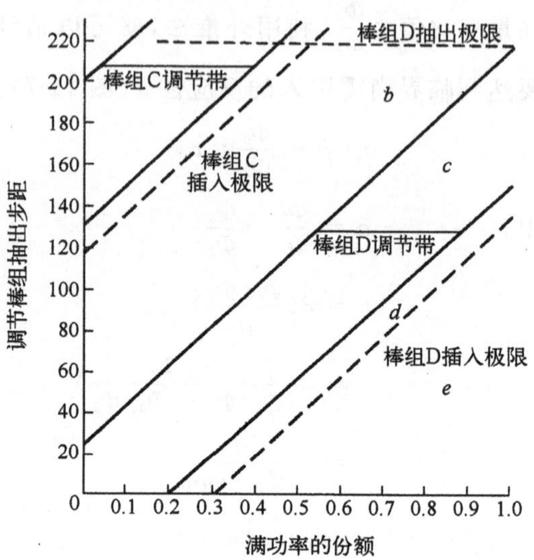

图 11-8 调节棒组的调节带、抽出极限及插入极限（A运行模式）

11.4 过渡到功率运行

反应堆由热备用状态过渡到功率运行时一回路和汽轮发电机组的状态特性，以及各项操作间的连锁逻辑关系如下。

11.4.1 热备用状态和功率运行状态

热备用状态是从冷停堆状态开始用主泵和稳压器电加热器的加热，或者从反应堆热停闭状态而获得。

反应堆处于热备用状态的特征如下：

1. 反应堆处于临界状态，输出功率小于 $2\% P_n$，这个功率由堆外中间量程测量通道监测；

2. 一回路冷却剂平均温度 T_{av} 调节到接近于反应堆空载下温度值291.4 ℃；

3. 稳压器内压力等于其整定值，处于自动压力调节状态（15.3 MPa $<p<$ 15.5 MPa表压）；

4. 稳压器内水位等于其整定值，处于自动调节状态；

5. 用小流量调节阀维持蒸汽发生器内水位在空载下按程序计算所得数值上；

6. 至少有两台主泵在运行，在升功率时，三台主泵都应投入运行；

7. 控制棒组停堆棒组处于完全抽出位置，调节棒组处于手动操作状态，并被保持于低插入限值，使反应堆具有在紧急停堆情况下所要求的负反应性裕度；

8. 二回路已进行暖管，汽轮机在盘车，给水设备投入运行，蒸汽发生器疏水处于最大值

(51 t/h)。

反应堆达到功率运行的状态时：

1. 反应堆临界，输出功率处于(30%～40%)P_n之间；

2. 一回路冷却剂平均温度 T_{av}=(291.4±1)℃；

3. 一回路压力 p=15.4 MPa(表压)；

4. 汽轮机并网，汽轮机旁路系统处于自动控制状态；

5. 蒸汽发生器经由水位调节主阀供水。

11.4.2 从热备用状态到功率运行状态的过渡

1. 由热备用状态过渡到并网

将蒸汽发生器给水由辅助给水系统切换到给水流量调节系统，手动控制抽出调节棒组，将反应堆功率提升到 4%P_n。以这种方式，产生出使汽轮机投入运行所需的更多的蒸汽，多余蒸汽经旁路通入凝汽器，将一回路冷却剂温度维持在 290.4 ℃至 292.4 ℃之间。而后进行汽轮机升速以及汽轮发电机组并网。

2. 升功率到 15% P_n

开始时，要使核功率和汽轮机负载平衡，以限制蒸汽向凝汽器的排放。然后增加汽轮机负荷，同时抽出调节棒组，以遵守一回路冷却剂平均温度 T_{av}与参考温度 T_{ref}间的最小偏差的原则，并在保持通向凝汽器的汽轮机旁路关闭的同时，调整一回路传递到二回路的功率。

核功率的增长不应超过对反应堆要求的限制(5% P_n/min)和汽轮机增加负荷时要求的限制(30 MW/min)；从 0 到 30% P_n 带负荷的增长率由汽轮机低压转子的热状态确定，从(30%～100%)P_n 负荷增长率限制为 15 MW/min。

3. 大于 15% P_n 的运行

当功率大于额定功率的 15%以后，控制是自动的，反应堆输出的热功率，依靠功率调节系统，自动跟踪汽轮发电机组所需要的功率。

当外负荷增加时，汽轮机进汽调节阀开大，进汽量便增加，蒸汽发生器中的压力下降，引起蒸发量增加，使蒸汽发生器中的二次侧水位开始增加，然后下降，通过在给水泵上的校正动作，就能保持一个比初始状态大的流量，恢复水位。

同时，控制棒驱动机构接受来自功率调节器的信号，通过控制棒组件的移动来增大功率。压水堆的功率调节系统，一般采用温度为主调节参数，即以调节冷却剂平均温度的方法来消除一回路功率和二回路功率之间的不平衡(图 11-9)。最初，由一回路的热容量供给负荷的增加，引起冷段温度下降；然后，通过控制棒组件的移动来增大功率。调整平均温度，达到新的平衡。有的压水堆在带功率运行时，维持一回路冷却剂平均温度不变，当负荷变化后引起一回路冷却剂平均温度变化时，通过控制棒组件的移动，改变堆功率，使平均温度维持不变。

在带负荷的功率运行过程中，稳压器中压力保持在一定的范围内，以避免堆芯冷却剂产生沸腾或超压的危险。

冷却剂温度的变化引起稳压器中水体积的变化，所以水位整定值要随负荷而变，水位的调节是由改变来自化学和容积控制系统的上充流量来实现的；并且经常有一个下泄流量流到化学和容积控制系统容积控制箱，以净化一回路水，并调节一回路水中硼酸浓度，保证调节棒组运行在它们最好的运行区域；硼酸浓度的改变实际上用来补偿由燃料燃耗引起的反应性变化。硼浓度改变的过程详见 11.4.6.3 “冷却剂硼浓度的控制”。

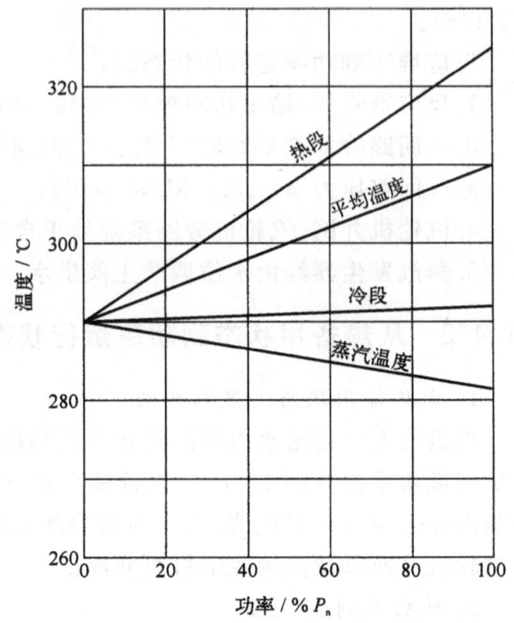

图 11-9 一回路和二回路温度的变化

功率运行过程中，由于燃料的燃耗，裂变产物及其衰变物的积累（即中毒与结渣）引起的反应性损失由一回路冷却剂中硼浓度的调节来补偿，而中子注量率轴向振荡引起的反应性变化，可由调节棒组来进行调整。

在正常运行时，为确保不超过核燃料的有关限值，反应堆控制调节系统所许可的瞬时最大负荷变化为±10% P_n，负荷连续变化最大速率为每分钟 5% P_n。

当负荷下降速率超过以上允许值时，依靠蒸汽排放系统的投入，将多余的蒸汽引向凝汽器，可以避免压水堆的快速停闭。

11.4.3 汽轮发电机组的升速、并网和升功率

热备用时，反应堆处于临界状态，功率约为 2% P_n，一回路压力和温度为额定值，二回路的状态是汽轮机在盘车中，凝汽器处于真空下，给水流量调节系统向蒸汽发生器供水。由此初始状态以后，二回路投入运行将经历汽轮机启动准备、汽水分离再热器加温、汽轮发电机组升速、并网和升功率 5 个重要阶段。

1. 汽轮机的启动准备条件

升速和盘车装置在工作，润滑油系统投入运用，润滑油温高于 35 ℃，蒸汽联箱已加温，汽轮机疏水是可用的。凝汽器处于真空下，汽轮机入口蒸汽应符合汽轮机冷态情况下的规定特性。

2. 汽水分离再热器加温

加温的目的在于根据低压转子的热状态，在适当的时间内向低压缸通入适当温度的蒸汽，以限制转子上的热应力。当低压转子温度<65 ℃时，汽轮机处于冷态，加温的目的是使管板温度达到 110 ℃，升温率最大为 4 ℃/min；低压转子温度在 65～160 ℃时，汽轮机处于热态，加温的目的在于防止低压转子的冷却；当低压转子温度>160 ℃时，汽轮机处于很热状态，汽水分离再热器加热的目的是使管板温度达到 235 ℃。

3. 汽轮发电机组的升速和并网

使用调节器来升速，根据低压转子热状态来自动选择升速变化率，当低压转子温度<65 ℃时，升速变化率＝25(r/min)/min；当低压转子温度>65 ℃时，升速变化率＝(250r/min)/min；当机组升速至 1 475 r/min，应停用速度跟踪系统，自动过渡到“正常调速”。

汽轮发电机组的并网可以手动或自动地实现，在这两种情况下，在并网瞬间周波和电压应相等。

4. 汽轮发电机的升功率

低压转子的初始状态确定了升功率的斜率，以及按照这些转子的温度而确定应迅速带上的最小功率，以便限制低压转子上的热应力。当机组带负荷时应注意监测差胀的演变、振动的演变、止推轴承上推力的演变以及给水系统低压加热器和高压加热器的温度，并注意对蒸汽发生器水位的监控。

11.4.4 恒定轴向偏移时的反应堆运行

当堆芯内无控制棒时，反应堆径向功率呈贝塞尔函数分布，轴向功率近似为余弦分布。反应堆径向功率分布可以通过不同富集度燃料组件的分区布置、可燃毒物组件和控制棒组件的径向对称布置、控制棒组件最佳棒位等措施加以展平，并可精确地预测，所以，对反应堆功率分布的研究主要是研究堆轴向功率的分布。

反应堆运行过程中，功率分布将因慢化剂温度效应，可燃毒物效应，多普勒效应等的影响而变化，氙效应，控制棒组件移动和燃耗，对反应堆轴向功率分布将产生影响。

1. 热点因子，轴向偏移和轴向功率偏差

堆功率分布控制是反应堆安全运行的重要课题。运行时，为防止燃料包壳烧毁或燃料芯块熔化，对反应堆最大线功率密度应加以限制。若线功率密度过高，一旦发生失水事故，就有可能超过燃料元件安全允许极限。

堆芯功率分布的均匀程度可以用功率不均匀系数 F_q^T（又称热点因子）来表示：

$$F_q^T = \frac{(q_l)_{\max}}{(q_l)_{\mathrm{av}}} \tag{11-3}$$

式中，$(q_l)_{\max}$——堆芯最大线功率密度；

$(q_l)_{\mathrm{av}}$——堆芯平均线功率密度；

F_q^T——一个不可测的量，为了监测堆功率轴向分布，避免出现热点，对于 F_q^T 所规定的限值，可以通过轴向偏移 AO 来监测

$$AO = \frac{P_h - P_b}{P_h + P_b} \times 100\% \tag{11-4}$$

式中，P_h——堆芯上半部功率；

P_b——堆芯下半部功率。

轴向偏移 AO 是轴向中子注量率或轴向功率分布的形状因子，但它不能精确地反映燃料热应力情况，在给定功率水平下，堆内中子注量率不对称情况可以用轴向功率偏差 ΔI 来描述

$$\begin{aligned}\Delta I &= P_h - P_b \\ &= AO(P_h + P_b) \\ &= AO \times P\end{aligned} \tag{11-5}$$

对于一给定功率水平值，由 AO 表征的轴向功率分布对堆芯达到最大线功率密度 $(q_l)_{\max}$ 有直接影响，随着 AO 变化，要监视的特征量是堆芯功率不均匀系数 F_q^T，因此，要建立起 AO 与 F_q^T 之间对应关系式。

图 11-10 是当反应堆处在正常运行状态、运行瞬变和有现氙振荡时，进行模拟实验研究和计算，对 40 000 个状态点得出的“斑点”。确定这些状态点的位置是为了能确定出包络线，它意味着，对于一个给定的 AO，不管反应堆是在Ⅰ类或Ⅱ类工况，堆芯功率不均匀系数 F_q^T 总是小于或等于包络线所给定的极限。超越这条包络线，堆芯性能就要恶化，包络线由(11-6)式决定。

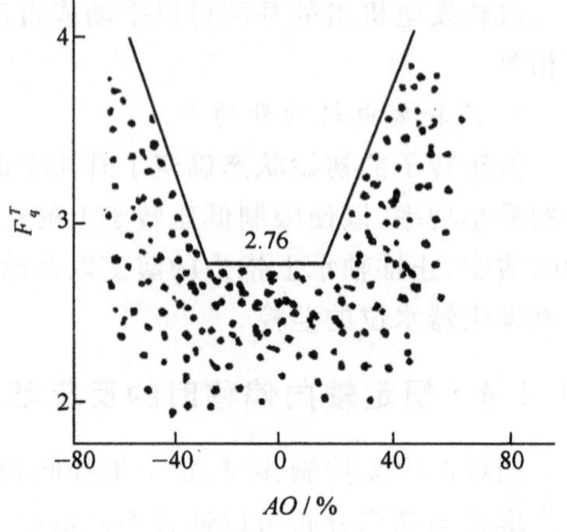

图 11-10 状态点、F_q^T 包络线与 AO 关系

$$F_q^T = 2.76, \quad -18\% < AO < +14\%$$
$$F_q^T = 0.0376\,|AO| + 2.08 \quad AO < -18\%$$
$$F_q^T = 0.0376AO + 2.23 \quad AO > +14\% \tag{11-6}$$

2. 限制功率分布的有关准则

(1)防止燃料芯块熔化准则

燃料芯块温度不应超过氧化铀的熔化温度，对于新燃料它是 2 800 ℃，对应的堆芯线功率密度是 755 W/cm。

考虑到负荷的瞬变和所采用测量方法的精确度，燃料芯块温度极限定为 2 260 ℃，相应的堆芯线功率密度为 590 W/cm。

(2)临界热流密度(DNB)准则

偏离泡核沸腾比(或称烧毁比)为临界热流密度与该点实际热流密度之比。在额定功水平运行时，DNBR>1.9，在功率突变或出现事故的瞬态过程中，应遵守 DNBR≥1.3 的准则，因此，存在一个不能超越的功率(或 ΔT)极限，保证堆芯最热点的线功率密度不超过 590 W/cm。即堆功率不能再继续上升，以防止燃料芯块熔化。

(3)和失水事故有关的准则

在发生失水事故的情况下，应该避免出现燃料包壳熔化。试验结果表明，燃料包壳不能超过的最高温度是 1 204 ℃，相应的堆芯线功率密度理论极限值约为 480 W/cm，实用值选 418 W/cm，对应于事故发生后包壳的最高温度为 1 060 ℃。

以 900 MW 级压水堆核电厂为例，一般情况下，其额定热功率 P_n=2 775 MW。其中，燃料产生的功率份额=0.974，其余 2.6%为在慢化剂中中子慢化过程和水吸收 γ 射线过程中所产生的能量。因此，堆芯平均线功率密度 $(q_l)_{av}$ 为：

$$(q_l)_{av} = \frac{2775 \times 10^6 \times 0.974}{157 \times 264 \times 366} = 178 \text{ W/cm} \tag{11-7}$$

式中，157 为燃料组件数，264 为每个燃料组件中燃料棒数，366 cm 为燃料棒长度。

$$(q_l)_{max} = F_q^T \times (q_l)_{av} < 418 \text{ W/cm} \tag{11-8}$$

对于 900 MW 的压水堆堆芯，$(q_1)_{av}$ 的值为 178 W/cm，这里 P 是用%P_n 表示的相对功率，则失水事故准则可用下式表示

$$F_q^T \times P < \frac{418}{178} = 2.35 \tag{11-9}$$

综上所述,防止堆芯熔化准则,临界热流密度(或 DNB)准则,和失水事故有关准则限制了轴向偏移 AO 变化,其中以失水事故准则制约性最强,是建立安全运行区域的基本设计依据。

3. 恒定轴向偏移的控制

控制棒组件是控制反应堆轴向功率分布的主要手段,但控制棒的移动有可能引起氙振荡,这个寄生效应是较难控制的,在正常运行时,应力求降低轴向氙振荡出现的概率。为此,目前在压水堆核电厂运行中广泛采用恒定轴向偏移的控制方法,这种方法的目的是,不管反应堆运行功率水平是多少,保持反应堆轴向功率分布为同样的形状,用轴向偏移 AO 为恒定值 AO_{ref} 来控制反应堆。

恒定轴向偏移值 AO_{ref} 又称目标值或参考值。它的物理意义是:在额定功率下,平衡氙及控制棒全部从堆芯抽出(或处于最小插入位置)情况下,堆的轴向偏移值。

$$AO_{ref} = \frac{P_h - P_b}{P_h} \times 100\% \tag{11-10}$$

AO_{ref} 随燃耗而变化,其值从 −7%～+2%(在第一循环期间);反应堆寿期初,AO_{ref} 值一般在 −7%～−5%。当反应堆以恒定轴向偏移值 AO_{ref} 运行时,相应的轴向功率偏差的目标值 ΔI_{ref} 为

$$\Delta I_{ref} = AO_{ref} \times P \tag{11-11}$$

式中,P 为运行功率值,由此,可得出 P-ΔI 和 P-AO 关系图,如图 11-11。

为了运行控制的需要,应将 F_q^T-AO 关系式转换成 P-ΔI 关系。对于运行功率 $P=(0\sim100)\%P_n$,引入系数 $K=(q_l)_{max}/178$,则由(11-8)式可得

$$F_q^T = \frac{K}{P} \tag{11-12}$$

$$AO = \frac{\Delta I}{P} \tag{11-13}$$

把(11-12)和(11-13)式代入(11-6)式就转换成 P-ΔI 关系式

$$\begin{aligned} &P=\frac{K}{2.76}, && -\frac{K}{2.76}\times 0.18<\Delta I<\frac{K}{2.76}\times 0.1 \\ &P=0.0181\Delta I+\frac{K}{2.08}, && \Delta I<-\frac{K}{2.76}\times 0.18 \\ &P=0.0169\Delta I+\frac{K}{2.23}, && \Delta I>\frac{K}{2.76}\times 0.14 \end{aligned} \tag{11-14}$$

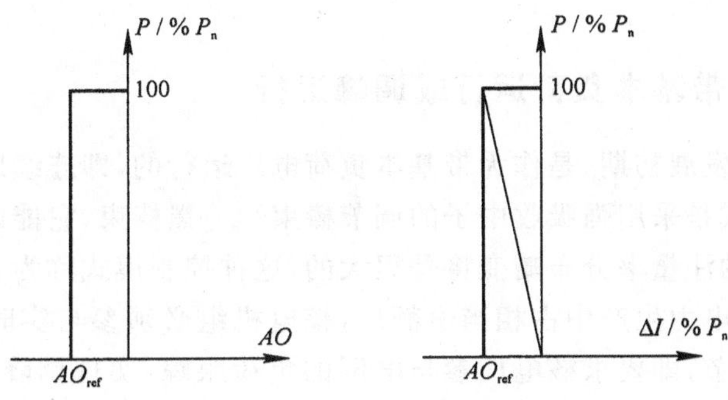

图 11-11 P-AO 和 P-ΔI 图

如前所述，为遵守堆芯不熔化准则，$(q_l)_{max}<590$ W/cm，把 $K=590/178=3.31$ 代入(11-14)式并把式中 P 由额定功率的相对值改为额定功率的绝对值($\%P_n$)表示，则可得出满足堆芯不熔化准则的 P-ΔI 梯形关系式：

$$
\begin{aligned}
&P=120, &&-22\%<\Delta I<+17\% \\
&P=1.81\Delta I+159, &&\Delta I<-22\% \\
&P=1.69+\Delta I+149, &&\Delta I>+17\%
\end{aligned}
\tag{11-15}
$$

P-ΔI 关系图如图 11-12$ABCD$ 梯形所示，称作堆芯燃料芯块不熔化保护梯形，对于 $-22\%<\Delta I<+17\%$，允许 $20\%P_n$ 的超功率。实际运行时允许最大功率水平是 $118\%P_n$，$2\%P_n$ 留作设计裕量。图中 AOD 即 $P=|\Delta I|$ 线是物理上不可能运行的区域。

在讨论和失水事故有关准则时，曾给出确保燃料包壳不熔化，堆线功率密度实用值为 418 W/cm。这样 $K=418/178=2.35$，将此值代入(11-14)式就得到遵守失水事故准则的所有运行工况都将位于由下列等式所决定的 P-ΔI 梯形之内。

$$
\begin{aligned}
&P=87, &&-16\%<\Delta I<+12\% \\
&P=1.81\Delta I+113, &&\Delta I<-16\% \\
&P=1.69\Delta I+105, &&\Delta I>12\%
\end{aligned}
\tag{11-16}
$$

上述方程(11-16)在图 11-12 中用 $EFGH$ 表示的梯形叫做运行梯形。应该指出，在压水堆正常运行期间，若 ΔI 在 $\Delta I_{ref}\pm5\%$范围内时，允许在$(0\sim100)\%P_n$ 功率间运行。

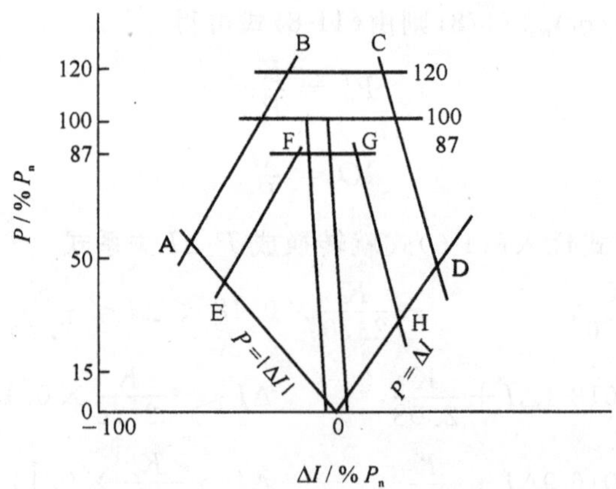

图 11-12　保护梯形与运行梯形

11.4.5　核电厂的带基本负荷运行或调峰运行

压水堆核电厂在发展初期，是作为带基本负荷电厂运行的，即连续以可行的最大功率运行，所考虑的控制模式是采用强吸收中子的调节棒束——黑棒束，它能以较大的功率变化速度进行调节，但引起的注量率分布畸变将是很大的，这种控制模式称为 A 模式。

当核电的发展在电力生产中占相当份额后，核电机组必须参与实时的电力生产与电力消耗相平衡的精细调节，即要求核电厂参与电网的负荷跟踪，实现调峰运行，这样就产生了采用中子吸收较弱的“灰”调节律束的 G 模式。

11.4.5.1　A 控制模式

通过平均温度调节系统使棒束型控制棒组件自动移动，使反应堆处于临界，同时，为了限制功率分布的轴向偏差，运行人员采用手动操作来改变硼浓度，以限制调节棒的位移。

改变硼浓度是为了补偿燃耗和氙引起的反应性变化。当功率上升时，多普勒效应增加中子吸收。这时须通过提升调节棒以释放一部分后备反应性来补偿这个效应，功率上升越大，调节棒提升幅度也越大；功率上升又引起冷却剂平均温度提高，由于慢化剂温度效应，也引入负反应性。因此，对于每个负荷值都有一个调节棒组位置与之对应。实际上，由于给出的冷却剂硼浓度的调节偏差，控制棒束有一个调节范围，或叫操作范围。在 A 控制模式运行的压水堆中，调节棒束分为 A，B，C，D 四组，如图 11-13，它们依次移动并有一定的重叠区段，如图 11-14。主调节棒组 D 的移动保证了反应堆功率从 0 至 100%×P_n 的调节。

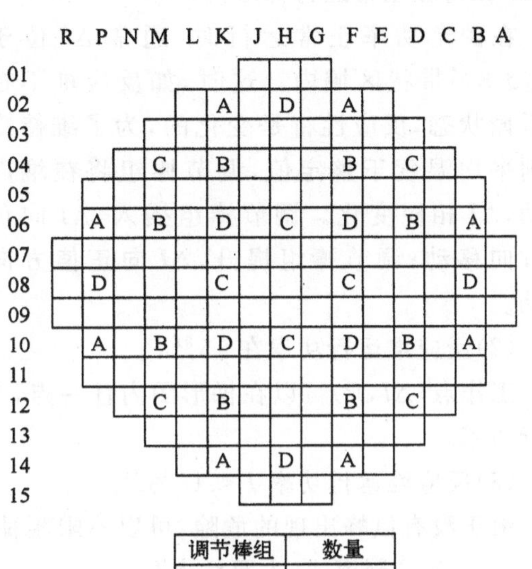

调节棒组	数量
D	8
C	8
B	8
A	8

图 11-13　A 模式调节棒组布置

提升极限是根据调节棒组微分效率的降低而定的，当调节棒组超过提升极限时，它就失去了快速改变堆反应性的能力；插入极限则根据紧急停堆时，调节棒组所能保持的最大积分效率来确定。在正常运行时，不管反应堆的功率多大，调节棒组总是处在调节范围内的最高位置，以保持反应堆轴向偏差 AO 的理想值。操作范围对应于调节棒组 D 的移动，只在负荷增加或降低时使用，如图 11-15 所示。

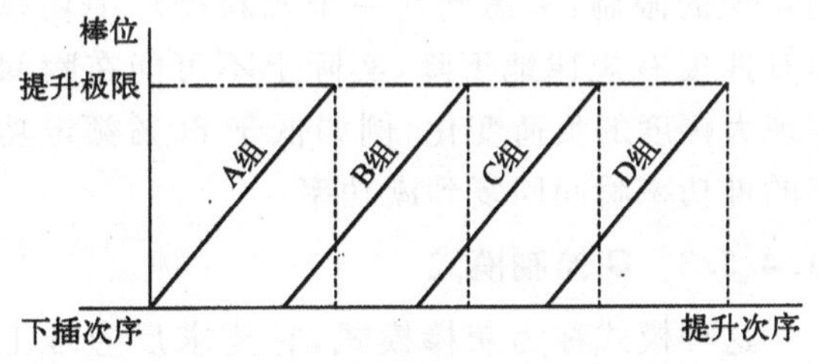

图 11-14　A 模式调节棒组重叠程序

11.4.5.2　A 模式的运行控制

带基本负荷运行方式(Mode A)的允许运行范围，即运行梯形如图 11-16 所示。按照这个运行梯形，可确定实用的运行规则。

(1)反应堆运行功率 $P>87\%P_n$

在恒定轴向偏移控制方式运行时，应维持轴向功率偏差 ΔI 在 $\Delta I_{ref}\pm5\%$运行带内。如超过这个运行带，则应限制超出运行带的时间：要求在升功率之前 12 h 内超出的时

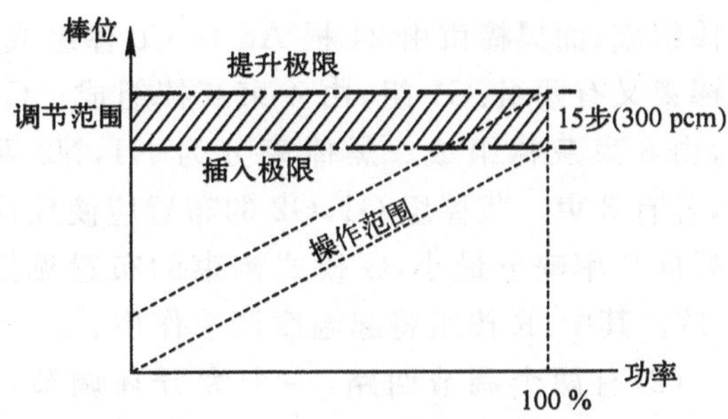

图 11-15　调节棒组 D 的操作范围

间不大于 1 h,否则将因氙振荡不可能有效地将堆功率提升到额定值;如果在最近的 12 h 内超出运行带 1 h,则应将功率降到 87% P_n,并使 ΔI 保持在正常运行梯形内。

在额定功率正常运行时,通常 ΔI 位于 $\Delta I_{ref} \pm 3\%$ 带状区域内。这时,如反应堆不在氙平衡状态,反应性将是变化的,为了维持冷却剂平均温度于整定值,调节棒组将在堆内移动,ΔI 相应变化。调节棒组插入,ΔI 向负值方向移动;调节棒组提升,ΔI 向正值方向移动。

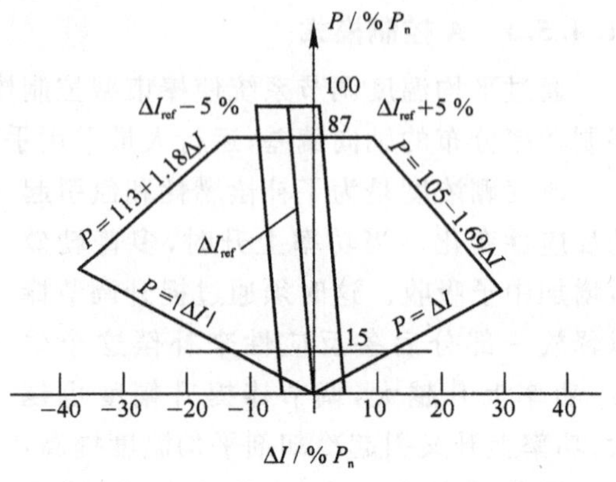

图 11-16　A 模式运行梯形图

(2)反应堆运行功率在 15%P_n

工作点($\Delta I,P$)可以在梯形图内任一点,如工作点接近于梯形腰边界,则应降低反应堆运行功率。

(3)反应堆运行功率 $P<15\%P_n$

由于没有氙峰出现的危险,可以不限制轴向偏移值。

应用 A 控制模式,主要优点是:

(1)运行简便,只有一个调节回路,正常运行时只需改变硼浓度;

(2)控制棒组件的插入数量少,径向和轴向的燃耗都相当均匀,通过标准的操作程序可极方便地保证停堆深度。

A 控制模式的缺点是,由于控制棒组件的插入很少,当要改变功率时就受化学和容积控制系统的限制,考虑到在一个燃料循环中功率提升速度有规律地下降,实际上不可能在瞬间实现大幅度的负荷变化,例如低于 60% 额定功率的堆功率瞬间回复到满功率。

11.4.5.3　G 控制模式

这种模式称为灰棒模式,它要求反应堆上配备以下两部分才能实现。

(1)在控制棒组件中有一些称为灰棒的棒束,这种棒束由 8 根 Ag-In-Cd 吸收棒和 16 根钢棒组成,而黑棒束由 24 根 Ag-In-Cd 棒组成。灰棒束又有两组:G1 组,由 4 束灰棒组成。G2 组,由 8 束灰棒组成。黑棒束分为 N1,N2 两组,各有 8 束。灰棒组 G1,G2 的布置应使反应堆径向功率畸形最小,G 模式棒束的布置见图 11-17。其中,R 棒组将起温度调节作用。

(2)有两个调节回路,一个为开环调节回路,它跟随汽轮发电机组功率整定值顺序控制功率补偿棒组 G1,G2,N1,N2(部分重叠);另

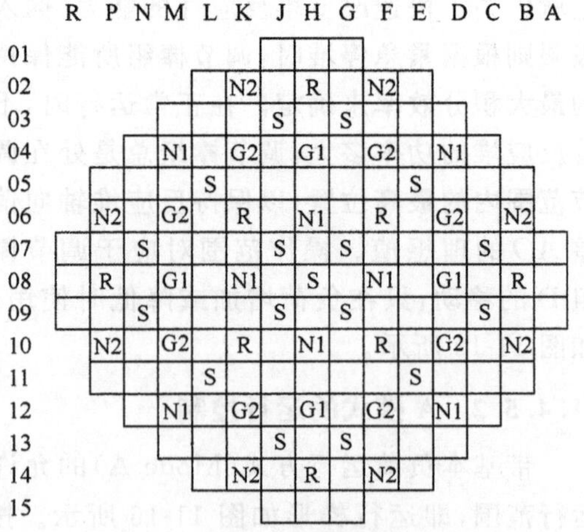

	棒组	数量
调节棒组	R	8
	G1	4
	G2	8
	N1	8
	N2	8
停堆棒组	S	17

图 11-17　G 模式调节棒组和停堆棒组位置

一个回路通过调节棒组(R 棒组)来保证平均温度调节,就如 A 控制模式一样。

应用于 900 MW 压水堆核电厂的调节回路原理图见图 11-18。

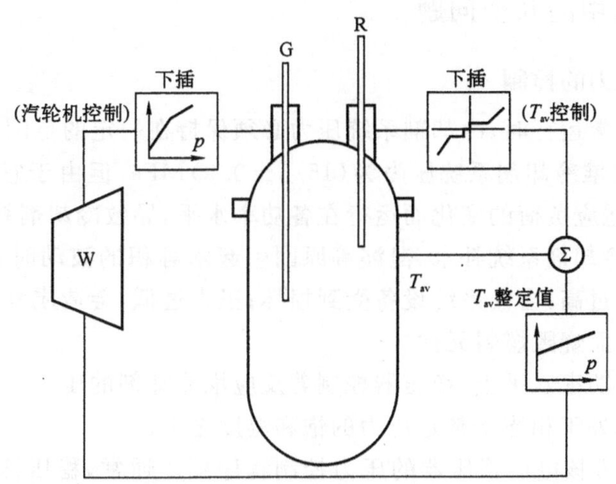

图 11-18　900 MW 压水堆核电厂调节回路原理图

G 控制模式的目的是要确定一种核蒸汽供应系统控制方案,以改善 A 控制模式特别是实现某些 A 模式中不可能实现的负荷快变化。在负荷跟踪运行时,灰棒组 G1,G2,随后是黑棒组 N1,N2 依次插入堆芯并有一定的重叠,它们的位置决定于汽轮发电机组功率的整定值,而可溶硼仍用于补偿反应性因氙、燃耗而引起的慢变化。由慢化剂平均温度调节系统控制的黑棒组的作用,则补偿由于弱的氙变化或因灰棒组整定不准确而产生的剩余反应性变化,以及当功率轴向差值 ΔI 超出 $\Delta I_{\mathrm{ref}}+5\%$时,使轴向振荡停止。然而,R 棒组的移动被限制在一个调节带内,以免引起过大的轴向畸变,一旦超出,运行人员必须改变硼浓度,使 R 棒组回复到调节带内。

11.4.5.4　G 模式的运行控制

负荷跟踪运行方式(Mode G)允许的运行范围是依据 Mode A 同样的原理并结合 Mode G 运行特点而确定的:根据 F_q^T-AO 关系,为了遵守与失水事故有关的准则,必须限制负端的 AO,这个限值在转换到为 P-ΔI 曲线后就确定了负端 ΔI 允许运行区域的边界,超过这个边界运行功率自动下降。考虑到正端 ΔI 功率偏差是严重的轴向氙振荡的潜在根源,为了限制正端 ΔI,把 Mode G 允许运行范围以 $\Delta I_{\mathrm{ref}}+5\%$ 为正端边界,如图 11-19 所示。

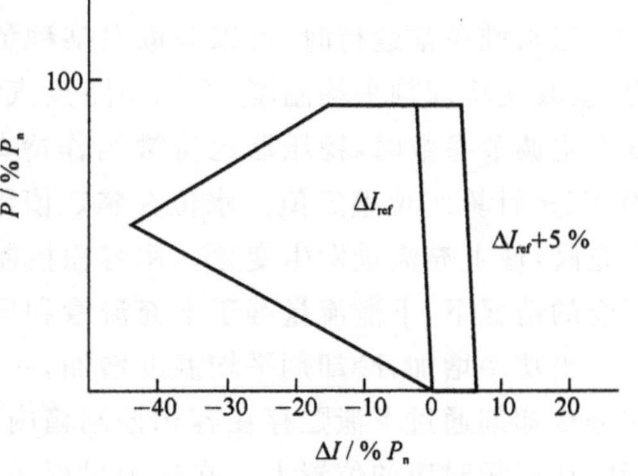

图 11-19　G 模式运行范围

G 控制模式的优点是,在任何时刻都允许有各种瞬态而不需要运行人员的干预,控制棒组对功率分布的干扰不会产生轴向振荡。G 模式的缺点则是,由于硼和棒束的作用清楚地分开,因此当负荷降低时,不可能像 A 模式那样补偿由氙变化引起的功率效应。以致在反应堆循环末期紧急停堆后的再启动中，可操纵性将大大降低。

11.4.6　功率运行中的几个问题

11.4.6.1　冷却剂压力的控制

压水堆核电厂正常运行时，冷却剂系统压力必须保持在一定的范围内，如2.2.7节所例举的900 MW级压水堆冷却剂系统压力为(15.5±0.2)MPa，但由于它是个封闭的回路系统。因此，当压水堆适应负荷的变化而运行在各功率水平，导致冷却剂系统温度场分布和平均温度的改变时，或冷却剂系统补水、泄漏等原因引起水容积的波动时，都会引起冷却剂系统压力的变化。压力过高，会使系统设备受到损坏；压力过低，会造成堆芯局部沸腾，严重时可能会出现体积沸腾而烧毁燃料元件。

在压水堆的任何功率水平上，稳压器控制着反应堆冷却剂的压力，压力的控制力图维持稳压器内液相和汽相处于相当于整定压力的饱和温度之下。

图11-20是压水堆核电厂稳压器的压力控制程序图。通常，稳压器内一直稳定地保持着一小股喷雾流量，以避免喷雾管线和膨胀管受到热冲击，并且使稳压器中的硼浓度接近于冷却剂系统的硼浓度。喷雾器的压力控制阀处于“稳压器压力-整定压力”误差信号的控制之下。当系统的压力上升，超过压力整定值上限时动作，喷雾流量在最小流量到最大流量范围内变动。稳压器内六组加热器的两组可调式加热器由“稳压器压力——整定压力”误差信号来控制，它们补偿了稳压器的热损失，和由正常运行时的最小喷雾流量所引起的冷却，其余的四组通断式加热器自动地在“稳压器压力过低”(这时水位应在正常范围)和“稳压器水位过高”时开动。在压水堆启动或冷停闭运行期间，加热器由手动来控制。

在核电厂的事故工况下，或由于某种原因造成系统压力持续不断地上升，而稳压器喷雾流量开到最大值仍不足以补偿和限制系统的超压时，装在稳压器顶部的三个安全阀组在不同的压力整定值相继开启，将稳压器空间的蒸汽导入卸压箱，使一回路系统卸压。

11.4.6.2　冷却剂体积的控制

稳压器的体积可以吸收掉由于负荷变化所引起的压水堆冷却剂体积的正常变化。若与化学和容积控制系统一起，稳压器还可以补偿由于运行工况的突变所引起的压水堆冷却剂体积的变化。

压水堆正常运行时，可以采取在某种负荷以上冷却剂平均温度不变，改变蒸汽温度和压力；或改变冷却剂平均温度，而二回路蒸汽温度及压力维持不变等两种调节方案，以平均温度为主调节参数时，稳压器水位被当作冷却剂平均温度 T_{av} 的函数来控制。根据一个给定的 T_{av} 来计算水位整定值。水位在整定值附近的任何变化都要调节化学和容积控制系统的上充阀，使上充流量发生变化。用容积控制箱的水位来补偿下泄流的不足或过剩。在功率不变的情况下，下泄流量等于上充流量和反应堆主泵轴封水流量之和。

当功率增加，冷却剂平均温度增加，一回路水膨胀时，其大部分由稳压器吸收，过剩的小部分冷却剂通过下泄贮存在容积控制箱内；同时，水位自动控制系统将水位整定值升高到与新的功率相对应的位置上。在这个过程中，由于经过下泄孔板的流量保持不变，但稳压器水位控制信号使上充流减少，下泄水温度就增加，当下泄水温度超过混合床离子交换器运行的

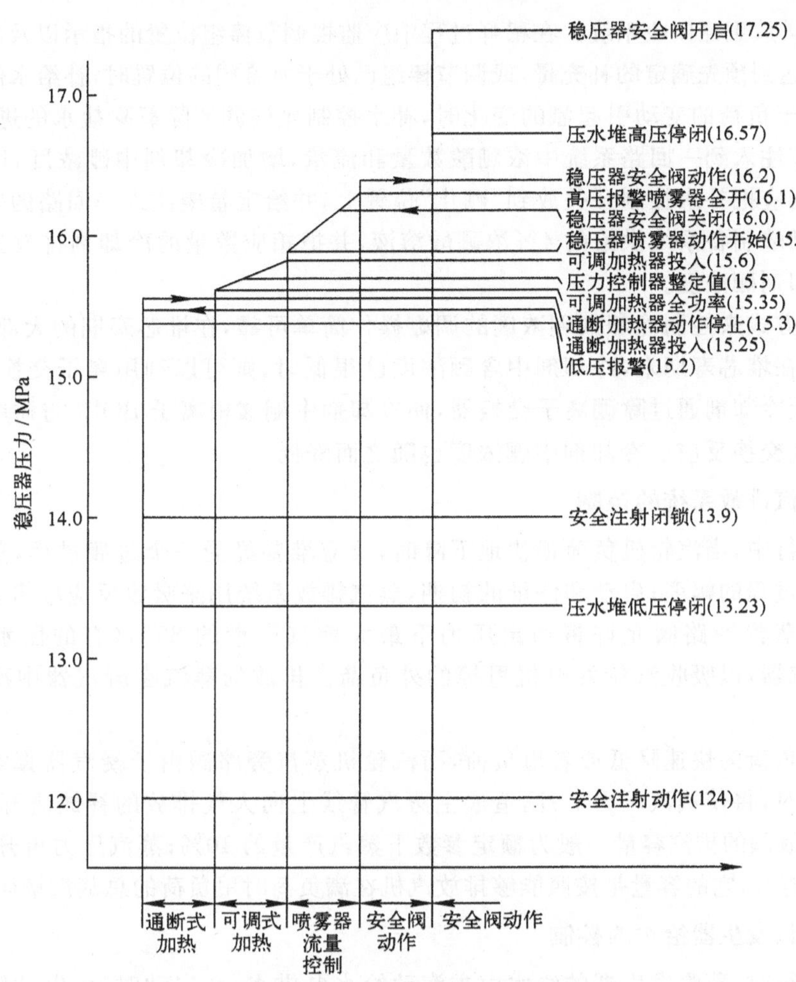

图 11-20　稳压器压力控制程序

最高温度，则下泄流自动旁通，直接流入容积控制箱，以保护树脂。容积控制箱的一个高水位信号将转动三通控制阀，这个阀调整了到容积控制箱和到硼回收系统的流量。

功率减小时，冷却剂平均温度降低，一回路水体积收缩，稳压器中水位给定值也降低，以补偿这些收缩。如果需要增加上充流量，而容积控制箱内水位又非常低时，则可将上充泵的入口接到换料水贮存箱，将硼水注入反应堆冷却剂系统中。

11.4.6.3　冷却剂硼浓度的控制

冷却剂系统中硼浓度的控制，由化学和容积控制系统上充泵进行，以配合控制棒组件控制压水堆的反应性，硼浓度控制有自动补给、稀释和硼化几种程序。

正常运行时，按自动补给程序，将预先选定流量的硼酸和除盐水相混合。经容积控制箱由上充泵把混合水注入一回路系统，对一回路泄漏进行自动补偿。随着燃耗的增加以及裂变产物氙、钐等毒物的积累对反应性的影响，以及为保证调节棒组处于所希望的位置，必须通过降低冷却剂硼浓度来进行补偿。操作时，把补水调节器放在“稀释”位置，在调节器上给定除盐水加入到反应堆冷却剂系统中的流量和总量。当容积控制箱的水位达到最高水位，下泄流将自动地直接排放到硼回收系统。在稀释过程中应监视调节棒组位置的指示以及冷却剂温度的变化。当已达到预先确定的补充量,或调节棒组已处于所希望的位置时,补给水停止。

当出现由于负荷的变动引起氙的变化时,补水控制允许调节除氧除盐水的进入量,当氙减少时,应调节注入到一回路系统中浓硼酸数量和流量,增加冷却剂中硼浓度,以保持控制棒位置。这时,应把补水控制开关放到“硼化”位置上,并给定希望注入一回路的硼酸总量和流量,注入由硼酸制备系统供给的4%浓硼酸溶液,并把相应数量的冷却剂排放到硼回收系统,来提高冷却剂硼浓度。

利用充排方式来控制冷却剂硼浓度的调硼操作简单可靠,在堆芯寿期的大部分时间内,可以运用。但在堆芯寿期末,冷却剂中含硼浓度已很低时,则可以利用离子交换法除硼,作进一步稀释,让冷却剂通过除硼离子交换器,使冷却剂中硼酸根离子 BO_3^{3-} 与树脂中氢氧根离子 OH^- 发生交换反应。冷却剂中硼浓度也随之而降低。

11.4.6.4 蒸汽排放系统的控制

在正常运行中,当汽轮机负荷很快地下降时,反应堆要经受一个过渡过程,蒸汽排放系统可减小过渡过程的幅度;启动和停堆的初期,蒸汽排放系统用来吸收反应堆多余或剩余的能量。汽轮机蒸汽旁路阀允许将额定压力下最大蒸汽产量的85%(有的压水堆设计为40%)排向凝汽器,以吸收汽轮发电机甩掉的外负荷。排放的蒸汽在凝汽器中冷凝成凝结水,并除氧。

当发生了负荷的快速降低或者甩负荷,而汽轮机蒸汽旁路阀由于凝汽器真空不足或其他原因而闭锁时,将使蒸汽压力上升,造成主蒸汽管线上向大气排放的释放阀开启,并导致停堆。对空释放阀的排汽容量一般为额定参数下蒸汽产量的10%;蒸汽压力再升高时,安全阀也会很快地打开,它的容量是按照能够排放汽机在满负荷时甩负荷的总蒸汽量而确定的。

11.4.6.5 蒸汽发生器给水的控制

在正常运行时,蒸汽发生器的给水由主汽动给水泵供水;在启动时,由电动辅助给水泵或汽动辅助给水泵供水,辅助给水来自辅助给水箱。每一条主给水线的流量由主给水阀或它的旁路阀来控制,或由主汽动给水泵的转速来控制,辅助给水流量由辅助给水阀来控制。

蒸汽发生器的设计,要求保持二次侧的液位在一个预定的值上。在低负荷时,水位随负荷而变动以测量到的水位和整定值数值相比较作为水位误差信号,同时,一个“给水蒸汽流量不符”差值信号被加到水位误差信号上,以改善系统的动态响应,得到的信号用来控制主给水阀。

主汽动给水泵的速度调节实现给水控制阀的作用,这个速度调节受一个误差信号的控制,这个误差信号是由蒸汽流量导出的压力整定值同给水管和蒸汽管之间压差相比较而得到的。

在堆启动时,通常在15%额定负荷以前,都是用手动控制来调整主给水阀的开度和主汽动给水泵的转速,在这以后,控制就成为自动的。

在反应堆紧急停闭以后,主给水阀关闭,蒸汽发生器的给水,在手动控制之下,通过主给水阀的旁路阀供给。

蒸汽发生器给水水质指标见本章11.6.2.2节表11-5。

11.5 停　闭

核电厂的停闭就是把运行着的反应堆从功率运行水平降低到中子源水平，停闭运行有两种方式，即正常停闭和事故停闭。正常停闭又可按停闭的工况及停闭时间的长短分为热停闭（短期的停闭）和冷停闭（长期的停闭）两类。

11.5.1　热停闭

核电厂的热停闭是短期的暂时性的停堆，这时，冷却剂系统保持热态零负荷时的运行温度和压力，二回路系统处于热备用工况，随时准备带负荷继续运行。

反应堆从热备用工况（见 11.4.1 节）进行热停闭时，反应堆的负荷降到零，所有调节棒组完全插入，停堆棒组可以插入或抽出（但必须保证冷却剂维持在最小停堆深度的硼浓度），反应堆处于次临界，$k_{eff}<0.99$。

一回路和二回路温度由控制蒸汽压力来维持，其能量来自堆芯的余热和冷却剂泵的转动，蒸汽排放到大气或凝汽器，一回路压力由稳压器的自动控制（加热或喷淋）维持在它的正常值。稳压器的水位则由化学和容积控制系统维持在零负荷值，如长时间内处于热停闭，则至少应有一台主泵在运行。

如果反应堆热停闭超过了 11 小时，堆内裂变产物氙毒的变化超过了碘坑（见 11.5.4.2 节），氙毒反应性减少，如果不加补偿，可能会使反应堆重返临界，为此，必须进行冷却剂加硼操作，以保证在热停闭期间 k_{eff} 始终小于 0.99。

11.5.2　冷停闭

反应堆处于热停闭状态以后，才能进行冷停闭操作。冷停闭时，调节棒组及停堆棒组全插入，尚需向冷却剂加硼，以抵消从热态降到冷态过程中，因负温度效应引入的正反应性，维持堆的足够的次临界度。此外，还需要对系统进行冷却，具体的操作有：

1. 冷停闭开始之前，首先降低容积控制箱的压力，关闭氢气供应管系，使冷却剂中氢气浓度降到 5 cm^3/kg 以下，用氮气吹扫容积控制箱气空间，以消除氢和裂变气体。

2. 对冷却剂加硼，根据棒位、硼浓度、氙毒变化等运行情况，准确估算实现冷停闭时冷却剂硼浓度规定值，和所需增加硼酸溶液的总容积，保证足够的停堆深度。加硼过程中，一回路系统的几个环路内至少要有一台主泵运行，并且加大稳压器喷雾流量，以均匀稳压器和冷却剂环路的硼浓度，使两者之差值小于 50 $\mu g/g$。加硼时，必须密切注视源量程通道计数率和冷却剂平均温度的变化，以观察和分析硼化效果，如发现计数率上升或冷却剂温度增加等异常现象时，应立即中止硼化操作，查究原因，纠正后方可继续进行。

在加硼操作时，反应堆补水控制开关置于“硼化”位置；加硼操作完成后，将补水控制开关转向“自动补给”位置，并按照冷停闭浓度重新调整硼酸控制给定值，以补偿在系统冷却过程中冷却剂的泄漏损失和体积收缩，确保容积控制箱内冷却剂的正常水平。

3. 冷却剂加硼到冷停闭工况所要求的硼浓度后，关闭稳压器的电加热器，手动控制喷雾流量，使系统冷却卸压至常温常压，可分为两个阶段：

第一阶段　堆芯的剩余发热和冷却剂的显热通过蒸汽发生器，由二回路控制系统把产生的蒸汽旁路到凝汽器，凝汽器真空度破坏时，可由释放阀向大气排放，使冷却剂冷却至180 ℃、3.0 MPa。冷却剂系统的冷却速率应符合规定，冷却过程中必须保证冷却剂系统各环路的均匀冷却。在这个过程中还应注意：

(1)降温过程中要保证冷却剂温度比稳压器饱和温度稍低；

(2)冷却剂降压至13.8 MPa时，安全注射系统的动作线路应予闭锁，否则，当压力再降低时，安全注射信号会启动高压注射泵向堆芯紧急注入含硼水；

(3)冷却剂降压至6.9 MPa时，安全注入箱应予隔离，关闭电动隔离阀，在控制室手动进行这个操作；

(4)在卸压过程中，依次打开各下泄孔板，以维持下泄流量在它的正常值附近，然后，增大上充流来淹没稳压器汽空间，并且打开喷雾器。

当冷却剂压力降到2.5～3.0 MPa，冷却剂温度低于180 ℃时，启动余热排出系统，以控制一回路温度，以上是冷却卸压的第一阶段。

第二阶段　将余热排出系统与化学和容积控制系统连接起来，以保证下泄流量，这时可关闭正常下泄管线上的下泄孔板。温度降低到接近于180 ℃时，改善蒸汽发生器水的化学性质，以着手准备冷停闭。为此，在一定温度下注入化学添加剂，当获得了所需的水量以后，就让蒸汽发生器进入湿保养状态。

用余热排出系统继续完成冷却，直至达到温度小于70 ℃的冷停闭状态。

在停堆冷却过程中，对运转着的主泵和停转的主泵均需连续供应设备冷却水，及时冷却主泵的轴密封，直至一回路系统降温降压到冷态和主泵停转超过半小时为止。

上述冷却卸压的全过程，表示于图11-21。

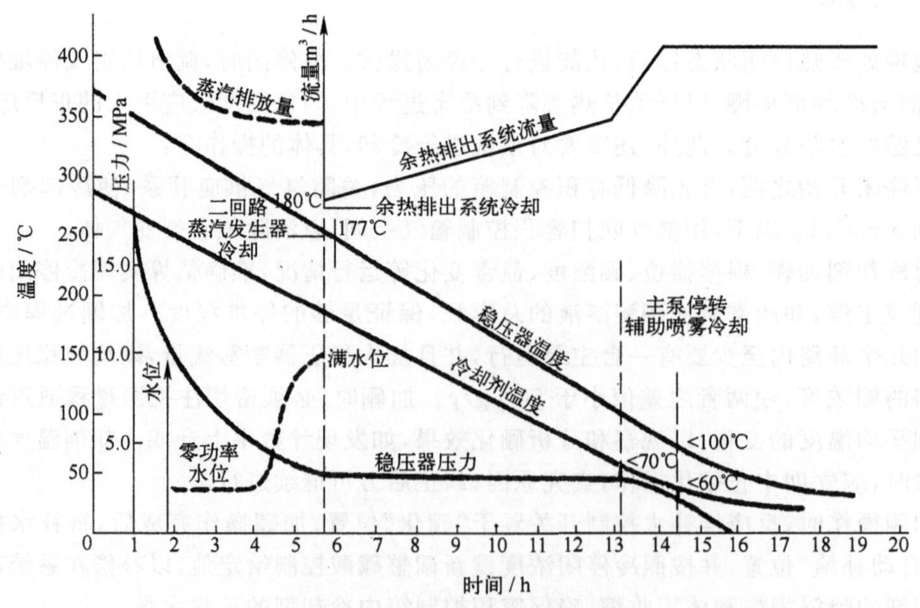

图11-21　堆停闭时的降温降压过程

在切断了化学和容积控制系统的上充流以后，开动辅助喷淋系统，最终完成稳压器的冷却。

在稳压器和回路中的温度均匀了以后，就切断辅助喷淋管系，上充泵停转，并使一回路系统恢复到常压状态。

当有设备需要维修或堆芯要进行换料时，应在冷却剂温度降到 60 ℃，冷却剂加硼到 $k_{eff}<0.9$ 规定值后进行。需要换料时，还应在吊起压力容器顶盖的同时，将含硼浓度>2 000 μg/g 水灌入堆池及运输管道，开动安全壳通风和过滤系统，以降低在维修或换料时的放射性水平。

11.5.3　事故停闭

当核电厂发生直接危及反应堆安全的事故时，保护系统动作，快速插入全部控制棒组件紧急停堆。如果事故严重（如主蒸汽管道破裂、失水事故），则需向堆芯紧急注入含硼水，使裂变反应瞬即停止。事故停闭后，必须保证对反应堆的继续冷却。

11.5.4　压水堆核电厂停闭中的问题

压水堆核电厂停闭以后，必须注意裂变产物衰变所放出的衰变热，而在短期停闭后再次启动时，需考虑裂变产物的累积。

11.5.4.1　衰变热

压水堆在停闭后的相当长时间内，由于核分裂所产生的裂变产物的 β、γ 放射性衰变而放出的热量是相当可观的，以一个在满功率运行超过 100 d 的压水堆为例，堆热停闭后，它的停堆剩余发热随时间的下降大致如表 11-2 所示。

表 11-2　反应堆停闭后的剩余发热

停闭后时间	衰变热（$\%P_n$）
1 min	4.5
30 min	2.0
1 h	1.62
8 h	0.96
48 h	0.62

衰变热可按下式近似算出：

$$衰变热 = 0.062\,2P[T^{-0.2}-(T+T_1)^{-0.2}]$$

式中，P——反应堆热功率，MW；

T_1——运行时间，s；

T——停闭后时间，s。

因此，压水堆停闭后，为了除去衰变热，防止燃料元件包壳融化，主泵必须继续运转，衰变热通过蒸汽发生器由二回路带出，当一回路压力、温度降到一定程度时，余热排出系统必须投入。若在反应堆停闭的同时发生了断电事故，主泵不能工作时，则依靠冷却剂自然循环使堆芯冷却，系统也靠应急电源的投入而继续工作，此外，在发生一回路管道破裂的失水事故时，由安全注射系统将硼水注入堆芯，为堆芯提供应急的和持续的冷却。

11.5.4.2 氙-135 的累积

反应堆停闭后堆内反应性变化的特点是由于裂变产物氙中毒而使堆内出现了积毒和中毒的过程，如图 11-22 所示。

压水堆在一定功率水平上运行，随着燃料的燃耗，裂变产物在堆内吸收中子将使反应堆中毒，而引起反应性损失。裂变产物中主要毒素氙-135 来自裂变产物碘-135 的衰变，以及由裂变直接产生。当反应堆运行在高功率时，由氙积累所引起的反应性损失达到平衡，从图 11-22 上可看出，大致相当于碘的衰变速度；在停堆时，碘和氙已达到了稳定浓度，中毒实际上已达到了平衡值：

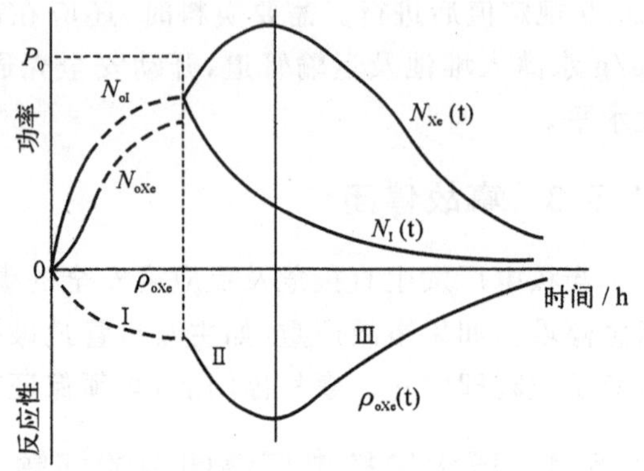

图 11-22 碘坑曲线

$$\rho = -\rho_{oXe}$$

即图 11-22 上线段 *I*。而在停堆以后，由于氙的消失速度减慢，便会产生碘坑，从图 11-22 可以清楚地看出，堆热停闭后大约 11 个小时，由于碘的衰变速度 N_I(t)（即氙的积累速度）大于氙的衰变速度 N_{Xe}(t)，因此，氙的积累是主要的，这时，堆内剩余反应性将下降（线段Ⅱ），这一阶段称为“积毒”，反应堆则由于次临界度的加深而偏于安全；到停闭后 11 个小时，碘的衰变速度与氙的衰变速度相等，氙中毒引起的反应性损失达最大值，即碘坑的最大值；之后，氙的衰变速度大于由碘而产生的速度，反应性损失减小，即中毒减小，反应性开始回升，这个阶段称为氙的“消毒”（线段Ⅲ）。

碘坑曲线反映了随着停闭时间的增加，堆内反应性的变化。它给停闭后再启动时的操作带来了一定的复杂性。可以分为下列三种情况：

1. 在积毒阶段启动

当碘坑最大值之前的积毒阶段，例如热停闭后 2 小时内再启动，这是最简单的情况，这时可直接按顺序提升调节棒组而达临界。在提升调节棒组时，应估计到随时都有可能达到临界；在接近临界时，必须避免任何可能使冷却剂平均温度突变 5 ℃或冷却剂硼浓度稀释 10 mg/kg 的操作，并且应注意堆内中子的倍增率不超过每分钟 10 倍（相当于反应堆周期 T=26 s）。

2. 最大碘坑中启动

如果反应堆停闭时间较长，在最大碘坑中开堆，即使把控制棒组件全部抽出，由于碘坑深度大于停堆时的剩余反应性，使反应堆不可能临界。这时，只有对冷却剂进行适当的硼稀释操作，才有可能使反应堆启动。但是，反应堆一旦启动之后，随着功率的提升，毒素氙因吸收大量中子迅速减少，而碘的生成还很少（即氙的产生十分缓慢），氙的浓度下降，使得反应性相应的上升。这时，又需要及时对冷却剂加硼，以抑制反应性的增加，不使反应堆功率有急增的可能。

由此可见，在最大碘坑中启动，为了抵消部分氙毒，需要对冷却剂先进行硼稀释，启动后又要加硼，操作过程十分复杂，并且产生大量的废水，所以应尽量避免这样的启动。

在堆的寿期末，由于后备反应性较小，可能会发生在碘坑中根本无法启动的情况。

3. *在消毒阶段启动*

在最大碘坑后的消毒阶段再启动反应堆时，由于氙的自发消毒引入了反应性，因而就不需要对冷却剂硼浓度作稀释，但启动操作必须十分小心，特别要防止因反应性引入速率过大而出现短周期事故。

以上是反应堆停闭后，在碘坑中再次启动的三种典型情况。应该指出的是：堆达到临界，电厂恢复额定功率运行过程中，对功率的提升必须十分小心，使氙毒消失速度能有效地得到控制。在提升到额定功率过程中，堆内已经积累起来的氙毒，因中子注量的增大会迅速消失，引起反应性增加，以后，氙的减少被碘的积累和衰变成氙所补偿，氙毒又按通常规律积累达到平衡值，由图 11-23 可以看出，碘坑中启动反应堆后，在 2～3 h 内氙的消失比产生的快（曲线Ⅰ），在 3 h 后，消毒作用才减弱而开始积毒（曲线Ⅱ）实际上，堆内反应性按曲线Ⅲ变化，所以当功率提升到 80 %额定功率时，要注意氙毒的消失能得到控制，使主调节棒组始终能处于调节带内。

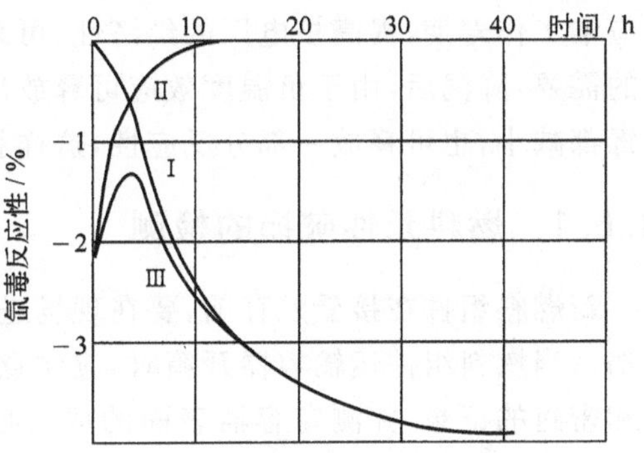

图 11-23　反应堆停闭后再启动时堆内反应性变化

11.6　运行管理

在压水堆核电厂的运行中，应该把对燃料元件的管理放在重要位置上，其次，是水质的管理。

在各种工况中，为了保持燃料包壳的完整性，一回路的功率、压力、温度等的变化率，以及堆芯轴向中子注量率差值，应保持在燃料棒设计要求所规定的安全范围内，即

1. 最大线性比功率（即元件单位长度的功率）不超过规定值，如有些压水堆要求不超过 692 W/cm（约为初始额定功率的 118 %，额定功率时相当于 581 W/ cm），这个上限值保证了即使发生一回路失水事故，二氧化铀芯块的中心也到不了熔化温度。

2. 在所有的过渡工况和事故情况中，应保证烧毁比 DNBR（临界热流密度与燃料包壳局部热流密度的比值）大于 1.30，以防止包壳表面热流密度超过临界值而达到膜态沸腾，在失水事故时锆合金和水反应量不得超过锆合金总质量的 1%。

3. 在正常运行条件下，保证堆芯中功率分布尽可能地均匀。

为了达到上述要求，在压水堆运行时，应利用堆外、堆芯内检测系统（参见 7.1.7.2 节），监视堆的功率水平和功率分布，如：

1. 在稳定工况时，定期地将中子探测器从压力容器底部引入部分燃料组件的导向管中，测出中子注量率的空间分布，计算出随温度而变的轴向峰值功率，同时得到热通道因子 F_q；

2. 利用放在部分燃料组件出口处热电偶的连续检测，可测得这些燃料组件出口温度（热端）和入口温度（冷端）之差，以确定堆芯焓升分布，可监督烧毁比数值，防止发生膜态沸腾；

3. 由控制棒组件或化学和容积控制系统所引入的总的负反应性速度，被限制在一定的定值，保证对热通道因子 F_q 和烧毁比的规定条件能得到满足；

4. 从中子注量率空间分布计算出燃耗量，并根据负荷要求，拟定最佳换料方案。

压水堆从装料到停堆换料，单位质量燃料所发出的平均热量称为燃耗深度，用MWd/tU表示。在运行中，燃耗深度愈大，则核燃料的利用愈经济。在运行后期，为了延长反应堆工作寿期，提高核电厂的经济性，可采取降功率的运行方式，继续发电，以适应电网调度的需要，降温后，由于负温度效应可释放出一部分反应性，降功率后使多普勒效应及平衡氙毒都减小，也可释放一部分反应性，这样就可使 k_{eff} 值加大，多运行一段时间。

11.6.1　燃料元件破损的检测

新燃料组件在接受贮存前，要在现场进行外观检查，确认在运输过程中，燃料组件未受损伤。当燃料组件运输容器开箱时，应注意运输容器外表面有无异常，检查容器内的加压状态和密封的记录，并测定容器表面的放射性剂量率，确认无危险性。尽管对燃料组件的制造、运输、贮存以及装换料操作有各种严格的规定，以确保燃料元件包壳的良好密封性，实际运行中还是会有极少数燃料元件包壳发生破损。对燃料元件包壳的允许破损率设计规定为1%。燃料元件是否有破损需要在压水堆运行过程中加以监测。如果要具体确定哪一根燃料元件有破损，则需要在停堆后取出逐个检定。所使用的监测方法，主要有以下几个。

1. *一回路水的β、γ总放射性测量*

当燃料元件破损时，裂变碎片泄漏到冷却剂中，因此，测定冷却剂的β或γ放射性有否显著增加，就可发现燃料元件破损。对冷却剂水的放射性的测量可以通过反应堆取样系统定时取样，在实验室里作详细分析。测定时，应注意到冷却剂自身的放射性及本底的影响。为此，取样后至少应等待几分钟，让半衰期短的 ^{16}N(半衰期为 7.25 s)衰变掉，然后送到实验室，一般还将水样经蒸发浓缩后用β或γ法测量。β法是测量裂变产物的放射性，γ法同时测量裂变产物及腐蚀产物的放射性，而以测β总放射性法较为灵敏，有时为了进一步确定元件是否破损，还需测量水中是否有裂变产物 ^{131}I 或 ^{137}Cs，或某些裂变产物同位素的比例关系。一般当反应堆稳态运行时，每天测定一次；若有瞬变工况时，每半小时测定一次。这个方法因裂变碎片的β、γ放射性强、半衰期较长，因此测量装置简单，即使在反应堆停闭时，也仍然有效。

为了更好地检测和跟踪冷却剂放射性的变化，并在冷却剂放射性水平有变化时及时对运行人员作出报警，必须对冷却剂的γ放射性进行连续的检测。为此，可将放射性探测器安置在接近化学和容积控制系统下泄管线外(在过滤器和除盐离子交换器之间)，对整个容积的放射性进行连续的相对测量，并可与取样分析的放射性结果相比较。测点的选择应注意减少 ^{16}N 的影响。并应加以屏蔽，以降低本底。

2. *缓发中子法*

当燃料元件包壳破损，冷却剂因裂变产物的释放而引起放射性水平增加时，裂变碎片中 ^{87}Br，^{137}I 将分别以 55 s，24 s 的半衰期衰变而放出缓发中子：

$$^{87}Br \xrightarrow{55\ s} {}^{86}Kr + n$$

$$^{137}I \xrightarrow{24\ s} {}^{136}Xe + n$$

因此，测量^{87}Br，^{137}I 放出的缓发中子，就可以监测元件的破损。监测点取在蒸汽发生器与主泵之间，缓发中子的平均能量在 200～400 keV 之间，可采用热中子探测器 BF_3 计数管或裂变电离室，外包石蜡等慢化材料，来测定缓发中子，通常测量点离堆芯需让冷却剂流过时有 80 s 的行程，这样，^{87}Br，^{137}I 等裂变碎片已进行衰变，冷却剂内的氧(^{18}O)俘获中子而形成的氮(^{16}N)半衰期更短(7.11 s)也已衰变完，但是，由于能测到的中子注量率很弱，接近于 1 n/(cm^2 · s)，必须加强对中子探测器和仪表周围的屏蔽。

缓发中子法可以对压水堆实现连续监督，若在每个环路上各装一套监督探测器和仪表，还可以确定破损元件大致发生在堆芯内哪个区域。

在实际运行中，由于元件破损率难以定量测定，因此，现在有的反应堆中已不用破损率这一概念，而采用一回路水的放射性水平(其中有一部分系腐蚀产物的贡献)作为衡量标准。例如，目前美国限制一回路水放射性小于 7.4×10^{12} Bq/m^3，法国安全委员会规定，当压水堆一回路水放射性达到 1.85×10^{12} Bq/m^3时，即需停堆。

3. 啜漏试验

在反应堆停闭(计划停闭或事故停闭)以后，燃料组件移送至乏燃料水池，可以用啜漏试验来具体确定哪个燃料组件发生了破损。

啜漏试验有干法和湿法两种：干法啜漏试验是将燃料组件放在密闭的容器中，加热或减压后通氮气带出裂变气体，测量其放射性，即可判断燃料元件包壳有否破损，装置简图如图 11-24 a 所示；湿法啜漏试验如图 11-24 b 所示，将燃料组件放入特制的密闭容器，由于裂变产物^{137}I、^{134}Cs、^{137}Cs 的衰变热，使冷却剂加热，然后取水样到化学实验室进行分析，可根据所测定水样的放射性水平来确定组件内的元件棒有否破损。

干法啜漏试验由于是连续吹气测量，所以检测的速度较快；而湿法啜漏试验的准确度高一些。

大亚湾核电厂的燃料组件啜漏试验系统包括两个系统：安装在装卸料机上的定性破损

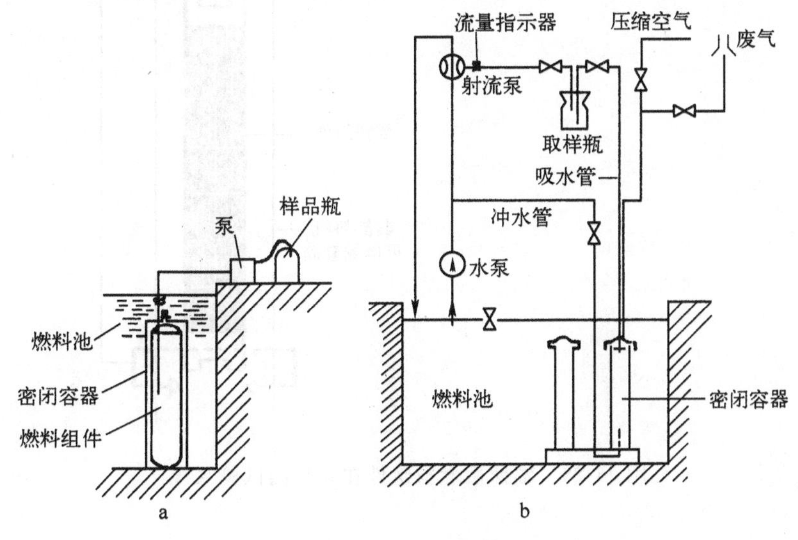

图 11-24　啜漏试验

a—干法；b—湿法

检测在线啜漏试验系统以及安装在乏燃料水池边上的定量破损检测离线啜漏系统。

当燃料元件在堆内长时间受辐照后，由于机械应力、热冲击、腐蚀或制造缺陷等造成燃料包壳破损。采用啜漏破损探测系统的目的就是，当辐照后燃料组件进入下一堆芯循环前，确定其燃料包壳是否完整，有破损的燃料组件不再重新装入堆芯，将一回路冷却剂放射性活度降到最低限度。

1. 在线啜漏试验系统

这个系统安装在装卸料机上，在堆芯卸料期间，对辐照后燃料组件进行破损泄漏探测，见图 11-25。

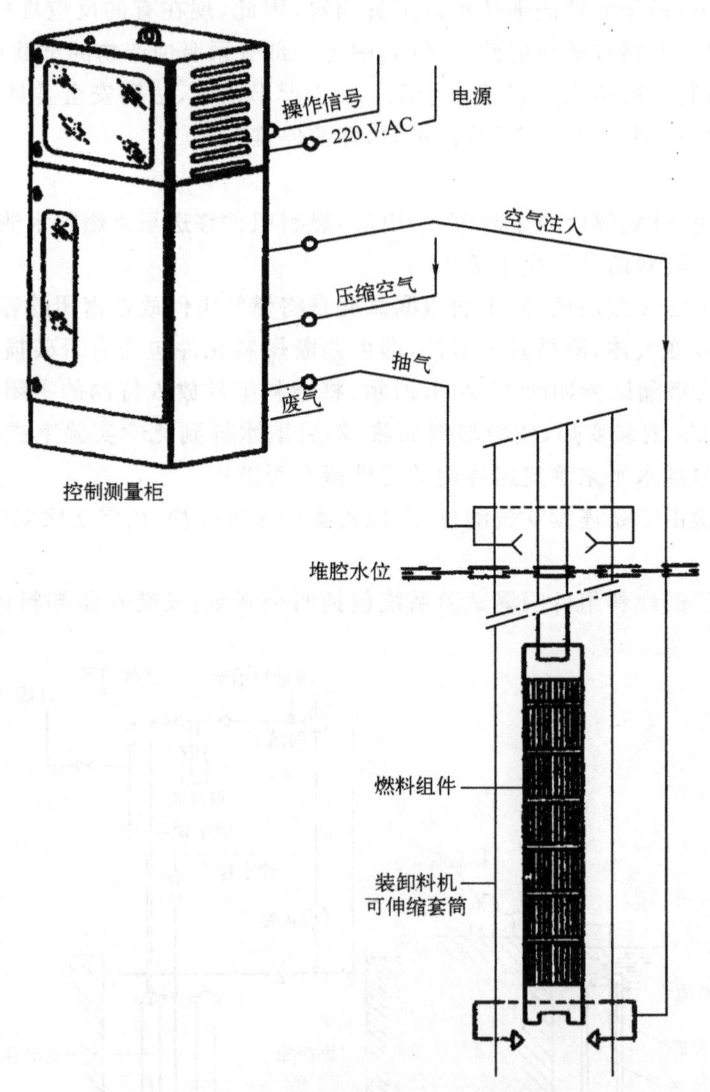

图 11-25 辐照后燃料组件在线啜漏试验系统

当燃料组件升至可伸缩套筒内后，用气体泵从筒内抽气并送到测量柜中，若存在破损燃料棒，氙-133γ 探测器测量其活度，当 γ 活度大于本底 3 倍或以上，即可判断有燃料包壳破损。但这个系统只能判断燃料元件包壳破损情况而不能判定其大小。

2. 定量离线啜漏试验系统

一般说来，离线探测系统只用于对在线定性检查确定为有泄漏的燃料组件才作离线定量啜漏试验检测，因为定量离线泄漏试验是极其费时的。

定量离线啜漏试验系统构成如图 11-26 所示。

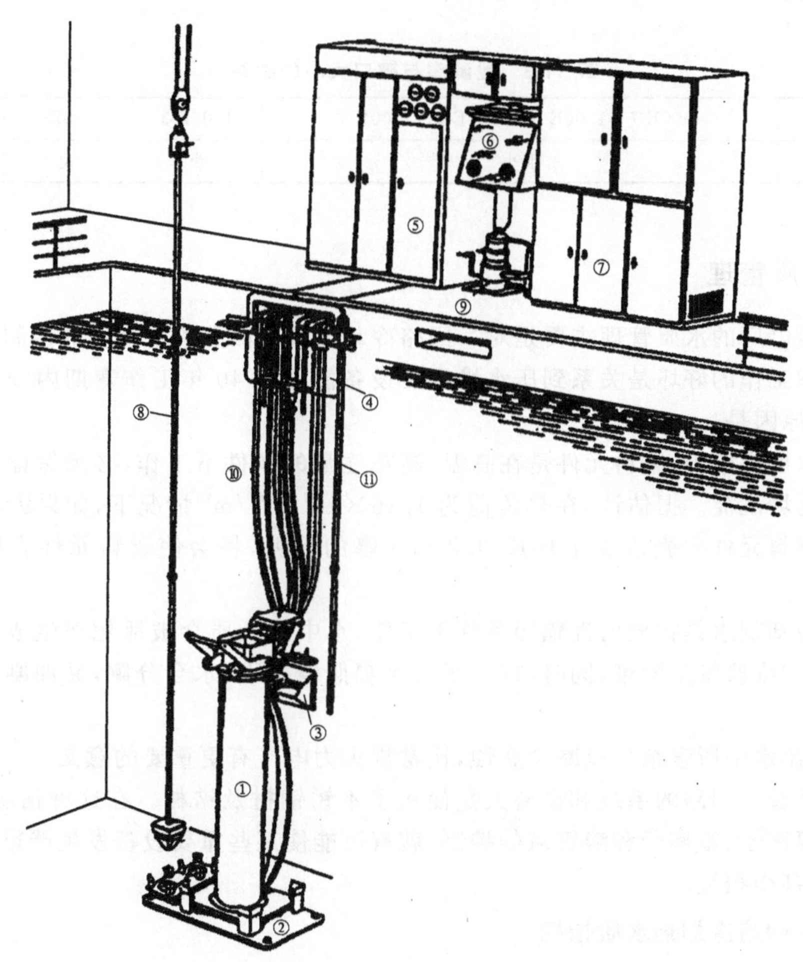

图 11-26 辐照后燃料组件离线啜漏试验系统

1—试验筒；2—底板；3—支架；4—控制盒；5—机电模块；6—手套箱；7—仪表控制柜；8—操作过滤器的工具；9—铅屏蔽罩；10—连接软管；11—筒盖操作工具

为了确定燃料组件中泄漏破损当量孔的大小，待检测的燃料组件被装进啜漏套筒内，啜漏套筒与池水间放置适当的气体隔热层，同时在回路中设置了加热系统，这两项措施都有利于试验温度的提高。提高燃料组件中周围流体的温度将导致燃料棒内裂变气体压力的升高，当存在带泄漏的破损燃料组件时，这种效应将引起裂变产物（如气体氙-133）逸出率的加速以及裂变气体在周围水中溶解量的增加，以便于探测。经过离线啜漏探测系统可测定其漏孔的当量直径，以避免漏孔当量直径大于 35 μm 的破损燃料组件重新装入堆芯。

为了进行燃料组件泄漏破损的定量检测，所采取的试验步骤是极其费时的，每次试验要求在不同的温度下，在 30 min 内进行两次取样分析，每小时大约能检测两个燃料组件，而包括取样在内定量地定出孔大小所需的时间约为 1.5 h。

多年来，大亚湾核电厂通过观察啜漏试验的结果，并和运行中一回路放射性水平对比，大亚湾核电厂对燃料元件包壳破损的判断正确，在线与离线啜漏实验的结果是可信的，得出了泄漏率与破口大小的关系，见表 11-3。

表 11-3 泄漏率与破口大小的关系

泄漏率	1.00E-7 1.00E-6 1.00E-5 1.00E-4	1.00E-3	1.00E-2	>1.00E-2
破口	很小	小	大	很大

11.6.2 水质管理

压水堆核电厂的水质管理主要是对一回路冷却剂及二回路给水水质的控制。

水质管理工作的好坏是关系到压水堆主要设备能否在 40 年工作寿期内安全运行的关键问题，主要原因是：

1. 在压水反应堆中，燃料元件是在高温、高热注量的条件下工作，必须保证在燃料元件表面上没有污垢沉淀。据估计，在热负荷为 1.16×10^6 kW/m² 情况下，如果因冷却剂水含有杂质而在燃料元件包壳表面上形成 0.2 mm 厚的污垢，将会使燃料元件表面温度增加 100 ℃。

2. 由于冷却剂水是在放射性辐照条件下工作，水中的杂质会被活化而生成为放射性同位素，给操作和维修带来困难，同时，在中子与 γ 辐照情况下，水会分解，又加剧了对材料的腐蚀。

因此，控制水中所含杂质以减少腐蚀，比常规火力电厂有更重要的意义。

3. 压水堆及一回路的系统和设备大量使用了不锈钢材及锆材。在这种情况下，如果忽视了对水中氯离子、氟离子和溶解氧的控制，就有可能使某些重要设备发生严重的应力腐蚀裂纹而损坏，甚至报废。

11.6.2.1 一回路冷却剂水质指标

在正常运行时，某压水堆一回路冷却剂水质指标列于表 11-4。

表 11-4 压水堆冷却剂水质指标(参考值)

指　标	单　位	冷 却 剂	补　水
电导率 25 ℃	μs/cm	1～40	<1.0
pH 值 25 ℃		4.2～10.5	6.0～8.0
二氧化碳含量	mg/kg	<2.0	<2
氧含量	mg/kg	<0.1	<0.1
氯含量	mg/kg	<0.15	<0.15
氟含量	mg/kg	<0.1	<0.1

续表

指　　标	单　　位	冷　却　剂	补　　水
氢含量	mL/kg・H_2O	25～35	
总悬浮态固体量	mg/kg	<1.0	<0.1
铀	mg/kg	0.22～2.2	
硼酸	mg/kg	0～4 000	<5
过滤度	μ		5

控制上述指标的要求和意义如下所述。

1. pH 值

pH 值是表示水中氢离子浓度值的一个量。在常温下，中性水的氢离子浓度$[H^+]=10^{-7}$mol/L，即 pH＝7；所以，当 pH 值大于 7 时，溶液呈碱性，而 pH 值小于 7 时，溶液呈酸性。

pH 值的大小对金属材料的腐蚀速率有很大的影响。冷却剂水偏于碱性时，金属表面会形成一层致密的氧化膜，能使不锈钢材料的腐蚀速率明显下降。但是，当冷却剂 pH 值过高时，会引起材料的苛性脆化。实验结果表明，冷却剂的 pH 值如果超过 11.3 时，锆合金的腐蚀速率急剧上升。因此，为安全起见，规定冷却剂的 pH 上限值为 10.5；同时考虑到压水堆运行初期，冷却剂含硼浓度要达 1 500 mg/kg 左右，如果想把冷却剂调到碱性，需要加入大量的碱溶液，而这些化合物的浓度过大也会加速元件包壳材料的腐蚀，因此，一般取 pH 值的下限为 4.2。

当需要调整 pH 值时，由化学和容积控制系统中的化学添加箱向冷却剂系统添加控制剂氢氧化锂来提高 pH 值。氢氧化锂的辐照稳定性好，碱性也比较高，锂-7 的中子吸收截面小，同时，它对不锈钢引起苛性断裂的影响很小。使用氢氧化锂的缺点是锂的价格较为昂贵，锂-7 的同位素分离又是个复杂的过程，所以，冷却剂中氢氧化锂的添加量必须根据对冷却剂硼浓度的取样分析来确定。当冷却剂中累积过量的锂时（超过 2.2 mg/kg），应经除锂离子交换器除锂（见 3.1.2），以调整冷却剂的 pH 值。

2. 氧含量和氢含量

氧是造成金属材料腐蚀的重要原因之一，冷却剂水中的氧来自两方面，一种是核电厂调试启动时系统充水，以及在补水的制备和贮存过程中，由于水与空气相接触而溶入的，称为溶解氧；另一种是水在压水堆内受射线的辐照分解而产生的辐照分解氧。

(1)溶解氧的控制

一回路系统一般采用联氨除氧法，当冷却剂温度在 90～120 ℃范围内这个化学反应速率最快，除氧效果最好。因之，压水启动时冷却剂温度至 90～120 ℃时应停止升温数小时，加联氨除氧，直至取样分析表明冷却氧含量达到规定水质指标时为止。

(2)辐照分解氧的控制

冷却剂在反应堆内，受射线的辐照分解生成氢氧根和氢离子，氢氧根离子进一步又分解成水和氧，它们的反应是

$$2H_2O \rightleftharpoons 2OH^- + 2H^+$$

$$OH + OH \longrightarrow H_2O_2$$

$$2H_2O_2 \longrightarrow 2H_2O + O_2$$

为了抑制水的电离分解，向系统内加入过量的氢气，让可逆反应朝着复合的方向进行：

$$2H_2 + O_2 \longrightarrow 2H_2O$$

为此，在核电厂启动，一回路系统升温过程中，必须打开氢气供应管系，使容积控制箱上部空间充以 1.0～1.5 MPa 表压的氢气。

(3)氢含量的控制

由于冷却剂中氢含量的过分增多，会给锆合金包壳带来氢脆问题，锆合金的吸氢量随着冷却剂中氢含量的增加而增加，当锆合金中吸入的氢超过其固熔极限值时，会以氢化物形态析出，而使材料性能变脆。

根据大量的实验数据和核电厂运行实践表明，在标准状态下冷却剂含氢量在 25～35 ml/kg范围内比较合适，这种情况下，既能起到抑制辐照分解氧，又可避免出现严重的锆合金氢脆现象。

3. 氯含量和氟含量

不锈钢的应力腐蚀是引起设备损坏的重要原因之一，造成应力腐蚀必须有两方面条件，一是设备受外力或在加工过程中留下的残余应力作用，另一个冷却剂中存在着氟离子和氯离子，后者是造成应力腐蚀的必要条件。

冷却剂中氯离子的主要来源是密封填料、化学添加剂、离子交换树脂等外来物质，所以，控制氯离子的主要措施是严格限制含氯物质的使用量。氯离子的含量超过 1 mg/kg 时，对锆合金有明显的侵蚀作用。

氟离子的来源可能是用含有浓硝酸、浓氢氟酸的溶液清洗锆合金表面后未用高纯度除盐水冲刷干净，材料表面上留着的部分氟离子带入了冷却剂，也可能因一些密封填料如聚四氟乙烯、石棉绳等材料而在冷却剂中溶入了少量氟离子。

11.6.2.2 冷却剂水质的控制

压水堆运行过程中，为了保持冷却剂水质，让冷却剂下泄流经过过滤器去除颗粒状杂质，通过两个混合床离子交换器中的一个，进入另一个过滤器，再喷淋到容积控制箱中。

容积控制箱中的气相主要是氢气，改变压力调节器给定值可使氢的含量变化，压力调节器装在容积控制箱氢气进口集管上，反应堆冷却剂从这里获得氢气，以达到规定的氢含量。

为了从回路中把裂变气体排走，把容积控制箱中的气体抽到废气处理系统中，要特别注意此操作必须在堆冷停闭或更换燃料停闭之前进行。

位于混合床下游的阳床离子交换器是间断使用的，以减少冷却剂中铯活性和除去由硼的(n，α)反应而形成的过量的锂[$^{10}B(n,\alpha)^7Li$]。

除了化学和容积控制系统本身的离子交换器以外，在燃料寿期末期，由于冷却剂中含硼量较低，化学和容积控制系统还可使用属于一回路排水系统的离子交换器，进行反应堆冷却剂的除硼。

在核蒸汽供应系统冷却期间，当一回路压力较低而不能使用正常下泄系统时，由余热排出系统进行下泄，再进入化学和容积控制系统净化：一回路水流的一部分离开余热排出系统热交换器后，经过下泄热交换器、混合床离子交换器、净化过滤器，回到容积控制箱。上充泵把净化后的冷却剂通过上充管线送回一回路中。

11.6.2.3 二回路水质

二回路的水质直接关系到蒸汽发生器运行的可靠性，这是由于在蒸汽发生器运行中，存在着一些化学反应会产生氢氧化合物(游离苛性物质)，它的过量浓集就会使蒸汽发生器管子因晶间应力腐蚀而损坏。

表 11-5 是运行中某压水堆核电厂所采用的二回路给水、凝结水及炉水等水质标准。

表 11-5 二回路水质指标(参考值)

指标			数值
给水[1]	pH	25 ℃	9.6～9.8
	溶解氧	μg/g	<0.005
	铁含量	μg/g	<0.02
	铜含量	μg/g	<0.005
	镍含量	μg/g	<0.05
	氯离子	μg/g	<0.02
凝结水	阳离子电导率[2]	25 ℃ μS/cm	<0.5
	电导率[3]	μS/cm	<0.5
炉水	阴离子电导率	25 ℃	<1.0
	氯离子	μg/g	<0.005
	钠含量	μg/g	<0.02
补充水	电导率	25 ℃ μS/cm	<0.2
	总盐量	μg/L	<0.02
	硅含量	μg/L	<0.05
	pH	25 ℃	7

注：1)高压加热器出口；

2)凝汽器出口；

3)凝汽器除盐装置出口。

为了避免应力腐蚀，对二回路水的含氧量及氯离子量需要有严格的控制，含氧量要求小于 0.005 mg/kg，除氧由凝汽器或专设的除氧器进行(见 5.3)。

蒸汽发生器内二回路侧给水的 pH 值和一般动力设备相同，控制在 8.9～9.3 范围。有些压水堆利用普通锅炉的经验，对炉水采用磷酸盐处理，来控制 pH 值，使磷酸盐和水中的硬性成分(钙、镁盐)起作用形成疏松的沉渣，然后用排污方法放走，使之不在传热管上结垢和避免晶间腐蚀。但在实际应用中，有些用因科镍-600 做管材的蒸汽发生器发生了大量的沉渣，在管子表面蒸发极高的盐分浓度，以及由于 U 形管底部的滞流，而造成大量的晶间腐蚀及应力腐蚀裂纹和管壁变薄。因此，现在有较多的核电厂对使用因科镍-600 作传热管的蒸汽发生器改用全挥发处理，即用添加吗啉和联氨等挥发性物质，来调节给水 pH 值，并降低氧含量。全挥发处理的优点是所加入的化学药品不会浓集，这样就不会形成局部高浓度的苛性溶液，它的主要缺点是：在蒸汽发生器给水中添加的挥发性物质的容纳量是很小的，不能防止结垢，而且不能应付水中杂质瞬间过高的情况，所以还必须对凝结水进行处理，从根本上减少进入蒸汽发生器的杂质。

进入蒸汽发生器的杂质有两个来源：一个是腐蚀产物；另一个是冷却水漏入凝汽器，后者是根本性的原因。当用海水作循环水时更要特别注意。在凝汽器采用海水冷却时，为减少海水腐蚀的作用，凝结水系统需增设除盐装置，另外，尚需在凝结水泵出口侧装设化学注入系统对给水进行化学处理，以保证给水水质符合规定指标。所加化学溶剂经混合稀释后，贮存在密封箱内，由药剂泵将溶剂注入凝结水泵的出口侧。

现在有些用淡水冷却的核电厂也准备采用凝结水除盐装置，以提高蒸汽发生器的可靠性。

11.7　核电设备定期试验与在役检查

核电厂营运单位在运行开始之前必须制定出为安全运行所必需的建筑物、系统和部件的定期维修、试验、检验和检查的大纲。大纲必须存档，并便于国家核安全部门查验。大纲还必须根据运行经验进行重新评价。

核电厂营运单位必须作出安排，由合格的人员使用合适的设备和技术完成符合要求的定期试验、检验和检查。维修、试验、检验和检查大纲必须计及运行限值和条件，以及其他适用的核安全管理要求。必须确定安全重要的核电厂构筑物、系统和部件维修、试验、检验和检查的标准和周期，使其可靠性和有效性与设计要求保持一致，并保证运行开始后，核电厂的安全状态不致受到有害的影响。构筑物、系统和部件的维修、试验、检验和检查的频度必须根据它们的相对重要性而定，同时，要适当地考虑到其功能失效的概率和维修时人员所受辐照，保持合理可行尽量低的要求。

11.7.1　机械设备的定期检查

表 11-6 列出了大型压水堆核电厂定期试验主要内容。

表 11-6　压水堆核电厂定期试验主要内容

项　　目	内　　容	说　　明
1 反应堆冷却剂系统 1.1 反应堆冷却剂系统泄漏率测量	反应堆功率稳定，稳压器水位和反应堆冷却剂平均温度保持不变从容积控制箱水位下降中得出总泄漏量，总泄漏率要小于 230 L/h	试验时从以下各处测定泄漏率： 1. 压力容器 O 形环引漏； 2. 稳压器卸压箱水位的变化； 3. 核岛排气及疏排水系统排水贮存箱的水位； 4. 安全注射箱的水位
1.2 换料或维修后反应堆冷却剂系统的密封性试验	初始状态： 温度：275～280 ℃ 压力：额定压力×1.5 压力增加到 22.9 MPa、保持不变，升压过程中检验稳压器安全阀组密封性	试验时可以得出总的反应堆冷却剂系统泄漏量

续表

项　　目	内　　容	说　　明
1.3 稳压器安全阀组整定压力检验	换料过程中，反应堆冷却剂系统降压和疏水时，对安全阀组的保护阀和隔离阀的开启和回座压力进行检验	使用一台与安全阀组控制柜相连接的试验泵来进行
1.4 稳压器安全阀组动作试验	每次换料后核电厂启动期间，反应堆冷却剂系统压力达到 2.5 MPa 时，进行安全阀组保护阀和隔离阀的动作试验	
1.5 连接阀密封性试验	反应堆启动过程中，达到热停堆状态时，对余热排出系统入口处阀门进行泄漏试验；对安全注射系统的止回阀进行泄漏试验	
2．化学和容积控制系统 2.1 上充泵试验	正常运行时，一台上充泵投入运行，试验将在两台停运泵上进行	
2.2 上充泵润滑油泵试验	保持上充泵增速器齿轮和轴承上的油膜	每月一次
2.3 执行安全任务的某些启动器的试验	本系统接收来自反应堆保护系统专设保护信号的启动器有： 电动阀 止回阀 输出继电器 压力敏感元件 流量计	
3．余热排出系统 3.1 循环泵运行试验	每次换料停堆时，检查循环泵和电动机的运行参数	
3.2 本系统安全阀压力整定值检验	换料冷停堆，压力 2.4～2.8 MPa，温度低于 70 ℃ 时，检查安全阀压力整定值	
3.3 本系统隔离阀泄漏试验	对本系统入口阀门定期进行试验，以保证本系统与反应堆冷却剂系统接口的密封性	反应堆启动期间，在本系统被隔离时进行
3.4 本系统气动控制阀试验	检查当压缩空气分配系统气源丧失时气动控制阀能否保持它们的阀位	每隔一次换料停堆时进行
4．反应堆硼和水补给系统 4.1 除盐水泵和硼酸泵可操作性试验	检验除盐水泵和硼酸泵能否按预先设定的程序投入运行	
4.2 安全壳隔离阀密封试验和操作试验	对阀门的一侧进行局部增压，对另一侧测量空气或水的泄漏，检查密封性	

续表

项　目	内　容	说　明
5. 设备冷却水系统 5.1 电动泵机组的性能试验	记录流量和轴承温度，校验电机和泵的位移等参数	每台泵，在两次换料停堆之间
5.2 本系统逻辑电路和启动器试验	设备冷却水系统，重要厂用水系统的常规应急和自动切换校验	
5.3 本系统热交换器的状态	热交换器流量	每台热交换器，在两次换料停堆之间
5.4 本系统隔离阀门和止回阀门功能试验	密封性能试验	
6. 重要厂用水系统 6.1 泵的功能试验	试验期间尽可能按需要运转较长一段时间，校核功能特性，检查运行情况(轴承温度、振动)是否良好	
6.2 泵的运行试验	由于设备冷却水系统系列的切换，而引起本系统系列切换时，泵的切换试验	
7. 主蒸汽系统主蒸汽阀快关试验	试验主蒸汽隔离阀快速关闭的时间	利用接收阀门限位开关信号的记录仪，或利用集中数据记录系统，监测主蒸汽隔离阀的关闭时间(应小于5 s)
7.1 快速关闭分配器的试验和主蒸汽阀的部分关闭试验	验证快速关闭分配器的正确动作，并同时验证主蒸汽隔离阀的可操作性	每条管线每月试验一次
7.2 蒸汽发生器安全阀压力整定值试验	验证安全阀弹簧元件的整定压力	
7.3 4只弹簧加载安全阀 7.4 3只动力操作安全阀	验证为动力操作安全阀而设的控制装置	
7.5 主蒸汽的疏水旁路阀性能试验	检查其功能性操作	
7.6 主蒸汽的疏水水位控制装置性能试验	检查其功能性操作	
8. 汽轮机调节系统超速试验	汽轮机转速已经提升后，但尚未带负荷以前进行，在汽轮机达到超速以前证实超速脱扣销的动作及其定值	至少每年一次，当汽轮机在一次彻底检修后再投入使用时，也应进行
8.1 阀门带负荷试验	在微型调节器控制下，进行主蒸汽阀门带负荷试验，要求在长期带负荷运行后，汽轮机的全部主蒸汽阀门(截止阀和调节阀)在紧急情况下能自由地关闭	汽轮机连续运行时，至少每月进行一次。每次汽轮机升速后，可在一整月后再进行

续表

项　目	内　容	说　明
9. 汽轮机保护系统对汽轮机保护系统的设备作带负荷试验	试验的设备包括：超速脱扣销带负荷试验（用注油办法）汽轮机脱扣线圈的带负荷试验微型调节器联动脱扣压力开关的带负荷试验反应堆联动脱扣压力开关的带负荷试验高压缸排汽压力传感器的带负荷试验	每周进行
10. 汽动主给水泵系统主给水泵性能	检查进口和出口压力，压力级泵的转速，供油温度和压力，轴承温度，升压泵填料轴承处泄漏。压力级泵机械密封处泄漏，振动、噪声等运行参数	每日一次，或每周一次
10.1 湿保养汽轮机脱扣	换料周期内检查汽轮机的超速脱扣和手动脱扣电磁脱扣阀的正确动作	每月一次，或每周一次
11. 低压给水加热器系统带负荷定期试验	检查本系统总体的完整性，检查水位、流量、温度和压力仪表读数正常	每值、每周、每月分别进行
12. 给水除气器系统带负荷定期试验	检查本系统设备总体的完整性检查水位、温度和压力仪表读数正常，除氧器水位发送器输出与除氧器水位的一致性	每值、每周或每月分别进行
13. 生水系统系统性能检验	指示仪报警开关动作试验水位敏感元件手动干预后动作检验	季度试验

11.7.2　蒸汽发生器传热管的检修

运行中蒸汽发生器的传热管有无泄漏，可以用检测主蒸汽、蒸汽发生器排污水或凝汽器抽气中有无放射性来鉴定。例如，正常运行时，当一回路水的放射性活度为 3.7×10^4 Bq/g，一回路向二回路泄漏为每台蒸汽发生器小于 70 L/h。这时，蒸汽发生器二次侧水的放射性浓度为 18. 5 Bq/g。当蒸汽发生器有一根管子破裂时，一、二回路的泄漏量增大，蒸汽发生器二次侧水的放射性浓度也将增加，因此，对泄漏量、排污水或主蒸汽管的放射性监测可及时判断蒸汽发生器管子有否泄漏。

为了确定泄漏的性质和程度、破损的部位和原因，必须在停堆维修或换料时对传热管进行检查，目前使用的检查方法是从管子内侧作涡流探伤；该法使用方便、可靠，它对管子微小几何形状的变化，例如裂纹、管壁减薄或穿孔等缺陷均很灵敏，先进的涡流探伤装置如图 11-27 所示，它可以在蒸汽发生器管板上自动换位，作远距离检查，以减少检修人员所受到的辐射剂量。

在定期检查时，用涡流探伤检查法检查全部或一部分传热管。当停堆检验时发现有管子穿孔，或有管壁减薄达 30%管壁厚度时，就需要堵管。

对于有缺陷的传热管，检修时可予以堵塞。堵管的方法，以前用胀接和焊接的方法，使检修人员剂量率高达 10 R/h。1973 年以后，已普遍采用爆炸法堵管，方法简单，又可遥控操作，大大减少了检修人员所受的剂量，约为原来总剂量的四分之一。爆炸法堵管的原理如图 11-28 所示，图 11-29 是堵管用锥形塞断面图。锥形塞 1 包括一个中空的盲孔圆柱体 4，和锥形表面 9，锥形角 α 在 2°～6°之间，盲孔 5 中装有一个塑性套 7，塑性套 7 有一个加长尾端 10，它带有凸肩和纵向沟槽，以便将套 7 塞进锥形塞中；塞 1 与套 7 构成一个整体，可插入蒸汽发生器 U 形管的端部。雷管 2 装在套 7 的前端，炸药 8 的装载长度，大约相当于塞子 1 的锥形部分 9 的长度，点火线 6 同雷管 2 相连接，沿着雷管 2 与炸药 8 引出。

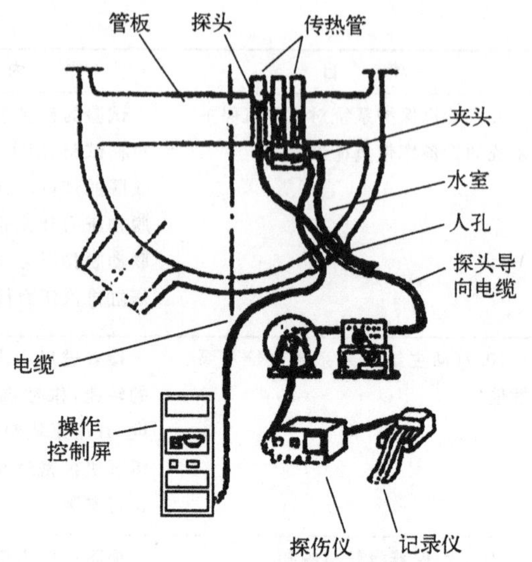

图 11-27　蒸汽发生器传热管涡流探伤检查

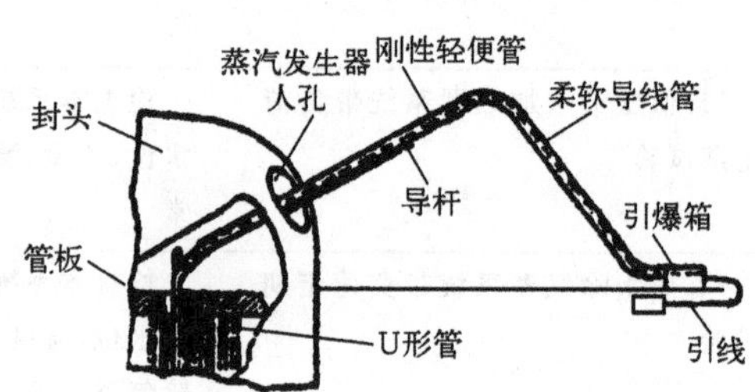

图 11-28　爆炸堵管原理图

为了堵住漏管，检修人员从人孔进入下封头中，然后仔细清洗应堵住的“U”形管端内表面，将锥形塞插入管内，点火线同电引爆管连接而爆炸，爆炸的冲击波经塑性套 7 传给塞子 1，使锥形部分 9 产生变形，由于在很短时间内的高压作用，管子和塞的连接部分的金属表面相互摩擦撞击，使管子和塞子的表面焊接在一起。

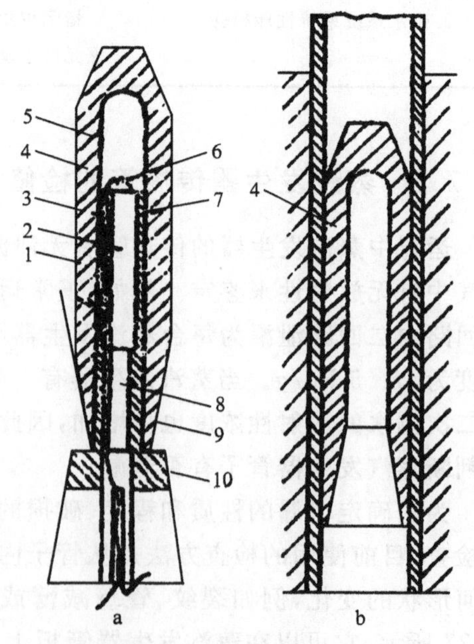

图 11-29　锥形塞
a. 锥形塞断面；b. 锥形塞与管子焊后断面

11.7.3　在役检查

核电厂投入运行后，进行的定期检查叫做在役检查，检查时对反应堆冷却剂承压边界的耐压设备（如容器、管道）进行无损探伤，并与役前检查（又称基准检查）进行比较，判断原有缺陷有否扩展、有否产生新的缺陷等，以确保耐压设备的安全性，有些情况下在役检查工作也扩大至辅助系统和安全保护系统的设备。在役检查的时间间隔，一般为电厂运行开始后每 10 年检查一次，每次作 100%检查。这样，在 40 年反应堆寿期中要重复进行 3 次。近来，有的核电厂采取在运行初期集中进行的办法，如在开始运行的头 5 年作第一次在役检查时，要作 100%检查；第二次在其后 10 年进行，第三次在第二次后 15 年进行，检查程度见表 11-7。

表 11-7　压水堆核电厂在役检查项目

检查部位	检查要求	检查方法	检查程度
1. 压力容器及上盖			
堆芯区筒体纵向、圆周焊缝	容积检查	UT	
其他地方的纵向、圆周焊缝	容积检查	UT	5%～10%
上盖的纵向、圆周焊缝	容积检查	UT	5%～10%
下底的纵向、圆周焊缝	容积检查	UT	5%～10%
筒体与法兰的焊缝	容积检查	UT	100 %
上盖与法兰的焊缝	容积检查	UT	100 %
冷却剂接管焊缝	容积检查	UT	100 %
控制棒驱动机构罩壳焊缝	容积检查	UT	25 %
堆内仪表管道焊缝	容积检查	UT	25 %
控制棒驱动机构贯穿处	目视检查	VT	25 %
一次侧接管与过渡段焊缝	容积、目视、表面检查	VT、PT	100 %
筒体法兰边	容积检查	UT	100 %
双头螺栓、螺母	容积检查	UT、VT	100 %
垫圈	目视检查	VT	100 %
压力容器支撑	容积检查	UT	10 %
上盖的堆焊处	目视、容积检查	VT	100 %
容器的堆焊处	目视检查	VT	100 %
堆芯结构	目视检查	VT	可能范围
2. 蒸汽发生器			
管板与水室的焊缝		UT、VT	5 %
接管处焊缝		UT、VT	100 %
人孔安装螺栓		VT	100 %
一次侧内面覆盖层		VT	100 %
3. 稳压器			
纵向与圆周焊缝	目视、容积检查	UT、VT	5%～10%
接管与容器的焊缝	容积检查	UT	100 %
接管弯曲面	容积检查	UT	100 %
加热器接管	目视检查	VT	100 %
人孔安装螺栓	目视检查	VT	100 %
支裙焊缝	目视、容积检查	UT、VT	100 %
容器内面覆盖层	目视检查	VT	100 %
接管与过渡段焊缝	容积、目视、表面检查	UT、PT	100 %

续表

检查部位	检查要求	检查方法	检查程度
4. 一回路冷却剂泵			
泵罩壳的焊接缝	目视、容积检查	UT、VT	一台
泵罩壳的内表面	目视检查	VT	一台
主法兰螺栓	目视、容积检查	UT、VT	100%
密封罩壳螺栓	目视检查	VT	25%
支持凸缘	目视、容积检查	VT	100%
5. 阀			
阀的内表面	目视检查	VT	1个
螺栓	目视检查	VT	1个
6. 管道			
圆周焊接缝	目视、容积检查	UT、VT	25%
超过 100 m 支管的焊缝	目视、容积检查	UT、VT	25%
套管焊缝	目视、容积检查	UT、VT	25%
100 m 以下圆周支管焊缝	目视、容积检查	UT、VT	25%
支持凸缘	目视、容积检查	PT	25%
支持吊	目视检查	VT	100%

注：1. VT—目视检查；PT—液体浸透试验；UT—超声波探伤试验。

在役检查中所使用的试验方法，全部为非破坏性检查，即无损检查，主要的试验方法分作以下三类。

1. 目视检查

目视检查是为观察设备和部件及它们的表面状态而进行的，内容包括表面的划伤、磨损裂缝、腐蚀、浸蚀，以及设备和部件的连接状况，有无泄漏等。目视检查又可分以下两种：

(1)直观检查 在距被检查表面 60 cm，视角大于 30°以上的能够接近场合，可以直接用肉眼进行检查，如为了改善视角，可以使用平面镜。

(2)远距离目视检查 对设备的缺陷判别当用肉眼作直观检查有困难，例如因辐射剂量过大而不能接近时，可以借助于望远镜、潜望镜、内窥视潜望镜、光学纤维内窥镜、光学照相以及电视摄像等方法作远距离目视检查。

目视检验有两个等级：一般检验和详细检验。一般检验的目的是发现可见的表面异常、运行时或泄漏试验的泄漏迹象、变形和松动部件等。详细检验用于提供有关复杂表面、焊缝、受侵蚀或腐蚀影响的区域等缺陷的存在和性质的详细资料。

详细目视检验的实施方法应符合 RCCM，MC7100 的要求。使用仪器的分辨能力至少应与直接目视检查相同。

2. 表面检查

表面检查是对表面或近于表面的裂缝和不连续部分进行的检测，对带有磁性材料的表面缺陷的检测用磁粉探伤试验较为有效，表面检查所使用的主要方法是染色浸透探伤试验。对蒸汽发生器管板密封焊接处，压力容器过渡段焊接处等难于接近的地方，可与电视摄像相结合而制成远距离液体浸透探伤试验装置。

3. 容积检查

容积检查是通过设备的整个体积对包含在表面下的缺陷进行的试验检查，所使用的检查方法主要有：放射线穿透试验、超声波探伤试验和涡流探伤试验。

在役检查中使用得最多的是容积检查，而在大部分场合广泛采用了超声波探伤试验。与放射线穿透试验相比，超声波探伤试验对缺陷检测的能力高，又易于自动化和远距离操作。涡流探伤试验，主要用于蒸汽发生器传热管的缺陷检查。反应堆压力容器是压水堆核电厂最主要的在役检查对象，通常用超声波探伤试验法从压力容器内表面或从压力容器外部对它的焊缝进行检查，如图 11-30 所示。从内表面或从外部检查各有优缺点，从内表面进行检查的优点是：

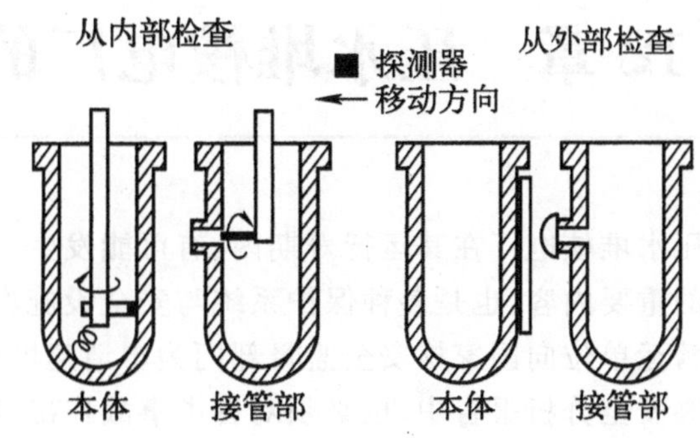

图 11-30　压力容器焊缝从内表面或外部检查的方法

1. 可以在水中进行，减少了辐照剂量；

2. 不会受到检查部位的表面状态（有涂料或锈蚀）影响；

3. 对压力容器接管部位的探伤容易；

4. 在高度方向，圆周方向进行定位较容易。

它的不利方面是：

1. 必须取出堆内构件；

2. 探伤时，会受到内表面不锈钢衬里的影响；

3. 容易受到污染。

图 11-31 示出一反应堆压力容器取出堆芯及堆内构件后，利用远距离操作的超声波探伤装置进行检查的情况，检查的部位是：一回路接管与补强部分的焊缝、一回路接管与反应堆压力容器的焊缝和接管与压力容器内壁焊缝部分、带内螺栓孔与螺栓的连接部分、反应堆压力容器与法兰的焊缝部分、反应堆压力容器的纵向和径向焊缝部分。

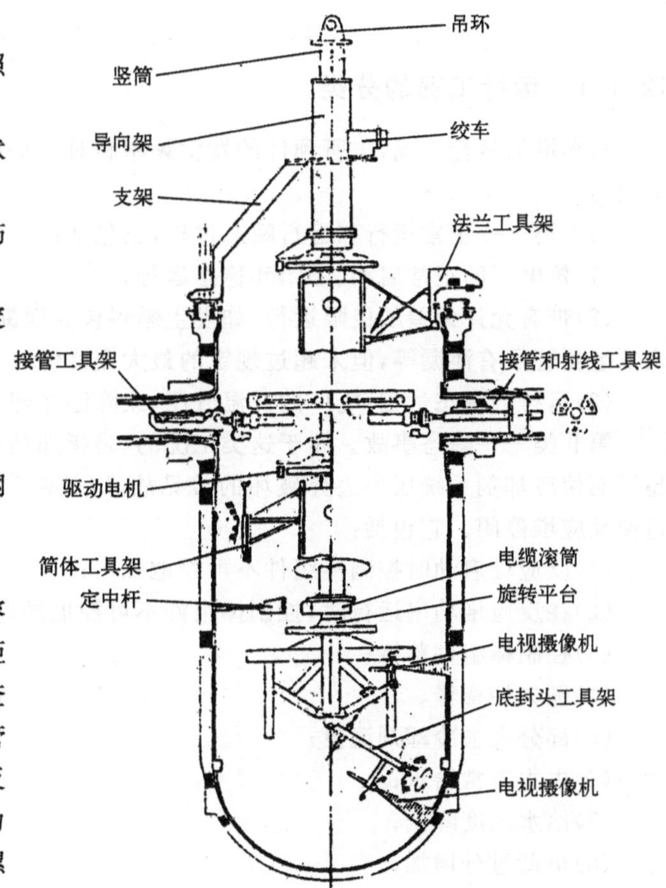

图 11-31　法国 INTERCONTROLE 反应堆压力容器自动在役检查机

第12章 压水堆核电厂的异常运行和事故分析

压水堆核电厂在其运行寿期内,有可能发生一些事故。因此,事故分析是评价核电厂安全性的重要内容,也是各种保护系统与安全设施在正常或事故工况下运行的重要依据。核电厂营运单位向国家核安全监督部门为申请建堆和反应堆投运而提交的初步安全分析报告和最终安全分析报告中,也必须对各类事故作出分析,以表明反应堆装置可以在没有危及工作人员与公众健康和安全的风险下运行。

12.1 压水堆核电厂的运行工况

12.1.1 运行工况的分类

压水堆的运行工况,按所预计的发生频率和对公众可能带来的放射性后果,通常分为以下四类。

第Ⅰ类——正常运行和运行瞬态过程,它包括:

(1)核电厂的正常启动、停闭和稳态运行;

(2)带有允许偏差的极限运行,如发生燃料包壳泄漏,一回路冷却剂放射性水平升高,蒸汽发生器管子有泄漏等,但未超过规定的最大允许值;

(3)运行的瞬态过程:电厂的升温升压,或降温冷却,以及在允许范围内的负荷变化等。

第Ⅱ类——瞬态事故。属于这类工况的,是指那些不会导致燃料棒损坏,或冷却剂系统超压而使冷却剂系统压力边界破坏的常见故障(故障率为每台机组每年 10^{-2}～1),它可能迫使反应堆停闭。它包括:

(1)反应堆启动时控制棒组件不可控地抽出;

(2)在反应堆功率运行时,控制棒组件不可控地抽出;

(3)控制棒组件落棒;

(4)硼失控稀释;

(5)部分失去冷却剂流量;

(6)失去正常给水;

(7)给水温度降低;

(8)负荷过分增加;

(9)隔离环路的启动;

(10)甩负荷事故;

(11)失去外电源;

(12)一回路卸压事故；

(13)主蒸汽系统卸压事故；

(14)功率运行时，安全注射系统误动作；

(15)汽轮发电机组故障。

第Ⅲ类——稀有事故。在核电厂寿期内，这类事故一般很少出现(每台机组每年 $10^{-4}\sim10^{-2}$)；处理时，为了防止或限制对环境的辐射危害，需要安全系统投入。这类事故有：

(1)一回路系统管道小破裂；

(2)二回路系统蒸汽管道小破裂；

(3)燃料组件误装载；

(4)满功率运行时一根控制棒组件失控抽出；

(5)放射性废气事故释放；

(6)放射性废液事故释放；

(7)全厂断电事故；

(8)蒸汽发生器管子断裂。

第Ⅳ类——极限事故。这类事故预期不会发生，机组处于这些事故状态下的概率为每台机组每年 $10^{-6}\sim10^{-4}$，但一旦发生，核蒸汽供应系统的完整性和功能将受到影响。属于这类事故的有：

(1)一回路系统管道大破裂；

(2) 二回路蒸汽管道大破裂；

(3) 一台主泵转子卡死；

(4) 燃料操作事故；

(5) 弹棒事故。

12.1.2　事故工况下应遵守的准则

应遵守的准则基本上是放射性方面的，表 12-1 给出了最大允许的放射性后果。此外，地下水层不允许有任何污染，即使在第Ⅳ类工况也是如此。

表 12-1　事故工况下允许的放射性后果

事故类型	放射性引起的后果(在厂址边界，人/h)	
第Ⅰ，Ⅱ类	遵守批准的排放量	
第Ⅲ类	整个人体：0.005 Sv	甲状腺：0.015 Sv
第Ⅳ类	整个人体：0.15 Sv	甲状腺：0.30～0.45 Sv

上述放射性的影响体现在各种运行工况下应遵循的安全准则：

1. 第Ⅰ类工况

燃料元件不应受到任何损坏；

不应启动任何保护系统或专设安全设施。

2. 第Ⅱ类工况

燃料元件不应受到任何损坏；

任何屏障不应受到损坏(本身故障除外);

采取措施后机组应能再启动;

它不应是后果更严重的Ⅲ类事故或Ⅳ类事故的起源。

3. 第Ⅲ类工况

一些燃料元件可能损坏,但其数量应该是有限的;

一回路和安全壳的完整性不应受到影响(本身故障除外);

它不应是后果更为严重的Ⅳ类事故的起因。

4. 第Ⅳ类工况

燃料元件损坏的数量应有限;为保持安全壳完整性所必需的系统功能不应当丧失。

12.1.3 超设计基准事故

世界上现有轻水堆核电厂的安全设计中是以上述四类工况作为设计基准事故,以纵深防御的安全原则贯彻在核电厂选址、设计、制造、建造、调试启动、运行、事故处置和应急准备等各个环节中的,一般没有考虑事故频率小于每台机组每年为 10^{-6} 量级的超设计基准事故(Beyond DBA)。超设计基准事故与只考虑单个失效的设计基准事故不同,是指多重失效下后果更为严重的事故。

《核电厂设计安全规定》[HAF-0200(1991)]于 1991 年 7 月 27 日由国家核安全局批准发布;新的《核电厂设计安全规定》(HAF-102)于 2004 年 4 月 18 日由国核安发 2004[81]号文件批准发布。新《规定》中定义电厂运行状态是正常运行(核电厂在规定的运行限值和条件范围内的运行)和预计运行事件两类状态的统称;事故工况是指比预计运行事件更严重的工况,包括设计基准事故和严重事故(超设计基准事故,严重性超过设计基准事故并造成堆芯明显恶化的事故工况)。核电厂状态图见图 12-1。

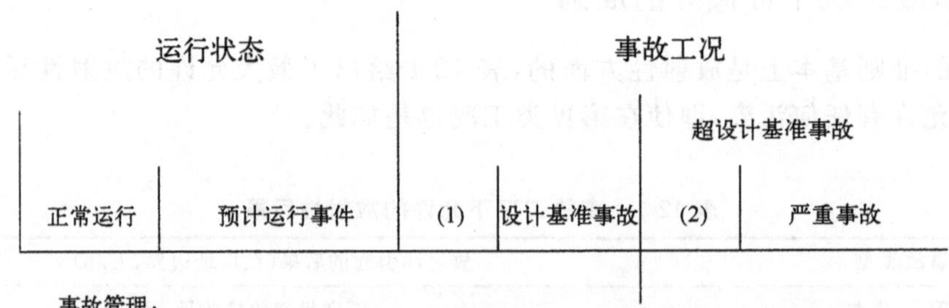

图 12-1 核电厂状态

事故管理是对在超设计基准事故发展过程中所采取的一系列行动,包括:防止事件升级为严重事故;减轻严重事故的后果;实现长期稳定的安全状态。

过去核电厂的安全设计主要考虑设计基准事故,认为反应堆堆芯不会严重损坏和熔化,放射性物质不会大量释放。我国新的核电厂设计安全现定要求考虑严重事故。严重事故(Severe Accidents)是指堆芯遭到严重损坏和熔化甚至安全壳也损坏的一种事故,因而导致放射性物质大量释放到环境,是一种超设计基准事故(Beyond DBA)。

核电厂严重事故是指核反应堆堆芯大面积燃料包壳损坏，威胁或破坏核电厂压力容器或安全壳的完整性，并引发放射性物质泄漏的一系列过程。核反应堆严重事故可以分为两大类。堆芯熔化事故(CMAs)：由于堆芯冷却不充分，引起堆芯裸露、升温和熔化的过程，其发展较为缓慢，时间尺寸为小时量级。堆芯解体事故(CDAs)：由于快速引入巨大的反应性，引起功率陡增和燃料碎裂的过程，其发展非常迅速，时间尺寸为秒量级。

美国三里岛事故和前苏联切尔诺贝利核电厂事故分别是到目前为止的一万多堆·年的核电厂运行历史中仅有的两起严重事故实例。在轻水反应堆中，由于其固有的反应性负温度反馈特性和专设安全设施，发生堆芯解体事故的可能性极小。

1979 年 3 月 28 日三里岛(TMI-2)核电厂事故，反应堆堆芯遭到严重破坏，部分堆芯发生熔化，由于保持了安全壳的完整性，只有极少量气态碘和惰性气体释放，没有人员死亡。1986 年 4 月 26 日切尔诺贝利(Chernobyl-4)核电厂事故，使堆芯迅速熔化，被汽化的燃料颗粒引起蒸汽爆炸，空气进入反应堆引发石墨的燃烧，产生了巨大而猛烈的化学爆炸，导致大量放射性物质释放到环境中，事故发生后 3 个月因辐射导致 28 人死亡。这两起事故使得发生严重事故的概率达到 4×10^{-4}/(堆·年)，比早先设想的 $10^{-5}\sim10^{-6}$/(堆·年)的概率要大得多。

严重事故的后果非常严重，特别是有大量放射性物质释放到环境的切尔诺贝利核电厂事故，带来了环境、健康、经济和社会心理上的巨大影响。有些国家的公众开始拒绝接受核电。

在这种情况下，就要重新审议一下过去核电厂设计和运行不考虑严重事故是否适宜？从发生的概率、从后果的严重性、从公众接受核电等方面要求现在运行的和将来设计的核电厂要有防止和缓解严重事故的对策措施(见第 6 章)。因为实践已经说明，单纯考虑设计基准事故，不考虑严重事故的防止和缓解，不足以保证工作人员、公众和环境的安全。

12.2 国际核事件等级表

为了确切、科学地作好核电厂事件信息的评价工作，国际原子能机构(IAEA)向各成员国推荐使用国际核事件等级表(INES，The International Nuclear Event Scale)。

国际核事件等级表是为了以规范化的统一用语向公众快速通报核电厂所发生事件的严重程度而采用的工具，这个等级表只对与核安全或辐射安全有关的事件进行分类，这些事件被分成 7 个等级(见图 12-2)。图中靠下面的三个等级(1～3)称为事件(Incident)，靠上的四个等级(4～7)称为事故(Accident)。在安全上无严重性的事件定为 0 级，或称低于等级表的事件。作为一个粗略的导则，可以预期，等级表中每升高一级，纳入该级的事件数将比前一级的事件低一个量级。

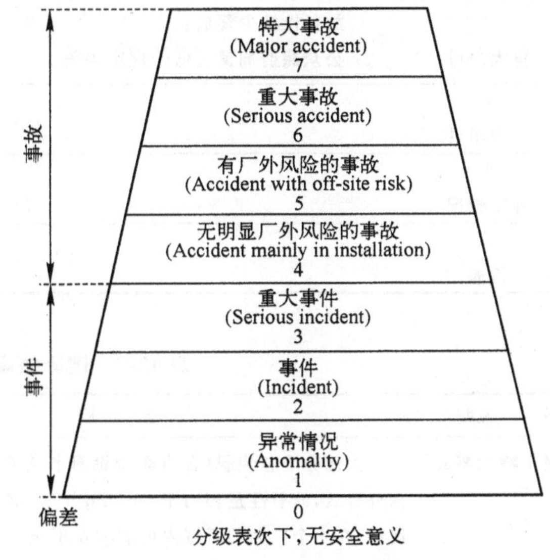

图 12-2 国际核事件等级表

作为对核电厂已经发生过的核事件进行分级的例子，1986 年前苏联切尔诺贝利(Chernobyl-4)核电厂事故造成广泛的环境和人们健康影响，被归入 7 级，1979 年美国三里岛(TML-2)核电厂事故造成堆芯严重损坏，但向厂外释出的放射性很少，根据厂内影响，把它划为 5 级。

表 12-2 阐明本等级表的基本逻辑，它从厂外影响，厂内影响和纵深防御的削弱三项准则来考虑各种事件。第一个准则用于造成放射性向厂外释放的事件，其最高是第 7 级，代表一个具有广泛的健康和环境后果的特大核事故，最低点是 3 级，代表很少的释放。第二个准则考虑事件在厂内的影响，它的范围从第 5 级，一般代表核反应堆堆芯严重损坏的情况，到第 3 级，这时有重大的污染和(或)工作人员的过量照射。第三个准则适用于使电厂纵深防御削弱的事件，按纵深防御考虑把事件分为 3 级到 1 级。

表 12-3 是对核事件等级的详细说明。

表 12-2 核事件等级表的基本逻辑

(表中给出的准则仅是粗略的说明)

事件等级/说明	准则		
	厂外影响	厂内影响	纵深防御削弱
7 特大事故	放射性大量释放： 大范围的居民健康和环境受到影响		
6 重大事故	放射性明显释放： 完全实施就地应急计划		
5 有厂外风险事故	放射性有限释放： 部分实施就地应急计划	堆芯和放射性屏障受到严重损坏	
4 无明显厂外风险的事故	放射性少量释放： 公众照射剂量在规定数量级内	堆芯和放射性屏障明显损坏 严重影响工作人员健康	
3 重大事件	放射性极少释放： 公众照射剂量远低于规定限值	严重污染 工作人员超剂量	接近事故 丧失纵深防御措施
2 一般事件		污染明显扩散 工作人员受过量照射	具有潜在安全后果的一般故障
1 异常情况			偏离批准的功能范围
0 偏差			从安全角度无需考虑

表 12-3 国际核事件等级表

等级	说明	准则	实例
等级 7	特大事故	大部分堆芯装载(含有短寿命和长寿命放射性裂变产物)向外释放，放射性量相当于 10^{13} Bq ^{131}I。有严重危害健康的可能性，在一个广大的区域内可能涉及不止一个国家的滞后健康影响，有长期环境后果[1)]	1986 年前苏联切尔诺贝利事故

续表

等级	说明	准　　则	实　例
6	重大事故	裂变产物向厂外释放，放射性量相当于 $10^{15} \sim 10^{16}$ Bq ^{131}I。极可能需要完全实施就地应急计划，以限制严重的健康影响[1)]	
5	有厂外风险事故	裂变产物向外释放，放射性量相当于 $10^{14} \sim 10^{15}$ Bq ^{131}I。某些情况下需要部分实施应急计划，例如就地掩蔽和(或)撤离以减轻可能造成的健康影响[1)]； 由于机械效应和(或)熔化使大部分堆芯严重损坏[1)]	1957 年美国温茨凯尔军用反应堆事故 1979 年美国三里岛核电厂事故
4	无明显厂外风险的事故	放射性厂外释放，但厂外个人最高照射剂量仅为 mSv 量级[1)]； 除可能需要实行当地食品控制外，一般不需采取厂外防护措施[1)]； 由于机械效应和(或)熔化，堆芯有某些损坏[1)]； 工作人员所受剂量可能会导致严重危害健康的影响(1 Sv 量级[2)])[1)]	1980 年法国圣·洛朗核电厂事故
事件 3	重大事件	放射性厂外挥放超过批准限值，导致厂外个人最高照射剂量为 10^{-1}mSv 量级，厂外不需防护措施； 由于设备事件或运行在厂内造成高辐照水平和/或污染，工作人员超剂量(个人剂量超过 50 mSv)[2)]； 安全系统进一步失效就将导致事故的障碍，或者出现某些触发因素就足以使安全系统不能防止事故的情况[1)]	1989 年西班牙凡德洛斯核电厂事件
2	一般事件	技术事件或异常情况，它们虽不会直接或立即影响电厂的安全，但可能会导致今后对安全设施的重新评定[1)]	
1	异常情况	功能性的或运行的一些异常情况，这些情况不会造成风险，但它反映了缺少安全措施。这些情况可由设备故障、人为差错或规程不当等原因引起(这些异常情况应当与未超过运行限值和条件的情况加以区分，并按照适当规程进行恰当的管理，这些情况都是典型的"等级以下")[1)]	
0	等级以下	安全上无需考虑	

注：1)该剂量可用有效剂量当量(全身剂量)来表示，这些准则也可根据情况用国家管理当局批准的相应年排出流的排放限值来表示；

2)为简便起见，这些剂量也可用有效剂量当量(Sv)表示，尽管在造成严重健康影响的范围内应当用吸收剂量 Gy 表示。

12.3　反应性事故

压水堆核电厂运行过程中可能发生的事故可以分为两大类。

(1)以发生流体(一回路或二回路)损失为特征的管道破裂事故，如蒸汽发生器管子破裂事故、蒸汽管道破裂事故、失水事故等。

(2)未发生流体损失的其他事故,如反应性事故、主泵卡轴事故、一回路流量不正常、蒸汽流量不正常、蒸汽发生器给水不正常等。

在正常运行时,反应堆堆芯反应性由两种方式加以调节:以移动控制棒组件控制反应性的快变化,和调整一回路冷却剂硼浓度控制反应性的慢变化。由于这两种调节方式不正确可能引起的反应性事故有:控制棒组件的失控提升、硼酸失控稀释、弹棒事故等。

12.3.1 现象与危险

发生反应性事故时,反应性上升引起热流密度增加,接着引起燃料元件温度和冷却剂温度升高,有导致偏离泡核沸腾的危险,若进一步导致超功率时,有可能引起燃料元件熔化。

堆芯内反应性的变化,在局部热点处有可能出现偏离泡核沸腾和超功率。将引起热流密度和温度空间分布的改变。

反应堆功率的增加将影响第二道屏障——回路压力边界的完整性,系统超压将引起稳压器水位升高和安全阀组的开启。

12.3.2 原因分析

反应性事故产生的原因可能是:

(1)机械故障,如控制棒驱动机构失灵,或控制棒驱动机构罩壳的破裂;

(2)电气故障,可能涉及控制棒调节系统的故障;

(3)人因故障,如操纵员不遵守运行规程,或没有注意有关的报警信号。

12.3.3 事故下的保护

1.在核电厂的设计中,对反应性事故的预防措施主要是限制控制棒调节棒组的移动,无论是A运行模式或G运行模式,控制棒组操作需遵守下列规定:

(1)同一分组的控制棒应该同时移动;

(2)同一组的两个分组的控制棒间相对位差不应大于1步;

(3)各调节棒组应该按规定顺序操作;

(4)相邻的两个调节棒组间应有最佳的重叠度(<100步);

(5)对控制棒组件的供电应不可能同时提升其中的三个分组,或当提升两个调节棒组的分组时,不可能再提升第三个分组中的一个棒组。

2.自动保护

对一些反应性事故将由各种报警信号告知运行人员,如果运行人员不及时加以干预,反应堆保护系统立即投入,采取禁止控制棒组提升或紧急停闭反应堆措施。所设定的保护参数见表12-4。

表 12-4　反应性事故保护参数

保护参数	备注
超温 ΔT 高	反应性慢变化保护
超功率 ΔT 高	反应性慢变化保护
源量程中子注量率高(低阈值,10^{-5} 计数/s)	反应性快变化保护
中间量程中子注量率高(阈值 25%P_n)	反应性快变化保护
功率量程中子注量率高(低阈值,25%P_n)	反应性快变化保护
功率量程中子注量率高(高阈值,109%P_n)	反应性快变化保护
功率量程中子注量率快速下降(−5%P_n/s)	反应性快变化保护
功率量程中子注量率快速上升(+5%P_n/s)	反应性快变化保护

12.3.4　启动时控制棒组件失控抽出

1. 事故描述

启动时,反应堆通过两台冷却剂泵的运转达到了热态,起始功率很小($10^{-13}P_n$),这时,若有两个控制棒组以较大的速度交叠地抽出,反应性引入速率在 A 模式时为 95 pcm/s(G 模式时为 114 pcm/s),对应于两个停堆棒组 Sn 和 Sb(对 G 模式为调节棒组 N1 和 R)的抽出,事故中,反应堆总功率上升,中子注量率分布产生严重扰动,并将引起燃料元件棒热点温度的升高,如表 12-5 所示。

表 12-5　启动时,控制棒组件失控抽出事故的结果

			中子注量率/%额定值	热流密度/%额定值	温度		
					燃料中心	包壳	冷却剂
A 模式	平均通道	最大值	10.53	1.46	538	325	301
		时间/s	8.53	8.74	10.2	9.8	11.2
	热点	最大值		6.19	1 848	385	
G 模式	平均通道	最大值	11.8	1.72	576	331	304
		时间/s	6.2	6.41	7.5	7.9	8.9
	热点	最大值		7.35	1 883.6	390	

图 12-3 到图 12-6 给出两种运行模式下,事故过程中热流密度,中子注量率和温度的变化。

从表 12-5、图 12-5 和图 12-6 中可以看出,在燃料元件中心达到的最高温度仍然保持在氧化铀的熔化温度以下,包壳的温度没有上升到发生脆化的温度,在事故过程中,烧毁比(DNBR)始终保持在 1.30 以上。

2. 保护措施

启动过程中控制棒组件失控抽出,其瞬态过程比较缓慢,操纵员应及时发现事故,并通过手动操作将控制棒组件停堆棒组插入,以避免紧急停堆。

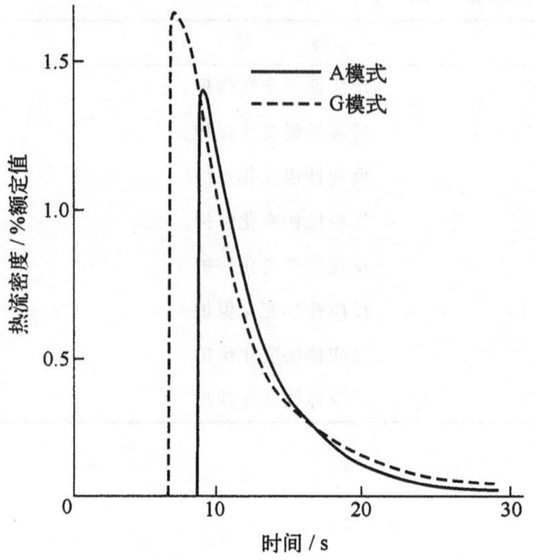

图 12-3 启动时控制棒组件失控抽出的平均热流密度随时间的变化曲线

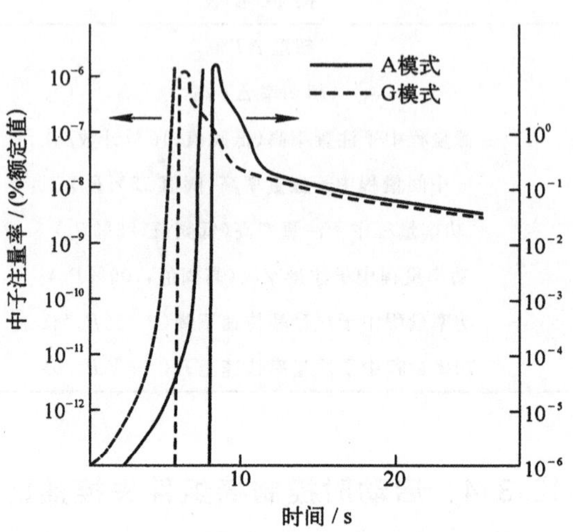

图 12-4 启动时控制棒组件失控抽出的平均中子注量率随时间的变化曲线

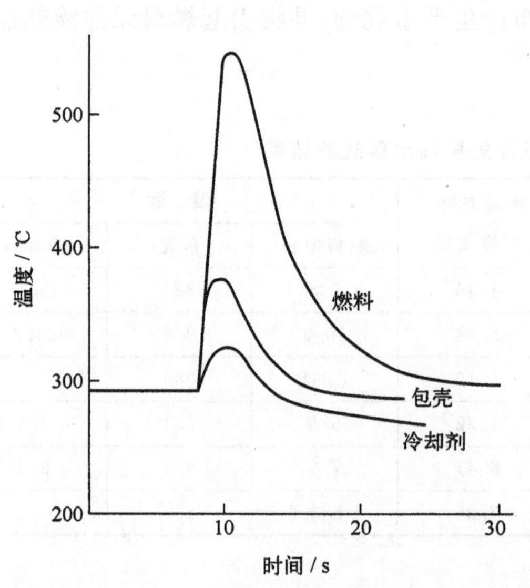

图 12-5 启动时控制棒组件失控抽出温度变化曲线(A 模式)

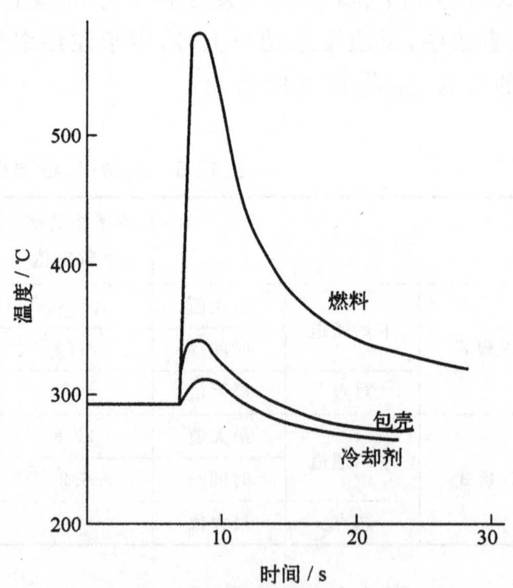

图 12-6 启动时控制棒组件失控抽出温度变化曲线(G 模式)

如果操纵员不停止控制棒组件提升,则在 35%P_n 下(比功率量程低阈值 25%P_n 增加 10%P_n),反应堆将紧急停闭,停堆棒组跌落延时为 0.6 s。

紧急停堆后,操纵员应将机组保持在热停闭状态,以便弄清事故原因,及时修复。

12.3.5　功率运行时控制棒组件失控抽出

1. 事件描述

功率运行时，控制棒组件失控抽出导致堆芯热流密度的增加，由于外负荷不变，并且在稳压器压力达到安全阀组动作整定值之前，一回路冷却剂温度会迅速上升，可能出现膜态沸腾。为了防止燃料熔化和包壳破坏，要求在达到膜态沸腾之前（即热管的烧毁比达到 1.30 之前），反应堆保护系统给出紧急停堆信号，以保护堆芯。

图 12-7 表示了在满功率工况下，控制棒组件快速抽出时功率、稳压器压力、冷却剂平均

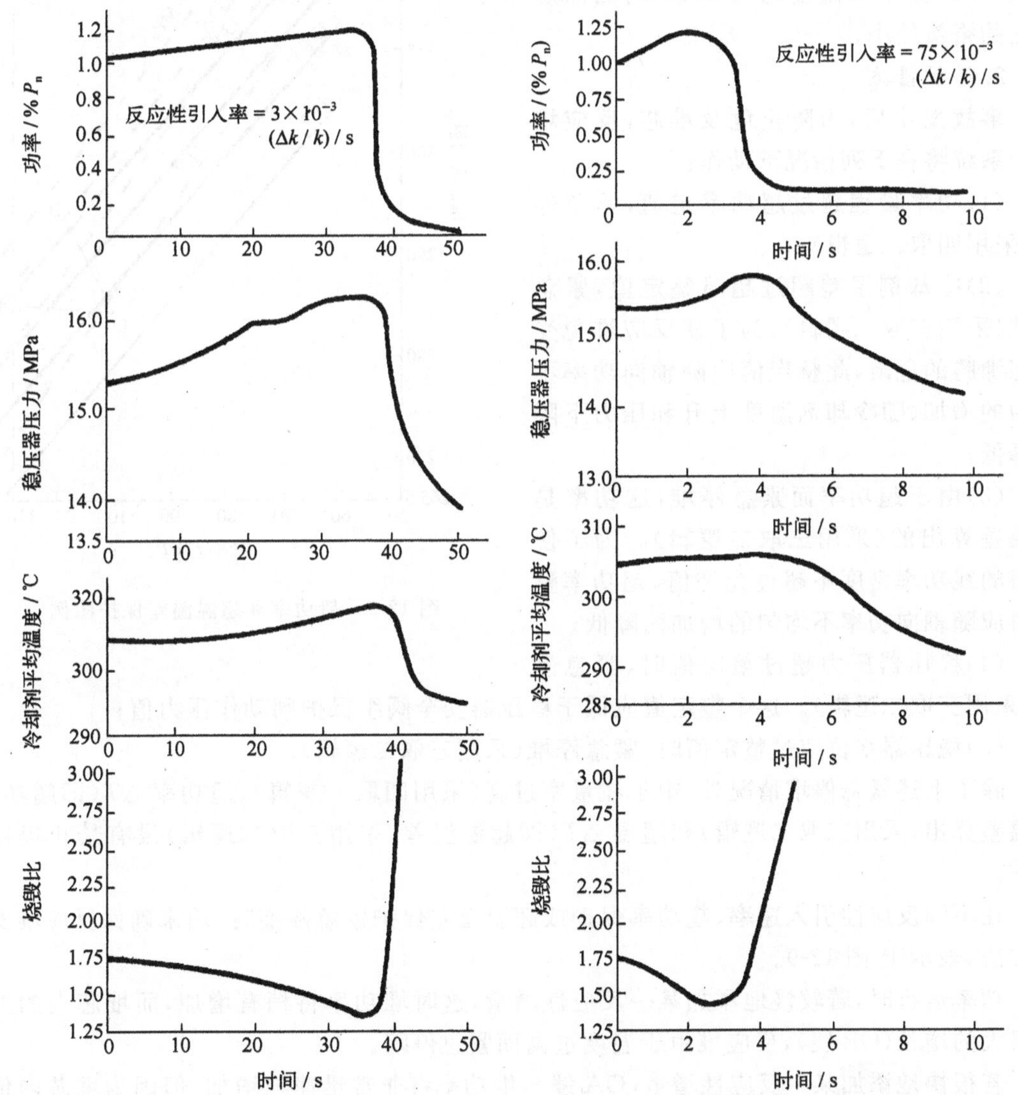

图 12-7　满功率控制棒组件失控快速抽出时的超功率保护过渡过程

图 12-8　满功率时控制棒组件慢速抽出时的超温温差保护过渡过程

温度和烧毁比的响应曲线。可以看出，事故开始后，大约在 2 s 内发出超功率保护，紧急停堆。由于这个时间比燃料的传热时间常数快，所以只产生了一个较小的温度和压力的变化，并保持了一个较大的烧毁比裕量。

图 12-8 表示了在满功率工况下，控制棒组件慢速抽出时，功率、稳压器压力、冷却剂平均温度和烧毁比的响应。事故开始后约 36 s 的相当长时间，反应堆才由超温温差保护，紧急停闭。这时温度和压力的上升幅度较大，一回路平均温度约为 312 ℃，因而烧毁比的裕量较小。

2. 保护措施

事故发生后，为防止危及堆芯，反应堆保护系统将在下列情况下动作：

(1)功率量程超过超功率定值，紧急停堆(采用四取二逻辑)；

(2)冷却剂温差超过超温整定值，紧急停堆(采用三取二逻辑)，为了使反应堆免受膜态沸腾的危险，此整定值应随轴向功率不均匀的增加、随冷却剂温度上升和压力下降而降低；

(3)由于超功率而紧急停堆，这功率是由温差算出的(采用三取二逻辑)。为了使燃料的线功率密度不超过允许值，超功率整定值应随轴向功率不均匀的增加而降低；

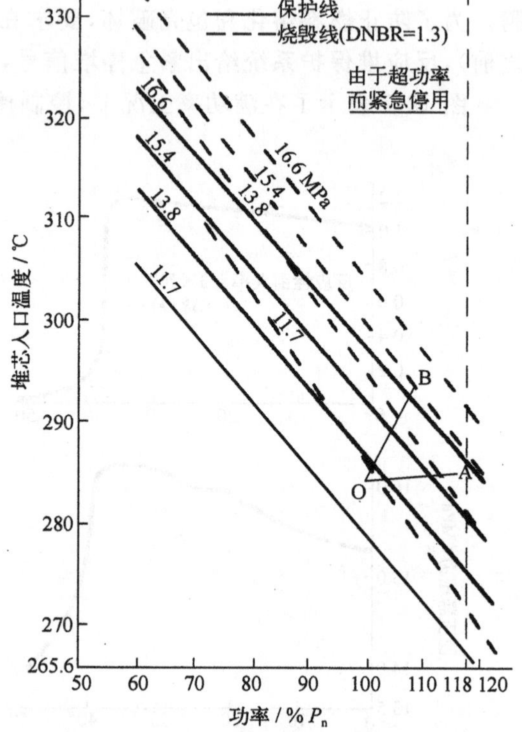

图 12-9 超功率和超温温差保护图例

(4)稳压器压力超过整定值时，紧急停堆(采用三取二逻辑)。这个整定值应低于稳压器安全阀组保护阀动作压力值；

(5)稳压器水位超过整定值时，紧急停堆(采用三取二逻辑)。

除了上述紧急停堆情况外，中子注量率过高(采用四取一逻辑)、超功率 ΔT(即超功率，由温差算出，采用三取二逻辑)和超温 ΔT(即超温温差，采用三取二逻辑)设有禁止提棒的保护。

在不同反应性引入速率、超功率保护或超温温差保护紧急停堆时，用来确保反应堆安全的方法，表示于 图 12-9。

功率运行时，若较慢地添加某一反应性增量，这时堆功率将稍有增加，而堆芯内的温度有很大的增长(OB 线)，反应堆由于温度过高而紧急停闭。

若很快地添加某一反应性增量(OA 线)，堆功率将非常迅速地增加，但因为堆芯内传热是一个较慢的过程，所以堆芯的温度没有很大的变化，这时，由于超功率而引起紧急停堆。

反应性引入速率为中等的情况处于 OA 线与 OB 线之间，都将引起紧急停堆而加以保护，由功率或温度的响应速度决定相应紧急停堆的先后，而压力过高或稳压器液位过高而引起的紧急停堆属于第二级保护。

12.3.6　硼酸的失控稀释

1. 事故描述

压水堆运行时，化学和容积控制系统通过硼和水补给系统将补给水引入一回路，向堆芯添加反应性。硼的稀释是手动操作的，是按照限制稀释率和稀释时间的程序精确管理控制的。为了稀释，操纵员需作两个操作：

(1)把开关由自动补水方式转到稀释方式；

(2)按下启动按钮。

反应堆冷却剂补水状态的信号，连续反映给操纵人员，控制屏上的灯光显示化学和容积控制系统的运行条件。如果由于系统的功能失误，使硼酸或除盐水的流量率偏离预定值，将向操纵员发出报警。

2. 保护措施

如果反应堆功率运行时，发生硼酸的失控稀释，将引起反应堆功率上升。在不同运行模式下的响应如下。

反应堆以 A 模式运行：如果自动调节系统投入工作，控制棒组将随着稀释而逐渐向堆芯插入。当 D 组棒束达到它的下限(插入极限的上 10 步)，将发出报警信号。于是，运行人员可以有 15 min 的时间去查找故障。超过时间后，D 控制棒组将达到插入极限，如果操纵员不进行手动紧急停堆操作，超温 ΔT 保护线路将使反应堆紧急停闭。

如果硼酸失控稀释时，自动调节系统没有投入工作，则将因超温 ΔT 保护使反应堆紧急停闭。

反应堆以 G 模式运行：如果自动调节系统投入工作，只有 R 棒组可以插入，当它达到插入极限下限(距堆芯底部 40 步)，操纵员应该进行手动紧急停堆操作。如果自动调节系统没有投入工作，和 A 运行模式一样，超温 ΔT 保护使反应堆紧急停闭。

在反应堆紧急停闭后，如果硼酸失控稀释未能停止，则反应堆有可能再达临界。

硼酸失控稀释还可能发生在蒸汽发生器检修、更换燃料、反应堆冷停闭或热停闭、或从冷停闭向热停闭过渡等各种初始状态，表 12-6 介绍了各种起始状态所发出的各种报警信号，及从发出报警信号到反应堆临界之间所需的时间。

表 12-6　各种起始状态下硼酸失控稀释的保护

起始状态	保护参数	A 模式			G 模式		
		报警的时间 /min	临界 /min	Δt /min	报警的时间 /min	临界 /min	Δt /min
蒸汽发生器检修	水位高	33	78	45	33	78	45
	停堆通量高	41	64	23	41	64	23
更换燃料	停堆通量高	52	80	30	52	82	30
冷停堆	稳压器水位高	36	73	32	35	57	22
热停堆	低阈值通量高	48	72	24	48	70	22

续表

起始状态	保护参数	A模式			G模式		
		报警的时间 /min	临界 /min	Δt /min	报警的时间 /min	临界 /min	Δt /min
从冷停堆向热停堆过渡	稳压器水位高	32	64	32	32	52	20
功率运行状态（手动控制）	超温 ΔT	t_1	t_1+85	85	t_2	t_2+85	85
功率运行状态（自动控制）	棒组插入下限	9	30[1]	21	6	21[2]	

注：1）第二次临界时间；

2）手动紧急停堆。

12.3.7　一个控制棒组件的弹出

1. 事故描述

控制棒组件的弹出事故可能同时具有两个特征：它是一个反应性事故，因为在瞬间内向堆芯引入正反应性；它也是一起失水事故，因为控制棒组件弹出是在控制棒传动机构罩壳破裂时发生，一回路压力边界完整性必定遭破坏。

假设所弹出的控制棒组件具有最大的反应性价值，一回路系统的压力达到峰值，并假定反应堆调节系统不投入工作情况下，研究反应堆在不同功率水平、燃料循环时，反应性事故的后果。反应堆物理与热工方面参数如表12-7（A模式）所示。

表12-7　控制棒组件弹出前反应堆状态

		寿期初		寿期末	
	初始功率水平/% P_n	0	102	0	102
物理参数	弹出棒组反应性/pcm	810	320	780	140
	堆紧急停闭反应性/pcm	3 000	5 000	3 000	5 000
	运行主泵数	2	3	2	3
	热点因子　初始值	3.50	2.54	4.50	2.54
	弹出后最大值	13.70	6.53	19.10	5.10
热工参数	总流量/（m^3/h）	40 721	63 215	40 721	63 215
	熔化温度/℃	2 804	2 804	2 699	2 699
	间隙传热系数/[W/（cm^2·℃）] 初期	0.426	0.585	0.426	0.585
	事故后	5.676	5.676	5.676	5.676

2. 事故后果

根据试验结果，由于控制棒组件弹出，引入正反应性的后果，如表12-8所示。

表 12-8　控制棒组件弹出试验结果

	寿期初		寿期末	
初始功率/% P_n	0	102	0	102
燃料平均焓最大值/J/g	94	166	142	126
包壳温度最大值/℃	901	1 190	1 250	980
燃料芯块中心温度/℃	1 584	2 750	2 241	2 390
熔化燃料芯块数	0	0	0	0

由于反应堆设计遵守了以下准则：

(1)燃料最热点焓值，对于没有辐照过的燃料应小于 942 kJ/kg，而对辐照过的燃料应小于 837 kJ/kg；

(2)熔化的 UO_2 芯块限于热点处燃料总量的 10%；

(3)热点处燃料包壳平均温度应低于包壳脆化温度 1 482 ℃。

所以，试验结果表明，只要遵守全部准则，不会出现包壳严重脆化，也不会发生燃料熔化的危险。

12.4　蒸汽发生器管子断裂事故

12.4.1　事故的描述

蒸汽发生器管子断裂事故，包括一根管子断裂和多根管子断裂，或管子有裂缝导致轻微连续泄漏，事故时导致一回路与二回路间联通，使第二道屏障——一回路压力边界失去了完整性。

蒸汽发生器管子断裂事故发生后，将呈现以下现象：

(1)蒸汽发生器管子破口的出现，导致一回路水流失，一回路系统压力下降，稳压器低压力和低水位报警；上充泵流量增加，企图维持稳压器水位。由于一回路系统的大量泄漏，使故障蒸汽发生器的给水流量减少，而出现蒸汽流量与给水流量之间的失配(图 12-10)。

(2)一回路系统冷却剂不断流失，致使反应堆因稳压器低压保护而紧急停闭。反应堆停闭以后，除了冷却剂继续从破口不断流失外，还由于一回路系统冷却、水的体积收缩，使稳压器水位下降更快。一旦稳压器低压力与低水位信号相符合，就发出安全注射信号，向堆内注入换料水箱中的 2 400 μg/g 硼水。同时，切断二回路系统的正常给水，并启动辅助给水泵(图 12-11)。

(3)反应堆停闭信号触发汽轮机组脱扣，蒸汽通过旁路阀排入凝汽器。若同时发生失去外电源，则蒸汽旁路阀自动关闭，以保护凝汽器，蒸汽压力迅速上升，通过释放阀和安全阀排向大气。

(4)蒸汽发生器排污液体监测器和凝汽器抽气器的放射性监测器报警，指示出二回路系统放射性的急剧增加，并自动终止蒸汽发生器下泄排污。

(5)停堆后的余热由连续供应的辅助给水和安全注射硼水流量所形成的冷源带走。

(6)安全注射水最终能部分地恢复反应堆冷却剂压力和稳压器水位。

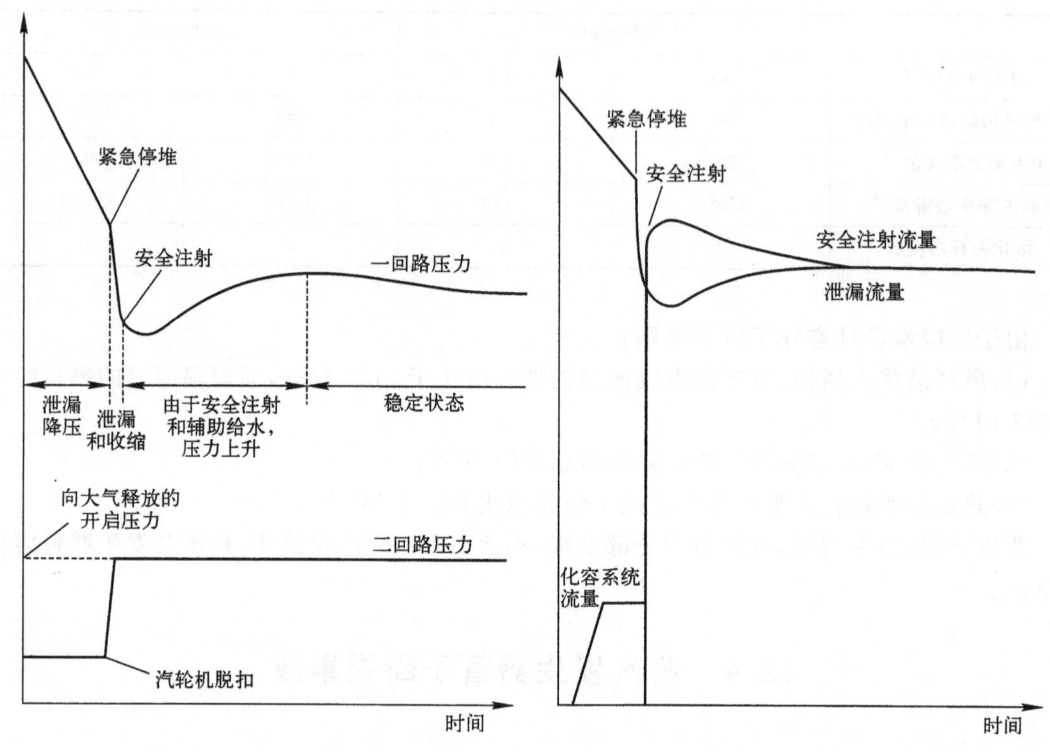

图 12-10　一回路和二回路压力变化　　　图 12-11　一回路流量变化

在操纵员还没有干预情况下，一回路压力稳定在高于二回路压力的数值上，这个值使得破口处流量被安全注射系统流量所补偿，这样，反应堆剩余功率通过破口，及蒸汽发生器管束中的热交换输送给二回路。

12.4.2　事故的起因

造成蒸汽发生器管子破裂，主要原因有：

1. 由于机械加工、焊接、热处理、胀接加工、组装不好，使管子承受机械的和热的应力；

2. 一回路水产生的腐蚀；

3. 二回路给水水质不好，化学处理方法不当或处理规范不合适，再加上管板处有沉积物，使管子局部变薄或发生裂纹，而凝汽器泄漏是二回路水质变坏的重要原因；

4. 凹陷效应，由于碳钢支撑板或者管板的腐蚀产物对于管束的挤压作用。腐蚀产物的淤积直接导致在支撑板交界处传热管发生塑性变形，并引起支撑板变形以致破裂。

从蒸汽发生器事故资料的统计表明：上述几种原因中，引起管子破裂的主要原因是应力腐蚀或晶间腐蚀；其次是由于振动造成疲劳损坏。管子损坏的部位大多数发生在管子与管板的连接部分，特别是热流体的入口端，如管端与管板密封焊接部分、胀管段靠近上、下水管的管段或双管板之间的管段等区域。

12.4.3　事故的风险

蒸汽发生器管子破裂事故的主要后果是：带有放射性一回路水将污染二回路，如果再加上凝汽器不可用，故障蒸汽发生器释放阀的开启，污染了的蒸汽将绕过第三道屏障安全壳，直接排往大气。同时，还会出现故障蒸汽发生器充满水，及堆芯冷却不足的风险。

目前，蒸汽发生器管子的材料，普遍采用抗氯离子应力腐蚀性能较好的因科镍-690 或因科洛依-800。这种材料具有良好的延展性，因此发生单根管子完全断裂的假定是偏于保守的。同时，在核电厂运行时，由于有核取样系统对蒸汽发生器排污系统的连续监测，测量从凝汽器中抽出的不凝结气体的放射性等措施，蒸汽发生器多根传热管发生断裂的可能性是极小的。

12.4.4　事故下的保护

蒸汽发生器管子破裂事故一旦发生，相应的第二道屏障失去了完整性，除了设计时已规定采取的预防措施，以防止事故扩大外，保护系统的作用是保持另外两道屏障的完整性，或者当排向大气的释放阀开启、第二道屏障完整性失去时，加以恢复。

1. 自动保护

主要保护参数有：

(1)稳压器压力低报警；

(2)蒸汽发生器排污水或凝汽器抽气回路放射性水平高报警；

(3)稳压器压力低，紧急停堆；汽轮机脱扣；蒸汽旁路到凝汽器或排向大气；

(4)稳压器低—低压，安全注射系统动作，并导致蒸汽发生器正常给水停止，辅助给水系统启动。

2. 手动保护

蒸汽发生器管子破裂事故发生时，自动保护系统可保证堆芯安全，但不足以限制放射性蒸汽排放。如果操纵员依据事故处理规程，识别事故性质，及时隔离故障蒸汽发生器，就可限制受放射性污染的蒸汽向大气排放。

蒸汽发生器管子断裂时，为了估算对环境的影响，作了如下的假设：

(1)反应堆由于稳压器低压保护动作，紧急停堆；

(2)反应堆满功率运行，有 1%燃料棒包壳破损，一回路冷却剂中的比活度见表 12-9；

(3)运行人员要在事故发生后 30 min 内，制止一回路冷却剂从破口流入故障蒸汽发生器，其中包括 5 min 的停堆与启动安全注射系统，10 min 用来判断事故的性质，15 min 将故障蒸汽发生器进行隔离；

(4)反应堆停闭以后，当安全注射流量与流出破口的流量相等时，破口流量达到平衡值，约为 33 kg/s。并且认为在故障蒸汽发生器隔离之前，此流量保持不变。

由于一回路冷却剂的泄漏，30 min 内累计约有 66 t 冷却剂进入故障蒸汽发生器的二次侧，成为厂内外污染的主要来源。下面分别按有无外电源两种情况，讨论厂外的剂量后果。

(1)有外电源时，夹带着挥发性放射性物质的蒸汽，通过旁路阀排入凝汽器，只有少量的放射性碘和惰性气体会从中逸出，进入安全壳。因此，厂外没有放射性物质的扩散，不可能污染周围环境。

表 12-9　有 1%燃料棒包壳破损时一回路冷却剂中比活度

同位素	比活度/(Bq/g)
^{131}I	9.25×10^{4}
^{132}I	3.26×10^{4}
^{133}I	1.41×10^{5}
^{134}I	1.96×10^{4}
^{135}I	7.40×10^{4}
^{85}Kr	1.74×10^{5}
$^{85}Kr^{m}$	7.77×10^{4}
^{87}Kr	4.44×10^{4}
^{88}Kr	1.33×10^{5}
^{133}Xe	1.01×10^{7}
$^{133}Xe^{m}$	1.11×10^{5}
^{135}Xe	2.22×10^{5}

(2)失去外电源时，夹带着挥发性放射性物质的蒸汽，通过故障蒸汽发生器的释放阀和安全阀向空排放。根据一回路冷却剂比放、蒸汽发生器泄漏量、碘的分离系数以及大气扩散因子，算出厂区边界和低人口区的全身剂量(β 加 γ)与甲状腺剂量。

图 12-12 和图 12-13 分别表示了大型压水堆核电厂(1 200 MW)，根据上述假设，计算蒸汽发生器单根管子断裂后，全身剂量和甲状腺剂量随时间与距离变化的关系曲线。从图上可以看出，这些剂量都不超过所规定的标准。

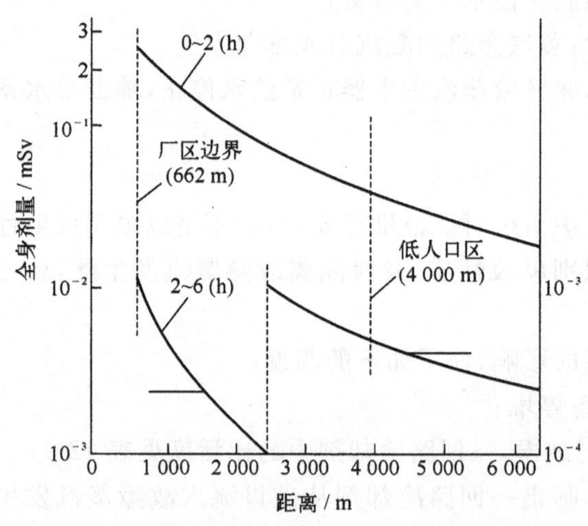

图 12-12　蒸汽发生器单根管子断裂事故的全身剂量曲线

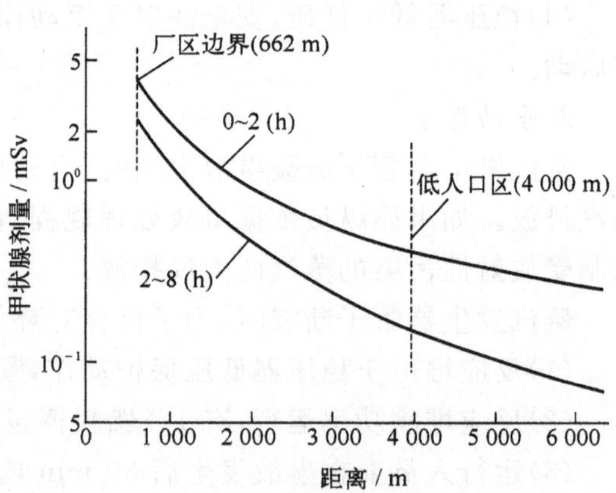

图 12-13　蒸汽发生器单根管子断裂事故的甲状腺剂量曲线

12.5　蒸汽管道破裂事故

12.5.1　事故的描述

蒸汽管道出现小裂缝或者释放阀、安全阀漏汽时，二回路蒸汽的损失，增加了从一回路系统导出的热量，使冷却剂平均温度下降。当存在着慢化剂负温度系数时，冷却的结果引起反应堆功率的自动上升，以维持一、二回路系统之间的热量平衡。此时应降低汽轮机组负荷，以免反应堆因超功率保护而紧急停堆。此外，要尽早设法查明漏汽的原因及其部位，加以隔离，在一定条件下，如果破口刚巧发生在蒸汽发生器出口与快速截止阀之间的管段上，无法用局部隔离的办法时，只能停堆检修。

蒸汽管道大破裂或者释放阀、安全阀误动作，所产生的蒸汽流失大于破口当量直径15 cm以上的漏量时，事故的过程大体可以分为下面两个阶段来描述。

第一阶段即蒸汽管道刚破裂、二回路蒸汽从破口大量流失，蒸汽流量迅猛增加，造成反应堆功率快速上升，以补偿二回路负荷的这种虚假增长。同时，由于一回路冷却剂平均温度的降低，稳压器内压力和水位也相应下降。其结果将导致反应堆因超功率保护或稳压器低压保护而紧急停堆，汽轮机组脱扣停机。

第二阶段即停堆、停机后，在主蒸汽管道隔离之前，蒸汽继续从破口流失，一回路冷却剂平均温度不断下降。由于压水堆具有负温度效应的内在特性，冷却剂温度的下降意味着堆内正反应性的持续引入，停堆深度逐渐减小，如果此时又遇上反应性价值最大的一根控制棒组件卡死在堆顶，那么就有可能使停闭后的反应堆重返临界，并且达到一定的功率。堆内通量分布还会出现严重的畸变，在局部功率峰值处的燃料棒包壳因过热而烧毁。

按照破口的大小，蒸汽管道破裂事故可以是 II 类、III 类或 IV 类事故：如果破口的尺寸小于二回路上的一个阀门打开所构成的破口，是 II 类事故；破口尺寸大于二回路上的一个阀门打开所形成的破口，且不能自动将蒸汽管道隔离，为 III 类事故；比上面更严重的蒸汽管道破裂事故是 IV 类事故。

图 12-14 是压水堆核电厂二回路一个安全阀意外打开时，一回路冷却剂平均温度、一回路压力及反应堆反应性随时间的变化，事故发生时，二回路压力 7.58 MPa，蒸汽流量 475 t/h。事故的进展如表 12-10 所示。

表 12-10　蒸汽管道破裂事故的进展

事　件	时间/s
一个二回路安全阀意外打开 (7.5 MPa 压力，475 t/h 流量)	0
稳压器排空	180
稳压器压力过低(安注信号发出)	204
一台高压安全注射泵启动	214
19 000 μg/g 硼水注人堆芯	240
最大反应性(－268 pcm)	246

12.5.2　事故的起因

蒸汽管道破裂事故，如系蒸汽回路的一根管道的破裂，其原因可能来自于：过大的机械应力或热应力、制造时的缺陷、内部飞射物或由于地震。

这个事故也可能由于蒸汽回路上的某一个阀门(安全阀、释放阀或旁路阀)意外打开而引起，其原因可能是调节系统的误动作、机械故障或操纵员的误操作所造成。

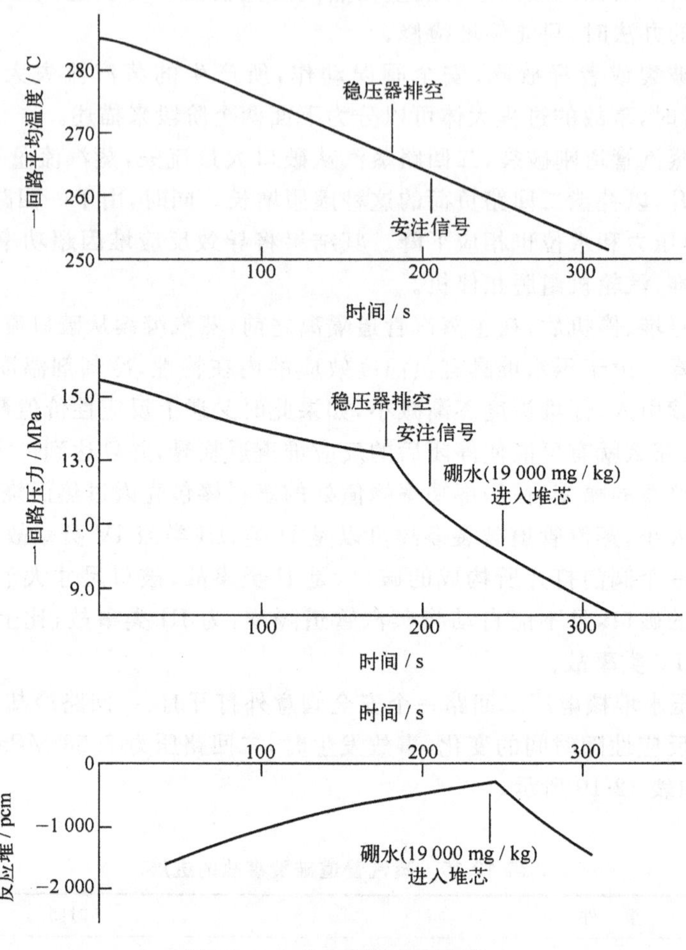

图 12-14 蒸汽管道破裂事故

12.5.3 事故的风险

蒸汽管道破裂事故对三道屏障完整性有一定的危险。

1. 燃料包壳 由于压水堆反应性温度系数为负值，所以，如果一回路冷却剂温度下降，当反应堆在功率运行状态时，就会引入正的反应性；当反应堆在停闭状态时，会导致负反应性贮备减少，这时，假设有一根负反应性最大的控制棒卡在堆外，而其余的控制棒都在堆内，就有可能使反应堆重返临界并有升功率的趋势，导致卡棒周围的燃料棒有烧毁的危险。

2. 一回路压力边界 事故将对压力容器产生冷冲击；此外，一回路在低温时因反应堆重返临界而又增加压力会产生脆性破裂的潜在危险。另一方面，二回路突然降压将影响蒸汽发生器二次侧构件的性能和造成管束的破裂。

3. 安全壳 如果蒸汽管道破裂部位在安全壳内，蒸汽的排放将导致温度和压力的上升。

12.5.4 事故下的保护

蒸汽管道发生大破裂事故后，为了能及时制止二回路蒸汽的大量流失、防止一回路冷却剂温度的急剧下降、维持反应堆的次临界度、确保最小烧毁比不低于 1.30，采取了以下具体措施。

1. 在蒸汽发生器出口管道上设有速关截止阀，速关时间小于 5 s。当出现下列情况之一时，快速截止阀自动关闭，隔离蒸汽发生器的二次侧：

(1)高蒸汽流量与低蒸汽压力信号相符合，或者高蒸汽流量与冷却剂低平均温度信号相符合；

(2)安全壳高—高压力信号。

2. 反应堆保护系统，当出现下列情况之一时动作，紧急停堆：

(1)反应堆功率达到超功率整定值或超温温差整定值；

(2)一回路压力低；

(3)中子注量率高；

(4)中子注量率上升速度快；

(5)蒸汽发生器水位高；

(6)蒸汽发生器水位极低；

(7)蒸汽发生器水位低，同时水流量—蒸汽流量不平衡；

(8)安全注射系统启动。

3. 当出现下列情况之一时，安全注射系统启动：

(1)稳压器低压力和低水位信号相符合；

(2)各蒸汽管道之间有高压差；

(3)任意两条蒸汽管道的高蒸汽流量和低蒸汽压力信号相符合，或者高蒸汽流量和冷却剂低—低平均温度相符合；

(4)安全壳高压力信号，安全注射系统启动时，将硼注入箱中 7 000 μg/g 的浓硼酸溶液由反应堆冷却剂系统的冷段注入堆芯，抵消冷却剂温度下降所引入的正反应性，使反应堆有足够的停堆深度。

4. 隔离主给水系统。因为持续的二回路高给水流量将造成一回路冷却剂的过度冷却，所以安全注入信号快速关闭所有主给水控制阀，使主给水泵停止运行，并关闭主给水泵出口阀。

此外，每条蒸汽管道上的隔离阀在事故发生后 10 s 内安全关闭。对于隔离阀下游管道的破裂，只要关闭所有隔离阀就可终止蒸汽的外流。即使有一个隔离阀关闭失效，蒸汽管道破裂无论发生在什么位置上，也不会有多于一台蒸汽发生器中出现蒸汽的外流。并且，安装在蒸汽发生器出口的限流喷嘴，由于其直径远小于蒸汽管道，起着限制该蒸汽发生器所在管道发生破裂时的最大蒸汽排放量的作用。

12.6　给水管道破裂事故

12.6.1　事故的描述

二回路失去正常给水后，蒸汽发生器给水得不到及时的补充，水位逐渐下降，使系统带走堆芯热量的能力减弱。当发生这类事故时，如果反应堆不立即停闭，则一回路系统由于冷源的突然丧失，堆芯温度迅速上升，可能引起损坏；并且，反应堆紧急停闭之后，若不能向蒸汽发生器提供辅助给水，以维持最低水位，则堆内剩余发热也可能将一回路系统冷却剂加热到相当高的温度和压力，直至安全阀动作，例如美国三里岛核电厂事故的起因就是二回路系统给水丧失的常规故障，而又未能及时提供事故给水，引起一回路系统超温超压，安全阀动作，再加上运行人员的误操作，发展成为失水事故的。

图 12-15 表示了失去正常给水后电厂参数的变化，从图上可以看出：

(1)随着反应堆和汽轮机组停闭，由于蒸汽发生器内汽泡含量的降低，以及蒸汽通过安全阀的持续排放，使蒸汽发生器内水位进一步下降，直到辅助给水启动，才终止了水位的降低，否则在若干分钟内蒸汽发生器就会烧干。

电动辅助给水泵的设计容量，使得泵启动后能维持蒸汽发生器水位不低于最低值，即有足够的有效传热面积来带出堆芯的余热，使一回路系统不会超压。

(2)在过渡过程中，稳压器的压力峰值达到 16.7 MPa，但低于稳压器安全阀组动作整定值(17.25 MPa)。所以，不会发生水从稳压器释放阀排放的情况。

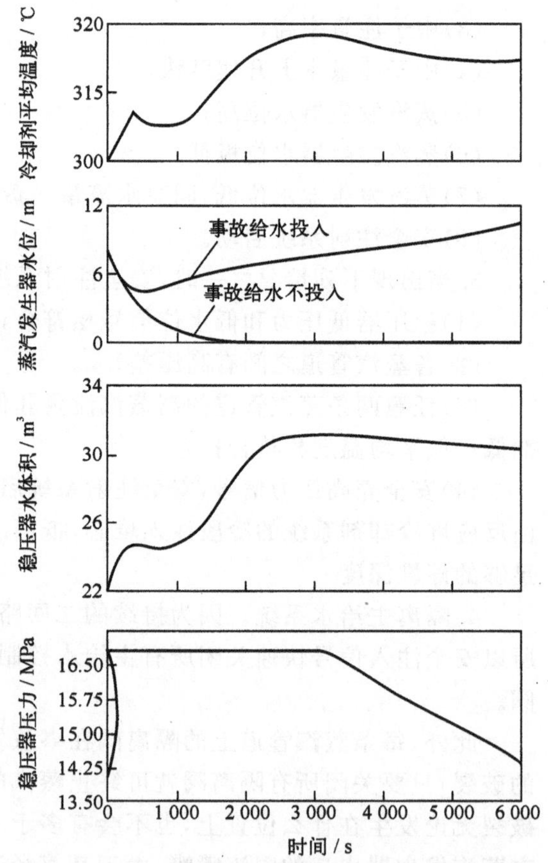

图 12-15　失去正常给水事故时的过渡过程

12.6.2　事故的起因

给水管道破裂事故可能是给水管道因机械应力或热应力引起的，也可能由于给水泵故障、阀门误动作或失去外部交流电源等原因，引起正常给水的丧失。

在管道的设计中对内部飞射物已采取了预防措施，还装备了防地震和防冲击装置，这些装置使得两条或三条管道同时破裂的可能性很小。

12.6.3　事故的风险

失去正常给水引起一回路冷却性能恶化，有可能导致一回路内出现整体沸腾。此外，稳压器安全阀组的开启引起一回路冷却剂流失，使部分堆芯露出水面，有产生包壳破裂的危险。

有可能导致一回路压力过分上升，从而因稳压器安全阀组的开启，而暂时失去第二道屏障的完整性。

另外，从破口流出的流体(水、汽)会引起安全壳内温度和压力上升。

12.6.4　事故下的保护

事故自动保护的目是：

(1)限制要导出的功率，可紧急停堆；

(2)使二回路恢复最低限度的冷却功能，以便限制由破口造成非故障蒸汽发生器的排空，并且恢复它们的最小给水流量；

(3)安全注射系统投入，补偿由稳压器安全阀组流失的冷却剂，并且吸收部分剩余发热；

(4)需要时，安全壳喷淋系统投入运行，以限制安全壳内压力和温度的上升。

根据失去正常给水后的特征，反应堆采取以下保护措施：

(1)任一台蒸汽发生器中出现低一低水位时，紧急停堆；

(2)蒸汽流量—给水流量失配与蒸汽发生器低水位相符合时，紧急停堆；

(3)稳压器中压力过高时，紧急停堆；

(4)稳压器中水位过高时，紧急停堆；

(5)两台电动辅助给水泵遇下列情况之一时，启动投入运行：

1)任一台蒸汽发生器中出现低-低水位；

2)所有主给水泵脱扣；

3)发生安全注射信号；

4)失去外电源。

(6)一台汽动辅助给水泵遇下列情况之一时启动投入运行：

1)任意两台蒸汽发生器中出现低-低水位；

2)失去外电源。

如果由于失去外电源而引起蒸汽发生器正常给水丧失，则汽动辅助给水泵利用堆芯余热在蒸汽发生器中产生的蒸汽作为动力，汽动辅助给水泵与电动辅助给水泵均应在 1 min 内启动，以便及时带出堆芯余热和一回路系统显热，防止超压所产生的蒸汽通过释放阀或安全阀向空排放。

为了保证一回路的充分冷却，操纵员的手动保护首先应隔离故障蒸汽发生器的给水管道，并将辅助给水系统的全部流量导向完好的蒸汽发生器。

12.7　失水事故

12.7.1　事故的描述

失水事故是在一回路压力边界有较大的破口，反应堆冷却剂从破口流失，当一回路水的补充能力不足以弥补漏流时，使堆芯逐渐失去冷却，导致燃料棒烧毁的事故。这种破口可能是由于一回路主管道、或者与它相连的辅助系统管道在隔离阀前一段上发生破裂；也可能是由于安装在高压系统上的设备(如阀门)故障而引起，1979 年 3 月美国三里岛核电厂事故发展进程中就因后者原因引起失水。

失水事故按破口的大小，可以分为三类(表 12-11)，下面对这三种不同等级的失水事故进行分析。

表 12-11 失水事故等级分类

破口当量直径/cm	<1.6	1.6～16	>16
等级	小	中	大

1. 小破口失水事故

一回路系统出现小破口失水事故时，堆内冷却剂的流失量缓慢，可以由化学和容积控制系统自动调整上充下泄流量进行补偿，并投入第二台上充泵，维持稳压器水位，毋需启用安全注射系统。但是，由于冷却剂正在不断地从一回路系统向外流失，它所含有的裂变产物将释放到安全壳中，污染厂房。因此，必须及早查明原因和泄漏部位，迅速采取相应措施。为了安全起见，核电厂可按正常程序停止运行。

补水系统能够维持住稳压器水位的最大破口尺寸条件，是上充泵的补充流量与冷却剂从破口中流失的流量相等。例如一台离心式上充泵能补偿大约相当于 0.95 cm 大小破口的流量。

2. 中等破口失水事故

发生中等破口失水事故时，补水能力已不足以弥补冷却剂从破口的流失，一回路系统压力下降，使稳压器中的水流向冷却剂系统，造成稳压器压力和水位同时降低(如果压力下降较快时，由于堆内冷却剂大量汽化会发生水位的虚假上升)。并且，一回路系统高温高压水喷出、迅速汽化，使安全壳内压力逐渐上升。当稳压器压力达到低压整定值或安全壳出现高压信号后，反应堆紧急停闭。当稳压器低压力和低水位信号相符合时，安全注射系统启动，高压注射泵将换料水箱中 2 400 μg/g 的硼水从冷却剂系统的热段和冷段同时注入堆芯(有的压水堆核电厂设计，是单从冷段注入，到再循环阶段，再与热段同时注入)。与此同时，关闭给水管道隔离阀来停止正常给水，由辅助给水泵提供二回路给水。蒸汽发生器内产生的蒸汽通过旁路阀排入凝汽器，在失去外电源时，蒸汽经释放阀和安全阀排向大气。一回路系统压力低于 4.7 MPa 时，蓄压注射系统启动，把蓄压箱内 2 400 μg/g 的硼水注入堆芯，以防止包壳温度过高。

有代表性的 5 种当量直径中等破口失水事故，冷却剂系统压降的响应过程在图 12-16 中示出，根据事故发生后，堆芯露出的程度，当量直径为 7.62 cm 是属于最坏的一种破口。在这种情况下，一方面高压注射泵补偿不了从破口流失的流量，使堆内水位逐渐下降，另一方面冷却剂系统压力下降又比较缓慢，降到 4.7 MPa 蓄压箱动作之前，堆芯局部已经露出水面，不能被汽-水所浸没(图 12-17)。从图 12-17 可以看出：

(1)大约 600 s 后，水位降到低于堆芯顶部，但由于堆芯下部产生的蒸汽上升，对上部区域能提供一定的冷却。并且，只要堆芯仍然被汽-水两相混合物所浸没，则燃料棒和包壳的温度基本上与冷却剂温度相同。

(2)随着堆内热量的不断带出、蒸汽流量逐渐下降(图 12-18)，1 000 s 以后汽-水混合物液面降低，堆芯开始露出，冷却条件恶化，包壳温度急剧上升。

(3)大约 1 400 s 时冷却剂压力降到 4.7 MPa 蓄压箱动作，箱内 2 400 μg/g 的硼水注入堆芯，从而制止了包壳温度的进一步提高。在堆芯未被浸没的过渡过程中，包壳峰值温度高达 965 ℃(图 12-19)。

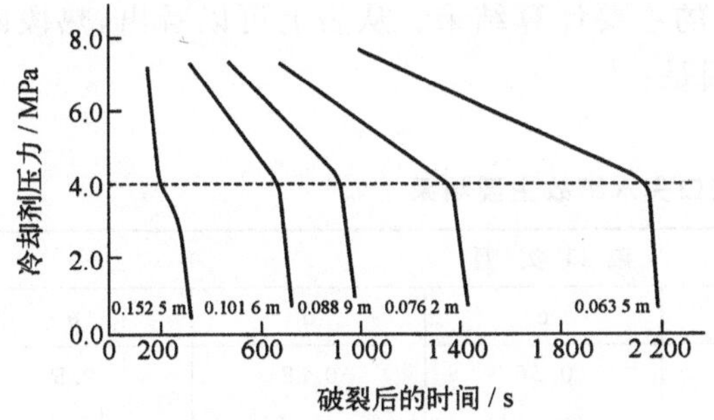

图 12-16　5 种不同破口尺寸冷却剂系统压降的响应过程

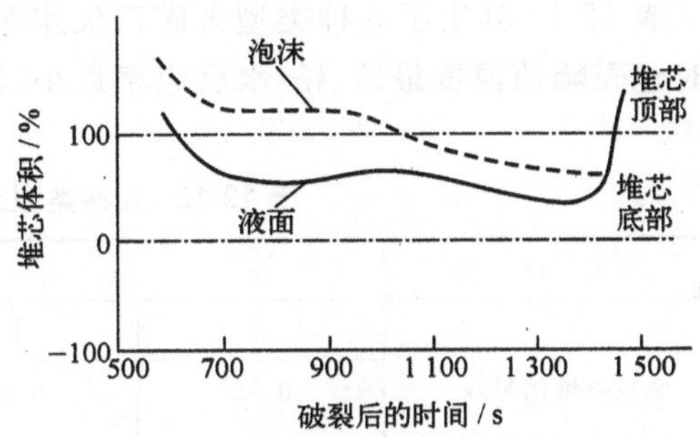

图 12-17　最坏破口时冷却剂系统体积变化的响应过程

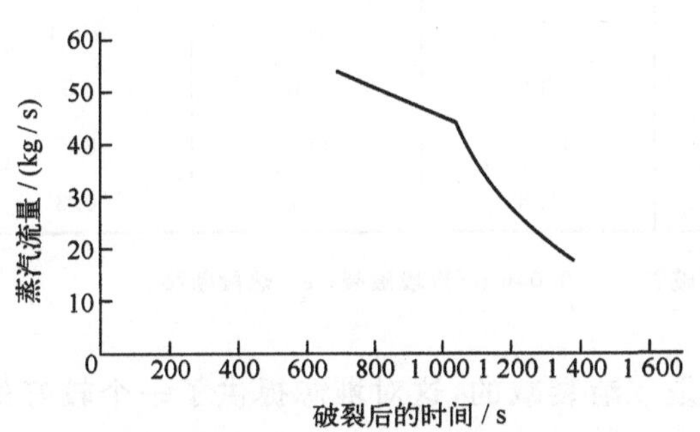

图 12-18　最坏破口时堆芯蒸汽流量变化率随时间变化曲线

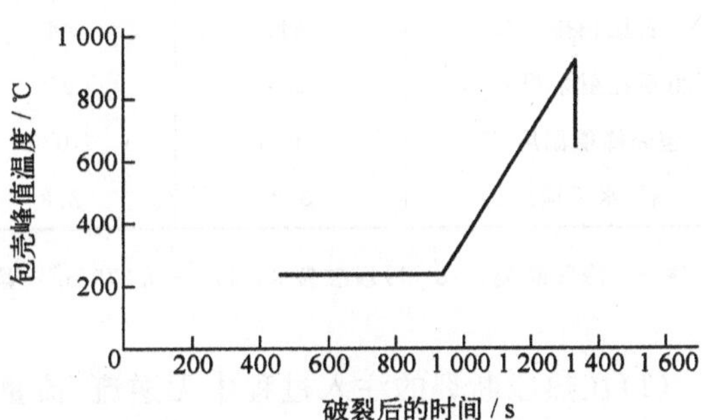

图 12-19　最坏破口时包壳峰值温度随时间变化曲线

3. 大破口失水事故

当一回路管道发生大破裂，特别是在冷却剂泵出口和压力容器进口之间管道完全断裂时，事故的发展过程就更为迅速。1 s 内稳压器压力降到整定值，反应堆紧急停闭并启动安全注射系统，堆内冷却剂大量汽化，蒸汽替代了液体，空泡所产生的反应性负效应增加了停堆深度。10 s 内一回路系统压力降到 4.7 MPa，在安全注射泵投入之前，蓄压注射系统首先启动，安全注入箱内 2 400 μg/g 的硼水注入堆芯。当它从燃料棒底部上升到活性区时，受到加热而开始沸腾。随着水位的上升，水滴和蒸汽混合物将对水位以上的燃料棒表面进行有效的冷却。蓄压箱要有足够的贮水容量，在低压注射泵投入之前，保持堆内有一定的水位高度。一回路系统压力降到 0.7 MPa 时，低压注射泵投入运行，与高压注射泵一起向堆芯注入换料水箱中 2 400 μg/g 的硼水。经过一定时间后，换料水箱中的硼水下降到发出低水位报警时，安全注射系统由直接注入向再循环工况过渡，改从地坑汲水。此时，如果一回路系统压力仍然比较高，可继续开动高压注射泵，或者打开低压注射泵和高压注射泵之间的串联的阀门，汲取由喷淋和低压注射泵唧送过来的，并经余热排出热交换器冷却的地坑水。若一回路系统压力已经较低，就可关闭高压注射泵，由低压注射泵向堆芯注水，这个再循环过程持续到堆芯完全冷却为止。

表 12-12 列出了 5 种类型大破口失水事故的主要计算结果。从表上可以看出，热段断裂时包壳峰值温度最低、锆-水反应率最小，原因是：

表 12-12　5 种类型大破口失水事故主要结果

项　目	破口类型				
	a	b	c	d	e
紧急停堆信号/s	0.53	0.54	0.56	0.68	0.5
安全注射信号/s	1.0	1.0	2.0	6.0	1.0
蓄压箱注入/s	8.4	11.0	15.2	106.0	9.6
喷射结束/s	18.3	23.1	32	140.0	17.8
堆芯底部露出/s	32	37	46	171	24.4
蓄压箱排空/s	41	44	50	146	40.4
低压注射泵投入/s	25	25	32	140	25
包壳峰值温度/℃	1 096	1 074	1 010	902	835
锆-水反应/%	3.2	2.8	1.8	0.7	0.3

注：a—冷段断裂；　b—冷段破裂 60%；c—0.279 m^2 冷段破裂；d—0.046 m^2 冷段破裂；e—热段断裂。

(1)在热段断裂的注入过程中无逆流，流量是逐渐衰减的，这对堆芯提供了一个较好的传热条件；

(2)如破口发生在冷段，蓄压箱注水和高压注入泵注入流量的一部分直接从破口流失。但当破口发生在热段时，流量先经堆芯，然后再从破口流入安全壳；

(3)在再淹没过程中，堆内产生的蒸汽直接经热段破口排入安全壳，消除了蒸汽的约束作用。因此，热段破口在再淹没期间的传热性能比冷段破口要好。

大破口失水事故分析的关键是在反应堆停闭后，冷却能力是否足以除去贮存在燃料内的余热和裂变产物衰变热，使包壳温度不超过安全极限值，即 1 204 ℃，尤其要防止由于锆-水反应产生大量的热量和氢气，引起安全壳爆破，放射性物质外逸。图 12-20 是在假定安全壳绝热的、只有一台喷淋泵工作、地坑水与安全壳内蒸汽之间无热量交换的最保守条件下，冷段断裂时安全壳压力的瞬态特性。事故发生后，释放到安全壳中的汽-水混合物的能量来自于：

(1)喷射阶段　这阶段主要是堆芯余热的大部分和堆内构件显热的一部分，使安全壳压力迅速上升，大约在事故发生后的 18 s，出现第一个压力峰值约 0.42 MPa。喷出的高温蒸汽，遇到安全壳壁被冷凝，使压力有所下降。

(2)再淹没阶段　此阶段除了堆芯余热和堆内构件的显热这两部分能量继续释放外，还有蒸汽发生器二次侧热量以及锆-水(包壳温度超过 1 000 ℃时反应比较明显)所产生的热量，使安全壳压力有所回升。但是由于喷淋系统开始投入运行，不断地凝结安全壳内的蒸汽，从而限制了压力上升的幅度，到大约 134 s 再淹没结束时，出现第二个压力峰值约 0.48 MPa。

(3)再循环工况阶段　在大约 1 800 s 以后，安全注射系统由直接注入进入再循环工况，进一步降低在喷射阶段和再淹没阶段释放到安全壳中的能量。由于喷淋系统的持续冷却，经过 2 200 s安全壳恢复常压。

可见，即使在最坏的假定条件下，安全壳的压力峰值仍小于设计值 0.5 MPa，所以不会引起安全壳的爆破。然后，根据安全壳允许的每天最大泄漏量为容积的 0.1%，计算厂外最大可能剂量。

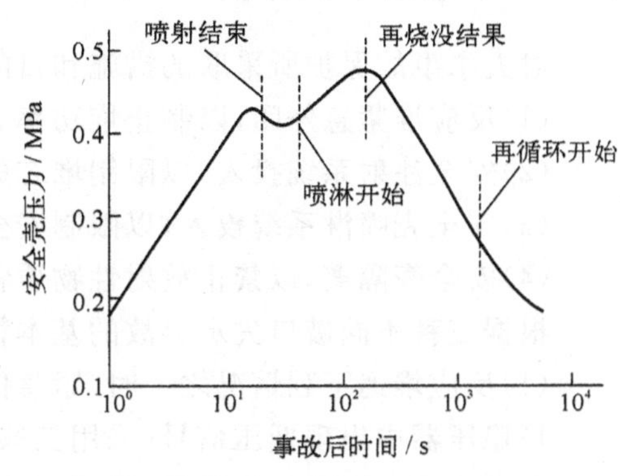

图 12-20　冷段断裂时安全壳压力瞬态特性

从以上讨论可知，对于失水事故的各种破口，安全注射系统均能满足堆芯冷却的要求，将包壳温度限制在熔点温度之下，保证堆芯维持原有的几何形状，基本上没有损坏。中等破口由高压注射泵和蓄压箱相结合来保持堆芯的充水；更大的破口由蓄压箱和低压注射泵提供所需的保护。而且，安全壳能承受任何破口情况下的压力冲击，保持完整性；通过喷淋系统带出热量，可使安全壳在 1 h 内恢复常压。

12.7.2　事故的起因

失水事故引起的原因可能有：

(1)一回路管道或与一回路相连某一个辅助系统的破裂；

(2)上述系统中的一个阀门的意外打开(或不能回座)；

(3)泵的轴封或阀杆泄漏。

通常用破口泛指上述情况，这些破口的多种形式示于图 12-21。

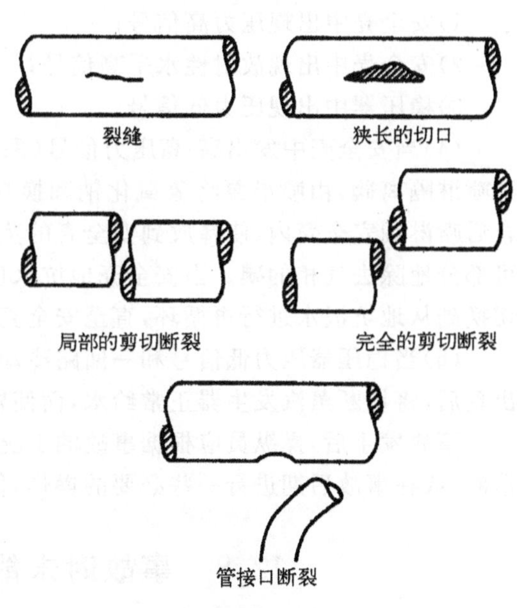

图 12-21　管道破口的各种形式

12.7.3　事故的风险

失水事故发生时，第二道屏障暂时失去了完整性，并对其他两道屏障和一回路的部件和支承构件构成威胁。

1. 包壳　某些类型的破口(大破口、中破口、余热排出系统运行情况下的破口)引起堆芯部分失水，以致使包壳由于锆氢反应的氧化作用，或因温度升高而脆化等原因而破损。

2. 安全壳　不论破口的大小或位置，失水事故导致一回路冷却剂泄放到安全壳内，安全壳的压力和温度逐步升高。特别在大破口失水事故时，安全壳将承受最大的应力，因而有放射性物质释放到大气的危险。另外，事故后如有过多的氢排放到安全壳内，安全壳内有氢爆炸的危险。

3. 一回路压力边界　发生大破口失水事故时，破口发生瞬间由于冷却剂欠热喷放的压力波将可能损害一回路的所有部件和堆内构件。

12.7.4 事故下的保护

对失水事故保护所采取的措施和目的是：

(1)反应堆紧急停闭，以制止堆功率的升高；

(2)安全注射系统投入，以限制堆芯失水，使堆芯再淹没；

(3)安全壳喷淋系统投入，以限制安全壳压力和温度达到的峰值；

(4)安全壳隔离，以禁止放射性物质释放到安全壳外。

根据三种不同破口失水事故的基本特点，采取如下保护措施。

(1)反应堆遇下列情况之一时，紧急停闭：

1)稳压器中出现低压信号(采用三取二逻辑)；

2)安全壳中出现高压信号(采用三取二逻辑)。

设计上确保堆内构件不会因失水所引起的变形而妨碍紧急停堆功能的正常实现。

(2)当稳压器低压力和低水位信号相符合(采用三取二逻辑)，或安全壳内压力高时，安全注射系统启动。

(3)安全壳遇下列情况之一时隔离：

1)安全壳中出现压力高信号；

2)安全壳中出现放射性水平高信号；

3)稳压器中出现压力低信号。

(4)当安全壳中发出高-高压力信号(采用三取二逻辑)时，安全壳喷淋系统动作，自动打开喷淋隔离阀，由喷淋泵将氢氧化钠和换料水箱中的 2 400 μg/g 的硼水，以一定的比例混合后喷淋到安全壳内，使释放到安全壳的蒸汽得到凝结，起着抑制安全壳压力作用，同时也可部分地除去气相的碘。当安全壳地坑水位达到一定值，换料水箱发生低水位报警信号后，切换到从地坑汲水进行再循环，直至安全壳压力降到常压为止。

(5)当稳压器压力低信号和一回路冷却剂平均温度低信号同时出现，或当安全注射信号出现后，将切断蒸汽发生器正常给水，而使辅助给水系统启动。

事故发生后，操纵员应根据事故的工况，采用相应的事故处理规程，对事故作出正确的诊断，或在事故后期进行一些必要的操作，使机组过渡到安全状态。

12.8 事故时未能紧急停堆的预期瞬态

12.8.1 事故的描述

未能紧急停堆的预期瞬态 ATWS(Anticipated Transients Without Scram)是指事故时虽然一回路或二回路的某些参数超过了保护阈值，但控制棒组件没有下落，反应堆没有紧急停闭的预期瞬态。

未能紧急停堆的预期瞬态的事故发生率应等于紧急停堆发生故障的概率与有明显后果的事故频率的乘积。按照核安全应达到的目标是要将未能紧急停堆事故的发生率降到每台机组每年 10^{-6}～10^{-7}，即大致相当于第Ⅳ类事故的发生率。因而，对未能紧急停堆预期瞬态的研究可主要考虑第Ⅱ类事故作为起因，即涉及对头两道屏障有最不利影响的一些事例，如：

(1)完全失去蒸汽发生器正常给水时，未能紧急停堆，这时将导致一回路压力达到峰值；

(2)完全失去外电源时，未能紧急停堆，这将使堆芯内烧毁比达最小值。

表 12-13 是失去蒸汽发生器正常给水，而未能紧急停堆预期瞬态的时序，假设在 30 s 后出现汽轮机脱扣和按温度调节方式旁路阀打开到 50%的开度。

12.8.2 事故的后果

从表 12-13 和表 12-14 所研究的结果表明，由于：

(1)汽轮机脱扣；

(2)辅助给水系统启动，并达到一定流量(如 320 t/h)；

(3)稳压器安全阀组的正确动作，排出一回路水并具有足够的容量。

在上述情况下，未能紧急停堆预期瞬态的后果是可以接受的。这时，操纵员的职责是将反应堆过渡到安全停闭状态(堆芯在次临界状态)，导出剩余功率，并向冷停闭过渡。

表 12-14 为完全失去外电源、未能紧急停堆预期瞬态的时序。

表 12-13　失去正常给水未能紧急停堆事件时序

事　件	时间/s
完全失去正常给水	0
蒸汽发生器水位极低[1]	19
汽轮机停	30
稳压器卸压	31
超温 ΔT[1]	37
蒸汽发生器安全阀打开	52
稳压器水位高[1]	56
超功率 ΔT[1]	58
辅助给水系统启动	60
稳压器充满水	64
稳压器压力高[1]	64
稳压器安全阀组打开	73
一回路流量低[1]	81
一回路压力达到峰值	107
主泵跳闸	160
堆芯出口出现沸腾	172
稳压器压力低[1]	430

注：1) 引起紧急停堆保护信号。

表 12-14　完全失去外电源未能紧急停堆事件时序

事　件	时间/s
失去外电源(主泵停运，失去给水)	0
主泵速度低、辅助汽动给水泵启动[1]	1.5
流量低[1]	2.5
稳压器安全阀组打开	3.4
超温 ΔT[1]	4.9
超功率 ΔT[1]	5.5
蒸汽发生器安全阀打开	11
稳压器水位高[1]	20
堆芯出口水温高	22
稳压器充满水	49
辅助给水系统满流量	60
稳压器出现蒸汽	529

注：1) 引起紧急停堆保护信号。

12.9 超设计基准事故的防止和缓解

12.9.1 事故的描述

12.1.3 节已经论述,超设计基准事故可能导致堆芯遭到严重损坏和熔化,甚至安全壳也有可能损坏的严重事故,它会导致放射性物质大量释放到环境。

核电厂的运行实践已经证明,单纯考虑设计基准事故,不考虑严重事故的防止和缓解,不足以确保工作人员、公众和环境的安全。但是,由于现有核电厂设计、建造和运行都贯彻了纵深防御的安全原则,留有相当的安全裕度。因此,只要充分发挥现有安全设施(保护系统、专设安全设施、安全壳系统)的作用,就可降低严重事故的发生概率,防止或缓解其严重后果。

12.9.2 事故的防止和缓解

1.保持安全壳的完整性

所有的事故分析均表明:在发生假想的严重事故时,只要安全壳保持完整性,向环境释放的放射性物质就极少,对公众和环境不会造成危害。因此,保持安全壳的完整性是缓解严重事故后果的最有效的措施。

安全壳可以因超压、超温和贯穿件损坏而失去气密性或完整性,也可以因旁路或隔离失效而连通外部大气。在核电厂设计和运行中对保持安全壳的完整性提出以下要求:

(1)要求安全壳早期损坏的概率极低,即实际上不发生。早期损坏指反应堆一回路压力边界破裂后几小时安全壳损坏,此时,放射性物质从核燃料内释放与安全壳损坏同时发生。因此,要对能导致早期失效的事故序列采取措施,来降低损坏概率。对于安全壳晚期损坏的事故,即一回路压力边界破裂后几天安全壳才损坏的事故序列也要加以分析。

(2)改进安全壳的专设安全设施。安全壳喷淋系统应可靠地工作,用于事故时降温减压和沉降放射性核素;应有氢复合器或氢燃烧器,以消除氢爆引起过压的危险;要有防止氢气局部聚集的搅混措施;应有过滤泄压系统用以吸附放射性核素并向外泄压,以防止整体超压损坏,如果不设过滤泄压系统,必须论证晚期超压不可能发生,或概率极低。

(3)安全壳的泄漏率。现有的安全壳的允许(质量)泄漏率是按设计基准事故来设计的,规定为0.1%～0.5 %(质量分数)/d。对于特定的核电厂设计,只要充分分析出最大源项,并按此来计算公众的风险,安全壳的设计泄漏率可以放宽,但建议最大不超过1 %(质量分数)/d,而且要保证在安全壳最大载荷压力下,所有贯穿件和气闸门不会损坏。

2.事故处置

事故处置,是指阻止故障发展为事故,或限制事故时放射性物质释放至环境而采取的措施,如:

(1)制订和执行紧急运行规程。紧急运行规程应是核电厂规程体系中的重要组成部分,是针对各种事故序列而制定的,包括设计基准事故和严重事故。目前,紧急运行规程已从单一事件的定向规程,发展成具有诊断功能的状态规程。规程的格式从单一的文字说明式发展成步骤表格式、流程图式、方块图式和逻辑式等多种形式。紧急运行规程要经过验证后,执行使用。

(2)提高核电厂运行人员的安全素养,加强安全意识,认真实行对事故处置的培训和再培训计划。

(3)增设支持性仪表设备和改进诊断设施。对付严重事故的支持性设备包括额外的应急电源、水源、附加的泄压过滤系统;在严重事故环境下能正常工作的测量仪表等;设立专门的安全控制盘,提高对事故诊断能力以代替复杂繁多的信号和防止人为错误诊断。

第13章 压水堆核电厂射线的防护及三废处理

压水堆核电厂运行过程中产生放射性的废气、废液和固体废物。为防止放射性物质不受控制地进入环境，造成对人类的危害，必须加强对各类核辐射的防护与屏蔽，对核电厂的放射性废物采取有效的处理和处置，以控制对环境的污染和保护环境。

13.1 压水堆核电厂的核辐射

压水堆核电厂内在正常运行期间的辐射强度随着位置的不同而有很大变化，各处的辐射强度是由各种辐射源产生的。为了便于分析运行中电厂的辐射强度，可以将核电厂分成安全壳内和安全壳外两个区域。

13.1.1 安全壳内辐射源

当压水堆核电厂带功率运行时，安全壳内有三种主要的辐射源。中子是由堆芯内裂变反应直接产生的，其中高能中子($E>1$ MeV)约占总发射中子的三分之二；热中子($E\leqslant 0.025$ eV)主要依靠快中子慢化产生。

γ射线是在活性区和结构材料内产生的。活性区内的γ射线来自裂变、中子俘获和中子非弹性散射和裂变碎片的衰变过程。活性区附近区域内的次级γ射线主要是由结构材料的中子俘获而产生的。

冷却剂内的氧俘获中子，经$^{16}O(n,p)^{16}N$反应而生成^{16}N。^{16}N的半衰期为7.11 s，衰变时放出能量高达6.13 MeV和7.12 MeV的γ射线。

压水堆停闭后，活性区内或其附近材料的感生放射性成为安全壳内的重要辐射源。在一回路系统中，腐蚀产物或其他杂质在冷却剂流动时被带到堆内，经中子的辐照成为放射性物质，压水堆一回路设备的材料采用不锈钢，所感生的放射性物质主要是^{56}Mn，^{58}Co，^{59}Fe，^{60}Co和^{65}Ni等。其中^{60}Co寿命最长(半衰期为5.3 a)，影响最大。被活化了的腐蚀产物往往沉积在易堆积杂质的地方，或沉积在高热负荷处的表面上，因而使局部地方的剂量率很高。

在裂变反应过程中产生了大量放射性裂变产物。当燃料元件包壳有破损时，裂变产物(主要是气体)通过包壳的破损处进入冷却剂；有些裂变产物(如氚)也可以通过包壳扩散出来。此外，由于结构材料的污染或含有微量可裂变物质，即使包壳完整时，在冷却剂中也会有微量的裂变产物。

13.1.2　安全壳外辐射源

安全壳外的化学和容积控制系统、硼回收系统等一回路辅助系统，以及三废处理各系统的设备和管道，由于冷却剂和被活化的腐蚀产物，以及含有裂变产物（当元件破损时）而带有放射性。从冷却剂系统排放出的冷却剂通过下泄管道和再生热交换器降温，再通过混合床离子交换器去除放射性。所以，净化离子床的树脂及过滤器滤芯为最强的辐射源。

13.2　核电厂核辐射的防护

13.2.1　各类核辐射的不同效应

各种核辐射的生物效应在很大程度上归因于电离，它会使在活细胞机体中起重要作用的各种分子（例如蛋白质）毁坏，因此，受伤害的程度可以由比电离的大小，即每厘米路程电离对的数量来决定。对于一定的能量吸收，比电离愈大，所受伤害也愈严重。

α 粒子的射程较短，在空气中一般只有 3～4 cm 穿行距离，在水、纸和动物机体中的射程只为空气中射程的千分之一左右，用一张薄纸就可以挡住 α 粒子，因此，可以不考虑外照射问题；但是，它的电离本领很大，若进入人体内，则人的机体就要遭受很大的损伤，所以，应严格防止进入人体内部。

β 衰变有 β^- 衰变、β^+ 衰变两种形式。β 衰变过程中发射出来的 β 射线平均能量大约等于 1.2 MeV，射程也比较长，在空气中有几米长，在混凝土内射程约为几毫米。与中子或 γ 射线的穿透本领相比，在外照射情况下 β 辐射只有轻微的危害，但也能对皮肤和眼结膜等造成严重伤害。

γ 射线是一种电磁辐射，它的穿透能力比较强，γ 射线在与物质相作用时，可能发生光电效应、康普顿效应和电子偶效应，在这些作用过程中 γ 射线被吸收，其强度按指数律下降；物质的密度愈大，吸收 γ 射线的效果愈好。因此，重元素如铅、铁是屏蔽 γ 射线的优质材料。

中子不带电荷，当它射入物质时，和核外电子几乎没有作用，不会直接产生电离，但是它能与原子核引起各种反应，例如，慢中子被氢核俘获发生(n,γ)反应，而释放出 2.2 MeV 的光子；慢中子与氮核的(n,p)反应，其结果产生质子，质子也像 α 粒子一样，会在很短距离内散失它们的能量而造成很大的比电离。一定能量的快中子，会和氢、氧、碳和氮原子作弹性碰撞而损失其能量，使被散射核获得动能，这动能通过电离、激发以及和其他原子核弹性碰撞而消失。

当人体受到中子辐照时，中子与生物组织中原子核的相互作用会产生反冲核、质子、α 粒子、β 粒子等带电粒子和 γ 射线，它们都有很强的直接或间接引起电离的本领，使生物体内产生强烈的电离，破坏细胞正常的化学物理状态，引起生理上的变化，所以，大剂量的中子辐照将会引起不良效应。

13.2.2　辐射防护的目的和原则

(1)辐射防护的目的在于防止有害的非随机性效应，并限制随机性效应的发生率，使之达到被认为可以接受的水平。

(2)核电厂所有导致辐射照射的实践活动,必须要有正当的理由,并应保护核电厂职业性辐射工作人员和公众免受一切不必要的辐射照射。

(3)辐射防护工作应实行最优化。即考虑了社会和经济的因素之后,使核电厂对职业性辐射工作人员和公众所造成的辐射照射,合理地做到尽可能低的水平(ALARA,As Low As Reasonably Achievable)。

(4)对可能受到辐射照射的个人,实行当量剂量限值制度。

13.2.3 年剂量限值

剂量限值是在规定时间(例如季度、年度)内核电厂工作人员或公众容许受到的最大剂量。核电厂的设计,必须使运行工况期间的照射量不超过规定的厂区人员和公众个人剂量限值。

按照中华人民共和国国家质量监督检验检疫总局 2002 年 10 月 8 日发布的《电离辐射防护与辐射源安全基本标准》(GB 18871—2002)的规定:

1. 职业照射的剂量限值

应对任何工作人员的职业照射水平进行控制,使之不超过下述限值:

1) 由审管部门决定的连续 5 年的年平均有效剂量(但不可作任何追溯性平均),20 mSv;

2) 任何一年中的有效剂量,50 mSv;

3) 眼晶体的年当量剂量,150 mSv;

4) 四肢(手和足)或皮肤的年当量剂量,500 mSv。

2. 对于年龄为 16～18 岁接受涉及辐射照射就业培训的徒工和年龄为 16 岁～18 岁在学习过程中需要使用放射源的学生,应控制其职业照射使之不超过下述限值

1) 年有效剂量,6 mSv;

2) 眼晶体的年当量剂量,50 mSv;

3) 四肢(手和足)或皮肤的年当量剂量,150 mSv。

3. 公众照射剂量限值

实践使公众中有关关键人群组的成员所受到的平均剂量估计值不应超过下述限值:

1) 年有效剂量,1 mSv;

2) 特殊情况下,如果 5 个连续年的年平均剂量不超过 1 mSv,则某一单一年份的有效剂量可提高到 5 mSv;

3) 眼晶体的年当量剂量,15 mSv;

4) 皮肤的年当量剂量,50 mSv。

4. 遵守剂量限值情况的确认

上述规定的剂量限值适用于在规定期间内外照射引起的剂量和在同一期间内摄入所致待积剂量的和;计算待积剂量的期限,对成年人的摄入一般应为 50 年,对儿童的摄入则应算至 70 岁。

为确认是否遵守剂量限值,应利用规定期间内贯穿辐射所致外照射个人剂量当量与同一期间内摄入的放射性物质所致物待积当量剂量或待积有效剂量的和。

应采用下列方法之一来确定是否符合有效剂量的剂量限值要求:

1) 将总有效剂量与相应的剂量限值进行比较；这里，总有效剂量 E_T 按下式计算：

$$E_T = H_P(d) + \sum_j e(g)_{j,ing} I_{j,ing} + \sum_j e(g)_{j,inh} I_{j,inh} \tag{13-1}$$

式中，$H_P(d)$——该年内贯穿辐射照射所致的个人剂量均量；

$e(g)_{j,ing}$ 和 $e(g)_{j,inh}$——同一期间内 g 年龄组食入和吸入单位摄入量放射性核素 j 后的待积有效剂量；

$I_{j,ing}$ 和 $I_{j,inh}$——同一期间内食入和吸入放射性核素 j 的摄入量。

2) 检验是否满足下列条件：

$$\frac{H_P}{DL} + \sum_j \frac{I_{j,ing}}{I_{j,ing.1}} + \sum_j \frac{I_{j,inh}}{I_{j,inh.1}} \leqslant 1 \tag{13-2}$$

式中，DL——相应的有效剂量的年剂量限值；

$I_{j,ing.1}$ 和 $I_{j,inh}$——食入和吸入放射性核素 j 的年摄入量限值(ALI)(即通过有关途径摄入的放射性核素 j 的量所导致的待积有效剂量等于有效剂量的剂量限值)。

在正常运行情况下，核电厂向环境释放的放射性物质，应遵守合理可行尽量低(ALARA)的原则，每座核电厂的放射性流出物造成公众中的个人年有效当量剂量应不超过 0.25 mSv(25 mrem)，其气载流出物和液体流出物的年排放量限值如表 13-1 所示。

表 13-1　核电厂放射性流出物排放限值

堆　型	气载流出物/(Bq/a)			液体流出物/(Bq/a)	
	惰性气体	碘	粒子	氚	其他
压水堆	2.5×10^{13}	7.5×10^{10}	2×10^{11}	1.5×10^{14}	7.5×10^{11}
	7×10^{4} 1)	2 1)	5 1)	4×10^{3} 1)	20 1)

注：1) 单位为 Ci/a。

13.2.4　正常运行期间的核辐射防护

为了保护核电厂运行维修人员和附近居民的安全、控制放射性辐射的危害，在压水堆核电厂的设计建造中，对带放射性的所有容器、管道和水泵等均应有适当的屏蔽，把中子和 γ 射线强度减弱到一定程度；但是辐射仍然有可能从屏蔽的可移动部分，屏蔽的开口处或薄弱部分泄漏出来。此外，对放射性设备进行维护和紧急抢修时，工作人员也将受到辐照，所以，必须要采取各种防护措施。

很明显，在剂量率一定的情况下，照射的时间越长，被照射人员所接受的剂量也越大。因此，在不影响工作的前提下，要尽量缩短照射时间，如果由于条件的限制，工作场所的剂量率超过允许水平时，就应该控制每个工作人员在这些地点的时间，使其接受的当量剂量不超过年当量剂量限值，即使剂量率较低，也要注意减少照射时间。

在操作放射性物质时，所受剂量的大小又与离放射源之距离的平方成反比。所以应尽量远离放射源，可以大大减少接受的剂量，这就是说，很多运行、维修工作应尽可能采用远距离操作或控制来完成。

为了能有效地控制工作人员进入辐射区和限制空气或表面污染的传播，核电厂辐射工作场所通常分为控制区、监督区和非限制区。控制区又划分为四个小区,每个控制区域必须只有一个出入口(但在应急和某些运行工况期间,可以使用其他出入口)。表 13-2 列出了 1 000 MW级压水堆核电厂分区情况。

表 13-2　核电厂的区域分级

工作类型	区域分级	容许剂量当量率/[μSv/h(mrem/h)]	备　注
非放射性工作人员	非限制区	<2.5	允许非放射性工作人员停留
	监督区	2.5～7.5 (0.25～0.75)	允许非放射性工作人员停留
放射性工作人员	控制区 (绿色区)	7.5～25 (0.75～2.5)	准许厂区人员停留的区域
	控制区 (黄色区)	25～2000 (2.5～200)	进入和停留的时间受控制
	控制区 (橙色区)	2 000～100 000 (200～10 000)	进入和停留的时间受控制
	控制区 (红色区)	>100 000 (>10 000)	正常情况下禁止进入,要进入者需申请

要确保工作人员不受过量辐射的另一方面措施是加强辐射检测工作。它包括以下三个方面:

(1)对压水堆及其附属设备等可能带有放射性沾污的工作场所和设备进行定期检测,以了解其表面的放射性沾污和空气中的活性。根据测量结果提供必须采取的保护措施,如限制工作时间,建议增设屏蔽和采用远距离操作机械,规定穿防护衣或戴防毒面具等。

(2)对核电厂内外区域的空间,设置连续自动监测和 γ 活性装置,测定各区域的本底活性,并在电厂反应堆运行过程中记录其剂量率,如发现辐射水平显著增高,应分析原因,可及早发现事故。

(3)对工作人员进行检测,凡进入放射性工作区域的所有人员必须佩带袖珍剂量计、胶片剂量计等个人剂量检查设备;离开放射性区域时应经固定式检测设备作全身检测,如发现人身或衣物受了污染,就应采取适当的去污措施。

13.2.5　事故时的核辐射防护

13.2.5.1　事故工况下的辐射源

必须确定事故工况下辐射源的大小。主要的辐射源是放射性裂变产物,对这种辐射源应采取预防性的设计措施。这些裂变产物,或者从正常包容它们的各个系统和设备中释放出来,或者由于事故(如失水事故、弹棒事故……)使燃料包壳部分破损而从燃料芯块中释放出来。

严重事故的源项强烈依赖于事故序列。表 13-3 为 1 000 MW 级压水堆核电厂利用源项程序包 STCP Mode 1.1 对失水事故的四个序列的计算。

表 13-3　失水事故时放射性核素向环境释放的份额

序列名称	(1)S2DCR[1)]	(2)S2SCF1[1)]	(3)S2DCF2[1)]	(4)TMLU
初因事件	主泵轴封破口	主泵轴封破口	主泵轴封破口	瞬态
安注	失效	失效	失效	失效
喷淋	再循环失效	失效	失效	再循环失效
辅助给水			失效	
安全壳失效	晚期超压	早期失效	晚期超压	早期失效
CFT[2)]/h	11	2	86	5.9
CsI	4.1×10^{-5}	3.4×10^{-1}	2.1×10^{-4}	3.4×10^{-2}
CsOH	4.0×10^{-5}	3.3×10^{-1}	2.1×10^{-4}	2.9×10^{-2}
Te	3.2×10^{-3}	5.8×10^{-4}	4.0×10^{-3}	1.5×10^{-2}
Sr	1.9×10^{-6}	4.0×10^{-2}	9.5×10^{-6}	3.1×10^{-4}
Ru	1.1×10^{-7}	3.2×10^{-2}	1.2×10^{-7}	8.3×10^{-8}
La	2.3×10^{-7}	1.4×10^{-7}	3.2×10^{-7}	7.1×10^{-6}
Ce	2.3×10^{-7}	1.9×10^{-3}	3.3×10^{-7}	1.1×10^{-5}
Ba	1.4×10^{-5}	2.5×10^{-2}	2.6×10^{-5}	8.7×10^{-4}

注：1)(1)(2)(3)序列为小破口，面积 7.1 mm^2；

2) CFT——安全壳破裂的时间。

13.2.5.2　事故的防护

当确认核电厂发生了重大事故时，应根据对事故时源项(大小、位置)的判断，决定部分或全部地实施应急计划。除设计时已考虑的措施外，必须采取附加措施来屏蔽这些辐射源，以确保人员能够进入和停留在电厂控制室或辅助控制点操作和维护重要设备，而又不超过容许的照射量限值。

必须采取措施，尽量减少人员需要进入区域的放射性气载污染。为此，工作人员应迅速查明事故发生的部位和原因，采取有效措施控制放射性物质向环境中的释放，加强对事故发生地点或部位的辐射监测，采取切实可行的反事故措施，以防止事故扩大，把事故所造成的危害减轻到最低程度。

13.3　核电厂的屏蔽

压水堆核电厂的放射性屏蔽可以分作热屏蔽和生物屏蔽两大类。热屏蔽设置在被防护设备的周围，是专门为防止压力容器、混凝土生物屏蔽吸收来自活性区的快中子和 γ 辐射的能量而出现过高的温升，以致损坏。热屏蔽用对 γ 射线吸收力强、导热性能好、熔点高的不锈钢板制成，它是一个圆柱形筒体，吊挂在压力容器内吊篮筒体的外壁上，以屏蔽由堆芯穿出来的中子流和 γ 射线，降低压力容器可能受到的辐射损伤。

生物屏蔽主要是为了防护工作人员免受过量的辐照,保护有关设备和仪表能安全可靠地运行。压水堆的生物屏蔽可分为一次屏蔽、二次屏蔽、辅助系统屏蔽和工艺运输屏蔽。它们的组成和作用如下:

1. 一次屏蔽

一次屏蔽是用来屏蔽压水堆活性区的屏蔽层。它是由堆内构件(如压水堆中的围板、反射层、吊篮、热屏蔽)、压力容器,以及铁-水或重混凝土等生物屏蔽层组成的,其作用是减弱来自反应堆的核辐射,使一次屏蔽外表面的剂量水平达到规定的允许标准,生物屏蔽的常用材料是混凝土或重混凝土,它施工方便,价格便宜,缺点是导热性能较差。

2. 二次屏蔽

二次屏蔽是包围着一回路系统各主要设备间的屏蔽层,主要用作防护来自冷却剂中的辐射,并作为一次屏蔽的补充,继续减弱由一次屏蔽中逸出的中子和 γ 辐射。

二次屏蔽一般用普通混凝土制成,其厚度由压水堆冷却剂的活化放射性来决定,以保证压水堆满功率运行时,工作人员可以有限制或不受限制地进入反应堆厂房内某些地方。

3. 辅助系统屏蔽

辅助系统屏蔽是为了防护来自压水堆各个辅助系统,如化学和容积控制系统、停堆冷却系统、硼回收系统、取样分析和放射性废物处理等系统中的各种核辐射。其中,热交换器、离子交换器、泵和储存箱等是需要屏蔽的重点设备。

4. 工艺运输屏蔽

工艺运输屏蔽主要是对乏燃料组件有关操作的屏蔽。

乏燃料组件含有大量的裂变产物,放射性强度极高,在它从堆内卸出,通过燃料运输管道进入乏燃料储存池以及装入运输容器运往乏燃料处理工厂等操作中,均需提供屏蔽。在这些操作中,乏燃料组件的卸出和运输操作是在充满含硼水的换料水池内进行的,有一定深度的含硼水可以提供足够的辐射防护,燃料运输管道和乏燃料池周围的混凝土墙,是水屏蔽层的补充,以保证墙外各工作区内的剂量水平低于规定的允许标准。换料水池含硼水及混凝土墙也作为卸出和运输活化了的反应堆控制棒组件、堆内构件等强放射性部件的屏蔽层,乏燃料组件运出厂房时需用有屏蔽及冷却的运输罐。

13.4 核电厂放射性废物的处理

压水堆核电厂在放射性三废的处理方面,一般采取了下列措施:

(1)将污染物质和地区控制在最小的范围内,所有的设备、管道、阀门、仪表等都要求用耐腐蚀材料,而且要密封良好,以防止放射性冷却剂外泄;如一回路的设计泄漏量为每小时 10 kg。对可能泄漏的部位都设有引漏装置,放射性工作室的地面经过了特殊处理,并备有放射性废液收集地漏或地坑。各种放射性气体,由专门系统收集处理。

(2)设有冷却剂净化系统、硼回收系统,以最大限度地复用净化处理过的物质。

(3)设置了废液、废气和固体废物处理系统,使排放三废中的放射性水平低于国家规定标准。

图 13-1 表示压水堆核电厂放射性物质流程图。

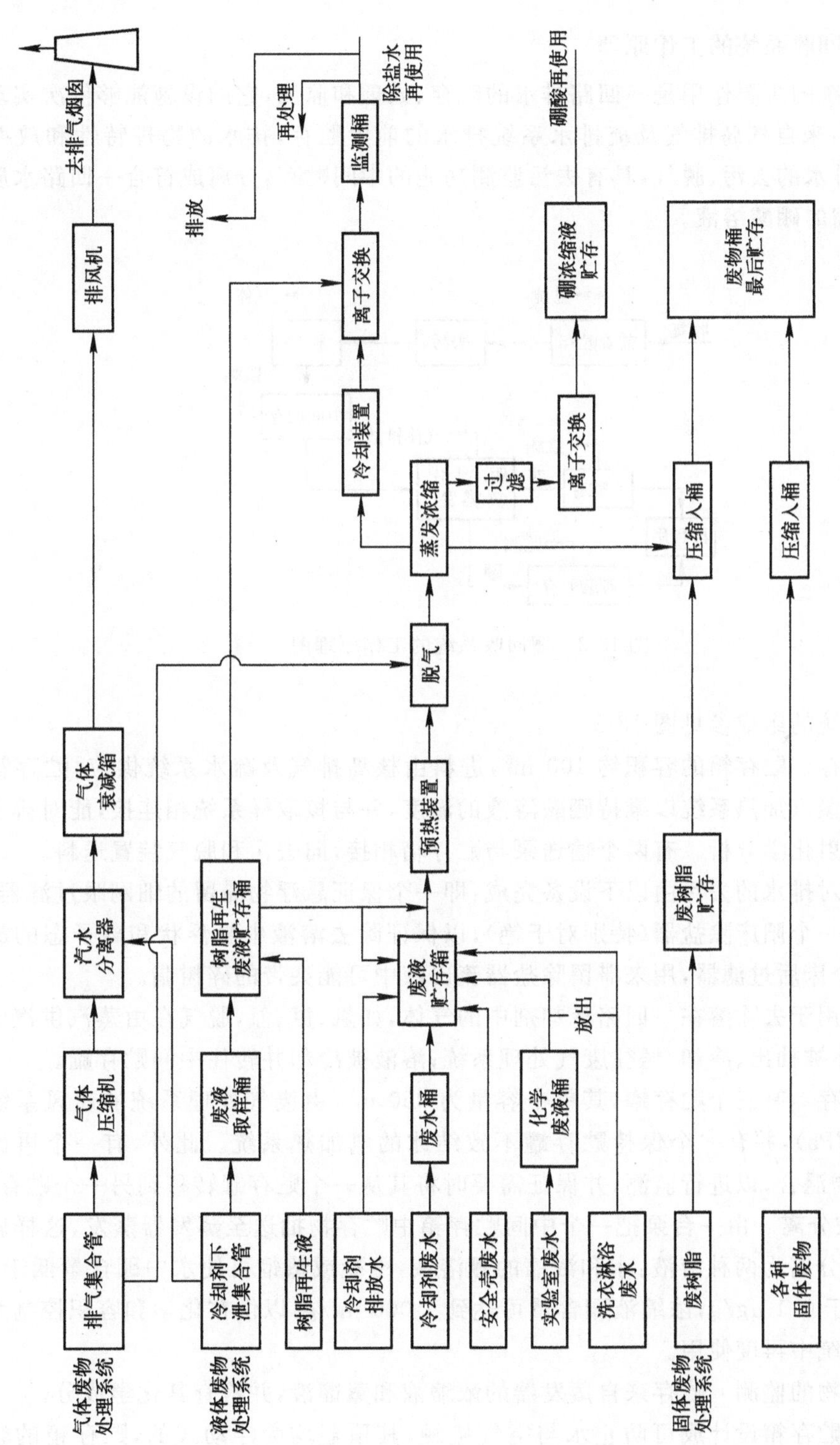

图13-1　压水堆核电厂放射性物质流程图

13.4.1 硼的回收

13.4.1.1 硼回收系统的工作原理

硼回收系统的主要作用是一回路排水的贮存、处理和监测，它的设施能够依次实现以下功能(图 13-2)：来自核岛排气及疏排水系统排水的前置贮存，排水的物理特性和放射化学特性的监测，排水的去污、脱气，具有去污监测功能的中间贮存，分离成符合一回路水质要求的水，以及浓缩的硼酸溶液。

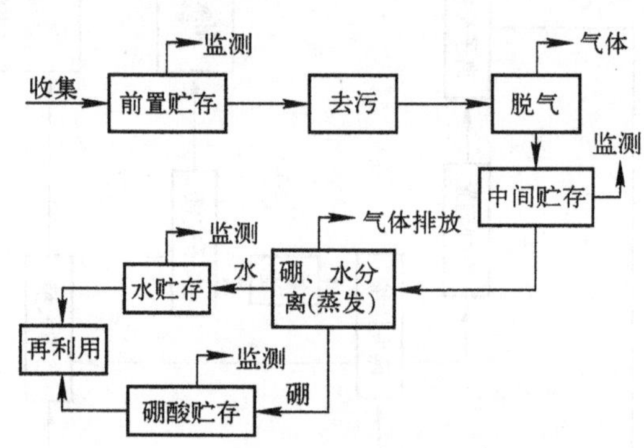

图 13-2 硼回收系统的工作原理图

硼回收系统的组成参见图 13-3。

1. 前置贮存 贮存箱的容积约 100 m^3，进料由核岛排气及疏水系统供应，贮存箱配备有一个辅助的蒸汽加热系统以维持硼酸溶液的温度，并与核取样系统相连接，能对排水进行物理分析和放射化学分析。有两个输送泵与贮存箱相接，向去污和脱气装置送料。

2. 去污 对排水的去污由以下设备完成：即一个保证悬浮物滞留的细网眼过滤器、一个混床除盐器和一个阳床除盐器(特别对于铯)，以保证除去溶液中悬浮状和离子态的放射性裂变产物、一个床后过滤器，用来滞留除盐器流出液中可能夹带的碎树脂。

3. 脱气 用于去除溶在一回路冷却剂中的气体，如氢、氮、氙，脱气在由蒸汽供汽的除气器中进行，气体被抽出、冷却，送往废气处理系统；溶液被冷却并转往中间贮存罐。

4. 中间贮存 有三个贮存罐，其单个容量为 350 m^3，由废气处理系统的通风系统维持负压(0.004 MPa)，并有一个保持贮存罐不致结冰的电加热系统。此外，有一个再循环回路，保证排出物混合，以进行监测，并保证需要时将其从一个贮存罐转移到另一个贮存罐。

5. 水-硼酸分离 由一台泵把一个中间贮存箱中贮存物抽送至蒸发器蒸发，这样就能将一回路冷却剂分离为两种溶液：水和浓缩的硼溶液，冷凝或蒸馏可使水中硼含量低于 5 $\mu g/g$ 及氧含量低于 0.1 $\mu g/g$，浓缩液硼含量可达到 7 000 $\mu g/g$，以供在化学和容积控制系统或(和)补给水系统中再度使用。

6. 蒸发产物的监测 贮存来自蒸发器的浓缩液和蒸馏液，并检查其化学成分。

凝结水的贮存箱设计成可防止水与空气接触，其顶盖均为浮动式的，贮存箱的容量为 70 m^3，每一贮存箱连接有一台泵，以混合贮存箱内存物，以及从贮存箱将水送往反应堆硼和水补给系统贮存。在作为硼和水补给系统的贮存水之前可使水通过除硼床，在水质不符合

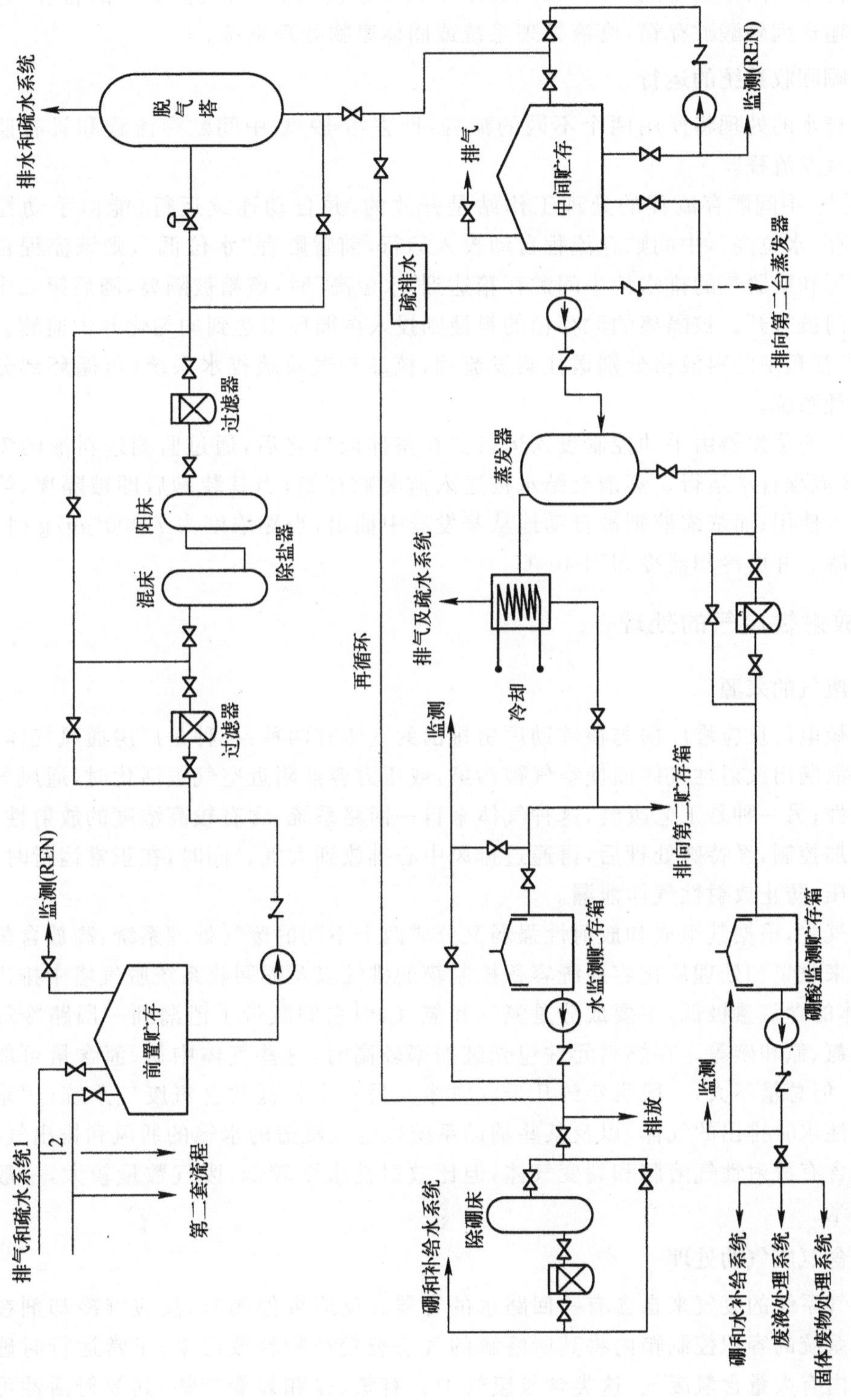

图13-3　硼回收系统的组成

要求时，把水送往中间贮存箱进行再循环，或向废物处理系统排放。

浓缩液的贮存箱，也能防止浓缩液与空气接触，其容量为 10 m^3，硼浓度的调节是通过与凝结水的连结管路来实现的，一台泵能够用于调节以便监测，而根据测得的特性，这台泵可把浓缩液输送到硼酸贮存箱，废液处理系统或固体废物处理系统。

13.4.1.2 硼回收系统的运行

一回路排水的处理将使用两个不同的流程，即去污-脱气-中间贮存流程和具有监测和除硼功能的蒸发流程。

去污-脱气-中间贮存流程的处理工作站是开放的，并自动连续运行(能由手动控制恢复)；前置贮存“水位高”，中间贮存流程自动投入运行，前置贮存“水位低”，则该流程自动停止。当已去污和已脱气的排水使中间贮存箱达到“水位高”时，该箱被隔离，随后第二个贮存箱的进水阀门被打开。被隔离的贮存箱的料液则投入再循环以达到均匀化并供监测。根据监测结果，贮存箱中的料液将分别送往蒸发流程，核岛排气及疏排水系统(再循环部分)，或排至废液处理系统。

蒸发流程的蒸发器由手动控制投入运行。在整体调节之后，通过监测进料液的流量和压力，可使该流程自动运行。蒸馏凝结水被送入监测贮存箱；当其装满后即被隔离，第二个贮存箱被投入使用；而浓缩液则被自动地从蒸发器中抽出，当硼浓度为 7 000 μg/g 时，送至浓缩液贮存罐。并由冷却器冷却到 40 ℃。

13.4.2 放射性废气的处理

13.4.2.1 废气的来源

压水堆核电厂反应堆厂房与核辅助厂房排出的气体有两种：一种是厂房通风气体，当厂房中的设备泄漏出放射性气体而使空气被污染，或压力容器附近空气被活化时，通风气体就会带有放射性；另一种是工艺废气，这种气体来自一回路系统，含有较高浓度的放射性核素，因此必须严加控制，经特殊处理后，再通过排风中心排放到大气。同时，在正常运行时，安全壳应保持负压，防止放射性气体泄漏。

工艺废气中，根据其组成和放射性强弱又分成两个不同的废气处理系统：高放含氢废气处理系统用来收集和处理从化容系统容积控制箱的排气以及硼回收系统脱气塔中排出的气体，这些气体的含氧量极低，主要成分是氮气和氢气，但它们载带了泄漏到一回路冷却剂中的裂变气体氪、氙和碘等。在燃料元件包壳破损率较高时，这些气体中氪、氙含量可能达到较高的水平，但总量不大，一般每年约几千立方米。另一个是低放含氧废气系统，用来收集一回路设备注水时排出的气体，以及某些辅助系统以空气覆盖的水箱的通风和排出气体，这类气体可能含有放射性气溶胶和裂变气体，但比放射性水平较低，废气数量较大，一般每年有数万立方米。

13.4.2.2 含氢废气的处理

含氢废气系统的废气来自含有一回路水的容器。反应堆停闭时，反应堆冷却剂在化学和容积控制系统的容积控制箱内将其所溶解的气态裂变产物释放出来；正常运行时硼回收系统脱气器内有大量含氢废气，这类含氢废气中含有氢、氮和裂变产物，其放射活性可能相当高，处理的方法是贮存，让废气衰变到可以向环境排放的水平。

含氢废气处理系统原理如图 13-4 所示。首先将废气引入缓冲箱，而后用压缩机加压至 0.8 MPa 以限制其体积，送入衰变箱贮存，贮存箱设计容量在核电厂基本负荷运行时以衰变期为 60 d 来考虑；在负荷跟踪运行情况下，以 45 d 来考虑。系统设有两台互为备用的密封压缩机，由一台压缩机把废气送入 6 个贮存箱中的一个贮存起来，待其冷却、将凝结下来的废液导入核岛排气和疏水系统。6 个衰变贮存箱的配置方式为：1 台贮存箱在充装废气时，另 1 台在作衰变贮存，而第 3 台则在排放，其余 3 台处于备用状态；一旦废气量过多，可应急充装入 3 台备用贮存箱中。对贮存废气要作定期监测，达到允许值时废气通过减压阀释入核辅助厂房排气系统，再经碘过滤后通过烟囱排放。

含氢废气处理系统投入使用前，先对系统加氮清扫。当缓冲箱发出高压信号时，1 台压缩机启动，发出高-高压信号时，第 2 台压缩机启动，衰变贮存箱的进料、衰变、排放的选择操作是手动的。

13.4.2.3　含氧废气的处理

含氧废气主要是机组启动、一回路系统注水时的排放气体。它由互为备用的两台排风机中的 1 台使核岛排气和疏水系统集气管处于负压（4 kPa），经放射活性监测合格、碘过滤后，在烟囱中排放。含氧废气处理系统是连续运行的。

1 000 MW 压水堆核电厂废气处理系统参数参见表 13-4。

表 13-4　废气处理系统参数

预见日平均贮存量（两台机组）	300（标）m^3
含氢废气	
成分	N_2，H_2，痕量 Xe，Kr
流量最大值（2 台压缩机）	20.8 l/s
缓冲箱容量	5.0 m^3
衰变贮存箱容量（2 台机组）	6×18.0 m^3
衰变贮存箱设计压力	0.8 MPa
含氧废气	
成分	空气
流量最大值（1 台风机）	555 l/s

13.4.3　放射性废液的处理

13.4.3.1　放射性废液的来源

由核岛排气和疏排水系统、硼回收系统收集的废液，可分为下列 4 类：

（1）疏排水，它来源于与空气接触过的一回路冷却剂排水和泄漏水，也就是被空气污染了的除盐水，污染的程度与机组的运行工况有关。一个 1 000 MW 压水堆核电厂年排放量约 4 500 m^3。

（2）公用废水，它包括取样系统化学污染水、辅助设备引漏水、洗衣房废水等。这些废水放射性水平较低，但杂质含量较大，年排放量约 1 000 m^3。

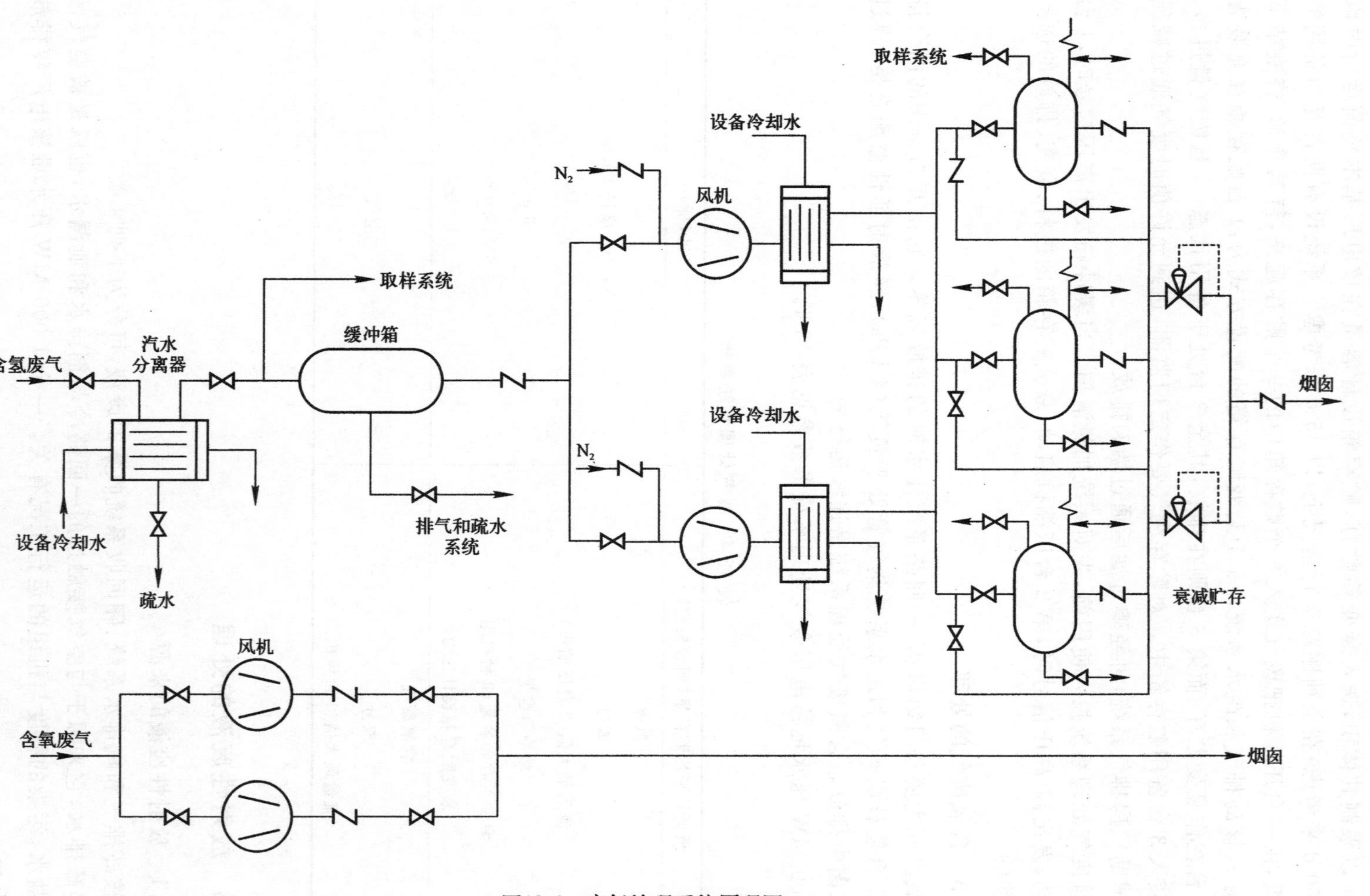

图13-4 废气处理系统原理图

(3)地面排水,年排放量约 9 400 m^3。

(4)化学废液,年排放量约 4 100 m^3。

13.4.3.2　废液处理系统的描述

放射性废液处理系统的简图示于图 13-5。它大致包括贮存、监测、去污处理、排放等步骤。

1. 疏排水回路:有 4 个相同的贮存箱,这些贮存箱设有一个再循环系统,可进行疏排水的混合,物理和放化特性的监测,以及增添化学添加剂。经监测的疏排水由 1 台输送泵送往由过滤器和蒸发器组成的去污设备,从疏排水中分离出凝结水后,含盐类和悬浮物质的浓缩液被导向固体废物处理系统;而凝结水(蒸馏液)则输送到监测贮存箱,根据监测结果,被排至硼回收系统的前置贮存箱、本系统的前置贮存箱(再循环)、或经废液排放系统排入河流中。

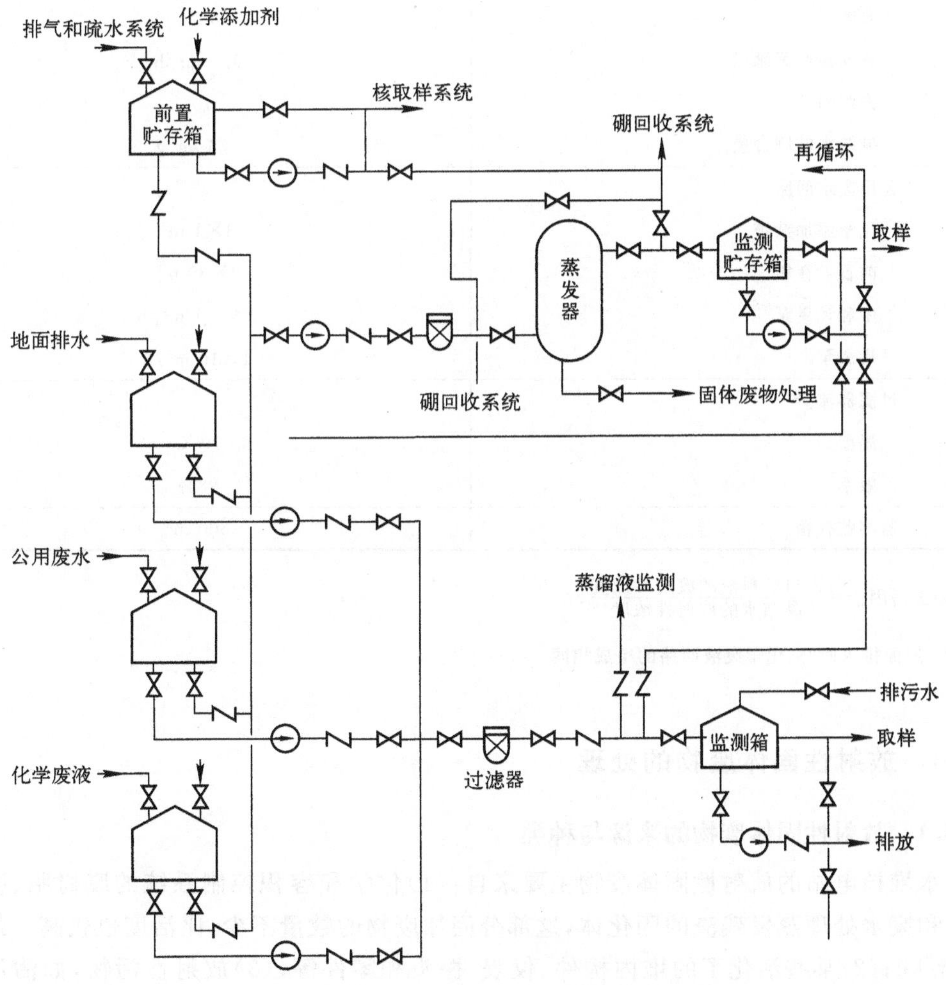

图 13-5　放射性废液处理系统的简图

2. 公用废水、地面排水,化学废液三个处理回路的原理相同,每个回路有两个相同的前置贮存箱(一个进料,另一个处理),一台泵保证废液再循环,并进行监测后排放。

废液处理系统主要参数见表 13-5。

表 13-5　废液处理系统参数

设　备	数　值
疏排水回路	
前置贮存箱	4×35 m^3
监测贮存箱	2×3 m^3
输送泵	2×10 m^3/h
排放泵	1×10 m^3/h
过滤器流量	10 m^3/h
温度	50 ℃
效率	98%
蒸发器额定流量	3.5 m^3/h
去污因子1)	10^3
凝结水的硼含量	≤5 μg/g
公用废水回路2)	
化学添加剂箱	3×1 m^3
前置贮存箱	2×30 m^3
中和计量泵	2×0.1 m^3/h
排放泵	1×10 m^3/h
过滤器流量	
温度	70 ℃
效率	98%
监测贮存箱	500 m^3

注:1) 去污因子 $=\dfrac{\text{入口处料液的放射性浓度}}{\text{凝结水的放射性浓度}}$;

2) 地面排水回路、化学废液回路的组成相同。

13.4.4　放射性固体废物的处理

13.4.4.1　放射性固体废物的来源与种类

压水堆核电站的放射性固体废物主要来自:(1)化学和容积控制系统的废树脂、废过滤器芯子和废水处理蒸发残渣的固化体,这部分固体废物的数量不少,比活度也较高。最高可达几 Ci/kg;(2)某些活化了的堆内构件、仪表、探头和零件等;(3)放射性污物,如沾污了的工具、衣物、防护用品、气体过滤器芯子等,这些物品的放射水平不高,但数量较大。

表 13-6 列出了一个容量为 900 MW 级压水堆核电厂每年固体废物的种类、数量和放射性水平。

这些固体废物可分为可燃性与不可燃性两类。按《放射防护规定》，凡比活度大于 3.7 $\times 10^3$ Bq/kg 的固体废物，都应按放射性固体废物处理。

表 13-6　900 MW 压水堆核电厂固体废物

废物种类	预计产量(两台机组)
废树脂 低放的 中放的 高放的	 18 m^3/a 16 m^3/a 10 m^3/a
蒸发器残液	50 m^3/a
去污淤渣	3 m^3/a
废过滤器芯	每年 40 个
其他固体废物 (压实后)	280 m^3/a 1 400 桶

13.4.4.2　放射性固体废物的处理

处理固体废物的方法，有贮藏法、压缩法、锻烧法、固化法以及装桶贮存法等，各种方法的特点见表 13-7。

放射性固体废物处理系统(图 13-6)设置于核辅助厂房混凝土间内，它收集各种固态废物，经压实或装桶，而后贮存或运送出厂。

表 13-7　固体废物的处理

方　法	基 本 工 艺	优 缺 点
贮藏法	在核电厂内建造贮藏库，将固体废物贮存其中	处理费用比其他方法低廉
压缩法	把可压缩的固体废物装入桶、罐容器，用压力机压缩减容	只限于可压缩的固体废物(如纸、破布、尼龙等)
煅烧法	用煅烧炉进行可燃固体废物的处理	减容比其他处理方法大，但是设施费用和运行费用高，还必须同时进行放射性废气处理
固化法	在水泥、沥青中掺进废物，装在桶、罐容器中搅拌混合固化	用于树脂、淤渣、浓缩废液的处置
装桶贮存法	把固体废物封装在用不锈钢或钢筋混凝土作内壳体的桶、罐等容器中	适于封装用过的放射性同位素和其他高放固体废物

几种主要放射性固体废物的具体处理方法如下：

(1)废树脂的处理　各种离子交换器的废树脂由水力送入贮存箱，贮存箱中充有氮气，

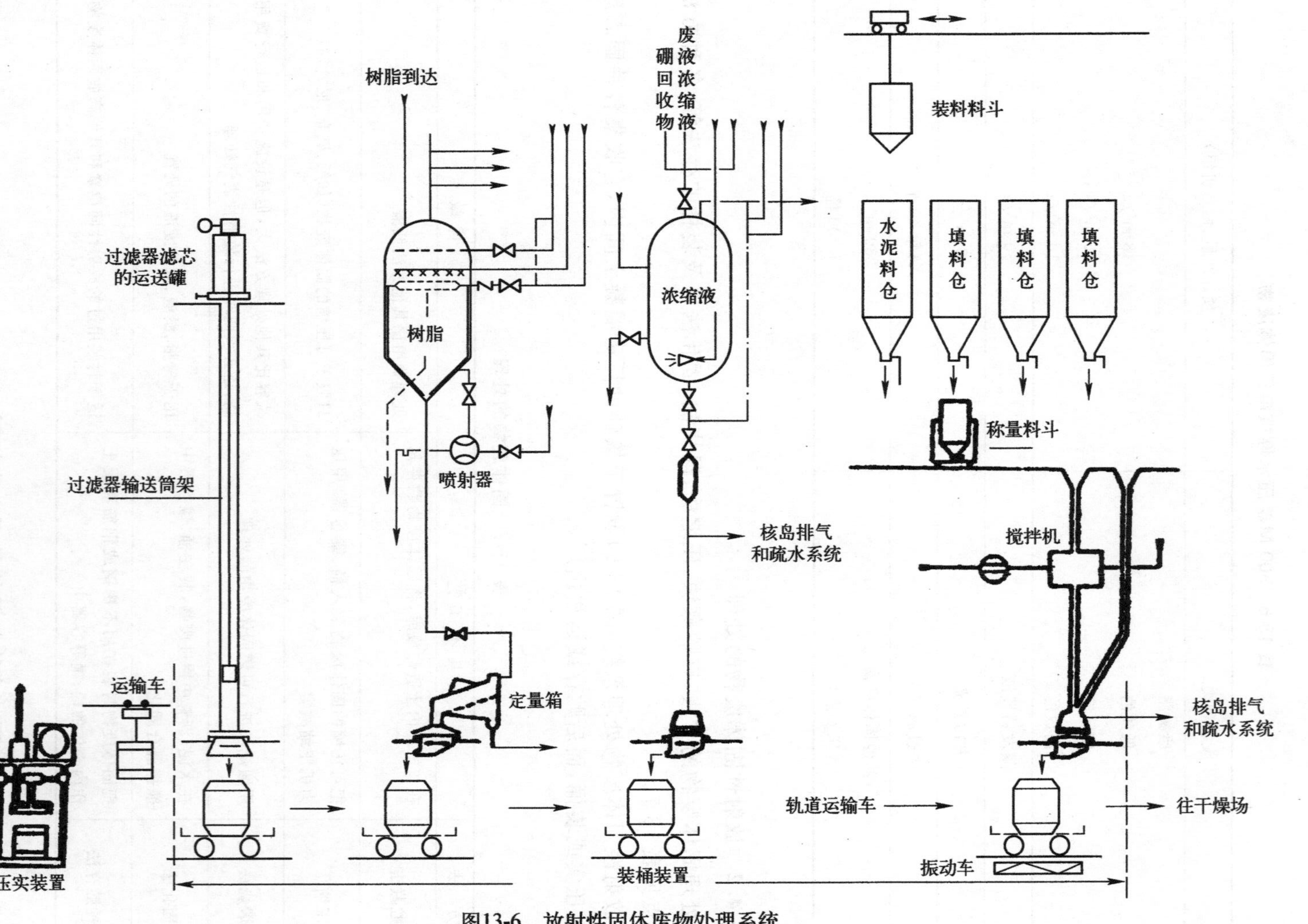

图13-6 放射性固体废物处理系统

底部通过一台定量箱排出树脂入桶，除盐水通过喷射器后送往核岛排气和疏排水系统。

(2) 废残液的处理　来自硼回收系统、废液处理系统的各种浓缩废液先排入除气贮存箱中，贮存箱配有加热和喷淋蒸汽装置，维持 50 ℃左右的温度，以防止硼酸出现结晶，浓缩废液通过定量箱，靠重力排入桶中。

(3)过滤器的处理　过滤器滤芯装在铅罐内，运送到辅助厂房，然后从输送筒架的管道中直接降落进桶，所有操作是远距离进行的。

(4)压实和装桶　在工作站内，使可压缩废物压实，并有 4 个料仓供应水泥、石灰、砾石等填料用可移动的叶式搅拌器、振动台，保证固体废物——混凝土(或水泥)的混合和敦实后，放置顶盖。在现场至少贮存一个月，然后运送至核电厂固体废物存贮库。

13.5　压水堆核电厂对环境的影响

13.5.1　正常运行时核电厂对环境的影响

核电厂在正常运行过程中产生的三废，经放射性废物处理系统处理后排入大气和水中的，实际上数量已很少了。为了正确估价压水堆核电厂对环境的影响，我们可以把核电厂和类似功率的常规火力发电厂对环境可能造成的污染情况，作一比较。表 13-8 列出了几种代表性电厂(电功率为 1 000 MW)对环境影响的数据。

表 13-8　几种代表性电厂对环境的影响(1 000 MW)

主要项目	单　位	状　态	轻水堆	燃　煤	燃　油
冷却水(升温 8 ℃)	$10^9\ m^3/a$		1.46	0.795	0.795
工厂废热	10^{12} kJ/a		11.25	9	9
放射性	3.7×10^{13} Bq/a	气	约 2.5	有	0
		液	<0.01	0	0
		固		有	0
送往后处理的放射性	3.7×10^{16} Bq/a		120	0	0
SO_2	t/a	无处理装置	0	127 500	53 000
		达到标准		46 000	26 000
NO	t/a	无处理装置	0	30 000	23 000
		达到标准		26 250	9 400
CO	t/a	无处理装置		750	10
灰分废弃面积	$600\ m^2/a$			24.2～27.7	24.2～27.7
采矿所需面积	$600\ m^2/a$		30.3～42.5	1 210	少

从上表的数据可以看出，一座常规火电厂每年要向大气排出数万吨的二氧化硫(SO_2)和一氧化氮(NO)，以及相当数量的重金属(铅、镉、镍、钴、铀和钍)和致癌化合物；有些燃煤

含铀、钍超过 1 μg/g，通过烟囱每年排出的放射性甚至超过同等功率压水堆核电厂排放的废气。火电厂对空气的污染比核电厂更为严重，所以，有人称核电为干净的能源。

另一个是热污染问题，即核电厂冷却水将大量的热量带入水源，使水源温升过高而影响水生物的问题，一般说来，由于核电厂密度不大，如果水源容量足够的话，不会造成明显的影响，并且可以根据具体情况建造冷却塔来解决，这个问题对火电厂同样存在，不过核电厂的热排量稍大一些而已。

13.5.2 事故时核电厂对环境的影响

如上所述，在核电厂正常运行情况下，只有少量的放射性有控制地排放出来。但是，核电厂的潜在危险是在最大假想事故情况下，会释放出大量放射性，为了估计事故情况下的影响，美国于 1974 年对已建成或计划建造的反应堆，以当时事故率为基础，估计了各种原因造成的每年死伤人数，其结果如表 13-9 所示。

表 13-9　反应堆厂址周围 35 km 内 1 500 万居民中每年死伤人数的估计

事故类型	死亡人数	受伤人数
机动车	4 200	375 000
坠落(摔死)	1 500	75 000
火灾	560	22 000
触电	90	
雷电	8	
反应堆(100 座)	0.3	

在建造核电厂时，还要考虑到发生历史上有记载的最大自然灾害或各种人为事故时，须保证反应堆的安全。所以，在设计中要按所选厂址的具体条件作为设计依据。

影响核电厂设计的自然灾害有地震、暴风、洪水、海啸等。对于地震，美国要求根据当地情况和历史上发生过的最大地震决定安全停堆地震的地面运动加速度值，在这个地面加速度时，反应堆能够安全停闭，与安全相关的系统设备部件仍能保持继续运行状态；另外，取安全停堆地震值的 1/3 作为运行基准地震，在发生这个等级的地震值后，反应堆应进行检查后，方可继续运行。对于暴风，厂房结构须能经得起台风、旋风及大风吹起的抛射物的袭击，对于洪水，即使发生千年一遇洪水时，反应堆厂房也不应进水。在设计中考虑到影响反应堆安全的人为事故有飞机坠落、火灾、爆炸等。核电厂应远离一些危险的工业设施，如油港、油库、炼油厂、液态气体贮存库、毒品库、飞机场等。

由于核电厂核岛部分地基承载力要求为 50～60 t/m^2，因此，核电厂应选择岩石地基，厂址及其附近地区不允许存在大规模的活动断层地带。同时，还必须根据对平时和异常情况下放射性气体在厂址周围的扩散状况的推算，妥善确定厂区位置以及排气烟囱的高度。

当反应堆发生严重事故时，堆芯燃料可能会发生燃料熔化，包壳破损，与混凝土或金属发生作用及蒸汽爆炸等不同的情况。这时，裂变产物从致密的燃料芯块释出，先穿透元件包壳进入主回路向安全壳内释放，一般以气体或悬浮的气溶胶形态存在于安全壳空间，而由于安全壳的泄漏或结构完整性的破坏，放射性物质迁移的结果又向环境释放，它们一般呈气体和气溶胶形态，这两种形态可统称为气载物，它们将在大气中稀释扩散，并通过以下主要途径使核电附近居民遭到辐射(见图 13-7)：

(1)放射性烟云的外照射；

(2)烟云地面沉积放射性的外照射；

(3)吸入空气中放射性的内照射；

(4)通过食物链造成的内照射。

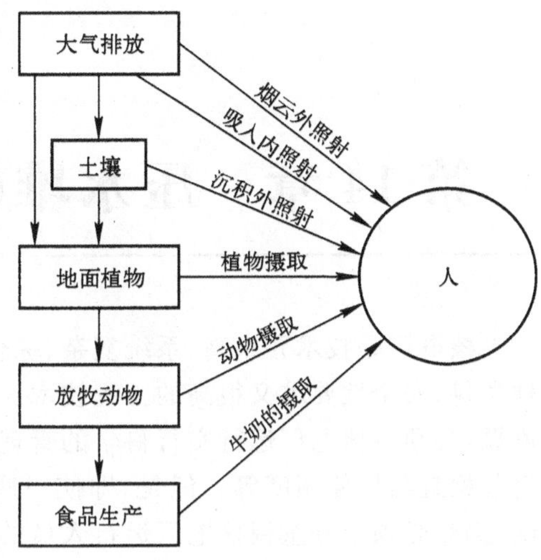

图 13-7　放射性释出物对人体辐照的主要途径

对于核电厂周围居民分布，应考虑到严重事故时因大量放射性逸出时而应采取撤离居民等极端措施，各国所订的标准不完全一致，美国所执行的规定(关于反应堆厂址的联邦法规 10CFR100)是：

(1)非居住区　在失水事故发生后 2 小时之内，全身剂量为 0.25 Sv，成人甲状腺大于 3.0 Sv 的地区，为非居住区，不允许有居民，属于核电厂管辖。

(2)低人口密度区　事故期间所受到的放射性剂量预计为全身剂量 0.25 Sv，成人甲状腺受到大于 3.0 Sv 剂量的区域，为低人口密度区，必要时需撤离，应有撤离方案。

(3)到人口集中区的距离从核电厂到 25 000 人以上的城镇郊区的距离，必须大于到低人口密度区外围距离的 4/3 倍。

以 1979 年 3 月美国发生的三里岛核电厂严重事故为例，分析对环境造成的影响。事故发生后 15 min，安全壳内剂量率虽高达每小时几百 Sv，由于安全壳混凝土壁较厚，外表附近剂量率不高，约为每小时 10 mSv 左右；安全壳又是气密的，向外泄漏的放射性物质数量很少。据环境监测数据，事故后五天内，在该电厂边缘上没有离开的任何个人“可能”接受的甲状腺剂量不超过 0.5 mSv；在该电厂的下风向(东南方向)65 km 半径内取的空气样品中探测到放射性惰性气体，其最大点的浓度约为规定允许值的 1/4；在事故期间，如果有人始终停留在厂址边界的最大照射点。那么从此事故中可能接受的剂量相当于受天然本底辐射照射一年。这次事故对电厂内外人员既未造成伤亡也未带来放射性严重污染，只是因操作上多次失误，致使堆芯严重损坏，造成经济上巨大损失。但事故本身也证明了：安全壳、安全注射系统等专设安全设施达到了设计要求，是可以有效地防止堆芯熔化和保护广大居民安全的。所以，以核能与其他能源相比较，可以说核能是对环境和居民健康影响最小的一种能源。

第14章 压水堆核电厂安全运行和管理

核电厂是技术要求高、系统复杂、综合性强的大型装置，因此，核电厂运行是一门涉及多种学科，安全性要求又很高的工程技术。为了提高核电厂运行的经济性、确保运行的安全、可靠，必须对核电厂运行实行科学的管理，包括科学地设置组织机构、严格执行运行规程和完善检查与检修制度等。但是，即使一座核电厂有先进的设计、合格的设备和各种保证制度，仍然必须十分重视核电厂运行人员的作用，严格人员的培训与考核，确保运行人员的高素质，因为，任何现代化的装置都不可能完全脱离人而独立、安全地运行的。

14.1 核电厂的安全审评和安全监督

核能的发展是以核安全为前提的，各国政府对核电厂都实施了严格的核安全管理，由专职的核安全部门采用科学方法对包括核电厂在内的一切核设施进行安全审评和安全监督。

在国家核安全部门的安全审评方面，对核电厂安全分析报告的格式和内容应作出规定，并按确定的标准审评大纲对安全分析报告进行全面深入的技术审查，并实施核安全许可证发放制度。

《初步安全分析报告》和《最终安全分析报告》必须包括足够资料，以使国家核安全部门能独立作出安全审评。提交资料的格式、范围和细目要符合国家核安全部门的要求，安全分析报告包括如下内容：

(1)厂址及其环境的描述；

(2)建厂的目的，反应堆设计、运行和实验所遵循的基本安全原则(包括所用的法规、标准和规范)，设计基准内部和外部始发事件，以及为保护厂区人员和公众安全为目的的安全系统性能的描述；

(3)核电厂系统的描述，包括目的、接口、仪表、检查维护和所有运行工况以及事故工况下的性能；

(4)设计、采购、建造、调试和运行方面的质量保证大纲的描述；

(5)对预计安排在反应堆内进行的，对安全具有重要影响的任何形式的实验的安全问题的检查；

(6)相类似核电厂的运行经验的回顾；

(7)假设始发事件及其后果的安全分析，包括足够的资料和计算，以便有条件进行独立评价；

(8)核电厂的运行安全技术条件、包括安全限制和安全系统整定值、安全运行的限制条件、设备监测要求、组织和管理上的要求。

根据《中华人民共和国民用核设施安全监督管理条例》规定，我国已实行核设施安全许可证制度，由国家核安全局负责制定和批准颁发核设施安全许可证。

核电厂的许可证按下列五个主要阶段申请和颁发：

(1)核电厂的选址阶段：根据国家基本建设程序规定，国家发展与改革委员会在收到国家环境保护总局的《核电厂环境影响评价报告批准书》、国家核安全局的《核电厂厂址安全审查批准书》后，批准《可行性研究报告》，批准营运单位申请的厂址。

(2)核电厂的建造：核电厂的营运单位向国家核安全局提交《核电厂建造申请书》、《初步安全分析报告》和其他有关资料(如系统手册，设计报告等)。国家核安全局审评后，颁发《核电厂建造许可证》，批准核电厂建造，许可开始核岛混凝土浇注。

(3)核电厂的调试：核电厂的营运单位向国家核安全局提交《核电厂首次装料申请书》、《最终安全分析报告》和其他有关资料。国家核安全局审评后颁发《核电厂首次装料批准书》，批准首次装料，许可进行调试，并按批准的计划提升至满功率，进行十二个月的试运行。

(4)核电厂的运行：核电厂的营运单位向国家核安全局提交《核电厂运行申请书》、修订的《最终安全分析报告》和其他有关资料。国家核安全局审评后，颁发《核电厂运行许可证》批准正式运行。

(5)核电厂的退役：核电厂的营运单位在获得国家核安全局颁发的《核电厂退役批准书》(临时)后，可开始退役活动；在获得《核电厂退役批准书》后，方能正式退役。

为了对核电厂安全运行进行连续监视和核查，以验证核电厂管理工作已建立了完善的实践，核电厂营运单位要持续执行安全审评的制度，对一些有关安全运行特别重要的事项：如运行限值和安全工况的更改、预期的电厂非正式操作、特殊的试验或实验、较大的电厂工程等，都首先由运行和安全部门工作人员正式编写出专门的规程，经独立的安全审评，然后送交国家核安全部门审批。

国家核安全部门的安全监督检查，可分为日常的、例行的和非例行的检查，内容包括核电厂建造、调试阶段的焊接质量检查、安全壳混凝土质量检查、设备制造质量检查、质保有效性检查、核电厂运行安全检查等。营运单位按照核安全报告制度有责任定期和及时报告核电厂的情况、质量、异常事件和违反许可证条件等。

14.2　运行限值和条件

为了确定核电厂运行的安全界限，对关键的反应堆物理参数和热工水力参数必须设定正常运行的运行限值、整定值和安全限值，并由反应堆控制调节系统加以自动控制。

正常运行限值可定在稳态运行范围和安全系统整定值之间的任何水平上。对不同参数，这些数值可能差别很大，但必须考虑由于流量变化、燃料移动等引起的偏离正常运行的波动。受监测的参数由控制系统或操纵员按照运行指令保持在稳态范围内。运行范围就是正常运行参量的变化范围，它由远小于整定值的参量值作为边界。

由于控制系统失灵、操纵员的差错或其他原因，被监测的参数可能达到整定值，保护系统将自动投入，按程序控制降低功率，反应堆停闭或其他的响应。

安全限值是受监测参数的极限值，保守分析表明如达到该值时可能使核电厂发生不希望有的或不能接受的损坏。

为了确保预期瞬变不会导致超过安全限值,必须在可靠分析基础上保守地确定运行限值和整定值。对于调试、功率运行、停堆、降功率、启动、维护、试验以及换料等所有阶段,都需定出相应的运行限值。在核电厂运行中,对显示有关参数整定值、安全限值的仪器仪表,都需作定期试验或重新标定,确保其正确性。

图 14-1 以反应堆堆芯重要参数燃料包壳温度为例,阐明正常运行限值、整定值以及安全限值之间的相互关系,它显示了燃料包壳温度可能经受的不同形式的扰动。图中假设在安全分析中已确定了被监测参数——冷却剂温度与燃料包壳温度之间的关系,对燃料包壳最高温度已规定了它的安全限值,超过此限值时,大量的放射性物质可能会从燃料中释放出来。图中,曲线 1 是负荷瞬变范围。这时,尽管堆控制系统或操纵员的作用,受监测的冷却剂温度仍有可能超出稳态范围,但其上限值不会超过整定值;曲线 2 是由监测参数指示的预计运行事件范围,被监测参数达到 A 点时,安全系统应立即投入,但由于仪表和设备响应的时滞,要到 B 点才真正动作;曲线 3 则表示当某个安全系统或核电厂其他部分发生事故,且事故后果比设计所考虑情况更为严重时,燃料包壳温度可能会超过安全限值,使放射性物质大量释放。曲线 I,II,III 与曲线 1,2,3 分别相对应。表 14-1 列出了需要安全保护系统整定值的典型参数。

表 14-1　需要安全保护系统整定值的典型参数

1	中子注量率及其分布(启动量程、中间量程及功率量程)
2	中子注量率变化率
3	反应性保护装置
4	轴向功率分布因子
5	燃料包壳温度或燃料通道冷却剂温度
6	反应堆冷却剂温度
7	反应堆冷却剂升温速率
8	反应堆冷却剂系统压力
9	反应堆或稳压器水位
10	反应堆冷却剂流量
11	反应堆冷却剂流量变化速率
12	一回路主泵跳闸
13	冷却剂应急注射
14	蒸汽发生器水位
15	主蒸汽管道隔离、汽轮机速关和给水隔离
16	正常电源断电
17	蒸汽管道的放射性水平
18	反应堆厂房的放射性水平和厂房内大气污染水平
19	安全壳压力
20	安全壳喷淋系统,安全壳冷却系统和安全壳隔离系统动作

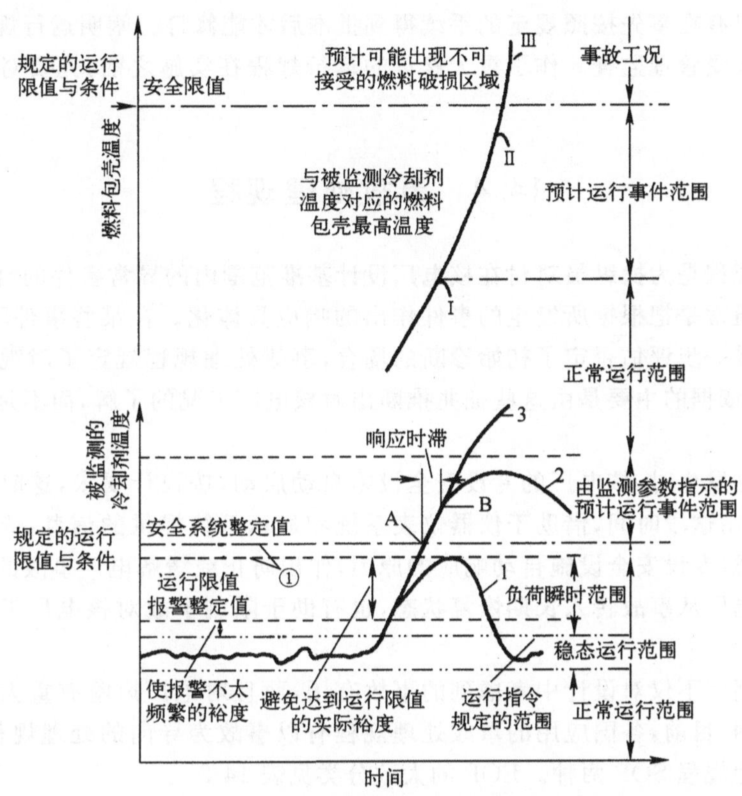

图 14-1　正常运行限值、整定值及安全限值的相互关系

曲线 I,II,III 与曲线 1,2,3 分别相对应

（有时这两个值可能一样）

压水堆核电厂的基本安全限值是燃料温度、燃料包壳温度和冷却剂压力的限值。正常运行限值包括了运行参数的限值、可运行设备的最低需要限、必需的最少运行人员编制名额和运行人员要采取的规定动作。

在核电厂开始运行之前，营运单位就应在设计单位的协助下，负责制定运行限值和条件，必须以书面论证形式，并在开始运行之前，提交给国家核安全管理部门审评和批准。

14.3　正常运行规程

必须利用详细的、验证过的和正式批准的规程来管理电厂的正常运行。

电厂运行规程是根据电厂的设计和安全分析制定，并由计算机模拟，电厂调试及运行经验反馈所认可。运行规程的说明足够详细，使得操纵员不需要有进一步考虑就能进行操作。从安全的观点看，只要正确遵守这些规程，就能够确保电厂的运行限值或运行工况不会被超过，并确保必要的安全有关的部件、系统和结构有效。

电厂运行规程内包括的技术规格书涉及各安全系统的定期试验、定期标定及定期检查。在这些规程中，特别要注意状态的改变，低功率运行、试验工况以及在有目的地停用部分安全系统的各种场合。在堆芯装料和卸料的规程中注意避免意外临界或其他可能出现的事故。运行规程只有在事先按照规定的手续得到批准后才能修订。阐明运行规程的文件按照质量保证规程接受管理监查。作了重大修订的运行规程在实施之前,先要对操纵员进行训练。

14.4 事故处理规程

事故处理规程是为操纵员对付在核电厂设计基准范围内的异常事件的恰当响应提供依据。这些规程通常是把根据所发生的事件作出的响应具体化。在某些事件不能及时诊断,或对某事件的进一步评估否定了初始诊断的场合,事故处理规程规定了对观测到的征兆应作出的响应,所依据的主要是由这些征兆推断出对核电厂工况的了解,而不是对事件本身性质的认识。

当异常事件发生时,核电厂的专设安全设施自动启动,按设计要求,这时不要求操纵员介入;操纵员利用这段时间,借助于仪器仪表系统和显示系统提供的信息,依据事故处理规程,可找到并弄清专设安全设施自动响应的原因,作出防止或缓解电厂事故的决定。事故处理规程可以使电厂从事故转入长期恢复状态,也有助于限制事故对核电厂工作人员和公众的放射性后果。

事故处理规程不仅对设计中考虑到的事故有用,而且对电厂风险有重大影响的超设计基准事故也有用,目前,各国应用的事故处理规程有以事故为导向的处理规程 EOP 和以状态为导向的处理规程 SOP 两种。EOP 的大致分类见表 14-2。

表 14-2 EOP 事故处理规程的分类

序号	名　称	用　途
1	定向事件处理规程	较小故障和公用系统(供电、供气、供水)的失效
2	定向事故处理规程	涉及管道破裂,导致流体流失的事故
3	超设计基准事故规程	概率极低而可能导致堆芯熔化、放射性大量逸出的事故
4	事故处理最终规程	处理未能及时诊断,即不能判别事故原因的一切事故;是为减轻极不可能发生的最严重事故的放射性后果的最终程序

上述以事故为导向的处理规程(EOP)虽然具有事故处理速度快的优势,但只能针对事故原因单一、事故现象清晰的简单事故运行工况;当遇到多重失效、并且现象复杂的事故,EOP 就无法向操纵员提供适当的事故处理手段,甚至给人以误导。而工程实践中,电厂在运行期间所遭遇的事故,往往是突破了多道屏障,出现多重故障的复杂事故运行工况,显然用适合于单一事故的 EOP 是无法处理的。

目前,法国已采用其自行研发的较先进的状态导向法处理规程(SOP),SOP 是根据核电厂各安全相关的参数值和安全功能受冲击的程度,定义出机组的状态,指导操纵员采取行动措施,将机组从事故状态转入到长期安全状态的一套事故处理规程。SOP 是基于以下思想:无限的事件组合(设备故障或人因失效的增加等)所导致的可能的反应堆物理状态总是有限的,反应堆物理状态可以通过监测相关的参数识别出来,从而选择相应的运行策略，利用当前状态下可用的设备和方法，按优先次序将机组控制在安全状态或向安全状态过渡。

对比 EOP、SOP 两种事故规程：EOP 具有处理事故时针对性强、直截了当等优点，却存在特定的规程只能适用于特定的事故、事故必须预先得到正确的诊断、不能处理非预期设备故障或人因失效（差错）的叠加事件（事故）等缺点。SOP 事故处理规程能够处理叠加事故，能通过对安全状态功能的周期性诊断，纠正操纵员的失误，可采用专设安全系统设备之外的代用设备进行事故处理，因而对保证机组运行安全又迈进了一步。

美国等其他国家仍采用改进的 EOP，同时增加严重事故管理导则作为补充，以满足 TMI 后对事故规程的要求。

14.5 核电厂安全状态的监测——安全参数显示系统

安全参数显示系统 SPDS(Safety Parameter Display System)是在总结三里岛核电厂事故教训后发展起来的新的核电厂安全信息显示系统。安全参数显示系统包含有必要的核电厂变量的信息显示，它能帮助操纵员发现机组故障的征兆、探测和诊断机组运行状态是否偏离正常工况，观测为消除机组故障采取必要的纠正措施后，控制系统和安全系统的响应效果。

安全参数显示系统传输和显示信息的手段包括仪表和状态显示灯，参数趋向显示器、优先警报器和各种诊断辅助装置，以及控制室人员与远离主控室操作人员或维护人员之间的可靠通讯联系。安全参数显示系统的具体设计和设置对不同的核电厂可以不一样，取决于核电厂拥有计算机的性能和软件能力。

图 14-2 为一种层次显示方式安全参数显示系统的显示逻辑结构示意图，该系统按所显示参数的重要程度和显示的次序分成三个层次：

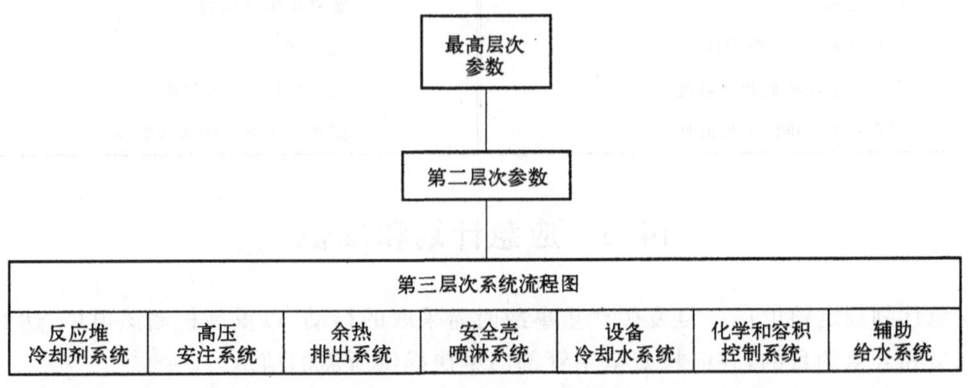

图 14-2 安全参数显示系统的显示逻辑结构示意图

1. 最高层次(Top Level)参数表，作为优先级最高的参数最经常地显示于屏幕上；
2. 第二层次(Second Level)参数表，当需要更详细的参数时可供查询；
3. 第三层次(Third Level)系统流程图，可显示出几个重要系统的流程图及系统内泵、阀门等部件的运行状态和参数。

表 14-3 和表 14-4 分别列出了安全参数显示系统所要求显示的最高层次参数和第二层次参数。

表 14-3　最高层次参数

1. 反应性控制 源量程中子注量率 中间量程中子注量率 功率量程中子注量率 控制棒位置 冷却剂硼浓度 冷却剂平均温度	4. 安全壳完整性及放射性活度 稳压器压力 安全壳压力 安全壳内氢浓度 安全壳温度 安全壳喷淋流率 安全壳内惰性气体活度 安全壳内微粒放射性 安全壳事故 γ 放射性 烟囱监测器放射性
2. 反应堆堆芯冷却 反应堆冷却剂系统热段温度 反应堆冷却剂系统冷段温度 压力容器水位 反应堆冷却剂流量 稳压器水位 反应堆冷却剂过冷度 堆芯冷却剂出口最高温度	5. 燃料完整性 反应堆堆芯最高出口温度 反应堆冷却剂活度 6. 二回路状态 蒸汽发生器水位 蒸汽发生器压力 主给水流率
3. 反应堆冷却剂系统完整性 反应堆冷却剂系统压力 安全壳水坑水位 安全壳压力 主蒸汽管道 ^{16}N 放射性 凝汽器空气喷射器放射性 蒸汽发生器排污水放射性	7. 蒸汽发生器传热管破裂 蒸汽发生器水位 蒸汽发生器压力 稳压器水位 主蒸汽管 ^{16}N 放射性 蒸汽发生器排污水放射性

14.6　应急计划和准备

应急计划规定核电厂一旦发生严重事故时需采取的行动，以重新控制该电厂，达到保护工作人员和公众的目的，并向核安全主管部门尽快提供所需的信息。

应急计划应在电厂正式投运以前制定，并定期演习。为了保护公众免受核电厂大量释出放射性物质的危害，根据核事故可能造成的后果及所需投入的响应行动规模和范围，核电厂应急状态分为四级，即应急待命、厂房应急、厂区应急和总体应急。当核事故发生，需起用第 3 类事故处理规程（超设计基准事故规程）时，应急状态进入厂区应急，如起用第 4 类事故处理最终规程时，应急状态即进入总体应急。

表 14-4　第二层次参数

1. 反应堆冷却剂系统	5. 安全壳喷淋系统
流量率	流率
压力	NaOH 添加箱水位
稳压器压力	泵释压压力
稳压器水位	喷淋流率
冷却剂系统热段温度	6. 余热排出系统
冷却剂系统冷段温度	泵动作压力
冷却剂平均温度	流率
冷却剂过冷度	热交换器温度
出口温度	再循环水水坑水位
稳压器温度	7. 安全注射系统
稳压器安全阀组卸压管线温度	蓄压箱(压力/水位)
冷却剂环路旁路流失率	安全注射泵流率
稳压器喷制度	泵动作压力
压力容器泄漏水温度	流率
热/冷段流率	再循环水箱水位
安全阀组排放蒸汽温度	8. 核仪表系统
稳压器加热器通/断	源量程
2. 主蒸汽系统	中间量程
蒸汽发生器水位	功率量程
流率	功率偏差
压力	9. 安全壳
汽轮机功率	压力
汽轮机脱扣	温度
蒸汽排放	排水坑水位
3. 主给水系统	10. 控制棒系统
温度(出口段隔离阀)	控制棒位置指示
流率	反应堆紧急停闭
压力	11. 放射性监测
4. 辅助给水系统	安全壳(区域/粒子/气体)
泵释压	凝汽器空气喷射器
流率	蒸汽管^{16}N
水箱水位	蒸汽发生器排污水

为了更有针对性地落实各项应急准备，核电厂周围需划定相应的应急计划区。应急计划预先制定在应急期间实施辐射防护措施的计划。为了应急响应，应在厂外设置一个永久装备的应急中心，在厂内也设立一个类似的应急中心，并与厂外应急中心保持通信联系。厂

内应急中心是能够决定采取所有厂内措施并开始行动的地方，装有发送核电厂重要情况的仪器仪表，向应急人员提供保护装备，厂外应急中心是决定和开始所有应急行动的地方，它与厂内应急中心及所有应急响应重要单位（政府和公众的信息发布部门、公安局和消防队）都有可靠的联系。

核事故应急行动，特别是涉及厂外公众的总体应急行动，其投入时机、行动区域及防护措施的正确与否，对其代价和防护效果影响甚大，必须根据事故情况、监测结果、发展趋势及外部条件（例如气象及交通条件），采用快速分析与计算手段，实施应急评价。为此需建立、健全核电厂营运单位及国家核安全监督部门的应急评价系统，完善相应的报告制度、数据传输和通信主系统，以保证应急评价结果的正确与及时。

14.7 运行的质量保证

核电厂及其部件和系统，必须按其设计意图和规定的运行限值与条件安全运行。为此目的，必须对核电厂的运行作周密的计划、形成文件并加强管理。为了保证质量而规定和完成的全部工作综合在一起，就构成核电厂运行期间的质量保证大纲。

运行质量保证大纲适用于所有安全重要物项和所有影响这些物项质量的工作中，还必须把它用于与安全有关的工作中，例如辐射防护、放射性废物管理、环境监测、安全保卫和应急对策。

高质量的设备和素质好的工作人员是核电厂安全的核心。其目的是确保设备能充分发挥功能，人员能令人满意地进行工作。追求高质量的过程是在质量保证实践的监查和验证下进行的。在电厂的整个寿期内，这些实践贯穿于设计、供货和安装中活动的全过程，并贯穿于电厂试验、调试、运行和维护等规程的监查中。

与核安全有关的设备和活动，以及与可用率有关的设备和活动都必须接受质量监督。所有与安全有关的部件、结构和系统都根据它们对安全功能的重要程度进行分类，它们的设计、加工和安装的质量都与所属类别相一致。

质量保证实践是良好管理的一个组成部分，是生产和运行中获得和证明是高质量所必不可少的。质量保证实践包括设计的确认，材料的供给和使用，加工、检查和试验的方法以及运行规程和其他规程等，以确保满足技术规格书的要求。有关文件都须经过严格的验证、颁发、修正和注销等程序，要有正规的方式处理各种变更和偏差是质量保证大纲的一个重要方面。

为了核电厂安全运行，营运单位在初始装料前，应备有核电厂设计、建造和运行有关的全部重要资料。并在反应堆运行阶段及时更新这些资料。营运单位在开始正常运行前要备有有关的调试记录，包括启动试验报告。

核电厂运行记录必须包括以下各项：

1. 核电厂日常运行数据；
2. 当前运行状态（如设备停役）；
3. 维修、试验、检查和修改；
4. 放射源、裂变材料和其他特种材料的数量和转移情况；
5. 人员的职责、资格、体格检查和培训；

6. 有关运行中出现的故障和与安全有关的事件；

7. 辐射照射和医疗检查；

8. 放射性废物贮存、收集、处理、转移、放射性释放和环境监测；

9. 质量保证记录。

核电厂营运单位应该按照国家核安全部门的要求，定期提供有关安全事宜的总结报告。有关预计运行事件和事故工况的审查记录和报告及修改报告都必须存档，以供国家核安全部门查阅。核安全管理机构根据核电厂营运单位运行报告所提供的运行经验，收集的运行信息中，及时发现所有与安全相关的先兆事件，进行深入研究，可适时采取纠正行动，或对事件的性质、根源作出正确的评价，使经验得到广泛的传播与交流。

14.8　核电厂的组织机构

为了保证核电厂安全、可靠和经济地运行，必须科学地设置组织机构，它的主要职责是：

1. 对所营运的核电厂的安全负全面责任。上级主管部门应委任一名技术负责人，具体负责所营运核电厂的安全运行管理。

2. 向国家核安全部门申请许可证，并接受国家核安全部门的监督。

3. 向国家核安全部门申请核电厂运行人员执照，组织人员的培训和再培训。

4. 建立必要的组织，这些组织部门必须是独立行使职权的，通常包括：运行部门，维修部门，辐射防护及环境保护部门，放射性废物管理部门。

5. 贯彻执行国家的有关法令、条例、规定。

6. 批准并发布所营运核电厂的各项规程、制度。

7. 批准并下达所营运核电厂的试验、运行计划。

8. 实施质量保证(QA)和质量控制(QC)活动。

核电厂的组织机构根据其规模、工程特性、现有和计划机组数等情况而定，具有代表性的两种形式示于 图 14-3 和图 14-4。图 14-3 为相对独立于厂外保证机构的形式，图 14-4 则为相对依赖于厂外保证机构的形式。在这两种组织机构中，厂内人员的数量可有较大的差异，相对独立的现场组织的人数可能高达不独立的现场组织的四倍。核电厂工作人员按工作性质可划分为担负直接运行职能和担负技术保证职能两大类别。

核电厂担负直接运行职能的人员系对核电厂的日常安全运行负有责任的人员，如：厂长(核电厂运行管理负责人)，运行部主任(运行负责人)、值长(值班负责人)，操纵员和值班员，这些人员通常都在现场内，若离开现场时，其职责由指定的代理人行使。

核电厂担负技术保证职能的人员(各个级别上仅列出 1 人，实践中其中某些责任可指定几个有关人员承担)，其主要职责是：

1. 辐射安全处　(辐射安全负责人)负责向核电厂厂长提出放射防护方面的建议，包括人员的受照射情况，辐射监测和调查，放射性废物管理和排放，用于应急安排的设备以及环境调查等方面。负责核辐射防护条例等规程，对工作中应遵循的程序提出意见，进行监督，并有权直接向营运单位和国家核安全部门提出报告。

2. 维修部　(维修负责人)负责核电厂的维护、检修和改进工作的实施；负责编制预防性维修进度表，安排核电厂的维修计划及其实施，应保证各项维修工作按国家核安全部门的要

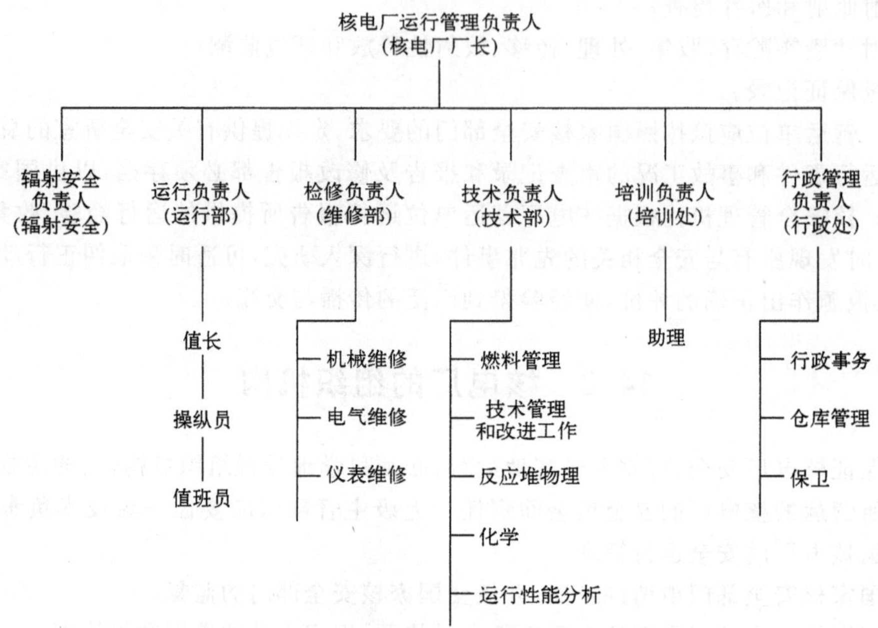

图 14-3 相对独立于厂外保证机构的核电厂组织示例

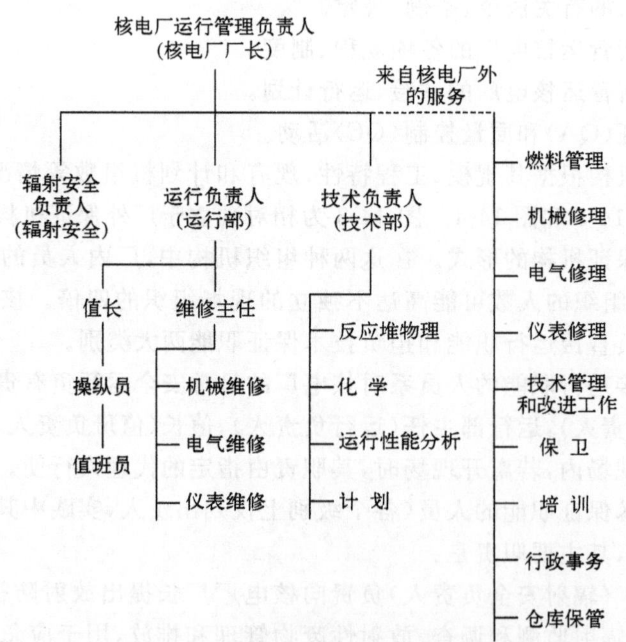

图 14-4 相对依赖于厂外保证机构的核电厂组织示例

求和营运单位的安全规程完成。

3. 技术部 (技术负责人)负责核电厂安全运行所需的各种技术保证方面的服务，范围包括:(1)依据已批准的运行限值和条件,规定并监督各种条件,以保证反应堆安全和高效率运行;(2)制订正确的分析程序,处理可能发生的化学和冶金学方面的问题;(3)监测核电厂运行性能,分析运行中发生的问题,提出纠正措施;(4)编写异常事件的技术报告;(5)编写核电厂改进运行规程的技术报告;(6)编写例行检查报告和在役检查报告;(7)编写和及时修订设计文件和运行文件;(8)确定和控制核电厂的改进项目。

4. 其他技术保证职能,包括质量保证、换料、在役检查和培训,必须根据现场所采用的组织计划配备。

14.9　核电厂运行人员的资格和培训

14.9.1　核电厂运行人员的作用

反应堆运行是一门涉及多种学科,安全性要求又很高的工程技术。一座反应堆在投入运行之前,其科研、设计工作对国民经济不能作出直接的贡献,只有在运转起来之后,才能用中子和热能获得现实的经济效益,因此,研究和设计创造了作为潜在生产力的反应堆,运行则把这种潜在生产力化为现实,研究、设计、运行三者都是发展反应堆科学技术不可缺少的环节。

近年来,核动力这个新技术领域获得了蓬勃发展,它要求在研究新动力装置的理论、计算和设计问题的同时,总结和研究核反应堆运行中的技术问题。核反应堆运行中会产生许多物理、热工问题,而反应堆及其整个核动力装置工作的稳定性、经济性、可靠性及安全性均有赖于这些问题的妥善解决。

运行人员在核反应堆中的重要作用在于以下几方面:

1. 保证反应堆的安全运行。反应堆技术的发展使得反应堆在现代化、自动化和安全设施方面有了很大的提高,但是,这并不意味着可以轻视运行人员在保证反应堆安全中的作用。任何现代化的装置,都不能完全脱离人的操作而独立地、安全地运行。要有高标准的设计、完善的设备质量保证制度,但是,其中最重要的是运行人员的素质;在人与物的关系中,人的因素是第一位的;装置的自动化、现代化程度的提高,其结果不是可以代替或取消运行人员,恰恰相反,它对运行人员会提出更高的要求。

核电厂技术上已成熟安全性也是有保证的,但是在运行过程中,仍有可能出现设备故障,这就要求运行人员能迅速地、根据经批准的运行规程正确地作出判断,果断地采取行动,运行人员应善于从纷繁复杂的现象中发现并抓住主要矛盾,能把复杂的操作项目迅速形成合理的程序,进行有条不紊的操作,处乱不惊,及时制止事故的扩大。1979 年发生的美国三里岛核电厂事故,起因是常规设备故障,却由于操纵人员误判断和误操作,发展成为失水事故,造成堆芯部分熔化,是一个严重的教训和很好的例子。

2. 在反应堆调试、启动及以后的运行中,深入掌握反应堆的性能,开展反应堆的设计、建造质量的服役能力评价,以提高反应堆的技术经济性及安全性,并为新的反应堆设计提供设计的重要依据,即实现技术反馈。

3. 对反应堆运行数据及信息进行采集、整理和分析研究,开展对反应堆运行行为及故障先兆预报的研究。

对反应堆运行数据、信息的采集、整理和分析研究需要不断进行，例如提出新的数据信息量采集分析任务，探索其行为规律及与运行工况的关系等，以及对主要设备可能发生重大故障的先兆预报。

为了开展对主要设备重大故障的先兆预报，在设备缺陷尚未发展到不能容许程度时就应取得信息，例如，对压水堆压力容器，为保证其工作寿期，在役前检查结束，正式封盖前，应将监督样品放入，并定期对样品进行金属性能检验，用以确定因辐照、热等因素导致的脆化程度。

14.9.2 运行人员的资格

反应堆的运行人员必须是合格的人员，应经有关单位考核通过并给予任命授权的人员方能担任各级职务。依据我国《民用核设施安全监督管理条例》的规定：凡操作反应堆控制系统的人员必须持有国家核安全部门颁发的《操纵员执照》，运行值班长必须持有《高级操纵员执照》，技术管理组组长，运行部主任应持有《高级操纵员执照》。

运行人员的资格是通过对能力的考核而确认的，通过对各种职务的工作任务的分析和工作经验总结，提出了对各级运行人员的能力要求，能力通常可由四方面素质来表征：体质、知识、智力和社会活动能力。

1.体质　反应堆运行人员都必须是无禁忌症、身体健康者。还要求当感官(眼、耳)接收到信息后能及时做出正确的响应(如按程序作相应的操作或分析判断)。对直接运行人员，特别要求在紧张情况下，心理上能镇定自若地进行工作。

2.知识　反应堆或核电厂内担任各级职务的人员都要求具有科学和技术的基础知识、核技术知识、工业知识、设备和仪表知识、国家有关法令和标准方面的知识。初级职务的知识较为具体和有限，高级职务(厂长、总工程师和主任等)则要求具有广泛而又渊博的知识。

3.智力　智力是运用知识的能力，智力依复杂的程度可分为：

(1)记忆——记忆资料的能力：例如记忆名词、定义、符号以及描述、辨识和识别等。

(2)理解——通过变换形式、解释(综合、归纳和推断)和外推(以趋向为基础的估计)等使用知识的能力。例如计算、比较、区分、阐明、推断和讨论。

(3)运用——把知识运用到具体问题的能力。如推导、预测和联系。

(4)评价——进行分析、综合和评价资料(信息)以推导出新的关系式或概念的能力。例如作分类、组合、分析评论、计划、鉴别、改进、发展和创新。

4.社会活动能力　反应堆的运行人员是作为一个整体协同工作的，因而要求运行人员有良好的人际关系和协同工作的素质，担任高级职务的还应有组织领导和社交能力。

14.9.3 运行人员的培训

对核电厂运行人员能力的要求是一个标准，是根据一个职务的最低的能力要求而确定的。反应堆运行人员可以通过教育、培训和工作实践等途径取得能力。

1.教育

教育可以开发人的智力，在中学和大专院校可以学到科学、技术基础知识，当一个人已具有基础知识骨架以后，就易于学习和掌握专门技术。对核电厂操纵员，我国《民用核设施安全监督管理条例》规定应具有大专学历或同等学力，核电厂的厂长，各部主任和运行值班长等高级职务则应要求有大学以上的学历;反应堆运行人员的教育资格是十分重要的。

2.培训

对核电厂运行人员进行培训的目的是使受训者取得与职位相适应的专门知识,应该严格按照制度规定的岗位提升台阶进行培训,原则上不得越级培训或缩短在岗位上的任职时间。培训有初始培训、反应堆实习(岗位培训)、定期再培训和全规模模拟机培训等方式,人员的岗位培训是重要的培训方式,运行人员参加反应堆的调试启动是取得能力的重要途径,利用全规模模拟机进行培训在三里岛事故后已愈益受到重视。

(1)培训内容 对核电厂所有运行人员都必须学习的课程有:辐射防护、工业安全、防火和反应堆安全的基础知识,政府发布的有关法律、法规、标准和与核安全有关的运行规程,质量保证与质量控制(QA/QC)。

反应堆主控室操纵员培训的主要内容为:电子学、自控仪表、核物理、反应堆理论、电厂化学、热工、流体力学、金属学、辐射防护、电厂工艺学、电厂系统和运行、行政管理和模拟机培训。

反应堆主控室高级操纵员培训的主要内容为:反应堆热工瞬态、事故评价、电厂系统和运行、电厂应急措施、电子设备和系统、电厂学习和模拟机培训。

(2)培训经历 反应堆主控室操纵员从初级到运行值班长,每提升一级都必须经过正规的培训和考核。

3.能力的保持(再培训)

担任反应堆运行各级职务的人员,在任职期中虽然已经具备了与职务相适应的能力,但人的能力在建立之后并不是持久不变的。人的记忆力随时间而衰退;此外,由于设备、系统的改进或更新对操纵人员的能力要求也产生一定影响,还有因规程改变以及上级管理机关对有关法规的修改等都对现职人员的能力要求有所改变,为此必须对现职人员进行定期再培训以保持或提高人员的能力,适应工作的需要。再培训的内容为:有关法规、标准和运行规程;辐射防护和工业安全,核电厂应急操作程序。反应堆操纵人员要在模拟机上进行事故操作培训。再培训一般是每年 2～4 周,其中模拟机培训一周。

14.9.4 运行人员的管理:考核与授权

核电厂在选用各级职位人选时必须按规定进行。第一步是制定并颁发职务能力要求条例任用的条件,其次是收集候选人的各种资料,然后按能力要求条例审议候选人进行录用考核。

能力要求条例应按职务的职责来制定,内容应全面、具体和明确,条例中必须对工作经验和教育程度提出具体指标,对高级职务人员应特别注重其组织领导才能和社交活动能力的要求。

在候选人被任命之前进行人员资格验证是必需的,对在职人员验证其工作能力也是重要的。资格验证应包括:(1)人员素质评定,包括各课目考试成绩和能力鉴定资料,(2)工作表现资料。

各级职位人员必须经考试或考核后,在被允许执行这些职务前,得到授权。

人员的考核必须包括综合知识、专门知识和能力两个方面,综合知识考核限于必要的基础理论,不包括对任何特定电厂的细节的熟悉程度,考核的内容包含核系统、常规系统、放射防护和核安全等四方面的课目，考核方式可采用笔试和/或口试；专门知识和能力的考核是指检查运行人员对特定核电厂细节的掌握程度，其重点是安全系统和运行规程，它可以根据核电厂的特性提出的问题，在已批准的核电厂培训模拟机上进行操作，或在工作中进行口试，包括可能进行的示范性试操作。考核可以定期地重复进行。

核电厂(或反应堆)运行管理负责人(厂长)，运行负责人(运行部主任)，运行值班负责人(值长)和控制室操纵员，都必须对他们所主管工作的有关领域中的知识和经验经过考核予以授权。已授权人员调往另一核电厂(反应堆)工作时，必须在接受新岗位的授权之前达到该核电厂(反应堆)的专门考核要求，人员离开已授权岗位超过规定的期限，重新上岗时，必须重新授权。

第 15 章 先进压水堆核电厂

三里岛核电厂和切尔诺贝利核电厂事故的发生，暴露了第二代核电厂设计中的一些根本性弱点。自 20 世纪 80 年代中期开始，美国电力研究所(EPRI)在美国能源部和核管会(NRC)的支持下，经多年努力，制定了一个能被供货商、投资方、业主、核安全管理当局、用户和公众各方面都能接受的，提高核电厂安全性和改善经济性的设计基础，1990 年，发表了适用于先进轻水堆核电厂设计的"用户要求文件(URD:Utility Requirements Document)"。1994 年，欧共体国家共同制定了类似的文档："欧洲用户要求文件(EUR:European Utility Requirements)"。现在，人们通常把符合 URD 或 EUR 要求的核反应堆称作先进堆核电厂或第三代核电厂。

十多年来，世界各核电供货商都在按 URD、EUR 等的要求，在各自已经形成批量生产堆型的基础上，做改进创新的开发研究。到目前为止，已经开发和正在开发的第三代核电动力堆型主要有：GE 公司的 ABWR 先进沸水堆；ABB-CE 公司的 SYSTEM 80⁺ 先进压水堆；西屋电气公司的 AP600 和 AP1000 先进压水堆；南非的球床模块式高温气冷堆 PBMR；法、德联合设计的 1 500 MW 电功率大型欧洲压水堆 EPR；俄罗斯的 VVER640(V-407 型)和 VVER1000(V-392 型)先进压水堆；日本和 GE 公司的先进简化沸水堆 SBWR；加拿大原子能公司(AECL)的 ACR 重水堆；韩国引进建造 ABB-CE 的 SYSTEM 80⁺ 核电机组后，自主设计和开始建造大型非能动压水堆核电厂 APR1400。

2000 年 1 月，由美国能源部发起组织阿根廷、巴西、加拿大、法国、日本、韩国、南非、英国和美国共 9 个国家的高级政府代表会议，讨论开发第 4 代核电的国际合作问题。会后发表了联合声明，对发展核电达成了 10 点共识。其基本论点是：世界各国特别是发展中国家，为社会发展和改善全球生态环境需要发展核电；核电需要提高经济性，安全性，减少废物，能防核扩散；核电技术要同核燃料循环统一考虑。2000 年 5 月，由美国能源部再次发起组织了近百名国内外专家研讨第 4 代核电的发展目标，目的是研究第 4 代核电应具备的基本性能和特点，以便进一步研究确定第 4 代核电的设计概念，为第 4 代核电堆型的研究开发明确技术方向。研讨会通过并发表了纪要，提出了发展设想进度。2002 年，第 4 代核电国际论坛(GIF)对第 4 代核电堆型的技术方向达成共识，拟开发 6 种堆型：气冷快堆、铅冷快堆、熔盐堆、钠冷快堆、超临界水堆和极高温堆。

本章主要介绍用户要求文件和将在我国建造的 AP1000 和 EPR 两种先进核电技术。

15.1 用户要求文件

自从世界上第一座民用核电厂于 1957 年在美国希平港建成到 20 世纪 90 年代，其间

30 多年的时间里,核工业界在有关核电厂设计、建造、运行和退役的安全管理要求等方面一直处于被动响应的地位,即在安全审批和管理上完全依赖于政府核安全当局的计划和安排,在一定程度上是满足了核安全当局所提出的安全要求。

美国核管会(NRC) 对 EPRI 的 URD 进行了全面详细的评估,并在 1992 年发表了一个安全评估报告。在国际上,URD 和 EUR 得到了核工业界的高度重视,自这些用户要求文件发表以来,它们已被用于好几个先进堆的设计中;有关国家的核安全管理当局对此也持积极肯定的态度。可以说,按照这些用户要求文件,设计、建造和运行核电厂在核工业界已达成共识,成为今后先进轻水堆核电厂发展的方向。

这些用户要求文件所涉及的内容非常广泛,包括核安全当局许可证审批的稳定性、电厂的可建造性、安全要求、电厂性能,以及经济性等各个方面。

15.1.1 美国用户要求文件(URD) 简介

在 1979 年美国三里岛(TMI) 核电厂事故之后,美国核管会(NRC) 对核电厂的运行安全建立了广泛深入的研究计划,提出了许多新的审批和建造要求,其中包括:(1) 由 NRC 制定并由电力公司执行的 TMI 事故后的安全计划(1980 年);(2) 新电厂建造和设备制造的许可证审批要求(1981 年);(3) 待解决安全问题和一般安全问题的研究计划;(4) NRC 严重事故研究计划(SARP) (1983 年)。在核工业界方面,为保证核电厂的运行安全,也采取了相应的行动,这包括:(1)建立了核动力运行研究所(INPO),以制定培训和运行标准,并根据这些标准检查核电公司的实施情况;(2) 在电力研究所(EPRI) 建立核安全分析中心,以分析和评价各种运行事故的安全意义。

这些安全研究计划和新的审批及建造要求,大大加深了人们对核电厂安全机制的认识,增强了核电厂业主的安全运行意识,提高了核电厂的安全运行水平。但在另一方面,由于核安全当局对核电厂的安全要求层层加码,不断提出新的安全要求,使核电厂的许可证审批时间和核电厂的建造周期明显加长;电力公司对原来的核电厂设计和运行安全系统不断增加新的设备和系统,使得核电的成本大大增加,核电厂的运行更加复杂。这在某些情况下对安全运行甚至是不利的。

在这种背景下,为满足核安全当局所提出的各种安全要求,美国核工业界由 EPRI 负责组织,于 1985 年开始了先进轻水堆技术基准(用户要求文件) 的研究计划。1990 年发表了先进轻水堆用户要求文件的第一个版本。这个用户要求文件同时也考虑了 NRC 于 1986 年 8 月发表的安全政策声明中有关安全目标的要求。它从电力公司的角度,对未来先进轻水堆的设计提出了一个明确和完整的技术要求。这些要求吸收了世界商用轻水堆已有 30 年运行经验的成熟技术,并且强调简单、牢靠和更加容错的设计特点。

这个文件的制订是美国电力公司为引导工业界建立未来先进轻水堆的技术基准而作出的具有里程碑意义的努力,它在以下两方面为核电的发展创造了有利条件:

①为核电的发展建立稳定的管理框架,重点在于获得 NRC 对主要的执照申请和严重事故审批的认可,从而提高执照申请的成功率。

②对未来先进轻水堆提供完整的设计要求,从而推动核电厂设计的标准化。这些设计要求有助于第一座先进轻水堆的设计、执照申请和建造顺利进行,从而使投资者承担较小的风险。

1992 年,NRC 就 EPRI URD 发表了一个安全评估报告。

15.1.1.1 文件结构

URD 共包括三卷。第一卷是政策声明和高层设计要求,第二卷和第三卷分别描述改进型(evolutionary) 和非能动型(passive) 先进轻水堆的技术设计要求。整套文件包含约 14 000条详细的技术设计要求。

在第一卷中,URD 确定了先进轻水堆在许多关键设计领域的政策,包括简单性、设计裕量、人因、安全、设计基准与安全裕量、管理的稳定性、标准化、成熟技术、可维护性、可建造性、质量保证、经济性、预防人为破坏和良好的环境特性等。在高层设计要求中,对电厂的总体设计、安全及投资保护、电厂运行性能、设计过程及建造性,以及经济性等提出了定性和定量的要求。

第二卷和第三卷分别描述了改进型和非能动型先进轻水堆完整的技术设计要求,包括高层设计要求和核电厂各系统的详细设计要求。这两卷在文件结构上是相同的,每卷各包含 13 章,每卷的第 1 章描述对许多电厂系统都适用的共同要求,在第 2 至第 13 章中则阐述了对电厂各个系统的详细设计要求。

15.1.1.2 安全政策

URD 的安全政策在概念上分为两个层次,即执照申请设计基准和安全裕量基准(见表 15-1)。前者指的是为满足 NRC 对执照申请所规定的有关设计要求;而后者指的是电力公司提出的、超过 NRC 执照申请条件的额外设计要求。安全裕量设计基准反映了自 1979 年三里岛核电厂事故以来,业主对增强投资保护和严重事故保护的愿望。严重事故保护是目前 NRC 的重要安全政策,这项政策要求采取必要的安全措施以保证安全壳在严重事故情况下的完整性,并将对环境的重大放射性释放的可能性限制在一个低的水平上。

表 15-1 安全裕量基准与 NRC 执照申请设计基准的比较

物 项	NRC 执照申请设计基准(LDB)	URD 安全裕量基准(SMB)
评估方法	对设计基准采用已建立的保守的方法进行评估	对设计裕量及安全裕量基准用最佳估计的方法进行评估
法规及准则	采用 NRC 已批准的法规、标准及可接受性准则	采用电力公司规定的裕量验收准则
系统设备	仅依赖安全级设备	可依赖安全级及非安全级设备
分析方法	用确定论的方法对执照设计基准事件进行分析	用确定论的方法并辅以概率论的方法进行严重事故分析
管理法规及政策	满足联邦法规及 NRC 管理导则	满足 NRC 有关严重事故和安全目标的政策声明

URD 的安全政策是通过三个相互衔接的、安全深度逐步升级的安全保护层次来实现的;即事故遏制(第一保护层次)、防止堆芯损坏(第二保护层次) 及事故后果的缓解(第三保护层次)(见表 15-2)。事故遏制指的是降低安全相关初因事件的发生频率及其严重性;防

止堆芯损坏指的是在初因事件已发生的条件下，通过有关系统和专设的安全设施阻止事故向堆芯损坏的方向发展；而事故后果的缓解指的是在发生堆芯损坏的情况下，通过电厂内的事故管理措施（包括有关安全设施及事故管理程序），保证安全壳的完整性，将放射性产物向环境的释放量控制在低水平。

表 15-2　先进轻水堆的安全基础

安全保护层次	NRC 执照设计基准	URD 安全裕量基准
事故后果缓解	对安全壳及相关系统，应满足： ①LOCA 设计基准； ②修改的 TID 14844 源项	对严重事故工况下安全壳的性能设计，应考虑： ①超过 NRC LOCA 的设计裕量； ②真实的源项
防止堆芯损坏	对安全系统，应满足如下的 NRC 管理要求： ①执照申请要求的事故分析（主要是单一故障准则）； ②防止超过燃料元件的管理限值	为增强电厂的投资保护程度，有关安全系统的设计应当考虑： ①真实的事故序列（多重故障）； ②防止燃料元件损坏的额外裕量； ③显著改进的人机界面
事故遏制	对于事故遏制措施，应满足 NRC 在以下方面所提出的管理要求： ①设计安全裕量； ②在役监测及检查； ③反应堆冷却剂系统的完整性	对增强事故遏制的性能，在有关系统的设计上应考虑： ①加大设计安全裕量； ②系统设计的简单性； ③提高系统和部件的可靠性

15.1.1.3　高层设计要求

URD 对电厂的一些重要特性提出了总的设计要求，即所谓的高层设计要求，其中主要包括电厂的总体设计、安全及投资保护、运行性能、设计过程及建造性，以及经济性等方面。

在高层设计要求中，作为事故遏制的手段提出了保证燃料热工裕量不低于 15%、增加冷却剂装量以延缓电厂的瞬变响应等措施。在防止堆芯损坏方面，要求堆芯损坏频率低于 10^{-5}/堆·年。而在事故后果的缓解上，要求电厂具有大而坚固的安全壳，安全壳的设计压力必须根据冷却剂丧失事故或蒸汽管线破裂事故的最大限值来决定；在执照设计基准中，应采用更加真实的放射性源项；对氢气的产生及其可能带来的氢爆问题采取有效的控制措施；以及将堆芯熔化和安全壳失效同时发生的概率降低到非常低的水平。对安全壳的安全裕量，要求在严重事故下，可以保持安全壳的完整性以及将对环境的放射性释放控制在低的水平。对于可能导致电厂周围的个人辐射剂量超过 250 mSv 的严重事故，要求其发生频率低于 10^{-6}/堆·年。

15.1.2　欧洲用户要求文件(EUR)

EUR 计划发起于 1992 年，1994 年发表了 EUR 的第一个版本并送有关部门审评，1995 年 11 月发表了 EUR 的修改版本。就内容而言，EUR 与 EPRI URD 是类似的。事实上，编制 EUR 的主要单位在此之前已参与了 EPRI URD 的研究工作。EUR 反映了欧洲电力公司对欧洲未来轻水堆所应具备的设计技术基准的见解和立场。

EUR 在文件的结构上与 EPRI URD 不同。EUR 共包括四卷。第一卷是政策声明和高层设计要求，这与 EPRI URD 是相同的；第二卷描述核岛的一般要求；第三卷描述具体核岛设计的特定要求；第四卷则描述常规岛的一般技术设计要求。

EUR 已应用于欧洲好几个核电厂项目的设计中，例如法一德合作的欧洲压水堆核电厂(EPR：European PWR)，欧洲非能动式压水堆核电厂(EPP：European Passive PWR)和欧洲简化沸水堆核电厂(ESBWR：European Simplified BWR)。

15.1.2.1　事故状态类别

EUR 将电厂设计中要考虑的事故工况分为两个类别，即设计基准工况(DBC：Design Basis Conditions)和设计扩展工况(DEC：Design Extension Conditions)。DBC 可能会对电厂的安全构成威胁，在电厂的设计中，必须通过确定论的安全分析表明电厂对这些事件的响应能够满足事先确定的技术规范，包括核安全法规中提出的有关安全要求及其接受准则。

按照发生频率(f)的估计值，将 DBC 分为四个类别，即：(1)正常工况；(2)事件($f>10^{-2}$)；(3)发生频率低的事故($10^{-2}>f>10^{-4}$)；(4)发生频率非常低的事故($10^{-4}>f>10^{-6}$)，其中第(3)和第(4)类 DBC 即是通常所说的设计基准事故(DBA)。

DEC 包括多重故障(Complex Sequences)和严重事故两个部分，多重故障和严重事故都可能导致明显的放射性释放。多重故障不涉及堆芯的损坏。在 DBC 中仅考虑单一故障。

EUR 中 DBC 和 DEC 的安全设计思想，与 EPRI URD 中由执照设计基准(LDB：Licensing Design Basis)和安全裕量基准(SMB：Safety Margin Basis)所构成的安全基础框架在概念上基本上是等同的。DBC 和 LDB 都是针对核安全当局的许可证审批要求的；而 DEC 和 SMB 则是业主为了防止严重事故的发生，对电厂提出的更高的设计要求。DEC 或 SMB 可以使业主对电厂的运行获得比 DBC 或 LDB 更大的安全裕量，从而更有把握防止严重事故的发生，并使业主的投资得到更加充分的保护。从评估方法来说，在 DBC 和 LDB 中主要是应用保守的分析方法，而在 DEC 和 SMB 中则要求采用最佳估计方法。

15.1.2.2　定量安全要求

在 EUR 中，对正常运行工况提出了两类定量安全要求，即业主安全限值(Utility Limit)和设计目标(Design target)。业主限值是业主确定的必须满足的设计要求(一般以辐射剂量或放射性释放量的形式给出)；设计目标是比业主限值要求更高的设计要求。表 15-3 列出了 EUR 对正常运行工况所提出的主要定量安全要求。

表 15-3　EUR 正常运行工况下的定量安全要求

安全参数		业主限值	设计目标
放射性排放	液态(除氚)释放量/ GBq	100	10
	惰性气体释放量/ TBq	800	50
	气态卤素与碘释放量/ GBq	30	1×10^6
人员辐射剂量	个人剂量/ $mSv\cdot a^{-1}$	50[1)]	5
	集体剂量/(人·Sv) GW^{-1}	—	0.7

注：1) 5 年平均为 20 mSv/ a。

对 DEC,EUR 提出了如下的释放限值要求：

(1) 在放射性物质通过安全壳释放早期,在 800 m 以外的地方,将采取应急防护行动的必要性降低到最小的程度。

(2) 在放射性物质通过安全壳释放的后期,在距反应堆约 3 km 以外的地方不需采取随后的防护行动(涉及临时避迁的行动)。

(3) 在放射性物质通过安全壳释放的后期,在距反应堆 800 m 以外的地方不需采取长期的防护行动。

另外,EUR 提出了如下的概率安全目标：

(1) 堆芯累计损坏频率：$<10^{-5}$/ 堆 · 年；

(2) 超过上述释放限值要求的累计频率：$<10^{-6}$/堆 · 年。

15.2 AP1000 先进核电技术简介

15.2.1 概述

西屋电气公司的 AP1000 先进非能动型压水堆是在 AP600 基础上,设计开发的电功率为 1 117 MW 的压水堆。AP1000 沿用了 AP600 的设计结构,尽量减少在 AP600 设计上的改动,因而仍采用技术成熟的部件和现成的向 NRC 取证基础。AP1000 设计具有先进非能动安全特性,并且电厂得到进一步简化,提高了安全性,改良了建造工艺,增强了电厂的运行能力和可维修性。电厂设计利用了近 50 年压水堆运行实践中积累下来的成熟技术。全世界的轻水堆中有 76%是压水堆,而 67%的压水堆是基于西屋公司的技术。

设计 AP1000 是为了实现高安全性和良好的运行性能,虽然它为保守起见沿用了成熟的压水堆技术,但在依靠自然力的安全特性方面作了很多的改进。安全系统设计采用加压气体、重力、自然循环以及对流等自然驱动力;不使用泵、风机或柴油发电机等能动部件;而且发生事故后可以在没有交流电源、设备冷却水、厂用水以及供暖、通风与空调(HVAC)等安全级支持系统的条件下在 72 h 内保持反应堆堆芯冷却和安全壳的完整性。控制安全系统所要求的操纵员动作的数量和复杂度都达到了最小。

AP1000 设计符合美国核管会的确定论安全准则和概率风险准则,并具有足够的裕度。安全分析工作已完成,并形成了设计控制文件(DCD)和概率风险分析(PRA)报告,取得了美国 NRC 的设计批准证书,可以进行商业建造。概率风险评价的结果表明,该设计的堆芯破损频率极小,放射性释放的频率也很小,达到了先进反应堆设计的预定目标。

AP1000 设计的一个特点是电厂的可操作性和可维护性。由于简化了系统设计,减少了部件数目,提高了可操作性,并降低了相关维修要求等。

AP1000 强调选择使用技术成熟的部件。确保在低维护要求的前提下获取高度可靠性;标准化减少了备用部件的使用,简化了维修工作和培训要求,而且维修工期更短。

电厂布局设计确保进行检查和维修工作有足够大的空间。周转空间用于设备和人员的流动、提供设备移除路径以及安置遥控辅助设备和可移动装置的空间等。关键部件设置了工作平台和升降装置,还提供辅助供应电力、除盐水、呼吸和工作用空气、通风和照明等。

AP1000 设计还具备许多特色,部分列举如下：

(1)AP1000 设计融入了受照剂量合理可行尽量低(ALARA)的原则；

(2)平坦而共用的核岛筏基设计和模块化施工，降低了施工成本，缩短了施工进度；

(3)数字化仪控系统、先进控制室、分布式逻辑机柜、多路传输以及光导纤维等的采用大大减少了电缆、电缆桥架和导管的使用量；

(4)1E 级蓄电池、直流开关设备、一体化保护系统和主控制室采用层叠式布置，从而就不再需要使用现役压水堆核电厂所要求的上、下部电缆跨接室；

(5)I 类抗震建筑物的建筑容积大大减少。

AP1000 具有一个经过全面的性能分析与试验验证的设计基准，其中若干项高水平的核电厂设计特点如下：

(1)净电功率≥1 117 MW，热功率为 3 415 MW；

(2)即使有多达 10%的蒸汽发生器传热管堵塞，以及热段温度高达 321 ℃，也能达到额定运行功率；

(3)堆芯热工裕量在 15%以上；

(4)无需建造核电厂原型堆，因为采用的是技术成熟的部件；

(5)主要安全系统采用非能动型，这些系统在事故发生 72 h 内都无需操纵员干预，并且能在没有交流电源的情况下仍能保证堆芯和安全壳冷却相当长一段时间；

(6)预计堆芯损坏频率为 2.4×10^{-7}/a，远低于 1×10^{-5}/a 的要求值，并且大量放射性释放频率为 1.95×10^{-8}/a，也在规定的 1×10^{-6}/a 以内；

(7)职业辐照剂量将低于 0.7 人 · Sv/a；

(8)堆芯设计成 18～24 个月燃料循环周期；可在 17 天以内完成停堆换料；

(9)电厂设计寿期为 60 年，期间不需要更换反应堆压力容器；

(10)考虑了强制性停堆和计划停堆以后，电厂总体可利用率在 93%以上，非计划停堆目标数小于 1 次/a；

(11)抗震设计等级水平加速度 0.3 *g*；

(12)符合 URD 和 EUR 要求；

(13)堆芯熔化后堆芯碎片仍留存在容器内，这样大大减少了评价因压力容器外严重事故现象而导致安全壳失效和放射性物质泄漏到环境过程的不确定因素。

15.2.2　核系统概述

AP1000 反应堆的一回路保留了现役压水堆的大部分设计特点，并增加了若干改进型设计以提高系统的安全性和可维修性。一回路系统设有 2 个分别带有 1 个热段和 2 个冷段的热传输回路(如图 15-1 所示)、1 台蒸汽发生器以及与之直接相连的 2 台反应堆冷却剂泵，取消了原先泵与蒸汽发生器之间连接的一回路管道。一回路系统的支承结构得到简化，可减少在役检修量和提高可维修性。反应堆冷却剂系统压力边界提供了一道阻止反应堆内产生的放射性泄漏的屏障，能够保证在电厂整个运行寿期内保持高度的完整性。

15.2.3　堆芯与燃料设计

AP1000 的堆芯、反应堆压力容器和堆内构件都类似于西屋公司的常规压水堆设计。若干重要的改进全部基于现有的技术，这些改进项的采用使该设计的性能特点得到改善。

AP1000 还采用了低硼堆芯设计，提高了未能紧急停堆的预期瞬态（ATWS）等事故工况下的安全裕量。燃料性能的改进包括了采用 ZIRLO™ 格架、可拆式上管板和更深的燃耗等。AP1000 堆芯采用了西屋的 ROBUST 燃料组件设计。堆芯由 157 个长 436.7 mm 呈 17×17 方形排列的燃料组件构成。AP1000 的堆芯设计在偏离泡核沸腾（DNB）方面至少有 15％的裕量。

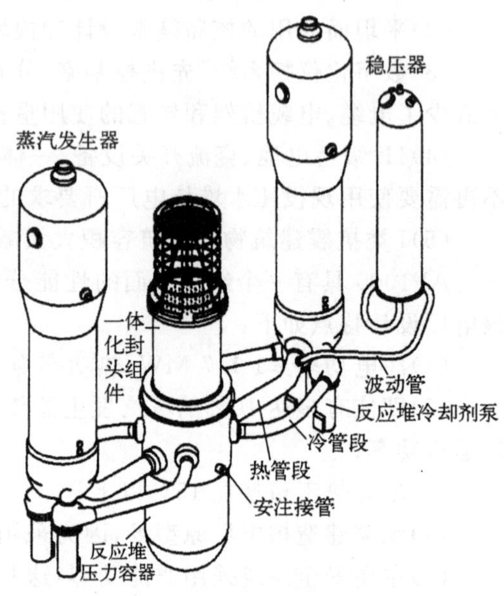

图 15-1　AP1000 核蒸汽供应系统

用于减弱堆芯内的中子以及堆芯和结构部件产生的 γ 射线的设施由堆芯围筒、堆芯吊篮及相关环形水隙组成，它们位于堆芯和压力容器之间的部位。

堆芯根据燃料富集度不同沿径向分为 3 个区，燃料富集度从 2.35％～4.8％不等。反应堆堆芯具有深度的负反应性温度系数，堆芯设计采用 18 个月燃料循环周期，容量因子为 93％，各燃料区平均卸料燃耗铀高达 60 000 MWd/t。

AP1000 采用低反应性价值的控制棒（俗称“灰棒”），在无须改变冷却剂可溶硼浓度情况下就能完成日负荷跟踪。灰棒的采用再加上自动负荷跟踪控制方法，消除了每天对大量水进行处理以改变可溶硼浓度的需求。除了使用中子吸收剂材料以外，灰棒组件的设计与通常的控制棒组件完全相同。

15.2.4　一回路部件

（1）反应堆压力容器

反应堆压力容器（如图 15-2 所示）是用于支承和封装堆芯的高压包容边界。该压力容器呈圆筒形，底封头呈半球状，顶部为由法兰固定的可拆式半球形顶盖。

反应堆压力容器整体高约 12 m，堆芯区内径为 3.988 m，表面有一不锈钢堆焊层。压力容器可承受 17.1 MPa 的压力、343 ℃的温度，在此条件下的设计寿命为 60 年。

作为一项安全改进，AP1000 堆芯的下方不再设有反应堆压力容器贯穿件，这就消除了因反应堆压力容器发生泄漏导致冷却剂丧失事故的可能性，压力容器泄漏可能会导致堆芯裸露。堆芯固定在压力容器内尽量低的位置，以缩短事故工况下冷却剂再次淹没堆芯所需的时间。

（2）堆内构件

堆内构件由下部构件和上部构件构成。堆内构件为堆芯、控制棒和灰棒提供保护、对准和支撑，使反应堆得以安全可靠地运行，设计均与当前压水堆核电厂相似。

（3）蒸汽发生器

AP1000 核电厂采用了 2 台典型的△125 蒸汽发生器。这种蒸汽发生器设计的高度可靠性是基于成熟的设计以及一系列的设计改进，该设计参考了以下成熟设计：V. C. Summer 及其他核电厂更换用的△75 蒸汽发生器、South Texas 核电厂更换用的△94 蒸汽发生器、阿肯色核电厂(ANO)更换用的 1 500 MWt 蒸汽发生器、San Onofre 和 Waterford 核电厂的蒸汽发生器设计，它们都具备与 AP1000 蒸汽发生器相似的容量。这些蒸汽发生器在全挥发处理二次侧水化学条件下运行。蒸汽发生器的设计改进项包括：管板上传热管的全长度液压膨胀，三角形节距扩孔管支撑板上采用镍铬铁合金 690 经热处理的管子，改进了防振条工艺，完成了一、二级汽水分离器的升级改造，改善了维修设施，一次侧封头设计更便于机器人工具进出和维护保养。如有必要，蒸汽发生器内的所有管子均可以接套筒。

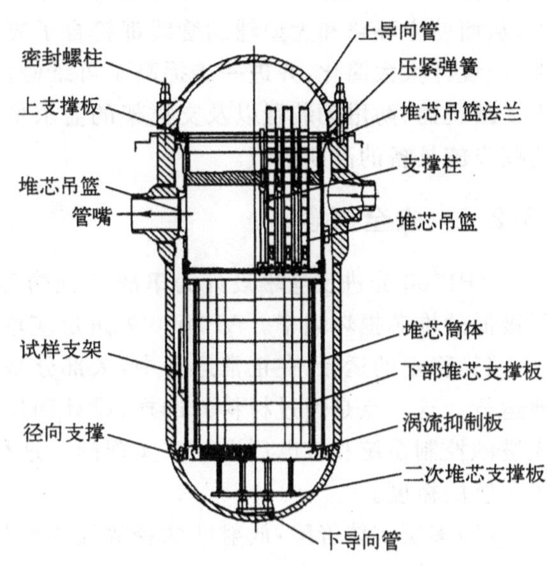

图 15-2　AP1000 反应堆压力容器

(4) 稳压器

AP1000 核电厂的稳压器采用了基于成熟技术的传统设计。稳压器容积为 59.5 m，这种大容积稳压器增加了瞬态运行余量，减少反应堆非计划停堆次数，使核电厂能够更加可靠地运行；同时，该设计还消除了对快动作电动卸压阀的需要，这些阀门是反应堆冷却剂系统发生泄漏和需要维修工作的可能来源。

(5) 反应堆冷却剂泵

反应堆冷却剂泵(主泵)具有大惯性、可靠性高、维护保养要求低的特点，屏蔽泵使反应堆冷却剂完成堆芯、环路管线和蒸汽发生器之间的循环。AP1000 的主泵是基于 AP600 的屏蔽泵设计，改进后泵流量更大，惯性惰走时间更长。变速控制器的使用降低了冷却剂冷态工况时对电机的功率要求，从而可以最大限度地缩小电机尺寸。每台蒸汽发生器均有 2 台泵直接连接到蒸汽发生器的下封头上。这一布局取消了冷却剂环路管道过渡段设计，降低了环路的压降，简化了蒸汽发生器、泵和管道的基座和支撑系统，通过取消小破口失水事故中环路水封的需要减小了堆芯裸露的可能性。主泵没有轴封，因而消除了因轴封失效导致失水事故的可能性，从而大大提高了安全性，也减少了泵的维修工作量。这些泵使用一种飞轮来提高泵的旋转惯性，这就使得流量下降速率更慢，延长了惰走时间，从而增加了失去电源之后堆芯的热工裕量。

(6) 主冷却剂管线

反应堆冷却剂系统(RCS)管道设有 2 条完全相同的主冷却剂环路，每条环路均使用 1 条内径为 790 mm 的热段管道，将反应堆冷却剂输送到 1 台蒸汽发生器；2 台主泵的吸水管口均直接焊接到每台蒸汽发生器下封头底部的出口管嘴上；而每条环路(1 条环路对应 1 台泵)内的 2 条内径分别为 560 mm 的冷段管道又将反应堆冷却剂送回到反应堆压力容器，从而完成了整个循环。

反应堆冷却剂系统的简化紧凑型的布局还具有以下优点：2 个主冷却剂环路的 2 列冷段管线完全相同(除仪表和细管连接处有所不同外)，而且都带有弯管。弯管的作用是提供一条低阻力流道，并可随热段与冷段管道的伸缩不同进行灵活的调整。该管道是先锻造后进行弯曲，这样做降低了不停堆检查的要求。选择这种环路构造及材料大大减小了管道应力，从而使主环路和大型辅助管线都符合了先漏后破的要求。这样就不需要管道破裂约束件，使设计大大简化，并进一步提高了可维修性。简化后的反应堆冷却剂系统环路构造还减少了减震器、防甩动装置以及支撑架的需求量。现场工作经验以及用户反馈信息均表明了这些设施具备的高期望值。

15.2.5 安全概念

AP1000 先进反应堆设计为事故的预防和缓解提供了多层防护（纵深防御），从而导致了极低的堆芯损坏频率。AP1000 先进反应堆设计在以下方面体现了纵深防御的原则：

(1)稳定的运行：在正常运行中，大部分基本层次的纵深防御能确保核电厂稳定而可靠地运行。这一点是通过材料的选择、设计和建造期间的质量保证、训练有素的运行人员以及先进的控制系统和核电厂设计来实现的。这种设计为电厂的运行在接近安全限值之前提供了足够的裕度。

(2)多层实体屏障：放射性的释放被燃料包壳、一回路压力边界和安全壳压力边界直接防止。

(3)非能动安全相关系统：AP1000 核电厂的非能动型安全相关设备和系统足以能够在假设的单一故障准则的事故之后并且无操纵员行动、无厂内外交流电源的情况下在 72 h 内维持堆芯冷却和安全壳的完整性。

(4)非安全系统：对于更有可能发生的事件，这些非安全系统会提供首先的防御，从而减少了安全相关系统不必要启动和运行的可能性。

(5)包容损坏的堆芯：一旦出现堆芯裸露和熔化，AP1000 设计可以把安全壳内换料水贮存箱(IRWST)中的水排放到堆腔，在压力容器外对熔融堆芯进行冷却。这就防止了反应堆压力容器的失效以及堆芯熔融物随后蔓延到安全壳中。将熔化的堆芯碎片保留在反应堆压力容器内大大地降低了对安全壳失效和由于堆外严重事故导致向环境释放放射性的评价的不确定因素。

15.2.6 安全系统和设施

AP1000 先进核电厂采用非能动安全系统来改善核电厂的安全性，并满足核管理机构的安全准则。通过在电厂简化、安全性、可靠性和投资保护等方面显著而可观的改进，非能动安全系统的采用使 AP1000 比传统的核电厂具有更大的优越性。非能动安全系统不需要操纵员的行动来缓解设计基准事故。这些系统仅仅利用自然力因素，例如重力、自然循环和压缩空气来使系统工作，而不需要采用泵、风机、柴油机、冷水机或其他能动机器。非能动安全系统只需少量的阀门连接，并能自动启动。这些阀门被设计成在失去电源或接收到安全保护启动信号时启动执行到它们的安全保护状态。

非能动安全系统不需要大规模的能动安全支持系统（例如，交流电源、HVAC、冷却水以及有关抗震厂房来放置这些部件），而这些在典型的常规核电厂里是必需的。因此，支持系统不再必须是安全级的，它们有的被简化，有的被完全取消。

AP1000 先进核电厂的非能动安全相关系统包括：非能动堆芯冷却系统(PXS)；非能动余热排出系统(PRHR)；非能动安全壳冷却系统(PCS)；主控室应急可居留性系统(VES)；

安全壳隔离系统。

和传统的核电厂相比，AP1000的非能动安全系统在电厂安全性和投资保护方面有了重大的提高。它们可以在无需操纵人员行动或交流电支持的情况下建立并长期地维持堆芯冷却和安全壳的完整性。非能动系统被设计成能满足单一故障准则，并且采用确定论和概率风险评价来验证它们的可靠性。

(1) 应急堆芯冷却系统

非能动堆芯冷却系统(PXS)(图15-3)在反应堆冷却剂系统不同位置上出现不同尺寸破口的泄漏和破裂的情况下对核电厂进行保护。PXS提供了堆芯余热排出、安全注射和卸压等安全功能。采用美国核管会批准的程序所作的安全分析验证了在各种反应堆冷却剂系统破口事件以后，PXS保护堆芯的有效性，这些压力容器注射管线的破口甚至达到直径200 mm。对于反应堆主冷却剂管道的双端(double ended)破裂，PXS为最大峰值包壳温度限值提供了一个42.2 ℃的裕度。

非能动堆芯冷却系统(PXS)利用3个非能动水源通过安全注射来维持堆芯冷却。这些注射水源包括堆芯补给水箱、安注箱和安全壳内换料水贮存箱(IRWST)。这些水源直接与反应堆压力容器的2个管嘴相接，因此在反应堆主冷却剂管道破裂情形下不会发生注射水流溢出。

长期的注射水由IRWST依靠重力提供，IRWST位于安全壳内刚好处于反应堆冷却剂环路上方。通常，IRWST由爆破阀与RCS隔离。水箱被设计成正常大气压，因此在进行安全注射之前反应堆冷却剂系统必须先减压。

反应堆冷却剂系统(RCS)的减压是自动控制的，压力将被减到约0.18 MPa以便可以进行IRWST的注射。PXS系统提供了自动减压系统(ADS)4个阶段的减压，以保证反应堆冷却剂系统相对缓慢且受控地减压。

(2) 非能动余热排出系统(PRHR)

非能动余热排出系统提供了一套100%容量非能动余热排出的热交换器(PRHR HX)，见图15-4。PRHR HX通过入口和出口管线连接到反应堆冷却剂系统环路1。PRHR保护核电厂免受能导致正常的蒸汽发生器给水和蒸汽系统失常的瞬态的影响。PRHR满足关于给水丧失、给水管道和蒸汽管道破裂的核安全准则。

安全壳内置换料水箱(IRWST)为PRHR HX提供了热阱。IRWST中的水在沸腾之前吸收衰变热的时间超过1 h。一旦开始沸腾，蒸汽会排向安全壳，这部分蒸汽在钢制安全壳容器上冷凝，凝结水在收集以后依靠重力重新疏排到IRWST中。PRHR HX和非能动安全壳冷却系统提供了长期的衰变热排出能力，而不需要操纵人员的行动。

(3) 非能动安全壳冷却

非能动安全壳冷却系统(图15-5)为核电厂提供了安全相关的最终热阱。正如计算机分析和广泛的测试项目所验证的那样，在一次事故以后，非能动安全壳冷却系统有效地冷却安全壳，使压力迅速下降并不超过设计压力。

安全壳容器提供了将安全壳内的热量排出并释放到大气中去的传热表面。通过空气流的自然循环把安全壳容器上的热量排出。在事故期间，水的蒸发将作为空气冷却的补充，由重力疏排的水来自位于安全壳屏蔽厂房顶部的水箱。

(4) 主控室应急可居留性

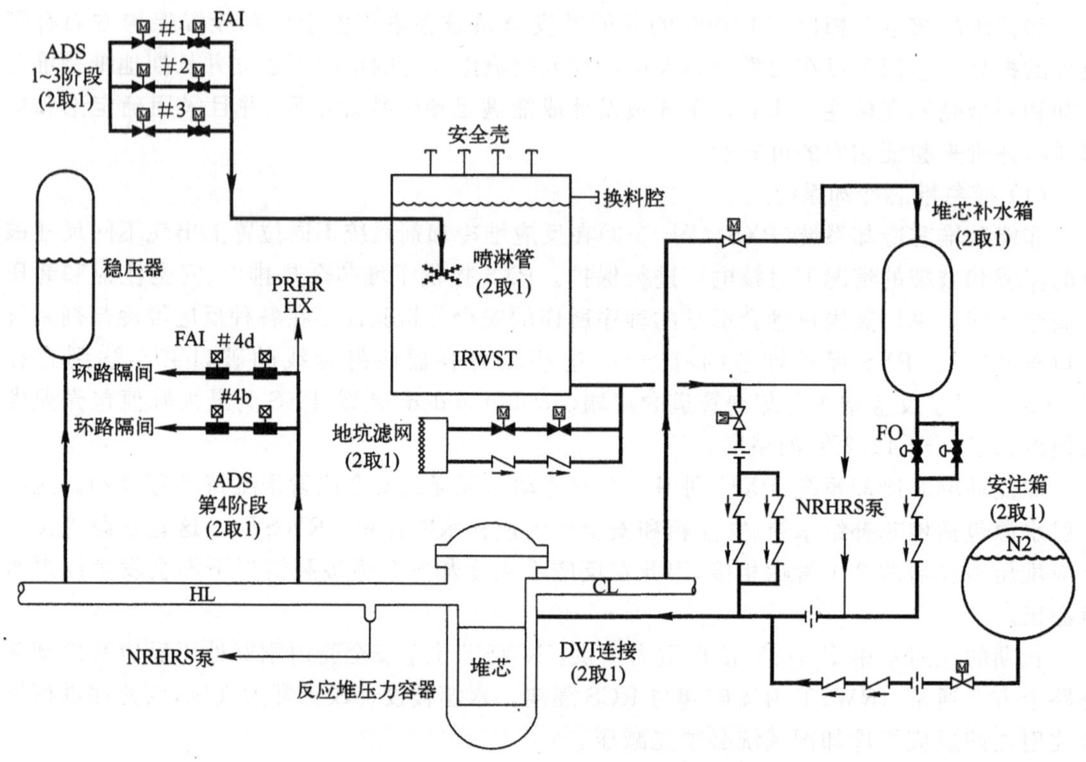

图 15-3　AP1000 的非能动堆芯冷却系统

主控室应急可居留性系统为主控室(MCR)在电厂事故以后提供新鲜空气、冷却和增压。在接收到主控室高辐射信号以后,VES 系统自动启动运行,隔离正常的控制室通风通道并开始增压。一旦系统开启运行,所有功能都完全是非能动的。VES 空气气源来自一组压缩空气贮存箱。VES 也使主控室保持在一个略为正压的状态下,以尽量减少周围区域内气载污染物的渗入。

(5) 安全壳隔离

AP1000 先进反应堆安全壳的隔离系统相对于常规的传统压水堆有显著的改进。一项重大的改进是大幅度减少了贯穿件的数量。而且,通常打开的贯穿件的数量也减少了 60%。另外,不要求贯穿件具有支持事故后缓解的功能(反应堆冷却剂屏蔽泵不需要密封注入,且非能动余热排出和非能动安全注射设施完全位于安全壳内)。

15.2.7　严重事故(超设计基准事故)管理策略

通过用水对反应堆压力容器外表面进行冷却将熔化堆芯的碎片滞留在压力容器内(IVR),是 AP1000 非能动型核电厂的一项严重事故管理特性。在假想的严重事故期间,AP1000 概率风险评价的防止压力容器失效分析中考虑了用安全壳内换料水贮存箱内的水淹没反应堆腔和反应堆压力容器的事故管理策略。用水冷却压力容器的外表面并防止在下封头处的堆芯熔化碎片熔穿容器壁而进入安全壳。将堆芯熔融物保留在压力容器内可以防止容器外严重事故现象,如安全壳直接加热、堆外蒸汽爆炸和堆芯物质与混凝土的化学反应

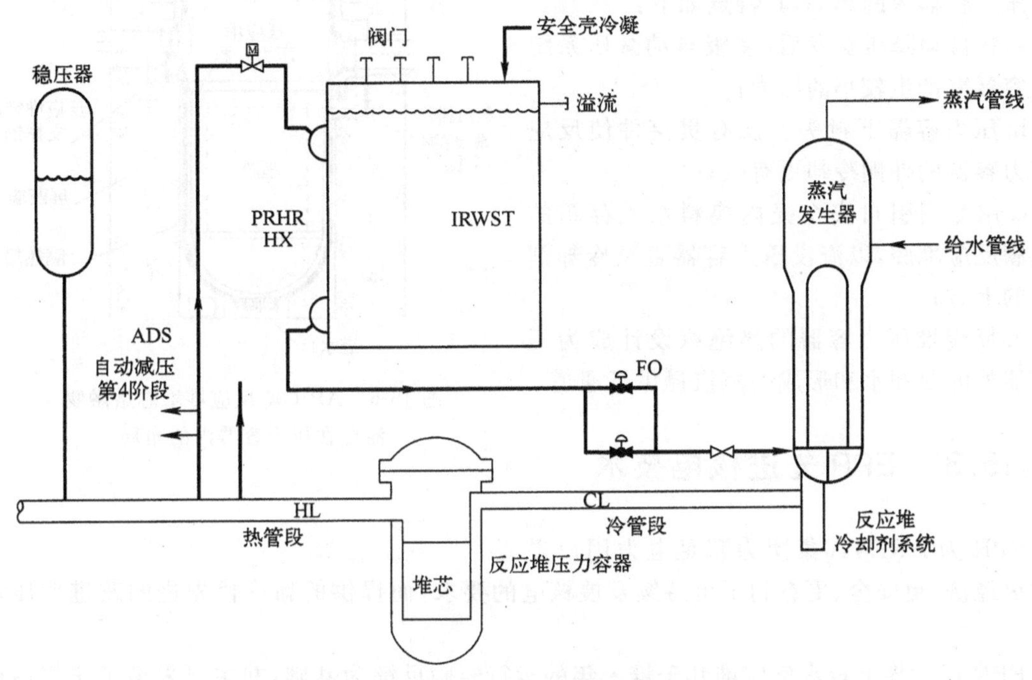

图 15-4　非能动余热排出系统

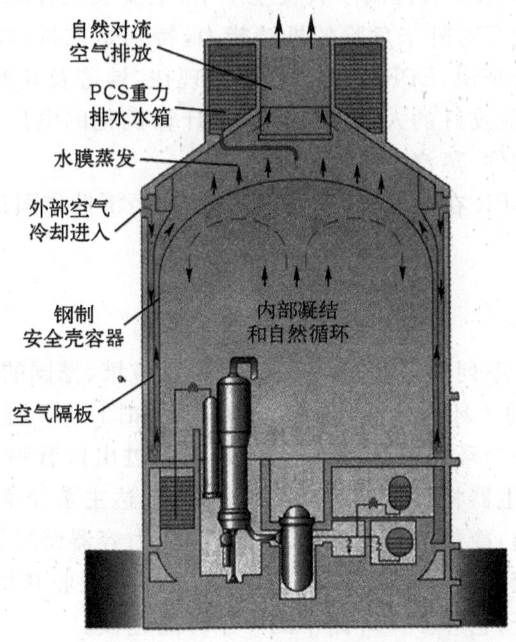

图 15-5　AP1000 的非能动安全壳冷却系统

的发生，进而保护了安全壳的完整性。

图 15-6 为 AP1000 反应堆堆芯熔融物滞留在压力容器内的布局，其特点如下：

a. 在自动降压触发后，多级自动减压系统只使容器壁产生较小的应力；

b. 压力容器下封头上没有贯穿件使反应堆压力容器的外侧冷却更有效；

c. 用专门引自安全壳内换料水贮存箱的水充满反应堆腔，以淹没压力容器直至冷却剂环路的上方；

d. 反应堆压力容器的热绝缘设计成为压力容器外的冷却水和形成的蒸汽提供了通道。

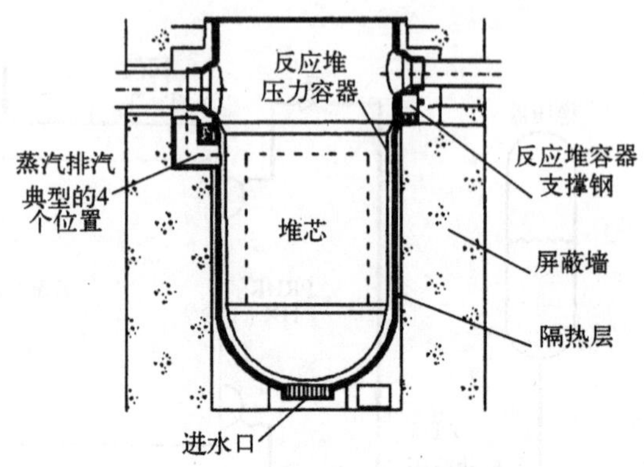

图 15-6　AP1000 反应堆堆芯熔融物滞留在压力容器内的布局

15.3　EPR 先进核电技术

EPR 为 AREVA 集团为满足电力用户提出的更经济、更安全、更有利于可持续发展核电的要求，而提供的新一代先进的改进型压水堆。

EPR 以世界上轻水反应堆几千堆 • 年的运行经验反馈为基础，并主要采纳了法德两国最新投运的 N4 和 KONVOI 反应堆所应用的新技术。EPR 设计采用几十年来研发计划的研究成果，特别是法国原子能委员会和德国 Karlsruhe 研究中心的研究成果。

EPR 采用重大创新技术显著提高了其安全水平，主要表现在堆芯熔化的防范及其潜在后果的缓解。它同时强化了对外来危险的抵挡能力，特别是在抵御军用和大型商用飞机撞击和抗御地震方面。总的来说，EPR 的先进技术表现在：堆芯及其燃料管理策略；反应堆保护系统；仪控系统和操纵员友好的人机接口以及全计算机化的电厂控制室；大容量部件，如反应堆压力容器及堆内构件，蒸汽发生器和主泵。

所有这些革新使得 EPR 在性能、效率、可运行性及经济性方面达到高水平，能够满足用户对未来核电厂的期望。

15.3.1　主系统

与法国的 1 300 MW 系列和 1 500 MW N4 系列反应堆、德国的 KONVOI 反应堆一样，EPR 主系统是一种成熟的 4 环路设计。EPR 压力容器如图 15-7 所示。

在 4 个环路中的每一个环路，反应堆中的冷却剂通过出口管嘴离开反应堆压力容器到达蒸汽发生器，在蒸汽发生器将热传递至二回路，然后到达主泵经增压后回到反应堆压力容器。在反应堆压力容器内，冷却剂首先在堆芯吊篮和压力容器壁之间的环形空间向下流动，到压力容器底部然后改变方向，向上流经堆芯，在此过程它吸收核燃料裂变所产生的热量。稳压器是主系统的一部分，它和 4 个环路中的一个环路连接。

EPR 反应堆主要的部件如反应堆压力容器、稳压器和蒸汽发生器比以往设计的同类设备的容量都要大。

在反应堆压力容器内，反应堆冷却剂管道管嘴和堆芯顶部之间的自由容积增大，这样堆芯上部的水容积增大，从而在假想失水事故中为堆芯裸露时间提供了额外的裕度，因而有更多的时间来应对这种情况。这一容积的增加对余热排出系统功能丧失情况下的停堆工况也是有好处的。

稳压器较大的水汽相容积可使电厂平稳响应正常和异常运行瞬态，因此能够延长事故工况的应对时间及设备寿命。

蒸汽发生器二次侧较大的容积导致二次侧水容量的增加和蒸汽容积增加，因而带来以下好处：

(1) 在正常运行中，获得平稳瞬态，从而减少潜在的非计划反应堆停堆；

(2) 在蒸汽发生器传热管破裂时，大的蒸汽容量再加上蒸汽发生器安全阀整定压力高于安注压力能阻止液体释放到安全壳外面；

(3) 由于二次侧水大量增加，在完全失去蒸汽发生器给水供应时，干涸的时间至少有 30 min，因此有足够时间恢复给水供应或决定采取其他对策。

为了减少安全阀的动作频率，主系统的设计压力已经增加，这也进一步提高了安全性能。

15.3.2 堆芯

EPR 堆芯装有 241 个燃料组件，初始堆芯采用四种不同富集度的燃料分区布置(两组富集度最高，其中一组含钆)。堆芯换料所采用新组件的个数及特点与燃料管理方案有关，尤其是换料周期和燃料装载方式。EPR 的换料周期可以长达 24 个月，装载方式可以是"里—外"式，也可以是"外—里"式。EPR 的堆芯设计很灵活，可以装载 UO_2 燃料和/或 MOX 燃料。堆芯及其运行条件的主要特点是不仅能够提高电厂的热效率，降低燃料循环成本，而且燃料循环周期长短灵活并具高度的运行灵活性。

(1) 燃料组件

每一个燃料组件由含有核燃料的燃料棒束组成。燃料棒和周围的冷却剂是反应堆堆芯活性区的基本组成部分。

燃料组件结构由一个下管座和一个上管座加 24 个导向管和 10 个定位格架组成。定位格架是沿组件结构垂直分布的，在组件内，燃料棒是按照 17×17 列阵方形栅格垂直排列的。列阵内的 24 个位置为导向管所占据，它们与定位格架和上下管座相连接、下管座装有防碎屑装置，该装置基本上可以消除因碎屑引起的燃料损坏。

导向管也用于棒束控制组件(RCCA)的吸收棒定位，有需要的时候也用于固定或可移动式堆芯仪表和中子源组件的定位。下管座对流入燃料组件的冷却剂起着流量分配的作用。为了防止燃料棒的损坏，它也设计用来捕捉碎片，这些碎片可能在主回路内循环。上管座支撑燃料组件的压紧弹簧。除顶部和底部格架之外的定位格架上还设有搅混翼，以促进冷却剂流的混合，从而改善燃料棒和冷却剂之间的热交换。

导向管和搅混格架结构是由 M5™ 合金做成的，它是一种锆基合金具有极强的耐腐蚀和抗氢化能力(格架弹簧是用因科镍 718 合金做成的)。

(2)可燃毒物

以 Gd_2O_3 形式存在的钆和 UO_2 混合在一起，烧结成一体化的可燃毒物芯块。钆的浓度为 2%～8%(质量分数)。依据不同的燃料管理方式，每个燃料组件含钆棒的数量在 8 至 28

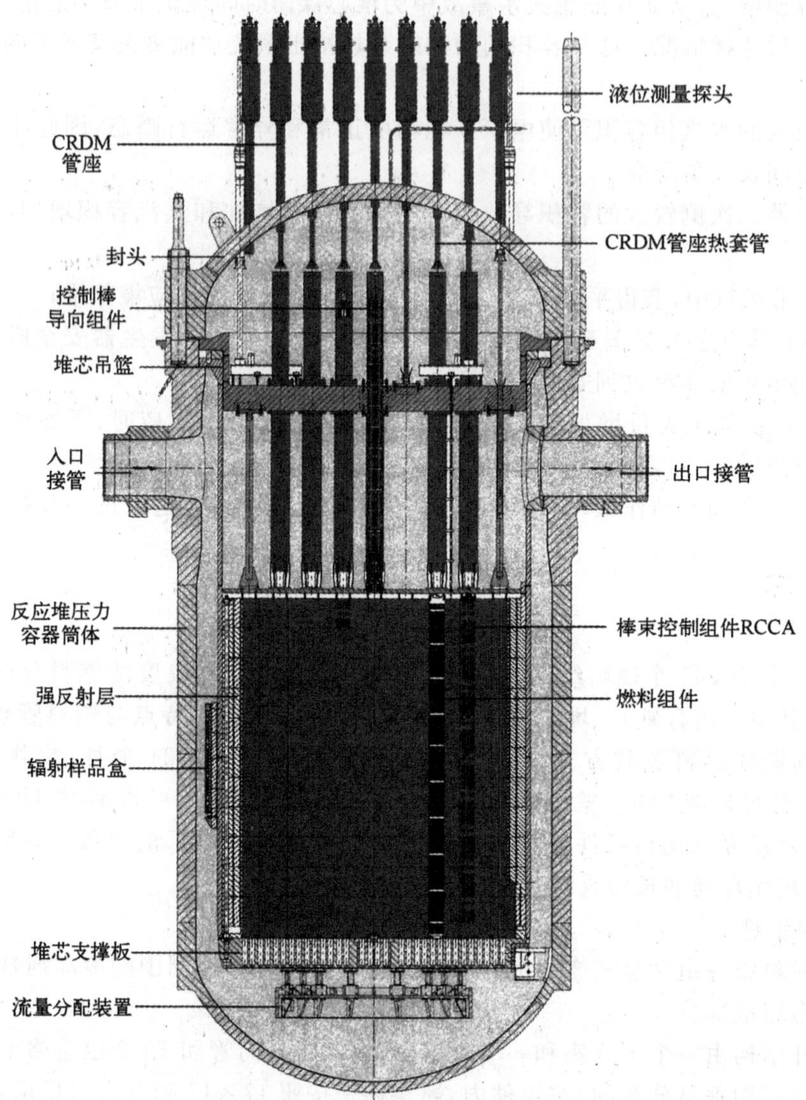

图 15-7 EPR 压力容器结构图

根之间。浓缩的 UO_2 用作 Gd_2O_3 的载体材料，当钆消耗掉后可以降低径向功率峰值因子并且更易达到规定的燃料循环长度的要求。

(3)控制组件

控制组件通过燃料组件的导向管插入堆芯，用于反应堆功率调节和紧急停堆。EPR 采用 HARMONI™型的棒束控制组件，所有的 RCCAs 都采用同样的类型。24 根相同的吸收剂棒固定在同一个头部组件上。中子吸收剂棒的吸收材料为银-铟-镉合金(Ag-In-Cd)和烧结的碳化硼(B_4C)芯块。堆芯的控制系统由 89 个棒束控制组件(RCCAs)组成。按性质分为两类，37 个用于慢化剂平均温度控制和轴向功率补偿，52 个构成了停堆棒组。其中第一类分成 5 组。

由于控制棒包壳管的机械磨损是 RCCAs 运行寿期的一个重要限制因素，HARMONI™包壳经过特殊离子氮化处理，使其外表面具有耐磨性并能消除包壳磨损。

15.3.3 反应堆压力容器和内部结构

15.3.3.1 反应堆压力容器

反应堆压力容器是核蒸汽供应系统关键设备之一，内部装有反应堆堆芯。压力容器顶盖通过螺栓—螺帽—垫圈组件与 RPV 上部相连接。

为了最大限度减少大型焊缝的数量，从而相应降低制造成本并缩短在役检查时间，压力容器上部筒体为整体锻件加工而成，法兰与接管段壳体是一体的。调节型管嘴便于一回路管道和压力容器的焊接及焊缝的在役检查。

压力容器下部是由堆芯高度的圆筒形部分、过渡段及球形下封头组成。因为堆芯内仪表由压力容器顶部上封头引入，因此下封头没有任何贯穿件通过。

压力容器的设计便于在役检查期间进行无损检测。特别是其内表面是可接近的，允许从内部对焊缝进行 100%的目视和/或超声波检查。

压力容器顶盖部分为圆球形，装有为控制棒驱动机构和堆芯仪表提供导向的贯穿件。

压力容器及顶盖是由锻造的铁素体钢—16MND5 制造的，这种钢具有足够的抗拉强度、韧性和可焊接性能。为了抗腐蚀，压力容器及其顶盖的整个内表面都堆焊有不锈钢覆盖层。

反应堆厂房内，整个压力容器结构(包括反应堆堆芯)来自一组位于八个主接管下面完整的支撑座来支撑的。这些支撑座位于反应堆堆坑顶部的支撑环上。

在压力容器 60 年设计寿期中有足够的安全裕量保证防止由于材料辐射老化的原因导致的脆性裂纹。

在设计寿期的末期，RPV 材料延性-脆性转变温度(RTNDT)仍然低于 30 ℃。取得这一结果，除了压力容器选材及残余杂质含量低的因素外，还在于堆芯周围采用中子反射层减少中子注量率并保护压力容器免受中子辐照的影响。

15.3.3.2 反应堆堆内构件

反应堆压力容器堆内构件(RPVI)为燃料组件提供支撑并保持它们在堆芯内的方向和位置，以便保证在包括假想事故情况的任何情况下，通过控制组件进行堆芯反应性调节，通过一次侧冷却剂进行堆芯冷却。

堆内构件为堆内测量仪表提供机械导向，使其插入堆芯并进行定位，并保护其免受运行期间流致振动的影响。堆内构件还保护压力容器免受快中子辐射引起的脆化的影响，从而有利于保护阻止放射性释放的三道屏障中的第二道的完整性。

堆内构件可以部分从压力容器拆除以便进行燃料组件的装料/卸料，或完全拆除以便完全接近压力容器内壁进行在役检查。

(1)上部构件

上部构件装有棒束控制组件(RCCA)导向装置。RCCA 导向管套筒和支撑柱与 RCCA 导向管支撑板和堆芯上栅隔板相连。在运行中，上部构件保持燃料组件在轴向处于正确位置。

(2)堆芯吊篮组件和下部构件

堆芯吊篮法兰位于从压力容器筒体上法兰加工出的凸肩上,并用大型 Belleville 型弹簧在轴向预先装好。燃料组件直接安在有孔的板上,即堆芯支撑板。这块板由不锈钢锻件机加工而成,并焊接在堆芯吊篮上。每个燃料组件由两个 180°分开的销钉进行定位。

(3)强反射层

为了减少中子泄漏并使功率分布比较平缓,在多角形堆芯和圆筒形堆芯吊篮之间的空间内加了一个中子强反射层,强反射层为不锈钢结构,围绕在堆芯周围,由环叠置而成。环用键固定在一起,通过长螺栓固定在堆芯支撑板上以限制其轴向移动。钢结构吸收 γ 射线所产生的热量通过一次侧冷却剂带走。

强反射层是一种创新设计,其优势主要体现在如下一些方面:

(1)降低堆芯的中子逃逸量,提高燃料利用率(更多中子可以参加链式反应)。因此,通过采用下列方法使降低燃料循环成本成为可能;

(2)通过减少堆芯的中子泄漏率,保护反应堆压力容器免受快中子辐照引起的老化和脆化的影响,有利于保证 EPR 的 60 年设计寿期;

(3)改进堆芯周围内部结构的机械性能。

15.3.4 蒸汽发生器

蒸汽发生器(SG)是一次侧冷却剂和向汽轮发电机提供蒸汽的二次侧给水之间的接口,一次侧冷却剂吸收核燃料裂变释放的热量被加热。一次侧水流入蒸汽发生器管束并将热量传给二次侧给水而产生蒸汽。与一般的压水堆一样,EPR 采用自然循环式 U 形管束立式蒸汽发生器。

EPR 蒸汽发生器增加了热交换面积并采用轴向节能器(见图 15-8)。轴向节能器的主要原理是把水引向管束的冷端,把 90%的再循环水引至热端。为了做到这一点,在标准自然循环 U 形管设计的下水流的冷段加一个双层围板将给水引至管束的冷端,并在二次侧设一隔板将管束的冷端和热端分开。除这两个特征以外,蒸汽发生器的内部给水分配系统只包括冷侧管束围板覆盖的 180 ℃范围。因而饱和蒸汽压力能够达到 7.8 MPa 而且电厂效率能达到 36%左右。管束材料采用经过证明耐应力腐蚀的因科镍 690 合金,钴含量平均值低于 0.015%。蒸汽发生器管束围板是由 18 MND5 钢制成的。

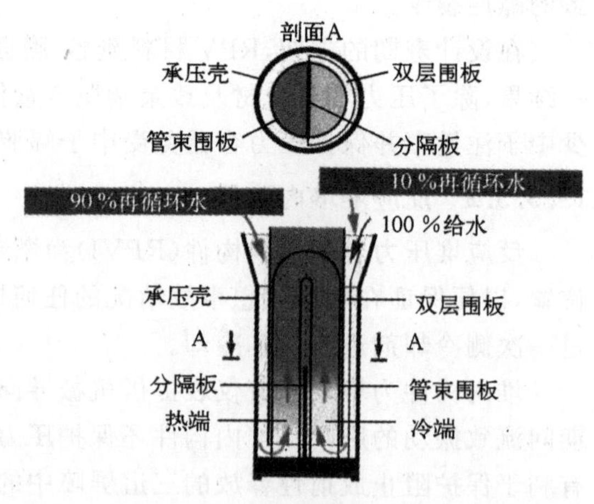

图 15-8 蒸汽发生器轴向节能器

为了增加传热效率,轴向节能器将 100%的冷给水引向管束的冷端,并将大约 90%的热的再循环水引至热端。为了做到这一点,增加一块管束围板将给水引向管束的冷端并用隔板将冷端和热端分开来。与常规蒸汽发生器相比,这一设计改进增加了 0.3 MPa 的蒸汽压力。在对管束进行检查和维护时,管束的可接近性得到改善。

在 EPR 蒸汽发生器设计中特别考虑取消二次侧交叉水流，以防止引起管束振动。

汽室体积增大，这一特性加上安注压力低于二次侧安全阀整定压力，在蒸汽发生器小管破裂时可以防止蒸汽发生器满溢。从而避免液体释放。

与先前设计相比，二次侧的水量大大增加，这样在完全丧失给水的事故情况下，获得了至少 30 min 的烧干时间。

15.3.5 反应堆冷却剂泵

反应堆冷却剂泵（主泵）让冷却剂通过反应堆冷却剂系统进行强制循环，这一循环把热量从堆芯带到蒸汽发生器，在蒸汽发生器热量被传递至二次侧系统。在四个输热环路的每一个环路中，在蒸汽发生器出口及反应堆压力容器入口之间的冷管段上安装有一台反应堆主泵。

主泵设计是 N4 主泵的增强型。这种泵型的特点是由于叶轮末端安装了静液压轴承，因此轴线振动水平非常低。泵的能力已经提高，可以符合 EPR 运行要求。此外，还增加了新的安全装置“静止密封”作为轴密封的备用。

轴密封以静密封作为备用，一旦泵停止运行并且泄漏管线关闭时，静止密封就关闭了。它创造了一种金属对金属接触的密封面以保证在下述情况下的轴的密封性能：

(1)同时失去用于冷却轴密封系统的来自化学容积系统的注入水以及设备冷却水。

(2)所有各级轴封系统逐级失效。

这些特性保证了即使在电厂失去外电源或主密封故障时不发生冷却剂损失。

15.3.6 稳压器

稳压器(PZR)的作用是将主冷却剂回路的压力维持在规定的限值以内。它是主回路的一部分，通过波动管线与主系统四个环路中的一个的热段相连接。

稳压器是一个装满主回路水的容器，底部是液态水，顶部为汽态水。为了适应主回路冷却剂体积的变化，稳压器底部装有电加热器用以蒸发更多的液态水，而位于顶部的喷淋装置可以冷凝更多的蒸汽。与以前的设计相比，为了对运行中的瞬态做出平缓的反应，EPR 稳压器的体积大大增加了。这一改进一方面对延长设备寿期有益，另一方面也为应对运行中潜在的异常情况赢得了时间。

稳压器顶部的卸压阀和安全阀组为主回路提供超压保护。与以前设计相比，EPR 增加了一组电动阀。在发生假想堆芯熔化事故时，如有必要，它们向操纵员提供额外有效的手段，使主回路迅速减压以避免高压熔堆。

15.3.7 EPR 安全性

EPR 在安全和有关假想严重事故的预防和缓解方面作了很大的改进。这些改进目标旨在持续不断地寻求更高的安全水平，并强化纵深防御概念的应用。

15.3.7.1 改进预防措施，进一步降低堆芯熔化概率

为了进一步降低目前核电厂反应堆已经极低的堆芯熔化概率，EPR 在下面三个方面作了改进：在设计阶段就把运行条件范围的扩展考虑进去；为了减少异常情况导致为事故的风险，在设备和系统有关方面所作出的选择；操纵员行动可靠性方面的改进。

(1)从设计时就考虑运行条件范围的扩展

· 概率安全评估的使用

尽管 EPR 安全分析法主要是以纵深防御概念(确定论方法的一部分)为基础,但它还采用了概率分析方法。这些使得人们能够确定可能产生堆芯熔化或大规模早期释放的事故的序列,评估它们的概率并确定潜在原因,从而进行补救。

· 对于内外部的风险采取更多的预防措施

对于安全系统的安装和土建工程所作的选择把多种危险(地震、洪水、火灾、坠机)所引起的风险减至最低。

安全系统设计在机械电气部分和仪控方面都采用四重冗余。这就是说每一系统都是由四个子系统或四个列组成的,而每一个子系统和列都能够自己完成全部安全功能。四个冗余系列实体隔离,地理上分处在四个独立的分区(厂房)。

每一分区包括在丧失冷却剂事故中向压力容器安全注射硼化水,一个低压安注系统及其冷却回路以及中压安注系统;蒸汽发生器应急给水系统;与这些系统相关的电气系统及仪控系统。

反应堆厂房、乏燃料临时储存厂房以及四个分区中的安全厂房有特殊保护以便防范外来危险如地震和爆炸。

另外,进一步加强了对飞机撞击的防护。反应堆厂房为双层混凝土壳:外层为 1.3 m 厚的钢筋混凝土壳,内层为预应力混凝土壳并有 6 mm 厚的金属衬里。外层厚的钢筋混凝土壳本身具有足够的强度吸收军用或大型民用飞机的撞击所产生的冲击。通过双层混凝土壳防护燃料厂房、四个安全厂房中的两个专门用于安全系统、主控室和应急状况下使用的遥控停堆站的厂房。

其他两个未受双层混凝土壳保护的安全厂房相对布置并被反应堆厂房分开,这样两个厂房不会同时受损。采用这种方法,如果发生飞机撞击,安全系统至少有三个完整系统。

(2)针对有关设备和系统,减少不正常工况恶化为事故的可能

· 消除主管道大破口危险

反应堆冷却剂系统的设计,锻造管道及部件的采用、高机械性能材料的使用,再综合采取早期泄漏检测,并加强在役检查,实质性根除了任何大破口事故的风险。

· 蒸汽发生器传热管破裂事故的优化管理

蒸汽发生器传热管破裂是一种事故,如果发生的话,将导致一回路的水和压力传至二回路系统。一次侧压力降低自动引起反应堆停堆,然后如果达到给定的压力阈值,将触发安注,水会注入反应堆压力容器。对此,即 EPR 选择安注压力(中压安注)低于二次侧安全阀的整定压力以防止在这种情形下蒸汽发生器水满溢。这样会带来双重好处:避免发生液体释放并大大降低二次侧安全阀卡在“开”位上的危险。

· 安全系统的简化

对安全重要系统及其支持系统的设置,每个系统均为四列并处在四个隔离的分区内。这些系统的结构简单,并且把依据反应堆是带功率运行还是处于停堆状态所需进行的配置上的变化降至最小;EPR 安注系统和余热排出系统的设计便是一个例证。

安注系统的设计使其在丧失冷却剂事故中被触发,把水注入反应堆堆芯,将堆芯冷却。在第一阶段,水经反应堆冷却剂环路的冷端(主泵和反应堆压力容器之间的管段)注入堆芯。

从长期来讲,水将同时经冷端和热端(位于蒸汽发生器和反应堆压力容器之间的管段)注入。安注泵只从安全壳内底部的贮水坑吸水。与以前的设计相比,不再需要从直接注入阶段切换为再循环注入阶段。EPR 安注系统设计在低压安注部分装有热交换器,保证能够自己进行堆芯冷却。此外,EPR 还设有严重事故专用系统,用于冷却安全壳内部,这一系统只在偶然发生的会导致堆芯熔化的严重事故中才被启动。

安注系统低压部分的四列具有余热排出功能,它们用来去除封闭回路的余热(热段吸热,冷段排热)。在反应堆冷却剂系统泄漏或破裂的偶然事件中,安注系统将保证有效动作。

(3)操纵员行动的可靠性

· 操纵员可行动时间的延长

在偶发事件和事故中,所需的保护和安全防护自动形成。在主控室 30 min 以前操纵员不需采取行动,或在电厂就地采取行动一小时以前操纵员不需采取行动。主设备容量增加(反应堆压力容器、蒸汽发生器、稳压器)也增大了反应堆的惯性,这种惯性有助于延长操纵员反应的宽限期。

· 人机接口性能得到改善

在数字仪控领域所取得的进步,以及从首批装备全计算机化主控室的 N4 电厂所获得的经验反馈分析,使 EPR 在人机接口方面具有高性能、高可靠性和最优化设计的特点。反应堆和有关电厂状态数据的采集,使操纵员能够提高实时行动的可靠性。

15.3.7.2　从设计阶段起便考虑缓解严重事故的措施

为响应法国和德国核安全当局早在 1993 年所提出的针对未来核电厂的新的安全要求,堆芯熔化事故的概率必须非常低,而且即使发生,也只需采取非常有限的厂外措施。

在 EPR 的设计导则中,缓解严重事故后果的对策旨在根除可能导致早期大规模释放的情况,例如:高压熔堆、高能堆芯熔融物/水相互作用、反应堆安全壳内氢爆、安全壳旁路;在偶发的低压熔堆事故后伴随堆芯熔融物在压力容器外扩展的情况下,要保证反应堆安全壳完整性;要保持反应堆安全壳内堆芯熔融物的滞留和稳定以及堆芯熔融物的冷却。

(1)高压熔堆的预防

除了通常的反应堆冷却剂系统的卸压系统,EPR 装有专门用于在偶发严重事故中防止高压熔堆的阀门。这些阀门保证即使在发生稳压器卸压管线故障的情况下,也能快速卸压。这些阀门由操纵员控制,其设计为在第一次触发后仍安全地处于开启位置。它们的卸压能力保证一次侧快速减压至零点几 MPa,在压力容器熔穿事件中通过堆芯熔融物的分散来排除任何反应堆安全壳增压的风险。

(2)防止高能堆芯熔融物与水相互作用

偶发的堆芯熔化事件中,情况会随着堆芯熔融物在压力容器外扩展而加重,也就是说反应堆堆坑和堆芯熔融物展开区在正常运行中要保持干燥(无水)。只有堆芯熔融物在安全壳内部专门区域内展开时,当它已经出现部分冷却、表面固化、放射性减少的时候,才可使之与有限的水接触以使其进一步降温。

(3)防氢爆的安全壳设计

在极不可能的严重事故中,氢会在安全壳内大量释放出来。这首先通过冷却剂和燃料组件锆包壳发生锆水反应而产生,其次是在堆芯熔化事件和熔融物在压力容器外扩展中,堆芯熔融物与熔融物展开区和冷却区的混凝土发生反应而产生。为此，安全壳预应力混凝土内壳的设计要能够抵挡由于氢气燃烧所产生的压力，另外在安全壳内装有氢气复合器以便任何时候氢的平均浓度保持在10%以下，从而避免发生爆轰的危险。此外，假定发生氢爆燃的话，安全壳内的压力不能超过0.55 MPa。

(4)堆芯熔融物的滞留和固定

反应堆堆坑设计考虑发生堆芯熔融物在压力容器外扩展的情况下，收集堆芯熔融物，然后把它转运至堆芯熔融物展开和冷却区。反应堆堆坑表面有牺牲性混凝土作保护，加上由氧化铝型耐熔材料所组成的保护层。专门的堆芯扩散冷却区是一个堆芯捕集器，它装备有固体金属结构并且其表面覆盖有牺牲性混凝土作保护层。其目的是保护核岛基础底板免受任何损坏，其下部装有循环水冷却通道。采用大扩展区(170 m^2)的目的是为了促进堆芯熔融物的冷却。

堆芯熔融物从反应堆堆坑到展开区的转运要通过一个非能动装置：钢“塞”在堆芯熔融物的热效应下熔化。展开之后堆芯熔融物的淹没也是通过非能动的可熔的塞体装置来完成的。然后安全壳内换料水箱中的水靠重力非能动地注入熔融物，之后蒸发，使熔融物得到冷却。几小时以后冷却效应使堆芯熔融物固定并在几天后完成固化。

(5)安全壳余热排出系统和长期余热导出装置

在偶发严重事故中，为了防止安全壳失去其长期完整性，必须有措施控制安全壳内的压力并阻止在余热效应作用下压力升高。带有热交换器的双列喷淋系统和专门的热阱用于执行这一功能。由于安全壳体积大(80 000 m^3)，操纵员至少有12个小时的时间来启动此系统。

安全壳余热排出系统的第二个运行模式能够让给水直接进入堆芯熔融物捕集器，而不是进入喷淋系统，见图15-9。

15.3.8　专设安全设施

15.3.8.1　安注/余热排出系统

安注系统(SIS/RHRS)包括中压安注系统、安注箱、低压安注系统和安全壳内换料水贮水箱。此系统执行双重功能：在正常运行工况下执行余热导出功能和事故工况进行安注。

系统由四个分开的和独立系列组成，每一系列都有用安注箱、中压安注泵(MHSI)和低压安注泵(LHSI)分别对一回路进行安全注射的能力，低压安注泵出口处设有热交换器，见图15-10。

在正常运行工况下，此系统起余热排出功能：

· 当经过蒸汽发生器进行热转换不再足够有效时(即在正常运行中一回路温度低于120 ℃)，提供将热从反应堆冷却剂系统传输至中间冷却水系统的能力。

· 当冷停堆和换料停堆时，只要任何燃料组件仍然在安全壳内时，将热连续地从一回路或反应堆换料水池传输给中间冷却系统。

在假想的事故中以及与中间冷却水系统和重要厂用水系统相关联的事件中，在反应堆停堆后余热排出(RHR)模式的安注系统维持主回路堆芯出口和热端温度低于180 ℃。

四个冗余和独立的安注系列被安排在安全厂房的分开的区域内，每一系列连接到一个专门的主系统环路并设计可以提供事故缓解所需的注射能力。这一结构大大地简化了系统

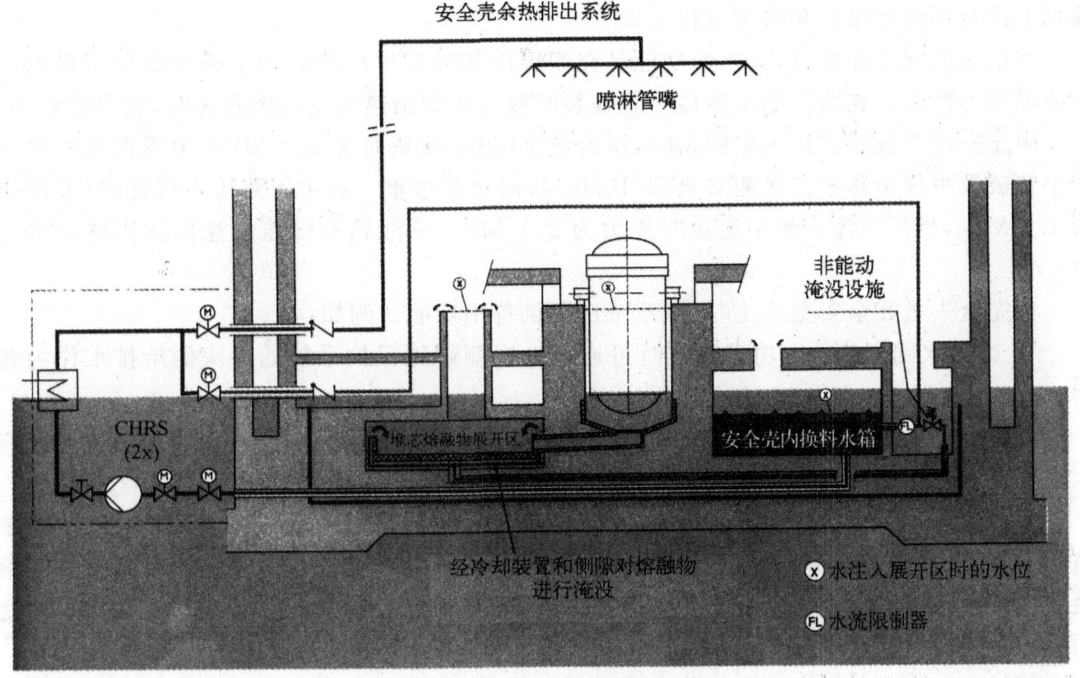

图 15-9　严重事故堆芯熔融物缓解图

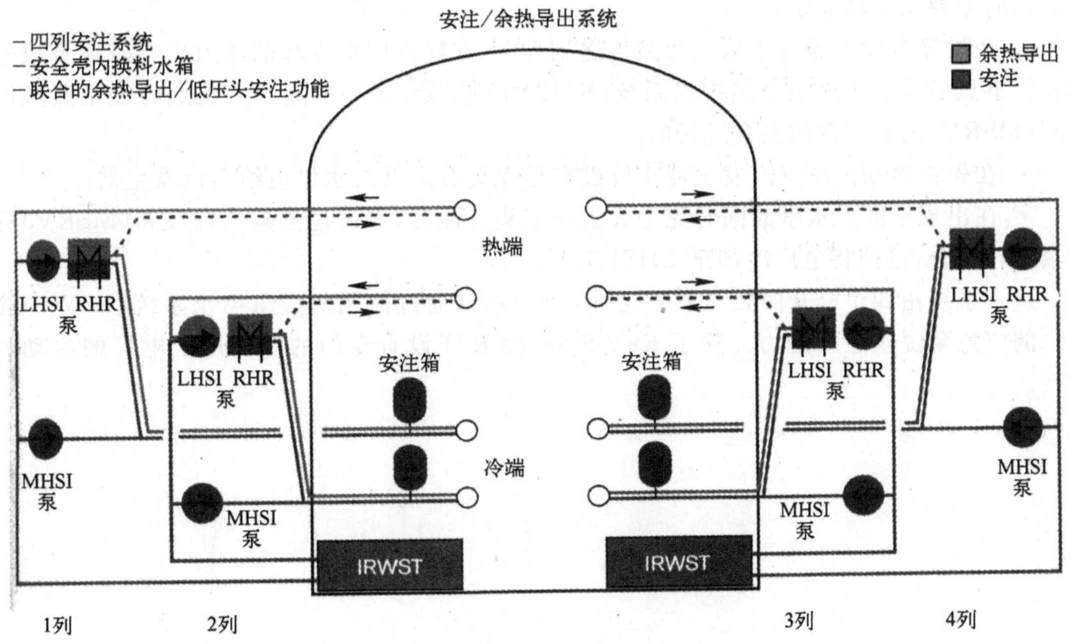

图 15-10　EPR 安注/余热排出系统

设计。

这一设计也使得有足够时间进行预防性维护或修理，例如在电厂运行期间在整个安全系列上进行预防性维护和修理工作。

在系统起安注作用时，其主要功能是在假想冷却剂丧失事故后为了补偿事故后果而向反应堆堆芯注水。在蒸汽发生器传热管破裂时或二次侧余热排出功能丧失时，它也将启用。

中压安注系统将水注入主回路时，压力设定（最小流量时为 9.2 MPa）考虑在蒸汽发生器小管破裂事件中防止二次侧安全阀（10.0 MPa）负担过重。当主回路压力很低时（安注箱为 4.5 MPa，低压安注在最小流量时压力为 2.1 MPa）安注箱和低压安注向主回路冷端注水。

在完全失去冗余安全系统时，该系统还提供备用功能。例如：

· 当二次侧余热导出功能丧失时可通过一次侧超压保护系统的一次侧给排水作为备用。

· 类似情况有，完全失去低压头可通过中压安注系统和用安全壳热量导出系统或换料水箱水来进行冷却。

换料水箱是一个盛有大量含硼水的箱体。它收集排在安全壳内的水。它的主要功能是向安注系统、安全壳热量导出系统和化容控制系统的泵供水以及在严重事故中淹没堆芯熔融物展开区。换料水箱位于安全壳底部，在运行楼层下面，处于反应堆堆腔和飞射物屏障之间。在假想事故的管理过程中，换料水箱的含硼水应由低压头安注系统进行冷却。

15.3.8.2　应急给水系统

应急给水系统（EFWS）设计保证所有其他正常供水系统不再供水时的蒸汽发生器供水。它的主要安全功能是：

· 经过蒸汽发生器将热从主回路传送到大气、在除反应堆冷却剂压力边界破裂事故外的任何事故后将热传送至余热排出系统（RHRS）连接处；这一功能的实现是与经主蒸汽卸压阀（MSRV）的蒸汽排放联合进行的。

· 在失去冷却剂或蒸汽发生器小管破裂后保证有足够的水供应给蒸汽发生器。

· 在出现小的失水事故同时完全失去中压头安注时，与通过主蒸汽释放阀（MSRV）释放蒸汽相结合，迅速将电厂冷却至 LHSI 工况。

这一系统由四个分开的独立系列组成，每一系列通过使用从应急给水系统（EFWS）箱吸水的应急泵提供注入能力。除了 EFWS 外，EPR 还设有专门的系统用于电厂的启动和运行。

参 考 文 献

[1] 朱继洲主编.核反应堆安全分析.西安:西安交通大学出版社,北京:原子能出版社,2000
[2] 朱继洲主编.核反应堆运行.北京:原子能出版社,1992
[3] 广东核电合营有限公司生产部.核能与热能发电站技术手册.蓝皮手册.第 1～5 册
[4] 广东核电合营有限公司生产部.核能与热能发电站技术手册.红皮手册.第 1～3 册
[5] 广东核电合营有限公司生产部.900 MW 压水堆系统及运行课程.第 1～6 册
[6] 林诚格.防止和缓解核电厂严重事故的对策.核科学与工程,1993.13(1)
[7] 连培生.广东大亚湾核电站的安全性.广东核电合营有限公司,1991.8
[8] 沈如刚.法国 900 MW 级核电站运行模式.核动力工程,1991.12(3)
[9] 王春生.大亚湾核电站的电气系统.核动力工程.1989.10(1)
[10] 储品昌,傅小生.大亚湾核电站汽轮机特点.核动力工程,1990,11(1)
[11] 桑维良.压水堆保护系统.核动力工程,1987,8(2)
[12] 朱继洲.核电站的安全性、可靠性与无损检测,1985,7(6)
[13] 朱继洲.压水堆核电站安全壳泄漏试验.核动力工程,1988,(4)
[14] 江邦治.反应堆安全壳密封(泄漏)试验原理与分析方法.核动力工程,1990,11(1)
[15] 江邦治.反应堆安全壳的局部泄漏率试验.核动力工程.1991,12(4)
[16] 75-INSAG-3,Basic Safety Principles for Nuclear Power Plants Series-IAEA,1988
[17] NUREG-0800,Standard Review Plan No. 2 U. S. NRC,July,1981
[18] WESTINGHOUBE, Pressured Water Reactor System Manual
[19] Jacques Lilbman. Approche et Analyse de la Surete des Reacteurs a Eau Sous Pression INSTN, CEA,1987
[20] Jean-Pierre Mercier. La Maintaince des Centrales Nucleaires a Eau Sous Pression Editions KIRK, 1987
[21] Mehta,D S. Trends in The Design PWR Containment Structure and Systems. Nuclear Sefety, 1977,18(2)
[22] NUREG 75/014. Reactor Safety Study. An Assessment of Accident Risks in US Commerical Nuclear Power Plants. WASH-1400,1975
[23] 欧洲共同体委员会能源总司.核电厂启动调试培训教程,刘华等译.国家核安全局,1990
[24] 欧阳予等.秦山核电厂的安全设计,核科学与工程(增刊),1989
[25] 沈长发.秦山核电厂蒸汽发生器汽水分离器研制.核动力工程,1986,7(2)
[26] 薛汉俊.核能动力装置.北京:原子能出版社,1990
[27] 弗拉基米罗夫,B M.核反应堆运行中的实际问题.任弋等译.北京:原子能出版社,1976
[28] 核安全法规 HAF0200(91)核电厂设计安全规定.国家核安全局
[29] 核安全法规 HAF0300(91)核电厂运行安全规定.国家核安全局
[30] 核安全法规 HAF0400(91)质量保证安全规定.国家核安全局
[31] 中华人民共和国国家标准.核电厂环境辐射防护规定 GB 6249—86
[32] 陈济东主编.大亚湾核电站系统及运行.北京:原子能出版社,1994
[33] 连培生编著.原子能工业(修订版).北京:原子能出版社,2002
[34] 世界能源理事会中国国家委员会.面向 21 世纪的世界能源(第 18 届世界能源大会论文选编).北京:原子能出版社,2001 年

[35]《岭澳核电站设备国产化文集》编辑委员会. 岭澳核电站设备国产化文集. 北京:原子能出版社,2003

[36]《岭澳核电工程实践与创新》编辑委员会. 岭澳核电工程实践与创新(调试启动卷). 北京:原子能出版社,2003 年

[37] AP1000－先进核电技术.《核电》专刊,2005,7

[38] EPR－先进核电技术.《核电》专刊,2005,7

[39] 国家核安全局. 核电厂标准技术规格书(西屋核电厂). 核安全译文,NNSA-0055,1998

[40] 中华人民共和国国家质量监督检验检疫总局.《电离辐射防护与辐射源安全基本标准》(GB 18871-2002)

附　录

附录 1　主要符号表

$(ALI)_j$——j 种放射性核素年摄入量限值,Bq

AO——轴向偏移

a_p——功率系数

C——动叶栅中蒸汽绝对速度,m/s

C_B——冷却剂含硼浓度,mg/kg

CO——蒸汽水分

c_p——定压比热,kcal/(kg·℃)

F——蒸汽发生器换热面积,m^2

F_o——节流元件流道面积,m^2

F_u——动叶栅切向力,N

F_q^t——功率不均匀系数

G——蒸汽流量,kg/s

g——重力加速度,m/s^2

H——高度,m

h——比焓,J/kg

H_d——深部年当量剂量指数

H_E——年有效当量剂量限值,Bq

H_o——理想焓降,J/kg

H_{oc}——喷嘴叶栅理想焓降,J/kg

H_{op}——动叶栅理想焓降,J/kg

$(H_s)_i$——浅表部年当量剂量指数,mSv

H_{sk}——皮肤的年当量剂量限值,mSv

H_T——人体组织 T 的年当量剂量,Bq

H_u——轮周焓降,J/kg

k——增殖因子

L_A——安全壳泄漏率,%/24h

M_{ge}——发电机转子磁阻力矩,N·m

M_t——汽轮机转子主动力矩,N·m

N——原子核数

n——中子密度,cm^{-3}

N_o——原子核数平衡值

P——功率,W

p——压力,MPa

P_A——厂用电功率,W

P_B——堆芯下半部功率,W

P_{EH}——稳压器电加热器功率,W

P_{GE}——核电厂电功率,W

P_H——堆芯上半部功率,W

P_n——额定功率,W

P_{NE}——净电功率,W

P_{Pu}——冷却剂泵加热功率,W

P_R——反应堆热功率,W

P_r——蒸汽产生热功率,W

P_s——二回路输出功率,W

P_u——轮周功率,W

Δp_a——冷却剂流动压差值(宽量程)

Δp_b——冷却剂流动压差值(窄量程)

p_c——设计压力,MPa

p_p——反应堆毒性

h_F——给水热焓,J/kg

h_v——蒸汽热焓,J/kg

I——转动惯量,kg·m

ΔI——轴向功率偏差

I_j——j 种放射性核素年摄入量,Bq

I_s——凝结水放射活性,计数/min

I_T——蒸汽样品放射活性,计数/min

K——蒸汽发生器传热系数,W/(m·K)

R_F——许用应力下试验温度,℃

S——外中子源强度

T——温度,℃;运行时间,s

T_{av}——冷却剂平均温度,℃

T_{BD}——下泄流温度,℃

T_c——一回路冷段温度,℃

T_{CH}——上充流温度,℃

T_h——一回路热段温度,℃

T_i——堆芯冷却剂入口温度,℃

T_o——堆芯冷却剂出口温度,℃

ΔT——温差,℃

u——圆周速度,m/s

V——容积,m^3

W——相对速度,m/s

W_{BD}——下泄流质量流量,kg/s

W_F——给水流量,t/h

W_i——冷却剂质量流量,kg/s

W_{Si}——蒸汽质量流量,kg/s

W_T——人体组织相对危险度权重因子

Wt——Weight 重量的缩写

p_s——试验压力,MPa

p_{vessel}——容器内压差,MPa

ΔQ——传递的热量,J

Q_Γ——一回路系统热损失,J

Q_{SE}——二回路热功率,W

Q_{SG}——蒸汽发生器热功率,W

q_l——堆芯线功率密度,W/m

R——气体常数

X_i——蒸汽发生器出口蒸汽干度,%

α_h——控制棒反应性微分价值,pcm

γ——流体比重,kg/m^3

γ_I——碘产额,%

γ_{xe}——氙产额,%

δk——过剩反应性,pcm

η_u——轮周效率

λ——衰变常数

ρ——反动度,反应性,pcm

$\Sigma\Delta\rho$——棒组反应性积分价值,pcm

ρ_l——液相密度,kg/m^3

ρ_v——汽相密度,kg/m^3

角　标

abs——绝对的

av——平均值

eff——有效的

i——入口参数

max——最大值

o——出口参数

ref——参考值

附录 2　单位换算表

	米(m)	厘米(cm)	英尺(ft)	英寸(in)
长度	1	100	3.281	39.37
	0.010 00	1	0.032 81	0.393 7
	0.304 8	30.48	1	12.00
	0.025 4	2.540	0.083 33	1
	千克(kg*)	克(g*)	磅(lb*)	原子质量单位(amu)
质量①（重量）	1	1 000	2.205	$6.025 \cdot 10^{26}$
	0.001	1	0.002 205	$6.025 \cdot 10^{23}$
	0.453 8	453.6	1	$2.733 \cdot 10^{26}$
	1.656×10^{-27}	1.656×10^{-24}	3.659×10^{-27}	1
	米³(m^3)	升(l)	[英]加仑(gal)	[美]加仑(gal)
容积	1	1 000	220.0	264.2
	0.001	1	0.220	0.264 2
	4.546×10^{-3}	4.546	1	1.201
	3.785×10^{-3}	3.785	0.832 7	1
	千克/米³(kg*/m^3)	克/厘米³(g*/m^3)	磅/英寸³(lb*/in^3)	磅/英尺³(lb*/ft^3)
密度②（比重）	1	0.001	$0.361\,3 \times 10^{-4}$	0.062 43
	1 000	1	0.036 13	62.43
	2.768×10^{4}	27.68	1	1 728
	16.02	0.016 02	5.787×10^{-4}	1
	牛顿(N)	千克力(kgf)	磅(lb)	达因(克*厘米/秒²)
力	1	0.102 0		1.000×10^{5}
	9.807	1	2.205	9.807×10^{5}
	4.448	0.453 6	1	4.448×10^{5}
	1.000×10^{-5}	1.020×10^{-6}	2.248×10^{-6}	1
	帕＝牛顿/米²（Pa＝N/m^2）	千克力/厘米²（kgf/cm^2）	磅/英寸²（psi）	巴＝10^5 牛顿/米²（bar＝10^5 Pa）
压力③	1	1.020×10^{-5}	1.450×10^{-4}	10^{-5}
	9.807×10^{4}	1	14.22	0.980 7
	6.895×10^{3}	0.070 31	1	0.068 95
	10^{5}	1.020	14.50	1
	牛顿·秒/米²(N·s/m^2)	千克力·秒/米²（kgf·s/m^2）	克力/(厘米·秒)（g*/cm·s）	磅/(英尺·秒)（lb*/ft·s）
动力黏性系数	1	0.102 0	10.00	0.671 9
	9.807	1	98.07	6.589
	0.100	0.010 20	1	0.067 19
	1.488	0.151 7	14.88	1

续表

	米²/秒 (m^2/s)	米²/小时 (m^2/h)	英尺²/小时 (ft^2/h)	英尺²/秒 (ft^2/s)
运动黏性系数	1	3 600	3.784×10^{4}	10.76
	2.778×10^{-4}	1	10.76	2.989×10^{-3}
	2.581×10^{-5}	0.092 90	1	2.778×10^{-4}
	0.092 90	334.4	3 600	1
	焦耳(J)	尔格(erg)	千克力·米(kgf·m)	电子伏(eV)
能量	1	10^{7}	0.102 0	6.243×10^{18}
	10^{-7}	1	1.020×10^{-8}	6.243×10^{11}
	9.807	9.807×10^{7}	1	6.120×10^{19}
	1.602×10^{-19}	1.602×10^{-12}	1.634×10^{-20}	1
	焦耳(J)	千卡(kcal)	英热单位(Btu)	千瓦·小时(kW·h)
能（热量）	1	2.388×10^{-4}	9.478×10^{-4}	2.778×10^{-7}
	4.187×10^{3}	1	3.968	1.163×10^{-3}
	1 056	0.252 0	1	2.931×10^{-4}
	3.600×10^{6}	859.8	3.412	1
	瓦(W)	千克力·米/秒(kgf·m/s)	磅·英尺/秒(lb·ft/s)	马力(hp)
功率	1	0.102 0	0.737 6	1.360×10^{-3}
	9.807	1	7.233	0.013 33
	1.356	0.138 3	1	1.843×10^{-3}
	735.5	75.00	542.5	1
	瓦/米² (W/m^2)	千卡/(米²·小时) [kcal/(m^2·h)]	英热单位/(英尺²·小时) [Btu/(ft^2·h)]	瓦/厘米² (W/cm^2)
热流密度	1	0.860	0.317	10^{-4}
	1.163	1	0.368 7	1.163×10^{-4}
	3.154	2.712	1	3.154×10^{-4}
	10^{-4}	8 600	3 170	1
	瓦/(米²·K) [W/(m^2·K)]	千卡/米²·小时·℃ [kcal/(m^2·h·℃)]	英热单位/(英尺²·小时·℃) [Btu/(ft^2·h·℃)]	瓦/(厘米²·℃) [W/(cm^2·℃)]
传热系数 放热系数	1	0.859 8	0.176 1	10^{-4}
	1.163	1	0.204 9	1.183×10^{-4}
	5.678	4.883	1	5.678×10^{-4}
	10^{4}	8 600	1 761	1

续表

	瓦/(米·K) [W/(m·K)]	千卡/(米·小时·℃) [kcal/(m·h·℃)]	英热单位/英尺·小时·℉ [Btu/(ft·h·℉)]	卡/厘米·秒·℃ [cal/(cm·s·℃)]
导热系数	1	0.859 8	0.577 8	2.388×10^{-3}
	1.163	1	0.672 0	2.778×10^{-3}
	1.173	1.488	1	4.134×10^{-3}
	418.7	360	241.9	1
	千焦耳/(千克·K) [kJ/(kg*·K)]	千卡/千克·℃ [kcal/(kg·℃)]	英热单位/磅·℉ [Btu/(lb·℉)]	百分度热单位/(磅·℃) [PCU/(lb·℃)]
比热	1	0.238 8	0.238 8	0.238 8
	4.187	1	1	1
	4.187	1	1	1
	4.187	1	1	1
	K	℃	℉	°R
温度④	=℃+273.15	$=\frac{5}{9}$(℉−32)	$=\frac{9}{5}$℃+32	=℉+459.67 $=\left(\frac{9}{5}\right)$K

注：① 表示质量的单位，都加有＊号。质量为 1 kg* 物体的标准质量是 1 kg。

② 用重力单位表示的比重与用绝对单位表示的密度在数值上相等。而以重力单位表示密度时，应以重力加速度 g 除比重。

g＝9.807 米·千克*/(秒^2·千克)

＝1.271×10^8 米·千克*/(小时^2·千克)

＝32.17 英尺·磅*/(秒^2·磅)

＝4.170×10^8 英尺·磅*/(小时^2·磅)

③ 压力也可用大气压(at)来表示

1 大气压(at)＝1.033 千克力/厘米^2

又　ata 表示绝对大气压

atg 表示表压

④ 国际单位制(SI)温度单位用开尔文表示，记作 K。

附录3　压水堆核电厂系统、设备名称(中、英、法)

中　文	简称		英、法文
	英、美	法	
二画 厂区通讯系统		DIV	Communication Transmissions
厂区和办公楼出入监督系统	ECS	KKK	Entry Control System Controle des Accès
厂区环境气象监督系统	EMS	KRS	Environmental Monitoring System Controle de'la Pollution, Radioprotection, mèteo
厂区照明系统	SLS	LSI	Site Lighting System Balisage et Eclairage Site
厂用气体贮存和分配系统	GSS	SGZ	General Gas Storage System Stockage Gas et Distribution Gaz
四画 中央数据处理系统	CDP	KIT	Centralized Data Processing Traitement Centralisé des Information
反应堆坑通风系统	PVS	EVC	Reactor Pit Ventilation System Ventiliation du Puits de Cuve
反应堆主回路	RCS	RCP	Reactor Coolant System Circuit Primaire
反应堆控制系统	RCS	RRC	Reactor Control System Régulation Chaudière Nucléaire
反应堆保护系统	RPS	RPR	Reactor Protection System Protection Réacteur
反应堆硼和水补给系统	RBWMS	REA	Reactor Boron and Water Makeup System Appoint Eau et Bore
化学和容积控制系统	CVCS	RCV	Chemical and Volume Control System Controle Chimique et Volumetrique
化学试剂注射系统	CRIS	SIR	Chemical Reagents Injection System Conditionnement Chimique-injection réactifs
水压试验泵汽轮发电机组	HPTGS	LLS	Hydrotest Pump Turbine Generator Setj Groupe Turbo-alternateur de Ls Pempe d'essai Hydraulique
公用压缩空气分配系统	SCADS	SAT	Service Compressed Air Distribution System Distribution d'air Comprime Travail
五画 电厂辐射监测系统	RMS	KRT	Radiation Monitoring System Rsdioprotection, Meaures de Santh
电动主给水泵润滑系统	MDFPL	AGM	Motor Driven Feedwater Pump Lubrication Graissage Moto-pompe Alimèntaire

续表

中　文	简称		英、法文
	英、美	法	
电动主给水泵系统	MDFPS	APA	Motordriven Feedwater Pump System Moto-pompe Alimentaire
电气厂房冷冻水系统	EBCW	DEL	Electrical Building Chilled Water Eau Glacée(Batiment Electrique)
电缆层通风系统	CDVS	DVS	Cable Deck Ventilation System Ventilation des Entreponts de Cablage
电气厂房排烟系统	EBSES	DVF	Electrical Building Smoke Exhaust System Extraction des Fumées(Locaux Electrique)
电气厂房通风系统	EBMVS	DVL	Electrical Building Main Ventilation System Ventilation des Equipements Electriques
电气厂房消防系统	EBFPS	JPL	Electrical Building Fire Protection System Protection Incendie Locaux Electriques
电厂污水系统	PSS	SEO	Plant Sewer System Egouts-eaux Perdues
生水系统	RWS	SEB	Raw Water System Eau Brute
生水处理系统	RWTS	SET	Raw Water Treatment System Traitement d'eau Brute de la Centrale
生水过滤系统	RWFS	SFI	Raw Water Filtering System Filtration Eau Brute
仪表用压缩空气分配系统	ICADS	SAR	Instrument Compressed Air Distribution System Distribution d' air Comprimé Régulation
发电机励磁和电压调节系统	GEVRS	GEX	Generator Excitation and Voltage Regulation System Excitation Alternateur et Régulation Voltage
发电机密封油系统	GSOS	GHE	Generator Seal Oil System Huile d'étanchéité Alternateur
发电机和输电保护系统	GPTPS	GPA	Generator and Power Transmission Protection System Protection Groupe et Evacuation d'énergie
发电机氢气冷却系统	GHSS	GRH	Generator Hydrogen Supply System Réfrigération Hydrogéne de l'alternateur
发电机定子冷却水系统	SCWS	GST	Stator Cooling Water System Eau Refroidissement Stator
主给水泵汽轮机轴封系统	FPTGS	AET	Feedwater Pump Turbine Gland System Etanchéité Turbo-pompe Principale

续表

中　文	简称		英、法文
	英、美	法	
主给水泵汽机疏水系统	FPTDS	APU	Feedwater Pump Turbine Drain System Purge Turbo-pompe Alimentaire Principle
主控制室	MCR	KSC	Main Control Room Salle de Commande(Principale)
主开关站	MS	LJP	Main Switchyard Poste d'interconnexion Avec Réseau Principle
主蒸汽系统	MSS	VVP	Main Steam System Circuit de Vapeur Principle
六画 安全壳喷淋系统	CSS	EAS	Containment Spray System Aspersion et Recirculation de l'eau d'aspersion de L'enceinte
安全壳仪表系统	CIS	EAU	Containment Instrumentation System Instrumentation de L'enceinte
安全壳换气通风系统	CSVS	EBA	Containment Sweeping Ventilation System Ventilation de Balayage de L' enceinte
安全壳泄漏监测系统	CLMS	ECF	Containment Leakage Monitoring System Controle des Fuites de L'enceinte
安全壳碘过滤系统	CIFS	EFI	Containment Iodine Filtration System Filtration Iode de L'enceinte
安全壳贯穿件密封系统	CIS	EIE	Containment Isolation System Isolement de L'enceinte
安全壳空气监测系统	CAMS	ETY	Containment Atmosphere Monitoring System Surveillance de L'atmosphére de L'enceinte
安全壳连续通风系统	CCVS	EVR	Containment Continuous Ventilation System Ventilation Continue de L'enceinte
安全壳内空气净化系统	CCS	EVE	Containment Cleanup System Filtration Interhe de L'enceinte
安全注射系统	SIS	RIS	Safety Injection System Injection de Sécurité
压缩空气生产站	SCAPS	SAD	Switchyard Compressed Air Production System Production d'air Comprimé Poste HT
压缩空气生产系统	CAPS	SAP	Compressed Air Production System Production d'air Comprimé Travail et Régulation

续表

中文	简称		英、法文
	英、美	法	
地震仪表系统	EIS	KIS	Earthquake Instrumentation System Instrumentation Sismique
七画 冷却塔补水、排水系统	CTMBS	CAT	Cooling Tower Makeup and Blowdown System Appoints, Purges des Tours de Réfrigération
冷却塔强迫通风冷却系统	CTFDVS	CVF	Cooling Tower Forced Draft Ventilation System Ventilation Forcée des Réfrigérants Atmosphériques
设备冷却水系统	CCS	RRI	Componment Cooling System Réfrigération Intermediaire
余热排出系统	RHRS	RRA	Residual Heat Removal System Réfrigération a L'arrét
汽动主给水泵系统	TFPS	APP	Turbine-driven Feedwater Pump System Turbo-pompe Alimentaire Principale
汽轮机轴封系统	TGS	CET	Turbine Gland System Etancheite Labyrinthe de la Turbine
汽轮机厂房通风系统	THVHS	DVM	Turbine Hall Ventilation and Heating System Ventilation et Chauffage de la Salle des Machines
汽轮机旁路系统	TBS	GCT	Turbine Bypass System Contournement Global Turbine
汽轮机调节油系统	TCFS	GFR	Turbine Control Fluid System Fluide de Régulation
汽轮机润滑、顶轴和盘车系统	TLJTS	GGR	Turbine Lubrication, Jacking and Turning System Graissage, Soulèvement, Virage
汽轮机蒸汽和疏水系统	TMSDS	GPV	Turbine Main Steam and Drains System; Circuits Principaux de Vapeur Turbine et Purges
汽轮机调节系统	TGS	GRE	Turbine Governing System Réglage et Controle Turbine
汽轮机保护系统	TPS	GSE	Turbine Protection System Sécurité Turbine
汽轮机发电机	TG	GTA	Turbine Generator Turbo-alternateur
汽轮机润滑油处理系统	TLOTS	GTH	Turbine Lube Oil Treatment System Traitement d'huile Turbine
八画 松动部分和振动监测系统	LPVM	KIR	Loose Parts and Vibration Monitoring Instrumentation de Surveillance du Circuit Primaire

续表

中　　文	简称		英、法文
	英、美	法	
试验数据采集系统	TDA	KDO	Test Data Acquistion Système d'acquistion de Données
试验仪表系统	TIS	KME	Test Instrumentation System Réseau Fixe de Mesures d'essais
试验回路系统	TLS	LSA	Test Loops System Boucles d'essais
试验蒸汽系统	TSS	SVE	Test Steam System Vapeur d'essai
试验用移动式柴油机组	DMTL	YLH	Diesel Mobile Test Loads Bancs Mobiles de Charge pour Essais des desGroupes Electrogènes
废气处理系统	GMTS	TEG	Gaseous Waste Treatment System Traitement des Effluents Gazeux
废液排放系统	LWDS	TER	Liquid Waste Discharge System Réservoir Complémentaire de Sécurité
废液处理系统	LWTS	TEU	Liquid Waste Treatment System Traitement des Effluents Liquides Uses
固体废物处理系统	SWTS	TES	Solid Waste Treatement System Traitement des Déchets Solides
事故照明	ELS	DSX	Emergency Lighting Ecalirage Secouru
放射性废水回收系统	HWDS	SRE	Hot Workshop Drain System Recueil d'effluents
九画 低压给水加热器系统	LPFHS	ABP	Low Pressure Feedwater Heater System Réchauffeurs BP
给水加热器疏水回收系统	FHDRS	ACO	Feedwater Heaters Drain Recovery System Reprise des Condensats du Poste d'eau
给水除气器系统	FTGSS	ADG	Feedwater Tank and Gas Stripper System Bache Alimentaire et Dégazeur
给水流量调节系统	FFCS	ARE	Feedwater Flow Control System Regulation de Débit d'eau Alimentaire
给水化学取样系统	FCSS	SIT	Feedwater Chemical Sampling System Controle Chimique
总控制系统	GCS	KRG	General Control System Régulation Générale

续表

中　文	简称		英、法文
	英、美	法	
除盐水生产系统	DWPS	SDA	Demineralized Water Production System Production d'eau Deminéralisée
十画 高压加热器系统	HPFHS	AHP	High Pressure Feedwater Heater System Réchauffeurs MP-HP
核岛冷水系统	NICWS	DEG	Nuclear Island Chiled Water System Eau Glacée(ILOT Nucleaire)
核辅助厂房通风系统	NABVS	DVN	Nuclear Auxiliary Building Ventilation System Ventilation Générale du BAN
核岛废液监督排放系统	NILRS	KER	Nuclear Island Liquid Radwaste Monitoring and Discharge System Recueil, controle et rejet des Effluents de L' ilot Nucleaire
核燃料装卸输送和储存系统	FHSS	FMC	Fuel Handling and Storage System Manutention du Combustible et des Equipements Réacteur
核岛氮气分配系统	NINDS	RAZ	Nuclear Island Nitrogen Distribution System Distribution d'azote-besoins Nucléaire
核岛排气及疏水系统	NIVDS	RPE	Nuclear Island Vent and Drain System Purges, Events et Exhaures Nucléaires
核功率测量系统	NIS	RPN	Nuclear Instrumentation System Mesure de la Puissance Nucléaire
核岛除盐水分配系统	NIDWD	SED	Nuclear Island Demineralized Water Distribution Distribution d'eau Démineralisée dans L'ilot Nucléaire
核废物收集系统	HWDS	SRE	Hot Workshop Drain System Recueil d'effluents
柴油机房装卸运输设备	DBHE	DMD	Diesel Building Handling Equipment Manutention Locaux Diesel
柴油储存系统	DOSS	SKD	Diesel Oil Storage System Dépotage, Stockage et Distribution Fuel Diesel
热电偶冷端匣	TDJB	KBS	Thermocouple Cold Junction Boxes Boites de Soudure Froide
热洗衣房通风	HLV	DWL	Hot Laundry Ventilation Ventilation Laverie Chaude Indépendante
紧急停堆控制室	RSP	KPR	Remote Shutdown Panel Panneau de Repli
紧急硼化系统	EBS	RBU	Emergency Boration System Borication d'urgence

续表

中　　文	简称		英、法文
	英、美	法	
氢气制取和储存系统	HPS	SHY	Hydrogen Production System Production et Stockage H_2
十一画 常规岛冷水系统	CICWS	DEM	Conventional Island Chilled Water System Eau Glacee pour L' Ilot Conventionnel
常用起重设备	SLE	DMX	Standard Lifting Equipment Engins Courants de Levage
常规岛废液排放系统	CILWD	SEK	Conventional Island Liquid Waste Discharge System Recueil, Controle et Rejet des Effluents du Circuit Secondaire
常规岛闭路冷却水系统	CICCW	SRI	Conventional Island Closed Cooling Water System Réfrigération Intermédiaire Circuits Conventionnels
常规岛疏、排水系统	CIDES	SXS	Conventional Island Drain and Exhaust System Drains and Exhaures(Ilot Conventionel)
控制棒驱动机构通风系统	CRDMV	RRM	CRDM Ventilation System Refroidissement des Mécanismes de Grappes
辅助冷却水系统	ACW	SEN	Auxiliary Cooling Water Eau Brute Réfrigération
辅助蒸汽供应系统	ASDS	SVA	Auxiliary Steam Distribution System Distribution de Vapeur Auxiliaire
辅助锅炉给水系统	ABFS	XAA	Auxiliary Boiler Feedwater System Alimentation en Eau et Dégazeur
辅助蒸汽生产系统	ASPS	XCA	Auxiliary Steam Production System Chaudière à Fuel ou Electrique
辅助锅炉燃油系统	ABFOS	XPA	Auxiliary Boiler Fuel Oil System Stockage et Distribution Combustible Chaudière Auxiliaire
辅助锅炉通风系统	ABVS	XVA	Auxiliary Boiler Ventilation System Ventilation Chaudière Auxiliaire
堆和乏燃料池水冷却和处理系统	RCSFPC	PTR	Reactor Cavity and Spent Fuel Pit Cooling and Treatment System Traitement et Refroidissement de l'eau des Piscines
十二画 循环水过滤系统	CWFS	CFI	Circulating Water Filtration System Filtration Eau de Circulation
循环水泵润滑系统	CWPLS	CGR	Circulating Water Pump Lubrication System Graissage Pompe de Circulation
循环水补水泵系统	SCWPS	CPC	Standby Circulating Water Pump System Pompe Complémentaire de Circulation

续表

中文	简称		英、法文
	英、美	法	
循环水再循环系统	CWRS	CRC	Circulating Water Recycle System Recirculation
循环水系统	CWS	CRF	Circulating Water System Eau de Circulation
循环水隔离系统	CWIS	CSI	Circulating Water Isolation System Isolement du Circuit de L'eau de Circulation
循环水处理系统	CWTS	CTE	Circulating Water Treatment System Traitement Eau de Circulation
循环水补充和排水系统	CWMDS	CVA	Circulating Water Makeup and Drains Water Eau d'appoint et Purges des tours de Réfrigération
疏水回收泵系统	DRPS	ARP	Drain Recovery Pump System Pompe de Reprise
十三画 蒸汽发生器排污系统	SGBS	APG	Steam Generator Blowdown System Purges des Générateurs de Vapeur
蒸汽发生器辅助给水系统	AFS	ASG	Auxiliary Feedwater System Alimentation Auxiliaire des GV
蒸汽管路疏水系统	SLDS	VPU	Steam Line Drain System Purge de Conditionnement des Circuits Vapeur
数据处理用计算机	PCS	KIP	Process Computer System Calculateur de Processus
硼加热系统	BHS	RRB	Boron Heating System Réchauffage du Bore
输电系统	PTS	GEV	Power Transmission System Evacuation d'energie
十五画 凝结水处理系统	CPS	ATE	Condensate Polishing System Traitement de L'eau d'extraction
凝汽器补排水系统	CMDS	CAP	Condenseur Makeup and Discharge System Appoints et Rejets Condenseur
凝结水抽取系统	CES	CEX	Condensate Extraction System Extraction Condenseur
凝汽器真空系统	CVS	CVI	Condenser Vacuum System Vide du Condenseur

续表

中文	简称		英、法文
	英、美	法	
十六画 燃料厂房装卸运输设备	FBHE	DMK	Fuel Building Handling Equipment Manutention Batiment Combustible
燃料厂房通风系统	FBVS	DVK	Fuel Building Ventilation System Ventilation du Batiment Combustible
燃油排放系统	FODS	SPE	Fuel Oil Discharge System Dépotage Combustible Fuel
十九画 警报处理系统	APS	KSA	Alarm Processing System Traitement des Alarmes